荣获中国石油和化学工业优秀教材一等奖

普通高等教育"十二五"规划教材

土木工程材料

TUMU GONGCHENG CAILIAO

肖力光　张学建　主　编

赵洪凯　荣　华　朱会荣　副主编

化学工业出版社

·北京·

本书是普通高等教育"十二五"规划教材，依据最新教学大纲、技术标准及规范编写，突出现代土木工程材料的新特点，共分为十三章。内容包括：绪论、土木工程材料的基本性质、气硬性无机胶凝材料、水泥、混凝土、建筑砂浆、墙体材料、建筑钢材、建筑高分子材料、沥青材料、木材、建筑功能材料、土木工程材料试验。为适应新时期对土木工程材料的要求，书中介绍了节约能源、低能耗、无环境污染的生产技术和生产低能耗的材料以及能降低建筑物使用能耗的节能型材料。本书可作为高等学校土木工程、建筑学、城市规划、工程管理、房地产管理、测绘工程、城市地下空间工程、交通工程、道路桥梁工程、勘察技术与工程、工程造价、艺术设计、景观学、材料科学与工程等各专业的教材使用，也可供相关专业技术人员阅读参考。

图书在版编目（CIP）数据

土木工程材料/肖力光，张学建主编．—北京：化学工业出版社，2013.6（2022.8重印）

普通高等教育"十二五"规划教材

ISBN 978-7-122-17017-0

Ⅰ．①土…　Ⅱ．①肖…②张…　Ⅲ．①土木工程-建筑材料-高等学校-教材　Ⅳ．①TU5

中国版本图书馆 CIP 数据核字（2013）第 074865 号

责任编辑：满悦芝　　　　　　　　　　　　　装帧设计：尹琳琳
责任校对：宋　夏

出版发行：化学工业出版社（北京市东城区青年湖南街 13 号　邮政编码 100011）
印　　装：北京科印技术咨询服务有限公司数码印刷分部
787mm×1092mm　1/16　印张 20½　字数 508 千字　2022 年 8 月北京第 1 版第 9 次印刷

购书咨询：010-64518888　　　　　　　　　售后服务：010-64518899
网　　址：http://www.cip.com.cn

定　　价：40.00 元

前　　言

进入 21 世纪以来，我国城乡建设领域的快速发展对土木工程材料的研究、生产、使用提出了新的要求和挑战。为此，了解土木工程材料的基本理论、基本知识和新型土木工程材料的基本组成、生产与配制原理、性质与应用，把握土木工程材料的发展趋势显得尤为重要。

土木工程材料课程是土木建筑类高校土木工程、建筑学、城市规划、工程管理、房地产管理、测绘工程、城市地下空间工程、交通工程、道路桥梁工程、勘察技术与工程、工程造价、艺术设计、景观学、材料科学与工程等各专业必修的一门专业基础课。通过本课程的学习，使学生掌握土木工程材料的基本知识和基本理论，为学习后续专业课程及课程设计、毕业设计等实践环节课程提供材料方面的专业知识，并为今后能够合理选用土木工程材料、正确使用土木工程材料、研究与开发土木工程材料打下理论基础。

本书以全国高等院校土木工程专业指导委员会、建筑学专业指导委员会和工程管理专业指导委员会制订的课程教学大纲以及最新颁布的各种土木工程材料的技术标准和规范为主要依据进行编写。

本书突出现代土木工程材料的新特点，如轻质、高强、高耐久性、优异装饰性和多功能性，以及充分利用和发挥各种材料的特性，采用复合技术，制造出具有特殊功能的材料；突出节约能源、低能耗、无环境污染的生产技术和生产低能耗的材料以及能降低建筑物使用能耗的节能型材料，如利用尾矿、废渣、垃圾等废弃物作为生产土木工程材料的资源。根据土木工程新材料、新技术和新规范的发展，结合土木建筑类高校学科专业的特点，教材中全部采用了新规范、新标准。例如，土木工程当中的主体材料如水泥及其助剂、混凝土及其配合比、钢材等均在最近几年颁布了国家最新技术规范、标准。教学内容充分展现了先进性，使该课程能够反映本学科领域的最新科技成果，并能和本领域的社会经济发展需要相结合。本书力求让学生在学习知识的同时培养创新精神，提高能力，增强素质，为进一步学习打下必要的基础。

本书是结合编者多年从事教学、科研和校企合作的实践经验而编写的，共分为十三章。内容包括：绪论、土木工程材料的基本性质、气硬性无机胶凝材料、水泥、混凝土、建筑砂浆、墙体材料、建筑钢材、建筑高分子材料、沥青材料、木材、建筑功能材料、土木工程材料试验。

本书由吉林建筑大学肖力光教授、张学建副教授为主编，并由肖力光教授主审。其中肖力光编写第十二章；张学建编写第一、二、十章；赵洪凯编写第四、五、九章；荣华编写第三、六、七、十一章；朱会荣编写第八、十三章。

本书在编写过程中得到了同行以及多位老师的大力帮助，在此表示衷心的感谢。

由于本教材内容广泛，编者水平所限，书中不完善之处在所难免，敬请同行和读者批评指正。

编　者
2013 年 6 月

目　　录

第一章 绪 论

>>>> **内容提要**

本章重点介绍土木工程材料的分类、土木工程材料的技术标准化、土木工程材料在土木建筑工程中的作用和重要性、土木工程材料的发展现状及未来发展趋势。

土木工程材料的定义有广义和狭义之分，广义的土木工程材料是指土木工程中使用的各种材料及制品。主要包括构成建筑物本体的材料，如水泥、钢材、木材等；辅助器材，即周转材料，如模板、围墙、脚手架等；各类建筑器材，如采暖设备、电气设备、消防器材设备等。狭义的建筑材料是构成建筑本体的材料，本书中主要介绍狭义的建筑材料。

一般来说，各类土木工程设施都会对它所采用的材料提出各种要求，如"坚固、耐久"是对所有材料的共同要求；不同的土木工程设施还会对材料提出"耐火、防水、耐磨、隔热、绝缘、抗冲击"等多种要求；甚至是"抗辐射"这样的特殊需要。归纳起来，土木工程材料的基本要求是：必须要有足够的强度，能够安全地承受荷载；材料自身的质量以轻为宜（即表观密度较小），以减少下部结构和低级的负载；具有与使用环境相适应的耐久性，以减少维修费用；用于装饰的材料，应能美化建筑，产生一定的艺术效果；用于特殊部位的材料，应具备相应的特殊功能，如屋面材料能隔热、防水，楼板和内墙材料能隔声。

土木工程材料种类极为繁多，性质各异，用途不同，为了研究、使用和叙述上的方便，通常根据材料的化学组成、使用功能及来源分别加以分类。

一、土木工程材料的分类

1. 根据主要组成成分分类

根据土木工程材料的主要组成成分分类，通常可分为无机材料、有机材料和复合材料三大类（见表 1-1）。

表 1-1 主要组成成分分类

土木工程材料	无机材料	金属材料	黑色金属：生铁、碳素钢、合金钢
			有色金属：铝、锌、铜及其合金
		非金属材料	天然石材：石子、砂、毛石、料石
			烧土制品：黏土砖、瓦、空心砖、建筑陶瓷
			玻璃：窗用玻璃、安全玻璃、特种玻璃
			胶凝材料：石灰、石膏、水玻璃、各种水泥
			硅酸盐制品：粉煤灰砖、灰砂砖、硅酸盐砌块
			混凝土及砂浆：普通混凝土、轻混凝土、特种混凝土、各种砂浆
			绝热材料：石棉、矿棉、玻璃棉、膨胀珍珠岩
	有机材料	植物质材料	木材、竹材、软木、毛毡
		沥青材料	石油沥青、煤沥青、沥青防水制品
		高分子材料	塑料、橡胶、涂料、胶黏剂
		金属和非金属复合	钢筋混凝土、钢纤维混凝土、预应力混凝土
		非金属和有机复合	聚合物混凝土、沥青混凝土、水泥刨花板、玻璃钢（玻璃纤维增强塑料）

2. 根据使用功能分类

根据土木工程材料在建筑物中的用途，大体可分为建筑结构材料、建筑功能材料两大类。

建筑结构材料——主要指梁、板、柱、基础、墙体和其他受力构件所用的土木工程材料。最常用的有钢材、混凝土、砖、砌块、墙板、楼板、屋面板和石材等。

建筑功能材料——主要有防水材料、防火材料、装饰材料、保温材料、吸声（隔声）材料、采光材料、防腐材料等。

3. 按材料来源分类

根据材料来源，可分为天然材料与人造材料。而人造材料又可按冶金、窑业（水泥、玻璃、陶瓷等）、石油化工等材料制造部门来分类。

二、土木工程材料在土木建筑工程中的作用和重要性

土木工程材料在土木建筑工程中有着举足轻重的地位，它是一切土木工程的物质基础，与建筑、结构和施工之间存在着相互依存、相互促进的密切关系。土木工程材料的性能在一定程度上决定了建筑物的功能、工程质量和使用寿命。由于组分、结构和构造的不同，价格相差悬殊，同时在土木工程中用量巨大，因此，正确选择和合理使用土木工程材料，对整个土木工程的安全、实用、美观、耐久及造价有着重大意义。

三、土木工程材料的技术标准化

土木工程材料涉及的标准主要包括两类。一是产品标准。其内容主要包括产品规格、分类、技术要求、检验方法、验收规则、应用技术规程等。二是工程建设标准。其内容包括土木工程材料选用有关的标准、各种结构设计规范、施工及验收规范等。目前，我国常用的标准按适用领域和有效范围，分为三级。

1. 国家标准

国家强制性标准代号 GB、推荐性标准 GB/T。

2. 行业标准

建材行业代号 JC，交通行业代号 JT，建工行业代号 JG 等。

3. 地方标准和企业标准

地方标准代号 DB，企业标准代号 QB。

几种常用标准代号见表 1-2。

表 1-2　几种常用标准代号

行业名称	建工行业	黑色冶金行业	石化行业	交通行业	建材行业	铁路行业
标准代号	JG	YB	SH	JT	JC	TB

有关工程建设方面的技术标准的代号，应在部门代号后加 J。地方标准或企业标准所制定的技术要求应高于类似（或相关）产品的国家标准。

此外，还常常涉及一些与土木工程材料关系密切的国际或外国标准，主要有：国际标准，代号为 ISO；美国材料实验学会标准，代号为 ASTM；日本工业标准，代号为 JIS；德国工业标准，代号为 DIN；英国标准，代号为 BS；法国标准，代号为 NF。

每个技术标准都有自己的代号、编号和名称。标准的代号反映标准的等级或发布单位，用汉语拼音字母表示。标准一般由标准名称、部门代号（以汉语拼音字母表示）、标准编号和颁发年份等来表示。例如，《通用硅酸盐水泥》（GB 175—2007），表示国家强制性标准

175 号，2007 年颁布执行，其内容是通用硅酸盐水泥。

四、土木工程材料的发展现状及未来发展趋势

土木工程材料的发展是随着人类社会生产力的不断发展和人民生活水平的不断提高而向前发展的，随着科技的发展与社会的进步，人类对建筑材料的使用性能、外观等各方面的要求越来越高。在那些原始材料的基础上，逐渐开发出新型的土木工程材料。石灰、水泥、沥青、混凝土、钢筋混凝土、预应力混凝土、钢结构等，已经成为工业建筑和民用建筑的主要材料。而且，随着超高建筑、高承载工程和高抗渗工程的出现，一些高性能材料也应运而生。高强度等级水泥、钢纤维和玻璃纤维混凝土、聚合物混凝土、钢化玻璃、多功能涂层玻璃、双层中空玻璃等，这些新型材料具有质轻、高强、快(坚)硬等优点。这些新型材料的广泛应用，促进了建筑设计理念、土木工程结构形式及建筑施工技术的巨大革新与发展。

随着城市化、工业化进程的加快和生产力水平的大幅度提高，"环保、生态、绿色、健康"，已成为 21 世纪人类生活的主题。为满足现代各种土木工程需求和生态环境的要求，土木工程材料应具有健康、安全、环保的基本特征，满足轻质、高强、耐用、多功能的优良技术性能和美观的美学功能。遵循可持续发展战略，土木工程材料的发展趋势表现为以下几个方面。

① 高性能化；

② 高耐久性；

③ 多功能化；

④ 绿色环保；

⑤ 智能化。

另外，主产品和配套产品应同步发展，并解决好利益平衡关系。同时，为满足现代土木工程结构性能和施工技术的要求，材料的应用应向着工业化方向发展。

五、本课程的主要内容

土木工程材料是土木工程、建筑学和工程管理等专业的重要专业基础课，它既是学习专业课的基础，也是一门重要的应用技术。课程的任务是掌握土木工程材料的性质、应用及技术要求，理解土木工程材料的检验方法，具有合理和正确选用土木工程材料的能力。

本课程主要介绍土木工程中常用的土木工程材料的基本组成、材料性能、质量要求、检测方法，内容包括气硬性无机胶凝材料、水泥、混凝土、砂浆、墙体材料、建筑钢材、建筑高分子材料、沥青材料、木材、建筑功能材料等。

土木工程材料是一门实践性和适用性很强的课程。首先要着重学习好主要内容——材料的建筑性能和合理应用。学习某一材料的建筑性能时，重要的是应当知道形成这些性质的内在原因和这些性质之间的相互关系。对同一类不同品种的材料，不但要学习它们的共性，更重要的是掌握它们各自的特性。

思考题与习题

1. 土木工程材料的基本概念是什么？

2. 土木工程材料如何分类？

3. 说明我国技术标准的分级情况。

第二章 土木工程材料的基本性质

>>> **内容提要**

本章重点介绍材料的物理性质、力学性质、与水有关的性质、材料的耐久性及材料的结构与组成。通过学习掌握材料的性质，了解材料的组成、结构、构造关系，从而合理选用材料。

第一节 材料的基本物理性质

一、材料的密度、表观密度和堆积密度

1. 密度

密度是指材料在绝对密实状态下，单位体积内的质量。

$$\rho = m/v \tag{2-1}$$

式中，ρ 为密度，g/cm^3 或 kg/m^3；m 为材料的质量，g 或 kg；v 为材料在绝对密实状态下的体积（即材料体积内固态物质的实体积），cm^3 或 m^3。

材料在绝对密实状态下的体积，是指不包括材料内部孔隙的固体物质本身的体积，亦称实体积。土木工程材料中除钢材、玻璃等外，绝大多数材料均含有一定的孔隙。测定有孔隙的材料密度时，须将材料磨成细粉（粒径小于 0.20mm），经干燥后用李氏瓶测得其实体积。材料磨得愈细，测得的密度值愈精确。材料密度的大小取决于材料的组成及微观结构，因此相同组成及微观结构的材料其密度为一定值。

2. 表观密度

材料在自然状态下，单位体积的质量称为表观密度。

$$\rho_0 = m/v_0 \tag{2-2}$$

式中，ρ_0 为表观密度，g/cm^3 或 kg/m^3；m 为自然状态下材料的质量，g 或 kg；v_0 为材料在自然状态下的体积，cm^3 或 m^3。

所谓自然状态下的体积，是指包括材料实体积和内部孔隙的外观几何形状的体积。

测定方法：外观形状规则，按几何公式计算；外观形状不规则，用排液法。

在自然状态下，材料内往往含有水分，其质量将随含水程度而改变，故测定体积密度时应注明其含水程度。一般指的是材料在气干状态下的体积密度，干燥材料的表观密度称为干表观密度。

3. 堆积密度

散粒状材料在堆积状态下，单位体积的质量称为堆积密度。

$$\rho_0' = m/v_0' \tag{2-3}$$

式中，ρ_0' 为材料的堆积密度，kg/m^3；m 为材料的质量，kg；v_0' 为材料的堆积体积，m^3。

材料在堆积状态下，其堆积体积不但包括所有颗粒内的孔隙，而且还包括颗粒间的空

隙。其值大小不但取决于材料颗粒的体积密度，而且还与堆积的疏密程度有关。在土木工程中，进行配料计算，确定材料堆放空间及运输量、材料用量及构件自重等，经常用到材料的密度、表观密度和堆积密度的数值。常用材料的基本状态参数见表 2-1。

表 2-1　常用材料的基本状态参数

材料名称	密度/(g/cm³)	表观密度/(g/cm³)	堆积密度/(g/cm³)
钢材	7.85	—	—
松木	1.55	0.40~0.80	—
水泥	2.80~3.20	—	900~1300
砂	2.66	2.65	1450~1650
碎石(石灰石)	2.60~2.80	2.60	1400~1700
普通混凝土	2.60	1.95~2.50	—
普通黏土砖	2.60	16.0~1.90	—

二、材料的孔隙率和密实度

1. 孔隙率

孔隙率是指材料内部孔隙体积占材料总体积的百分率，以 P 表示。

$$P=(v_0-v)/v_0=1-\rho/\rho_0 \tag{2-4}$$

2. 密实度

密实度是指材料内部固体物质实体积占材料总体积的百分率，以 D 表示。

$$D=v/v_0 \tag{2-5}$$

孔隙率与密实度从两个不同侧面来反映材料的致密程度，即 $D+P=1$。

大多数土木工程材料的内部都含有孔隙，这些孔隙会对材料的性能产生不同程度的影响。一般认为，孔隙可从两个方面对材料产生影响：一是孔隙的多少，二是孔隙的特征。建筑材料的许多工程性质，如强度、吸水性、抗渗性、抗冻性、导热性、吸声性等，都与材料的致密程度有关。这些性质除了取决于孔隙率的大小外，还与孔隙的构造特征密切相关。孔隙特征主要指孔隙的种类（开口孔与闭口孔）、孔径的大小及孔的分布等。实际上绝对的闭口孔是不存在的。在建筑材料中，常以在常温、常压下水能否进入孔中来区分开口与闭口。因此，开口孔隙率（P_k）是指常温常压下能被水所饱和的孔体积（即开口孔体积 V_k）与材料体积之比。闭口孔隙率（P_B）便是总孔率 P 与开口孔隙率 P_k 之差。

三、材料的空隙率和填充率

1. 空隙率

空隙率指粉状或颗粒状等散粒材料颗粒间的空隙体积占堆积体积的百分率，以 P' 表示。

$$P'=(v_0'-v_0)/v_0'=1-\rho_0'/\rho_0 \tag{2-6}$$

2. 填充率

填充率指粉状或颗粒状等散粒材料在堆积体积中，被固体颗粒的填充程度，以 D' 表示。

$$D'=v_0/v_0' \tag{2-7}$$

填充率和空隙率从两个不同侧面反映粉状或颗粒状材料的颗粒相互填充的疏密程度，即 $P'+D'=1$。

第二节　材料的基本力学性质

一、材料的理论强度

材料的理论强度是指材料在理想状态下所应具有的强度。材料的理论强度取决于质点间作用力。以共价键、离子键形成的结构，化学键能高，材料的理论强度和弹性模量值也高。而分子键形成的结构，化学键能较低，材料的理论强度和弹性模量也比较低。材料在理想状态下，受力破坏的原因是由拉力造成的结合键的断裂，或者因剪力造成的质点间的滑移。其他受力形式导致的材料破坏，实际上都是外力在材料内部产生的拉应力和剪应力而造成的。材料的理论抗拉强度，可用式(2-8)表示。

$$f_t = \sqrt{\frac{E\gamma}{d}} \tag{2-8}$$

式中，f_t 为材料的理论抗拉强度；E 为材料的弹性模量；γ 为单位表面能；d 为原子间的距离。

实际材料与理想材料的差别在于实际材料中存在许多缺陷，如微裂纹、微孔隙等。当材料受外力作用时，在微裂纹的尖端部位会产生应力集中现象，使得其局部应力大大超过材料的理论强度，从而引起裂纹不断扩展、延伸，以至相互连通，最后导致材料的破坏。故材料的理论强度远远大于其实际强度。

二、材料的强度

材料在外力（荷载）作用下，抵抗破坏的能力称为强度。当材料受外力作用时，其内部将产生应力，外力逐渐增大，内部应力也相应地加大。直到材料结构不再能够承受时，材料即破坏。此时材料所承受的极限应力值，就是材料的强度。

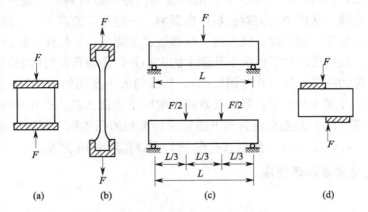

图 2-1　材料受力示意图

根据外力作用方式的不同，材料的强度分为抗压强度［图 2-1(a)］、抗拉强度［图 2-1(b)］、抗弯强度［图 2-1(c)］及抗剪强度［图 2-1(d)］等。

材料的抗压强度、抗拉强度、抗剪强度的计算式如下：

$$f = F_{max}/A \tag{2-9}$$

式中，f 为材料的强度，N/mm^2 或 MPa；F_{max} 为材料破坏时的最大荷载，N；A 为受力截面的面积，mm^2。

材料的抗弯强度与加荷方式有关，单点集中加荷和三分点加荷的计算式如下：

$$f = 3F_{max}L/2bh^2 \tag{2-10}$$

$$f = 2F_{max}L/bh \tag{2-11}$$

式中，f 为材料的抗弯强度，N/mm^2 或 MPa；F_{max} 为破坏时的最大荷载，N；L 为两支点的间距，mm；b、h 为试件横截面的宽与高，mm。

相同种类的材料，随着其孔隙率及构造特征的不同，各种强度也有显著差异。一般来说孔隙率越大的材料，强度越低，其强度与孔隙率有近似直线的关系，如图 2-2 所示。

不同结构各个方向的性质不同，材料的强度差异很大。砖、石材、混凝土和铸铁等材料的抗压强度较高，而抗拉强度及抗弯强度较低。木材的顺纹抗拉强度高于抗压强度。钢材的抗拉、抗压强度都很高。砖、石材、混凝土等材料多用于结构的承压部位，如墙、柱、基础等；钢材则适用于承受各种外力的结构。常用材料的强度如表 2-2 所示。

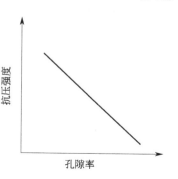

图 2-2　材料的强度与孔隙率的关系

表 2-2　常用材料的强度　　　　　　　　　　　　　　　　N/mm^2 或 MPa

材　　料	抗压强度	抗拉强度	抗弯强度
花岗岩	100～250	5～8	10～14
普通黏土砖	10～30	—	2.6～5.0
混凝土	10～100	1～8	3.0～10.0
松木(顺纹)	30～50	80～120	60～100
建筑钢材	240～1500	240～1500	—

承重的结构材料除了要承受外荷载力，还需要承受自身重力。因此，不同强度材料的比较，可采用比强度指标。比强度是指单位体积质量的材料强度，它等于材料的强度与其表观密度之比。它是评价材料是否轻质高强的指标。

三、弹性与塑性

1. 弹性和弹性变形

材料在外力作用下产生变形，当外力取消后，材料变形即可消失并能完全恢复原来状态的性质称为弹性。这种当外力取消后瞬间即可完全消失的变形称为弹性变形，属于可逆变形。

对于弹性变形，作用力与所引起的变形之间有简单的线性关系，如图 2-3 表示。

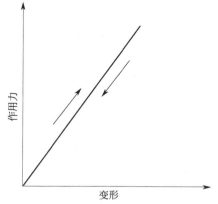

图 2-3　材料弹性变形曲线

弹性模量：

$$E = \sigma/\varepsilon \tag{2-12}$$

式中，σ 为材料的应力，MPa；ε 为材料的应变；E 为材料的弹性模量。

弹性模量反映了材料抵抗变形的能力，是结构设计中的主要参数之一。土木工程材料中有不少材料在受力时，弹性变形和塑性变形会同时发生，外力去除后，弹性变形恢复，塑性变形保留。

2. 塑性和塑性变形

材料在外力作用下产生变形，当去掉外力时，仍保持其变形后的形状和尺寸，并且不产生裂缝的性质称为塑性。这种不能消失的变形称为塑性变形（或永久变形），属于不可逆变形，如图 2-4 表示。

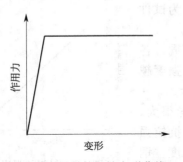

图 2-4　材料的塑性变形曲线

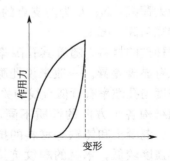

图 2-5　材料的弹塑性变形曲线

材料的弹塑性变形曲线如图 2-5 所示。

四、脆性与韧性

1. 脆性

材料在外力作用下，直至断裂前，只发生很小的弹性变形，不出现塑性变形，而突然破

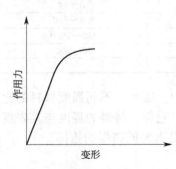

图 2-6　材料的脆性变形曲线

坏的性质称为脆性。具有这种性质的材料称为脆性材料。脆性材料的抗压强度比抗拉强度大得多，可达几倍到几十倍。脆性材料抵抗冲击或振动荷载的能力差，故常用于承受静压力作用的工程部位，如基础、墙体、柱子、墩座等。属于此类的材料如石材、砖、混凝土、玻璃、陶瓷等。材料的脆性变形曲线如图 2-6 所示。

2. 韧性

材料在冲击、振动荷载作用下，能吸收较大的能量，同时也能产生一定的塑性变形而不致破坏的性质称为韧性（或冲击韧性）。建筑钢材、木材、沥青混凝土等属于韧性材料。路面、桥梁、吊车梁以及有抗震要求的结构都要考虑材料的韧性。材料的韧性用冲击试验来检验。

五、硬度和耐磨性

1. 硬度

硬度是材料抵抗其他物体刻画或压入其表面出现塑性变形的能力。通常，矿物的硬度采用刻画法测定其硬度，即相对硬度，也称莫氏硬度。钢材、木材、混凝土则采用钢球压入法测定其布氏硬度（HB）。

1822 年，德国矿物学家 Friedrich Mohs 提出用 10 种矿物来衡量物体相对硬度，即莫氏硬度，由软至硬分为十级：①滑石；②石膏；③方解石；④萤石；⑤磷灰石；⑥正长石；⑦石英；⑧黄玉；⑨刚玉；⑩金刚石。

各级之间硬度的差异不是均等的，等级之间只表示硬度的相对大小。利用莫氏硬度计测定矿物硬度的方法很简单。将预测矿物和硬度计中某一矿物相互刻画，如某一矿物能划动方解石，说明其硬度大于方解石，但又能被萤石所划动，说明其硬度小于萤石，则该矿物的硬

度为 3 到 4 之间，可写成 3～4。

2. 耐磨性

耐磨性是材料表面抵抗磨损的能力，通常用磨损率 K 表示。

$$K = (m_0 - m_1)/A \tag{2-13}$$

式中，m_0，m_1 为表示磨损前后的质量，g；A 为受损面积，cm^2。

表 2-3 所示为莫式硬度表。

表 2-3　莫式硬度表

矿物名称	硬度值	矿物名称	硬度值
滑石	1	正长石	6
石膏	2	石英	7
方解石	3	黄玉	8
萤石	4	刚玉	9
磷灰石	5	金刚石	10

第三节　材料与水有关的性质

一、材料的亲水性与憎水性

材料与水接触时出现两种不同的现象，如图 2-7 所示，这是由于水与固体表面之间的作用情况不同。若材料遇水后其表面能降低，则水在材料表面易于扩展。这种与水的亲和性称为亲水性。表面与水亲和能力较强的材料称为亲水性材料。亲水性材料遇水后呈图 2-7(a) 的现象，其润湿边角（固、气、液三态交点处，沿

图 2-7　水与材料的接触角

水滴表面的切线与水和固体接触面所成的夹角）$\theta \leqslant 90°$。与此相反，当材料与水接触时不与水亲和，这种性质称为憎水性。憎水性材料遇水呈图 2-7(b) 的现象，$\theta > 90$。

土木工程材料中，各种无机胶凝混凝土、石料、砖瓦等均为亲水性材料，它们为极性分子所组成，与极性分子水之间有良好的亲和性。沥青、涂料、塑料等为憎水性材料，这是因为极性分子的水与这些非极性分子组成的材料互相排斥的缘故。憎水性材料常用作防潮、防水及防腐材料，也可以对亲水性材料进行表面处理，用以降低吸水性。

二、材料的吸湿性和吸水性

1. 吸湿性

亲水性材料在潮湿空气中吸收水分的性质称为吸湿性；反之，在干燥空气中会放出所含水分，为还湿性。材料的吸湿性用含水率表示，即吸入水与干燥材料的质量之比。

$$W_b = (m_s - m_g)/m_g \tag{2-14}$$

式中，W_b 为材料的含水率，%；m_s 为材料吸湿状态下的质量，g 或 kg；m_g 为材料在干燥状态下的质量，g 或 kg。

2. 吸水性

材料在水中能吸收水分的性质称为吸水性。吸水性大小用吸水率表示，吸水率常用质量吸水率，即材料吸入水的质量与材料干质量之比表示。对于高度多孔的材料的吸水率常用体

积吸水率表示，即材料吸入水的体积与材料自然状态下体积之比。

质量吸水率：

$$W_m = (m_b - m_g)/m_g \tag{2-15}$$

式中，W_m 为材料的质量吸水率，%；m_b 为材料吸水饱和时的质量，g；m_g 为材料在干燥状态下的质量，g。

体积吸水率：

$$W_v = (m_b - m_g)/(\rho_w v_0) \tag{2-16}$$

式中，W_v 为材料的体积吸水率，%；v_0 为干燥材料自然体积，cm^3；ρ_w 为水的密度，g/cm^3。

将式（2-16）变换，可导出体积吸水率与质量吸水率的关系：

$$W_v = W_m \rho_0 \tag{2-17}$$

材料吸水率的大小不仅取决于材料对水的亲憎性，还取决于材料的孔隙率及孔隙特征。密实材料及具有闭口孔的材料是不吸水的；具有粗大孔的材料因其水分不易存留，其吸水率也常小于其开口孔隙率；而那些孔隙率较大，且具有细小开口连通孔的亲水性材料往往具有较大的吸水能力。

材料在水中吸水饱和后，吸入水的体积与孔隙体积之比称为饱和系数。材料含水后，不但可使材料的质量增加，而且会使强度降低，保温性能下降，抗冻性能变差，有时还会发生明显的体积膨胀。可见材料中含水对材料的性能往往是不利的。

三、材料的耐水性

材料长期在水的作用下不破坏，强度不显著降低的性质称为耐水性。一般材料含水后，将会以不同方式减弱材料的内部结合力，使强度有不同程度的降低。材料的耐水性用软化系数表示。

$$K_R = f_b/f_g \tag{2-18}$$

式中，K_R 为材料的软化系数；f_b 为材料在吸水饱和状态下的抗压强度，MPa；f_g 为材料在干燥状态下的抗压强度，MPa。

材料的软化系数波动在 0～1 之间，软化系数越小，说明材料吸水饱和后强度降低得越多，耐水性越差。软化系数在工程当中的意义：处于水中或潮湿环境中的重要结构物所选用的材料其软化系数不得小于 0.85；受潮较轻的部位或次要结构部位的材料软化系数不宜小于 0.75。软化系数大于 0.85 的材料，称耐水性材料。

四、材料的抗渗性

材料抵抗压力水渗透的性质称为抗渗性。材料的抗渗性常用渗透系数或抗渗等级表示。

1. 渗透系数按照达西定律计算

$$K = Qd/AtH \tag{2-19}$$

式中，K 为渗透系数，cm/h；Q 为渗水总量，cm^3；A 为渗水面积，cm^2；d 为计划厚度，cm；t 为渗水时间，h；H 为静水压力水头，cm。

K 越小，材料的抗渗性越好。

2. 抗渗等级 Pn

对于混凝土和砂浆，抗渗性常用抗渗等级（P）表示：

$$P = 10H - 1 \tag{2-20}$$

式中，H 为试件开始渗水时的水压力，MPa。

抗渗等级是以规定的试件，在标准试验方法下所能承受的最大水压力来确定的，以符号"Pn"表示，如 P4、P6、P8 等分别表示材料能承受 0.4MPa、0.6MPa、0.8MPa 的水压而不渗水。材料的抗渗性的好坏，与材料孔隙率和孔隙特征有关。孔隙率很低而且是封闭孔隙的材料就具有较高的抗渗性。

抗渗性是决定材料耐久性的重要因素。在设计地下建筑、压力管道、容器等结构时，均需要求其所用材料具有一定的抗渗性能。抗渗性也是检验防水材料质量的重要指标。

五、材料的抗冻性

材料在吸水饱和状态下，能经受多次冻融循环作用而不破坏，强度也不显著降低的性质，称为抗冻性。材料的抗冻性用抗冻等级表示，符号为"Fn"，其中 n 即为最大冻融循环次数，如 F25、F50 等。材料抗冻等级的选择，是根据结构物的种类、使用条件、气候条件等来决定的。例如，烧结普通砖、陶瓷面砖、轻混凝土等墙体材料，一般要求其抗冻等级为 F15、F25；用于桥梁和道路的混凝土应为 F50、F100 或 F200；而水工混凝土要求高达 F500。

材料受冻破坏主要是因其孔隙中的水结冰所致。若材料孔隙中充满水，水结冰时体积膨胀（体积增大约 9%）对孔壁产生巨大压力，当应力超过材料的抗拉强度时，材料遭受破坏。材料的抗冻性大小与材料的结构特征（孔隙率、孔隙构造）、强度、含水状态等因素有关。一般而言，密实材料以及具有封闭孔的材料有较好的抗冻性；具有一定强度的材料对冰冻有一定抵抗能力；材料孔隙中充水程度愈接近饱和，冰冻破坏作用愈大。毛细管孔隙易充满水，又能结冰，故其对材料的冰冻破坏作用影响最大。极细的孔，虽可充满水，但水的冰点很低，在一般负温下不会结冰；粗大孔一般不易被水充满，对冰冻破坏还可起缓冲作用。

第四节　材料的耐久性

材料的耐久性是指材料在使用期间，受到各种内在的或外来因素的影响，能经久不变质不破坏，能保持原有性能不影响使用的性质。这是一个综合性指标。

土木工程材料在使用过程中受到环境的各种因素影响，可能是物理作用影响，如环境温湿度交替变化，使材料在冷热、冻融循环作用下，发生破坏；可能是化学作用影响，如环境中的酸、碱、盐作用，使材料内部腐蚀性组分发生化学反应而破坏；可能是机械作用的影响，如材料发生疲劳破坏等；也可能是生物作用，如材料受霉菌、虫蛀等引起的破坏。土木工程材料耐久性与破坏因素的关系见表 2-4。

表 2-4　土木工程材料耐久性与破坏因素的关系

名　称	破坏因素分类	破坏因素	评定指标
抗渗性	物理	压力水、静水	渗透系数、抗渗等级
抗冻性	物理、化学	水、冻融作用	抗冻等级、耐久性系数
冲磨气蚀	物理	流水、泥沙	腐蚀率
碳化	化学	CO_2、H_2O	碳化
化学侵蚀	化学	酸、碱、盐及其溶液	—
老化	化学	阳光、空气、水、温度交替	—
钢筋锈蚀	物理、化学	O_2、H_2O、氯离子、电流	点位锈蚀率
碱-集料反应	物理、化学	R_2O、H_2O、活性集料	膨胀率

名　称	破坏因素分类	破坏因素	评定指标
腐朽	生物	H_2O、O_2、菌	—
虫蛀	生物	昆虫	—
耐热	物理、化学	冷热交替、晶型转变	—
耐火	物理	高温、火焰	—

实际工程中，由于各种原因，土木工程结构常常会因耐久性不足而过早破坏。因此，耐久性是土木工程材料的一项重要技术性质。各国工程技术人员都已认识到，土木工程结构根据耐久性进行设计，更具有科学性和实用性。只有深入了解并掌握土木工程材料耐久性的本质，从材料、设计、施工、使用各方面共同努力，才能保证工程材料和结构的耐久性，延长工程结构的使用寿命。

第五节　材料的组成及结构

一、材料的组成

材料的组成不仅影响材料的化学性质，也是决定材料物理、力学性质的重要因素。

1. 化学组成

化学组成是指构成材料的化学元素及化合物的种类和数量。如水泥的化学组成：CaO $62\%\sim67\%$、SiO_2 $20\%\sim24\%$、Al_2O_3 $4\%\sim7\%$、$MgO<5\%$、Fe_2O_3 $2.5\%\sim6.0\%$。根据化学组成可大致地判断出材料的一些性质，如耐久性、化学稳定性等。

2. 矿物组成

将无机非金属材料中具有特定的晶体结构、特定的物理力学性能的组成结构称为矿物。矿物组成是指构成材料的矿物的种类和数量。例如，水泥熟料的矿物组成为：$3CaO\cdot SiO_2$ $37\%\sim60\%$、$2CaO\cdot SiO_2$ $15\%\sim37\%$、$3CaO\cdot Al_2O_3$ $7\%\sim15\%$、$4CaO\cdot Al_2O\cdot Fe_2O_3$ $10\%\sim18\%$。若其中硅酸三钙（$3CaO\cdot SiO_2$）含量高，则水泥硬化速度较快，强度较高。

3. 相组成

材料中具有相同物理、化学性质的均匀部分称为相。自然界中的物质可分为气相、液相和固相。建筑材料大多数是多相固体。凡由两相或两相以上物质组成的材料称为复合材料。例如，混凝土可认为是集料颗粒（集料相）分散在水泥浆基体（基相）中所组成的两相复合材料。

二、材料的结构

1. 宏观结构

建筑材料的宏观结构是指用肉眼或放大镜能够分辨的粗大组织。其尺寸在 10^{-3} m 级以上。

按其孔隙特征可分为以下几种。

① 致密结构：如钢铁、有色金属、致密天然石材、玻璃、玻璃钢、塑料等。

② 多孔结构：如加气混凝土、泡沫混凝土、泡沫塑料等。

③ 微孔结构：如石膏制品、烧黏土制品等。

按存在状态或构造特征分为以下几种。

① 堆聚结构：如水泥混凝土、砂浆、沥青混合料等。

② 纤维结构：如木材、玻璃钢、岩棉等。

③ 层状结构：如胶合板、纸面石膏板等。

④ 散粒结构：如混凝土集料、膨胀珍珠岩等。

2. 细观结构

细观结构（原称亚微观结构）是指用光学显微镜所能观察到的材料结构。其尺寸范围在 $10^{-3} \sim 10^{-6}$ m。如对天然岩石可分为矿物、晶体颗粒、非晶体组织；对钢铁可分为铁素体、渗碳体、珠光体。

3. 微观结构

微观结构是指原子、分子层次的结构。可用电子显微镜或 X 射线来分析研究该层次上的结构特征。微观结构的尺寸范围在 $10^{-6} \sim 10^{-10}$ m。

在微观结构层次上，材料可分为晶体、玻璃体、胶体。

思考题与习题

1. 一块标准的普通黏土砖，其尺寸为 240mm×115mm×53mm，已知密度为 2.7g/cm^3，干燥时质量为 2500g，吸水饱和时质量为 2900g。

求：（1）材料的干表观密度。

（2）材料的孔隙率。

（3）材料的体积吸水率。

2. 某材料已知其密度为 2.7g/cm^3，体积吸水率为 45％，吸水饱和后的表观密度为 1800kg/m^3。

求：（1）干表观密度。

（2）孔隙率。

（3）质量吸水率。

3. 说明软化系数在工程中的意义。

4. 影响材料耐久性的因素有哪些?

第三章 气硬性无机胶凝材料

>>> **内容提要**

在土木工程材料中，胶凝材料是基本材料之一，通过它的胶结作用可配出各种混凝土及建筑制品，而各种混凝土及建筑制品的性质往往与所使用的胶凝材料的性质密切相关。

本章主要介绍胶凝材料中气硬性无机胶凝材料，涉及的常见品种有建筑石灰、建筑石膏、水玻璃，围绕上述三种气硬性无机胶凝材料，本章重点介绍生产、技术要求和应用等知识点。

胶凝材料是指通过自身的物理化学作用，在由可塑性浆体变为坚硬的石状体的过程中，能将散粒或块状材料黏结成为整体的材料，统称为胶凝材料。

胶凝材料按照其化学成分可分为有机胶凝材料和无机胶凝材料两大类。有机胶凝材料是以高分子化合物为主要成分的胶凝材料，如沥青、树脂等。无机胶凝材料以无机化合物为基本成分，按其硬化条件的不同分为气硬性和水硬性两种。气硬性胶凝材料是只能在空气中硬化，也只能在空气中保持和发展其强度的胶凝材料，如石灰、石膏、水玻璃等。水硬性胶凝材料是不仅能在空气中硬化，而且能更好地在水中硬化，并保持和发展其强度的胶凝材料，如各种水泥。

将无机胶凝材料区分为气硬性和水硬性有重要的现实意义：气硬性胶凝材料只适用于地上或干燥环境，不宜用于潮湿环境中，更不能用于水中；水硬性胶凝材料既适用于地上，也适用于地下或水中环境。

第一节 石 灰

石灰是在建筑工程中使用较早的无机胶凝材料之一，其生产工艺简单，成本低廉，使用简单，具有较好的建筑性能，用途广泛。

一、石灰的生产

用于生产石灰的原料有石灰石、白云石、白垩、贝壳或其他含碳酸钙为主的天然原料。经煅烧后，碳酸钙分解为生石灰，其主要成分为氧化钙，反应式如下：

$$CaCO_3 \xrightarrow{900℃} CaO + CO_2 \uparrow$$

煅烧良好的生石灰，质轻色匀，密度约为 $3.2g/cm^3$，表观密度约为 $800 \sim 1000kg/m^3$。

煅烧温度的高低及分布情况，对石灰质量有很大影响。温度过低或煅烧时间不足，使得 $CaCO_3$ 不能完全分解，将生成"欠火石灰"；如果煅烧温度过高或时间过长，将生成颜色较深的"过火石灰"。欠火石灰中含有较多的未消化残渣，影响成品的出材率；过火石灰内部结构致密，CaO 晶粒粗大，表面被黏土杂质融化形成的一层玻璃釉状物包裹，与水反应极慢，会引起制品的隆起或开裂。

生石灰原料中还含有一些碳酸镁，因而煅烧过程中会含有次要成分氧化镁。《建筑生石灰》(JC/T 479—92) 中规定，按氧化镁含量的多少，建筑石灰分为钙质石灰和镁质石灰两类，前者氧化镁含量小于 5%。

二、石灰的熟化

工地上在使用石灰时，通常将生石灰加水，使之消解为膏状或粉末状的消石灰，这个过程称为石灰的水化，又称消化或熟化。其反应式如下：

$$CaO + H_2O \longrightarrow Ca(OH)_2 + 64.9kJ/mol$$

上述化学反应有两个特点：一是水化热大、水化速率快；二是水化过程中固相体积增大 1.5～2 倍。后一个特点易在工程中造成事故，应予以高度重视。熟化石灰的理论加水量为石灰质量的 32%，但是由于石灰熟化是放热反应，有部分水被蒸发，实际加水量需达 70% 以上。

根据加水量的不同，可以得到不同形态的熟石灰。加水量恰好足以完成上述反应，可得到细粉状的干熟石灰即消石灰粉；加入超过上述反应所需的水，可得石灰浆；加入更多的水稀释石灰浆可得到石灰乳。

如前所述，过火石灰水化极慢，它要在占绝大多数的正常石灰凝结硬化后才开始慢慢熟化，并产生体积膨胀，从而引起已硬化的石灰体发生鼓包开裂破坏。为了消除过火石灰的危害，通常将生石灰放在消化池中"陈伏"2～3 周以上才予使用。陈伏时，石灰浆表面应保持一层水来隔绝空气，防止碳化。

三、石灰的硬化

石灰水化后逐渐凝结硬化，主要包括以下两个同时进行的过程。

1. 结晶作用

石灰浆体在干燥过程中，游离水逐渐蒸发，或被周围砌体吸收，$Ca(OH)_2$ 从饱和溶液中结晶析出。

2. 碳化作用

$Ca(OH)_2$ 与空气中的 CO_2 和水反应，形成不溶于水的碳酸钙晶体。化学反应式如下：

$$Ca(OH)_2 + CO_2 + H_2O \longrightarrow CaCO_3 + 2H_2O$$

由于碳化作用主要发生在与空气接触的表层，且生成的 $CaCO_3$ 膜层较致密，阻碍了空气中的 CO_2 的渗入，也阻碍了内部水分向外蒸发，因此硬化缓慢。

四、石灰及其制品的技术性质

1. 石灰的特性

(1) 可塑性和保水性好　生石灰熟化为石灰浆时，能自动形成颗粒极细的呈胶体状态的氢氧化钙，表面吸附一层厚水膜，因而颗粒间的摩擦力减小，可塑性好。因此用石灰调成的石灰砂浆其突出的优点是具有良好的可塑性，在水泥砂浆中加入石灰浆，可使可塑性和保水性显著提高。

(2) 硬化缓慢，硬化后强度低　石灰的硬化只能在空气中进行，空气中 CO_2 含量少，使碳化作用进行缓慢。表面碳化后形成紧密的外壳，不利于碳化作用的深入，也不利于内部水分的蒸发，因此石灰是硬化缓慢的材料。

熟化时的大量多余水分在硬化后蒸发，在石灰体内留下大量孔隙，所以硬化后的石灰体密实度小，强度也不高。石灰砂浆 28d 抗压强度通常只有 0.2～0.5MPa，受潮后石灰溶解，强度更低。

(3) 硬化时体积收缩大　由于石灰浆中存在大量游离水，硬化时大量水分蒸发，导致内部毛细管失水紧缩，引起显著的体积收缩变形，使硬化石灰体产生裂纹。故除调成石灰乳作薄层粉刷外，石灰浆不宜单独使用。通常工程施工时常掺入一定量的集料（如砂子）或纤维材料（如麻刀、纸筋等）。

（4）耐水性差　石灰浆硬化慢、强度低，所以在石灰硬化体中，大部分仍是尚未碳化的$Ca(OH)_2$，易溶于水，这会使硬化石灰体遇水后产生溃散。所以石灰不宜在潮湿的环境下使用，也不宜单独用于建筑物基础。

另外，块状的生石灰放置太久，会吸收空气中的水分而自动熟化成消石灰粉，再与空气中二氧化碳作用而还原为碳酸钙，失去胶结能力。所以贮存生石灰，不但要防止受潮，而且不易贮存过久。最好运到后即熟化为石灰浆，将贮存期变为陈伏期。由于生石灰受潮时放出大量的热，而且体积膨胀，所以，贮存和运输生石灰时，还要注意安全。

2. 石灰的技术要求

（1）建筑生石灰和建筑生石灰粉的技术要求　根据我国建材行业标准《建筑生石灰》（JC/T 479—1992）与《建筑生石灰粉》（JC/T 480—1992）的规定，钙质生石灰、镁质生石灰可分为优等品、一等品和合格品三个等级，生石灰和生石灰粉的技术指标见表 3-1 和表 3-2。

表 3-1　建筑生石灰技术指标（JC/T 479—92）

项　　目	钙质生石灰			镁质生石灰		
	优等品	一等品	合格品	优等品	一等品	合格品
CaO＋MgO 含量不小于/%	90	85	80	85	80	75
CO_2 含量不大于/%	5	7	9	6	8	10
未消化残渣含量（5mm 圆孔筛余）不大于/%	5	10	15	5	10	15
产浆量不小于/(L/kg)	2.8	2.3	2.0	2.8	2.3	2.0

表 3-2　建筑生石灰粉技术指标（JC/T 480—92）

项　　目		钙质生石灰			镁质生石灰		
		优等品	一等品	合格品	优等品	一等品	合格品
CaO＋MgO 含量不小于/%		85	80	75	80	75	70
CO_2 含量不大于/%		7	9	11	8	10	12
细度	0.99mm 筛的筛余不大于/%	0.2	0.5	1.5	0.2	0.5	1.5
	0.125mm 筛的筛余不大于/%	7.0	12.0	18.0	7.0	12.0	18.0

（2）建筑消石灰粉的技术要求　按《建筑消石灰粉》JC/T 481—92 的规定，建筑消石灰粉按氧化镁含量分为钙质消石灰、镁质消石灰粉、白云石消石灰粉等，每种又有优等品、一等品和合格品三个等级，技术指标见表 3-3。

表 3-3　建筑消石灰粉技术指标（JC/T 481—92）

项　　目		钙质生石灰			镁质生石灰			白云石消石灰粉		
		优等品	一等品	合格品	优等品	一等品	合格品	优等品	一等品	合格品
CaO＋MgO 含量不小于/%		70	65	60	65	60	55	65	60	55
游离水/%		0.4～2	0.4～2	0.4～2	0.4～2	0.4～2	0.4～2	0.4～2	0.4～2	0.4～2
体积安定性		合格	合格	—	合格	合格	—	合格	合格	—
细度	0.99mm 筛的筛余不大于/%	0	0	0.5	0	0	0.5	0	0	0.5
	0.125mm 筛的筛余不大于/%	3	10	15	3	10	15	3	10	15

五、石灰在建筑中的应用

1. 配制砂浆

石灰具有良好的可塑性和黏结性，常用来配制砂浆用于墙体的砌筑和抹面。石灰浆或消石灰粉与砂和水单独配制成的砂浆称石灰砂浆，与水泥、砂和水一起配制成的砂浆称混合砂浆。为了克服石灰浆收缩大的缺点，配制时常加入纸筋等纤维质材料。

2. 拌制三合土和灰土

三合土按生石灰粉（或消石灰粉）：黏土：砂子（或碎石、炉渣）＝1：2：3的比例来配制。灰土按石灰粉（或消石灰粉）：黏土＝1：（2～4）的比例来配制。它们主要用于建筑物的基础、路面或地面的垫层，也就是说用于与水接触的环境，这与其气硬性相矛盾。这可能是三合土和灰土在强力夯打之下，密实度大大提高，黏土中的少量活性 SiO_2 和活性 Al_2O_3 与石灰粉水化产物作用，生成了水硬性的水化硅酸钙和水化铝酸钙，从而有一定耐水性之故。

3. 制作石灰乳涂料

将消石灰粉或熟化好的石灰膏加入适量的水搅拌稀释，成为石灰乳，是一种廉价易得的涂料，主要用于内墙和天棚刷白，增加室内美观和亮度，我国农村也用于外墙。石灰乳可加入各种颜色的耐碱材料，以获得更好的装饰效果。

4. 生产硅酸盐制品

以石灰和硅质材料（如粉煤灰、石英砂、炉渣等）为原料，加水拌合，经成型，蒸养或蒸压处理等工序而成的建筑材料，统称为硅酸盐制品。如蒸压灰砂砖、粉煤灰砌块、硅酸盐砌块等，主要用作墙体材料。生石灰的水化产物 $Ca(OH)_2$ 能激发粉煤灰、炉渣等硅质工业废渣的活性，起碱性激发作用，$Ca(OH)_2$ 能与废渣中的活性 SiO_2、Al_2O_3 反应，生成有胶凝性、耐水性的水化硅酸钙和水化铝酸钙，这一原理在利用工业废渣生产建筑材料时广泛采用。

5. 磨制生石灰粉

建筑工程中大量用磨细生石灰来代替石灰膏和消石灰粉配制灰土或砂浆，或直接用于生产硅酸盐制品。磨细生石灰可不经预先消化和陈伏直接应用。因为这种石灰具有很高的细度，水化反应速度快，水化时体积膨胀均匀，避免了产生局部膨胀过大现象。另外，石灰中的过火石灰和欠火石灰被磨细，提高了石灰的质量和利用率。

6. 加固软土地基

块状生石灰可用来加固含水的软土地基（称为石灰桩）。它是在桩孔内灌入生石灰块，利用生石灰吸水熟化产生体积膨胀的特性来加固地基。

第二节　石　膏

石膏胶凝材料是一种以硫酸钙为主要成分的气硬性胶凝材料，其应用历史悠久。石膏胶凝材料及其制品具有轻质、强度较高、防火性能较好、温湿度调节性等许多优良的性质，原料来源丰富，生产能耗低，因而在建筑中已得到广泛应用。

一、石膏胶凝材料的生产简介

生产石膏胶凝材料的原料主要是天然二水石膏（$CaSO_4 \cdot 2H_2O$），又称生石膏、软石膏，纯净的石膏矿石呈无色透明或白色，但天然石膏常含有各种杂质而呈灰色、褐色、黄色、红色、黑色等颜色。

天然无水石膏（$CaSO_4$）又称天然硬石膏，结晶紧密，质地较天然二水石膏硬，只可用于生产无水石膏水泥和高温煅烧石膏等。

除天然原料外，也可用一些含有 $CaSO_4 \cdot 2H_2O$ 或含有 $CaSO_4 \cdot 2H_2O$ 与 $CaSO_4$ 的混合物的化工副产品及废渣（称为化工石膏）作为生产石膏的原料，如磷石膏是制造磷酸时的废渣，氟石膏是制造氟化氢时的废渣，此外还有盐石膏、硼石膏、锰石膏、钛石膏等。废渣中有酸性成分，要用水洗涤或用石灰中和，使成中性后才能使用。

生产石膏胶凝材料的主要工序有破碎、加热与磨细。由于加热方式和温度的不同可生产出不同品种的石膏胶凝材料。

将天然二水石膏（或主要成分为二水石膏的化工石膏）加热时，随着温度的升高将发生如下变化。

在常压下温度为 65～75℃时，$CaSO_4 \cdot 2H_2O$ 开始脱水，至 107～170℃时生成 β 型半水石膏（即建筑石膏，又称熟石膏），其反应式为：

$$CaSO_4 \cdot 2H_2O \xrightarrow{107\sim170℃} CaSO_4 \cdot \frac{1}{2}H_2O + 1\frac{1}{2}H_2O$$

若在蒸压条件下（0.3MPa，125℃）加热可生产晶粒较粗、较致密的 α 型半水石膏（即高强石膏）。

当加热温度为 170～200℃时，石膏继续脱水，生成可溶性硬石膏（$CaSO_4$ Ⅲ），与水调和后仍能很快凝结硬化；当温度升高到 200～250℃时，石膏中残留很少的水，凝结硬化非常缓慢，但遇水后还能生成半水石膏直至二水石膏。

当加热温度高于 400℃时，完全失去水分，形成不溶性硬石膏，也称死石膏（$CaSO_4$ Ⅱ）。它难溶于水，失去凝结硬化能力，但加入某些激发剂（如各种硫酸盐、石灰、煅烧白云石、粒化高炉矿渣等）混合磨细后，则重新具有水化硬化能力，成为无水石膏水泥（或称硬石膏水泥）。当温度高于 800℃时，部分石膏分解出 CaO，得到高温煅烧石膏，水化硬化后有较高强度的抗水性。

二、建筑石膏的水化与凝结硬化

建筑石膏主要成分为 β 型半水石膏 $\left(\beta CaSO_4 \cdot \frac{1}{2}H_2O\right)$，主要用于制作石膏建筑制品。

建筑石膏与适量的水拌合后，最初形成可塑性良好的浆体，但很快就失去塑性而产生凝结硬化，继而发展成为固体。发生这种现象的实质，是由于浆体内部经历了一系列的物理化学变化。首先，β 型半水石膏溶解于水，与水化合形成了二水石膏。水化反应按下式进行：

$$CaSO_4 \cdot \frac{1}{2}H_2O + 1\frac{1}{2}H_2O \longrightarrow CaSO_4 \cdot 2H_2O$$

由于二水石膏在常温下的溶解度仅为半水石膏溶解度的 1/5，故二水石膏胶体微粒就从溶液中结晶析出。这时溶液浓度降低，并且促使新的一批半水石膏又可继续溶解和水化。如此循环进行，直到半水石膏全部耗尽，转化为二水石膏。在这个过程中，随着水化的进行，二水石膏生成量不断增加，水分逐渐减少，浆体开始失去可塑性，这称为初凝。而后浆体继续变稠，颗粒之间的摩擦力和黏结力增加，完全失去可塑性，并开始产生结构强度，称为终凝。

石膏终凝后，其晶体颗粒仍在不断长大并连生并互相交错，结构中孔隙率逐渐减小，石膏强度也不断增长，直至剩余水分完全蒸发后，强度才停止发展，形成硬化后的石膏结构。这就是建筑石膏的硬化过程，如图 3-1 所示。

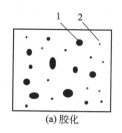 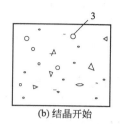 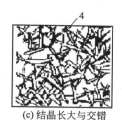

(a)胶化　　　　　　　　(b)结晶开始　　　　　　(c)结晶长大与交错

图 3-1　建筑石膏凝结硬化示意图

1—半水石膏；2—二水石膏微粒；3—二水石膏晶体；4—交错的晶体

三、建筑石膏及其制品的技术性质

1. 等级及技术标准

根据《建筑石膏》（GB 9776—2008）规定，建筑石膏按 2h 强度（抗折）分为 3.0、2.0、1.6 三个等级，具体质量指标见表 3-4 所示。

表 3-4　建筑石膏技术要求

等级	细度(0.2mm 方孔筛筛余)/%	凝结时间/min		2h 抗折强度/MPa	
		初凝	终凝	抗折	抗压
3.0				≥3.0	≥6.0
2.0	≤10	≥3	≤30	≥2.0	≥4.0
1.6				≥1.6	≥3.0

建筑石膏的密度约为 $2.60\sim2.75\text{g/cm}^3$，堆积密度约为 $800\sim1000\text{kg/m}^3$。建筑石膏产品的标记顺序为产品名称、代号、等级及标准编号。例如，等级为 2.0 的天然建筑石膏标记为：建筑石膏 N2.0 GB/T 9776—2008。

2. 建筑石膏的特性

（1）凝结硬化快　建筑石膏凝结硬化过程很快，初凝时间不小于 6min，终凝时间不超过 30min，在室内自然干燥条件下，一周左右完全硬化。所以在施工时往往要根据实际需要掺加适量的缓凝剂，如 0.1%～0.2%的动物胶、0.1%～0.5%的硼砂等。

（2）硬化时体积微膨胀　建筑石膏硬化时体积微膨胀（膨胀率为 0.05%～0.15%），这使得石膏制品表面光滑饱满、棱角清晰，干燥时不开裂。

（3）硬化后空隙率大、表观密度和强度较低　建筑石膏在使用时为获得良好的流动性，加入的水量往往比水化所需水分多。石膏凝结后，多余水分蒸发，在石膏硬化体内留下大量孔隙（孔隙率高达 50%～60%），故表观密度小，强度低，其硬化后的强度仅为 3～5MPa，但这已能满足用作隔墙和饰面的要求。

不同品种的石膏胶凝材料硬化后的强度差别很大。高强石膏硬化后的强度通常比建筑石膏要高 2～7 倍。

建筑石膏粉易吸潮，长期贮存会降低强度，因此建筑石膏粉在贮存及运输期间必须防潮，贮存时间一般不得超过三个月。

（4）绝热、吸声性良好　建筑石膏制品的热导率较小，一般为 0.121～0.205W/(m·K)，具有良好的绝热能力。

（5）防火性能良好　建筑石膏硬化后生成二水石膏，遇火时，由于石膏中结晶水吸收热量蒸发，在制品表面形成蒸汽幕，有效阻止火的蔓延，并且无有害气体产生。制品厚度越大，防火性能越好。但建筑石膏制品不宜长期用于靠近 65℃ 以上高温的部位，以免二水石膏在此温度作用下脱水分解而失去强度。

（6）有一定的调温调湿性　建筑石膏热容量大、吸湿性强，所以能对室内温度和湿度起到一定的调节作用。

（7）耐水性、抗冻性差　因建筑石膏硬化后具有很强的吸湿性，在潮湿环境中会削弱晶体间结合力，使强度显著下降。调水时晶体溶解而引起破坏，吸水后再受冻，孔隙内水分结冰而制品崩裂。因此，建筑石膏不耐水，不抗冻。

（8）加工性和装饰性好　石膏硬化体可锯、钉、刨、打眼，便于施工；其制品表面细腻平整，色洁白，极富装饰性。

四、建筑石膏的应用

石膏在建筑中的应用十分广泛，可用来制作各种石膏板、建筑艺术配件及建筑装饰、彩色石膏制品、石膏砖、空心石膏砌块、石膏混凝土、粉刷石膏和人造大理石等。另外，石膏也作为重要的外加剂，用于水泥及硅酸盐制品中。

1. 粉刷石膏

粉刷石膏是由建筑石膏或由建筑石膏和 $CaSO_4$ Ⅱ二者混合后再加入外加剂、细集料等而制成的气硬性胶凝材料。其按用途可分为面层粉刷石膏（M）、底层粉刷石膏（D）和保温层粉刷石膏（W）三类。

粉刷石膏产品标记的顺序为产品名称、代号、等级和标准号。例如，优等品面层粉刷石膏的标记为：粉刷石膏 MA−JC/T 517。

2. 建筑石膏制品

建筑石膏制品的种类很多，如纸面石膏板、空心石膏条板、石膏砌块和装饰石膏制品等。主要用作分室墙、内隔墙、吊顶和装饰。

纸面石膏板是以建筑石膏为主要原料，掺入纤维、外加剂和适量的轻质填料等，加水拌成料浆，浇筑在行进中的纸面上，成型后再覆以上层面纸。料浆经过凝固形成芯材，经切断、烘干，使芯材与护面纸牢固地结合在一起。

空心石膏条板生产方法与普通混凝土空心板类似。生产时常加入纤维材料或轻质填料，以提高板的抗折强度和减轻自重。多用于民用住宅的分室墙。

建筑石膏配以纤维增强材料、胶黏剂等可制成石膏角线、线板、角花、灯圈、罗马柱和雕塑等艺术装饰石膏制品。

第三节　水　玻　璃

水玻璃俗称泡花碱，是一种能溶于水的硅酸盐，由不同比例的碱金属氧化物和二氧化硅所组成，化学通式为 $R_2O \cdot nSiO_2$。其中，n 是二氧化硅与碱性氧化物之间的摩尔比，为水玻璃的模数，一般在 1.5～3.5 之间。目前最常用的是硅酸钠水玻璃 $Na_2O \cdot nSiO_2$，还有硅酸钾水玻璃 $K_2O \cdot nSiO_2$。

一、水玻璃的生产

水玻璃的生产方法有湿法生产和干法生产两种。湿法生产是将石英砂和氢氧化钠水溶液在压蒸锅（0.2～0.3MPa）内用蒸汽加热溶解，并搅拌，使直接反应生成液体水玻璃。干法是将石英砂和碳酸钠磨细拌匀，在熔炉中于1300～1400℃温度下熔融，其反应式如下：

$$Na_2CO_3 + nSiO_2 \longrightarrow Na_2O \cdot nSiO_2 + CO_2 \uparrow$$

熔融的水玻璃冷却后得到固态水玻璃，然后在0.3～0.8MPa的蒸压釜内加热溶解成胶状玻璃溶液。

液体水玻璃因所含杂质不同，而呈青灰色、绿色或淡黄色黏稠状，以无色透明的水玻璃为最好。

水玻璃具有良好的黏结性能，水玻璃的模数越大，胶体组分越多，越难溶于水，黏结能力越强。液体水玻璃可以与水按任意比例混合成不同浓度的溶液。同一模数的水玻璃，浓度越稠，则密度越大，黏结力越强。在水玻璃溶液中加入少量添加剂，如尿素，可以不改变黏度而提高黏结力25%左右。建筑工程中常用的水玻璃模数为2.5～3.5，相对密度为1.3～1.5。

水玻璃应在密闭的条件下存放。长时间存放后，水玻璃会产生一定的沉淀，使用时应搅拌均匀。

二、水玻璃的硬化

水玻璃溶液在空气中吸收CO_2，析出无定形硅酸凝胶，并逐渐干燥而硬化，其反应式为：

$$Na_2O \cdot nSiO_2 + CO_2 + mH_2O \longrightarrow Na_2CO_3 + nSiO_2 \cdot mH_2O$$

上述反应过程进行缓慢。为加速硬化，常在水玻璃中加入氟硅酸钠（Na_2SiF_6）作为促硬剂，促使硅酸凝胶加速析出，其反应式如下：

$$2[Na_2O \cdot nSiO_2] + Na_2SiF_6 + mH_2O \longrightarrow 6NaF + (2n+1)SiO_2 \cdot mH_2O$$

氟硅酸钠的适宜掺量为水玻璃质量的12%～15%。用量太少，硬化速度慢、强度低，且未反应的水玻璃易溶于水，导致耐水性差；用量过多，则凝结过快，造成施工困难，且渗透性大，强度也低。氟硅酸钠有毒，操作时应注意安全。

三、水玻璃的特性与应用

1. 水玻璃硬化后特性

水玻璃硬化后具有如下性能特性。

① 具有较高的强度，且硬化时析出的硅酸凝胶有堵塞毛细孔隙而防止水分渗透的作用。

② 耐酸性强，能抵抗大多数无机酸和有机酸的作用。

③ 耐热温度一般可达到800～1200℃，在高温下不燃烧，不分解，强度不降低，甚至有所增加。

④ 耐碱性和耐水性较差，因为水玻璃在加入氟硅酸钠后，仍然会有少量水玻璃不能硬化，而$Na_2O \cdot nSiO_2$能溶于碱和水。

2. 水玻璃的用途

利用水玻璃的上述性能，在建筑工程上主要有以下几个方面的用途。

① 涂刷建筑物表面，提高抗风化能力。以相对密度为1.35左右的水玻璃溶液，涂刷于天然石材、黏土砖、硅酸盐制品和水泥混凝土等多孔材料表面，使其渗入材料的空隙中，可提高材料的密实度、强度和抗风化性能。这是因为水玻璃与空气中的CO_2反应生成硅酸凝胶，同时水玻璃也与材料中的$Ca(OH)_2$反应生成硅酸钙凝胶，两者填充于材料的空隙，使

材料致密。但是石膏制品表面不能涂刷水玻璃，因为硅酸钠与硅酸钙反应生成硫酸钠，在制品空隙中结晶，体积显著膨胀，导致制品膨胀。

②　以水玻璃为胶结料，加入氟硅酸钠促硬剂和一定级配的耐酸粉料和耐酸粗、细集料配制成的耐酸浆体、耐酸砂浆和耐酸混凝土，用于化学、冶金、金属等防腐蚀工程。如铺砌耐酸板材，抹耐酸整体面层，浇筑耐酸地面和设备基础、耐酸楼面及浇筑各种有耐酸要求的池、罐、贮槽等。

③　用水玻璃加促硬剂，与黏土熟料、铬铁矿等磨细填料或粗、细集料可配制成耐热砂浆和耐热混凝土，用于高炉基础、热工设备基础及维护结构等耐热工程。

④　将液态水玻璃和氯化钙溶液交替注入土壤中，两者反应析出硅酸胶体，能起胶结和填充孔隙的作用，并可阻止水分的渗透，提高土壤密度和强度。

⑤　水玻璃中加入 2～5 种矾，可配制成各种快凝防水剂。掺入到水泥浆、砂浆或混凝土中，可堵漏、填缝及作局部抢修。

思考题与习题

1. 过火石灰、欠火石灰对石灰性能有什么影响？如何消除？
2. 简述石灰的硬化过程。
3. 为何石灰除粉刷外一般不单独使用石灰浆？
4. 建筑石膏制品为何一般不适于室外？
5. 水玻璃的模数、浓度与性能有何关系？
6. 水玻璃的硬化有何特点？

第四章　水　　泥

>>> **内容提要**

　　本章主要阐述水泥的定义、分类和水泥作为一种胶凝材料的发展历程；详细介绍了硅酸盐类水泥、掺混合材料的硅酸盐水泥、铝酸盐水泥、硫酸盐水泥以及硫铝酸盐水泥的定义与性质、技术标准等基本知识，并对其他品种水泥作了一般性的介绍。

第一节　水　泥　概　述

一、水泥的历史

　　水泥的历史最早可追溯到古罗马，当时人们在建筑中使用石灰与火山灰的混合物，这种混合物与现代的石灰火山灰水泥很相似。用它胶结碎石制成的混凝土，硬化后不但强度较高，而且还能抵抗淡水或含盐水的侵蚀。1756 年，英国工程师 J. 斯米顿烧制含有黏土的石灰石，可获得水硬性石灰，这个重要的发现为近代水泥的研制和发展奠定了理论基础。1796年，英国人 J. 帕克用泥灰岩烧制出了一种水泥，外观呈棕色，很像古罗马时代的石灰和火山灰混合物，命名为罗马水泥。因为它是采用天然泥灰岩作原料，不经配料直接烧制而成的，故又名天然水泥。它具有良好的水硬性和快凝特性，特别适用于与水接触的工程。1813年，法国的土木技师毕加发现了石灰和黏土按 3∶1 混合制成的水泥性能最好。1824 年，英国建筑工人约瑟夫•阿斯谱丁（Joseph Aspdin）发明了水泥并取得了波特兰水泥的专利权。他用石灰石和黏土为原料，按一定比例配合后，在类似于烧石灰的立窑内煅烧成熟料，再经磨细制成水泥。因水泥硬化后的颜色与英格兰岛上波特兰地方用于建筑的石头相似，被命名为波特兰水泥。它具有优良的建筑性能，在水泥史上具有划时代意义。1907 年，法国比埃利用铝矿石的铁矾土代替黏土，混合石灰岩烧制成了水泥。由于这种水泥含有大量的氧化铝，所以叫做矾土水泥。1893 年，日本远藤秀行和内海三贞二人发明了不怕海水的硅酸盐水泥。20 世纪，人们在不断改进波特兰水泥性能的同时，研制成功了一批适用于特殊建筑工程的水泥，水泥品种已发展到 100 多种。

二、水泥的分类

　　水泥的品种很多，按矿物成分可分为硅酸盐水泥、铝酸盐水泥、硫铝酸盐水泥、氟铝酸盐水泥、铁铝酸盐水泥以及少熟料或无熟料水泥等；按用途和性能分类可分为通用水泥、专用水泥和特性水泥三大类。

　　1. 通用水泥

　　一般土木建筑工程通常采用的水泥。《通用硅酸盐水泥》（GB 175—2007）规定，通用硅酸盐水泥按混合材料的品种和掺量分为硅酸盐水泥、普通硅酸盐水泥、矿渣硅酸盐水泥、火山灰质硅酸盐水泥、粉煤灰硅酸盐水泥和复合硅酸盐水泥六大品种。

　　2. 专用水泥

　　专用水泥是指专门用途的水泥，如油井水泥、道路硅酸盐水泥等。

3. 特性水泥

某种性能比较突出的水泥，如快硬硅酸盐水泥、低热矿渣硅酸盐水泥、膨胀硫铝酸盐水泥、磷酸盐水泥等。

三、水泥的定义

《水泥的命名、定义和术语》（GB/T 4131—1997）中将水泥定义为：加水拌成塑性浆体，能胶结砂、石等适当材料并能在空气和水中硬化的粉状水硬性胶凝材料。

四、通用硅酸盐水泥组分

通用硅酸盐水泥六大品种各品种的组分和代号应符合表 4-1 的规定。

表 4-1 通用硅酸盐水泥的组分材料及掺量 ％

品种	代号	组　分				
		熟料＋石膏	粒化高炉矿渣	火山灰质混合材料	粉煤灰	石灰石
硅酸盐水泥	P·Ⅰ	100	—			
	P·Ⅱ	≥95	≤5			
		≥95				≤5
普通硅酸盐水泥	P·O	≥80 且＜95	>5 且≤20			
矿渣硅酸盐水泥	P·S·A	≥50 且＜80	>20 且≤50			
	P·S·B	≥30 且＜50	>50 且≤70			
火山灰质硅酸盐水泥	P·P	≥60 且＜80		>20 且≤40		
粉煤灰硅酸盐水泥	P·F	≥60 且＜80			>20 且≤40	
复合硅酸盐水泥	P·C	≥80 且＜80	>20 且≤50			

硅酸盐水泥的组分材料主要有以下几种。

① 硅酸盐水泥熟料：由主要含 CaO、SiO_2、Al_2O_3、Fe_2O_3 的原料，按适当比例磨成细粉烧至部分熔融所得以硅酸钙为主要矿物成分的水硬性胶凝物质。通常由硅酸三钙（C_3S）、硅酸二钙（C_2S）、铝酸三钙（C_3A）、铁铝酸四钙（C_4AF）四种矿物组成。其中硅酸钙矿物不小于 66％，氧化钙和氧化硅质量比不小于 2.0。

② 石膏：天然石膏或工业副产品石膏。天然石膏应符合《天然石膏》（GB/T 5483—2008）中规定的 G 类或 M 类二级（含）以上的石膏或混合石膏标准。工业副产石膏即以硫酸钙为主要成分的工业副产物，采用前应经过试验证明对水泥性能无害。

③ 活性混合材料：系指符合《用于水泥中的粒化高炉矿渣》（GB/T 203—2008）、《用于水泥和混凝土中的粒化高炉矿渣粉》（GB/T 18046—2008）、《用于水泥和混凝土中的粉煤灰》（GB/T 1596—2005）、《用于水泥中的火山灰质混合材料》（GB/T 2847—2005）标准要求的粒化高炉矿渣、粒化高炉矿渣粉、粉煤灰、火山灰质混合材料。火山灰质混合材料按其成因，分成天然和人工的两大类。

④ 非活性混合材料：活性指标分别低于 GB/T 203、GB/T 18046、GB/T 1596、GB/T 2847 标准要求的粒化高炉矿渣、粒化高炉矿渣粉、粉煤灰、火山灰质混合材料；还有石灰石、砂岩等，其中石灰石中的三氧化二铝含量应不大于 2.5％。

⑤ 窑灰：从水泥回转窑窑尾废气中收集的粉尘。符合《掺入水泥中的回转窑窑灰》

（JC/T 742—2009）的规定。

⑥ 助磨剂：水泥粉磨时允许加入助磨剂，其加入量应不大于水泥质量的 0.5%，助磨剂应符合《水泥助磨剂》（JC/T 667—2004）的规定。

第二节　硅酸盐水泥

一、硅酸盐水泥的定义

硅酸盐水泥是由硅酸盐水泥熟料、0%～5%石灰石或粒化高炉矿渣、适量石膏磨细制成的水硬性胶凝材料，称为硅酸盐水泥（即国外通称的波特兰水泥）。硅酸盐水泥分两种类型，不掺混合材料的称为Ⅰ型硅酸盐水泥，代号 P·Ⅰ。在硅酸盐水泥粉磨时掺加不超过水泥质量5%的石灰石或粒化高炉矿渣混合材料的称为Ⅱ型硅酸盐水泥，代号 P·Ⅱ。

二、硅酸盐水泥的生产工艺

生产硅酸盐水泥的原料主要是石灰质原料和黏土质原料。石灰质原料提供氧化钙，它可以采用石灰石、白垩、石灰质凝灰岩等。黏土质原料主要提供 SiO_2、Al_2O_3 及少量 Fe_2O_3，可以采用黏土、页岩等。有时还需配入辅助原料，如铁矿石、硅石等。水泥生产工艺的主要过程是原料破碎粉磨后制成生料，然后再把生料送入到高温窑炉中煅烧成熟料，最后将熟料与适量石膏混合磨细制成水泥。生产工艺大概需要经过矿山开采、原料破碎、黏土烘干、生料粉磨、熟料煅烧、熟料冷却、水泥粉磨及成品包装等多道工序。硅酸盐水泥简单生产过程如图 4-1 所示。

图 4-1　硅酸盐水泥熟料的生产流程

首先将几种原材料按适当比例混合后在磨机中磨细，制成生料，然后将生料入窑进行煅烧。煅烧后获得黑色块状熟料，熟料与少量石膏混合磨细即成水泥。煅烧是水泥生产的主要过程，生料脱水和分解出 CaO、SiO_2、Al_2O_3、Fe_2O_3，然后在更高的温度下 CaO 与 SiO_2、Al_2O_3、Fe_2O_3 相结合，形成新的化合物，称为水泥熟料矿物。其生产过程通常可概括为"两磨一烧"，可分为以下三个步骤。

① 生料制备：即将石灰质原料、黏土质原料与少量校正原料经破碎后按一定比例配合、磨细并调配为成分合适、量质均匀的生料。

② 熟料煅烧：将生料放在水泥窑内煅烧至部分熔融，得到以硅酸钙为主要成分的硅酸盐水泥熟料。

③ 水泥粉磨及出厂：将适量石膏、混合材或添加剂加入熟料中，共同磨细为水泥，并包装出厂。

三、硅酸盐水泥熟料矿物组成及其特性

硅酸盐水泥熟料的主要矿物如下：硅酸三钙（$3CaO·SiO_2$，简写为 C_3S），含量 36%～60%；硅酸二钙（$2CaO·SiO_2$，简写为 C_2S），含量 15%～37%；铝酸三钙

（3CaO·Al$_2$O$_3$，简写为 C$_3$A），含量 7%～15%；铁铝酸四钙（4CaO·Al$_2$O$_3$·Fe$_2$O$_3$，简写为 C$_4$AF），含量 10%～18%。前两种矿物称硅酸盐矿物，一般占总量的 75%～82%。后两种矿物称溶剂矿物，一般占总量的 18%～25%。各种矿物单独与水作用时所表现出的特性如表 4-2 所示。

表 4-2　硅酸盐水泥熟料中四种矿物的技术特性

性能指标		熟料矿物			
		C$_3$S	C$_2$S	C$_3$A	C$_4$AF
水化速率		较快	慢	最快	快
耐化学侵蚀性		较差	良	差	优
干缩性		中	小	大	小
水化热		高	低	最高	中
强度	早期	高	低	中	低
	后期	高	高	低	中

水泥矿物组成对强度、水化速率和水化热的影响如下。

① 硅酸三钙水化快，28d 强度可达其一年强度的 70%～80%，就 28d 或一年强度而言，是四种矿物中最高的。其含量通常为 50%，有时甚至高达 60% 以上。含量越高，水泥的 28d 强度越高，但水化热也越高。

② 硅酸二钙水化较慢，早期强度低，1 年以后，赶上 C$_3$S；其含量一般为 20% 左右。含量越高，水泥的长期强度越高，且水化热也越小。

③ 铝酸三钙水化迅速，放热多，凝结很快，如不加石膏等缓凝剂，易使水泥急凝；它的强度 3d 内就大部分发挥出来，故早期强度较高，但绝对值不高，以后几乎不再增长，甚至倒缩。所以，其含量应控制在一定的范围内。

④ 铁铝酸四钙 C$_4$AF 早期强度类似 C$_3$A，而后期还能不断增长，类似于 C$_2$S。C$_3$A 与 C$_4$AF 之和占 22% 左右。

各种矿物的放热量和强度，是指全部放热量和最终强度，至于其发展规律则如图 4-2 和图 4-3 所示。

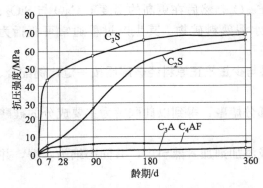

图 4-2　水泥熟料在硬化时的强度增长曲线

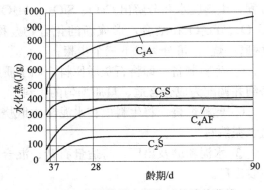

图 4-3　水泥熟料在硬化时的放热曲线

水泥熟料是由几种不同特性的矿物所组成的混合物，改变熟料矿物成分之间的比例，水泥的性质即发生相应的变化。例如，要使用水泥具有凝结硬化快、强度高的性能，就必须适

当提高熟料中 C_3S 和 C_3A 的含量；要使用水泥具有较低的水化热，就应降低 C_3A 和 C_3S 的含量。

四、水泥的质量标准

1. 水泥的物理指标

（1）细度　细度是指水泥颗粒的粗细程度。水泥颗粒的粗细对水泥的性质有很大的影响。颗粒越细，水泥的表面积就越大，因而水化较快、充分，水泥的早期强度较高。但磨制特细的水泥将消耗较多的粉磨能量，成本增高，而且在空气中硬化时收缩也较大。

硅酸盐水泥和普通硅酸盐水泥的细度以比表面积表示，不小于 $300m^2/kg$；矿渣硅酸盐水泥、火山灰质硅酸盐水泥、粉煤灰硅酸盐水泥和复合硅酸盐水泥的细度以筛余表示，$80\mu m$ 方孔筛筛余不大于 10% 或 $45\mu m$ 方孔筛筛余不大于 30%。

（2）标准稠度用水量　标准稠度用水量是指水泥拌制成特定的塑性状态（标准稠度）时所需的用水量（以占水泥质量的百分数表示）。由于用水量多少对水泥的一些技术性质（如凝结时间）有很大影响，所以测定这些性质必须采用标准稠度用水量，这样测定的结果才有可比性。硅酸盐水泥的标准稠度需水量与矿物组成及细度有关，一般在 24%～30% 之间。

（3）凝结时间　水泥的凝结时间分为初凝和终凝。初凝时间为自水泥加水拌合时起，到水泥浆（标准稠度）开始失去可塑性为止所需的时间。终凝时间为自水泥加水拌合时起，至水泥浆完全失去可塑性并开始产生强度所需的时间。

水泥的凝结时间在施工中具有重要意义。初凝的时间不宜过快，以便有足够的时间对混凝土进行搅拌、运输和浇筑。当施工完毕之后，则要求混凝土尽快硬化，产生强度，以利下一步施工工作的进行。为此，水泥终凝时间又不宜过迟。

水泥凝结时间的测定，是以标准稠度的水泥净浆，在规定温度和湿度条件下，用凝结时间测定仪进行。国家标准《通用硅酸盐水泥》（GB 175—2007）规定，硅酸盐水泥初凝不小于 45min，终凝不大于 390min；普通硅酸盐水泥、矿渣硅酸盐水泥、火山灰质硅酸盐水泥、粉煤灰硅酸盐水泥和复合硅酸盐水泥初凝不小于 45min，终凝不大于 600min。实际上，硅酸盐水泥的初凝时间一般为 60～180min，终凝时间为 300～480min。凡初凝时间不符合规定者为废品，终凝时间不符合规定者为不合格品。

（4）安定性　水泥的体积安定性是指水泥在凝结硬化过程中，体积变化的均匀性。如水泥硬化后产生不均匀的体积变化，即为体积安定性不良。使用安定性不良的水泥，能使构件产生膨胀性裂缝，降低工程质量，甚至引起严重事故。

引起体积安全性不良的原因是水泥中含有过多的游离氧化钙和游离氧化镁以及水泥粉磨时所掺入石膏超量。熟料中的游离氧化钙和游离氧化镁是在高温下生成的，属过烧石灰。水化很慢，产生体积膨胀，破坏已经硬化的水泥石结构，出现龟裂、弯曲、松脆、崩溃等现象。当水泥熟料中石膏掺量过多时，在水泥硬化后，其三氧化硫还会继续与固态的水化铝酸钙反应生成水化硫铝酸钙，体积膨胀引起水泥石开裂。

安定性的测定方法可以用雷氏法（标准法），也可用试饼法（代用法）。试饼法是观察水泥净浆试饼沸煮后的外形变化，目测试饼未发现裂缝，也没有弯曲，即认为安定性合格。雷氏法是测定水泥净浆在雷氏夹中沸煮后膨胀值，当两个试件沸煮后的膨胀平均值不大于 5mm 时，即认为安定性合格。当试饼法与雷氏法有争议时以雷氏法为准。

游离氧化钙引起的安定性不良，必须采用沸煮法检验。由游离氧化镁引起的安定性不良，必须采用压蒸法才能检验出来，因为游离氧化镁的水化比游离氧化钙更缓慢。由三氧化硫造成的安定性不良，则需长期浸在常温水中才能发现。由于这两种原因引起的安定性不良均不便于检验，所以《通用硅酸盐水泥》（GB 175—2007）规定，水泥中氧化镁含量不得超过 5.0%，若经过压蒸试验水泥的安定性合格，可放宽到 6.0%；三氧化硫含量不得超过 3.5%，以保证安定性良好。

国家标准规定，水泥安定性必须合格。安定性不良的水泥应作废品处理，不得用于工程中。

（5）强度　强度是选用水泥的主要技术指标。由于水泥在硬化过程中强度是逐渐增长的，所以常以不同龄期强度表明水泥强度的增长速率。目前我国测定水泥强度的试验按照《水泥胶砂强度检验方法（ISO 法）》（GB/T 17671—1999）进行。该法是将水泥、标准砂及水按规定比例拌制成塑性水泥胶砂，并按规定方法制成 40mm×40mm×160mm 的试件，达到规定龄期，测定其抗折及抗压强度。

水泥强度是评定水泥质量的重要指标，通常把 28d 以前的强度称为早期强度，28d 及其后的强度则称为后期强度。按早期强度大小又分为两种类型，普通型和早强型（R 型）。不同品种、不同强度等级的通用硅酸盐水泥，其不同龄期的强度应符合表 4-3 的规定。

表 4-3　通用硅酸盐水泥不同龄期的强度

品　种	强度等级	抗压强度/MPa		抗折强度/MPa	
		3d	28d	3d	28d
硅酸盐水泥	42.5	≥17.0	≥42.5	≥3.5	≥6.5
	42.5R	≥22.0		≥4.0	
	52.5	≥23.0	≥52.5	≥4.0	≥7.0
	52.5R	≥27.0		≥5.0	
	62.5	≥28.0	≥62.5	≥5.0	≥8.0
	62.5R	≥32.0		≥5.5	
普通硅酸盐水泥	42.5	≥17.0	≥42.5	≥3.5	≥6.5
	42.5R	≥22.0		≥4.0	
	52.5	≥23.0	≥52.5	≥4.0	≥7.0
	52.5R	≥27.0		≥5.0	
矿渣硅酸盐水泥 火山灰硅酸盐水泥 粉煤灰硅酸盐水泥 复合硅酸盐水泥	32.5	≥10.0	≥32.5	≥2.5	≥5.5
	32.5R	≥15.0		≥3.5	
	42.5	≥15.0	≥42.5	≥3.5	≥6.5
	42.5R	≥19.0		≥4.0	
	52.5	≥21.0	≥52.5	≥4.0	≥7.0
	52.5R	≥23.0		≥4.5	

2. 水泥的化学指标

通用硅酸盐水泥的化学指标应符合表 4-4 的规定。

表 4-4　通用硅酸盐水泥的化学指标　　　　　　%

品种	代号	不溶物（质量分数）	烧失量（质量分数）	三氧化硫（质量分数）	氧化镁（质量分数）	氯离子（质量分数）
硅酸盐水泥	P·Ⅰ	≤0.75	≤3.0	≤3.5	≤5.0	≤0.06
	P·Ⅱ	≤1.50	≤3.5			
普通硅酸盐水泥	P·O	—	≤5.0			
矿渣硅酸盐水泥	P·S·A	—	—	≤4.0	≤6.0	
	P·S·B	—	—		—	
火山灰质硅酸盐水泥	P·P	—	—	≤3.5	≤6.0	
粉煤灰硅酸盐水泥	P·F	—	—			
复合硅酸盐水泥	P·C					

在表 4-4 中，如果硅酸盐水泥和普通硅酸盐水泥的压蒸试验合格，则水泥中氧化镁的含量（质量分数）允许放宽至 6.0%。如果矿渣硅酸盐水泥、火山灰质硅酸盐水泥、粉煤灰硅酸盐水泥和复合硅酸盐水泥中氧化镁的含量（质量分数）大于 6.0% 时，需进行水泥压蒸安定性试验并合格。当对水泥的氯离子含量（质量分数）有更低要求时，该指标由买卖双方协商确定。

3. 碱含量（选择性指标）

水泥中碱含量按 $Na_2O+0.658K_2O$ 计算值表示。若使用活性集料，用户要求提供低碱水泥时，水泥中的碱含量应不大于 0.60% 或由买卖双方协商确定。

五、硅酸盐水泥的水化反应与凝结硬化

水泥加水拌合后，最初形成具有可塑性又有流动性的浆体，经过一定时间，水泥浆体逐渐变稠失去塑性，这一过程称为凝结。随时间继续增长产生强度，强度逐渐提高，并变成坚硬的石状物体——水泥石，这一过程称为硬化。水泥凝结与硬化是一个连续的复杂的物理化学变化过程，这些变化决定了水泥一系列的技术性能。因此，了解水泥的凝结与硬化过程，对于了解水泥的性能有着重要的意义。

1. 硅酸盐水泥加水后的水化产物

水泥颗粒与水接触后，水泥熟料各矿物立即与水发生水化作用，生成新的水化物，并放出一定的热量。

（1）硅酸三钙　硅酸三钙与水作用时，反应较快，水化放热量大，生成水化硅酸钙（C-S-H）及氢氧化钙（CH），水化过程如下：

$$3CaO \cdot SiO_2 + nH_2O \longrightarrow xCaO \cdot 2SiO_2 \cdot yH_2O + (3-x)Ca(OH)_2$$

水化硅酸钙几乎不溶于水，而立即以胶体微粒析出，并逐渐凝聚成为凝胶。氢氧化钙呈六方晶体，有一定溶解性，使溶液的石灰浓度很快达到饱和状态。因此，各矿物成分的水化主要是在石灰饱和溶液中进行的。

（2）硅酸二钙　硅酸二钙与水作用时，反应较慢，水化放热小，生成水化硅酸钙，也有氢氧化钙析出，水化过程如下：

$$2CaO \cdot SiO_2 + mH_2O \longrightarrow xCaO \cdot SiO_2 \cdot yH_2O + (2-x)Ca(OH)_2$$

水化硅酸钙在 C/S 和形貌方面与 C_3S 水化生成的产物都无大区别，故也称为 C-S-H 凝胶。但 CH 生成量比 C_3S 的少，结晶却粗大些。

（3）铝酸三钙　C_3A 水化产物组成与结构受溶液中氧化钙、氧化铝离子浓度和温度影响很大。

① 无石膏环境　C_3A 水化生成不同结晶水的水化铝酸钙（C_4AH_{19}、C_4AH_{13}、C_3AH_6、C_2AH_8等）。常温下，有如下反应：

$$2(3CaO \cdot Al_2O_3) + 27H_2O === 4CaO \cdot Al_2O_3 \cdot 19H_2O + 2CaO \cdot Al_2O_3 \cdot 8H_2O$$

即　　　　　　　$$2C_3A + 27H === C_4AH_{19} + C_2AH_8$$

C_4AH_{19} 在低于 85％ 相对湿度时，即失去 6 个 H，而成为 C_4AH_{13}。

C_4AH_{19}、C_4AH_{13}、C_2AH_8 均为六方片状晶体，在常温下处于介稳状态，有向 C_3AH_6 等轴晶体转化的趋势，其水化反应为：

$$C_4AH_{13} + C_2AH_8 === 2C_3AH_6 + 9H$$

此转变随温度的升高而加速，而 C_3A 本身的水化热很高，所以极易转变成 C_3AH_6。在温度较高（35℃以上）的情况下，甚至 C_3A 可以直接生成水石榴石（C_3AH_6），其水化反应为：

$$C_3A + 6H === C_3AH_6$$

在液相的氧化钙浓度达到饱和时，其水化反应为：

$$C_3A + CH + 12H === C_4AH_{13}$$

此反应在硅酸盐水泥浆体的碱性液相中最容易发生，而处于碱性介质中的 C_4AH_{13} 在室温下又能稳定存在，其数量迅速增多，就足以阻碍粒子的相对运动，据认为是使浆体产生瞬时凝结的一个主要原因。

② 石膏环境　在有石膏的情况下，C_3A 水化的最终产物与石膏掺入量有关。最初形成的三硫型水化硫铝酸钙，简称钙矾石。由于其中的铝可被铁置换而成为含铝、铁的三硫型水化硫铝酸盐，故常用 AFt 表示。钙矾石结晶完好，属三方晶系，为柱状结构，其结构式可以写成 $3CaO \cdot Al_2O_3 \cdot 3CaSO_4 \cdot 32H_2O$。若 $CaSO_4 \cdot 2H_2O$ 在 C_3A 完全水化前耗尽，则钙矾石与 C_3A 作用转化为单硫型水化硫铝酸钙（$3CaO \cdot Al_2O_3 \cdot CaSO_4 \cdot 12H_2O$），以 AFm 表示，它也属三方晶系，呈层状结构。

（4）铁铝酸四钙　它的水化速率比 C_3A 略慢，水化热较低，即使单独水化也不会引起快凝。其水化反应及其产物与 C_3A 很相似。

2. 水泥的凝结硬化过程

水泥的凝结硬化过程是很复杂的物理化学变化过程。自 1882 年以来，世界各国学者对水泥凝结硬化的理论经过了一百多年的研究，至今仍持有各种论点。水泥加水拌合后，凝结硬化过程大致分为四个阶段：初始反应期、诱导期、凝结期、硬化期。

（1）初始反应期　水泥的水化反应首先在水泥颗粒表面剧烈地进行，生成的水化物溶于水中。此种作用继续下去，使水泥颗粒周围的溶液很快地成为水化产物的饱和溶液。

（2）诱导期　此后，水泥继续水化，在饱和溶液中生成的水化产物，便从溶液中析出，包覆在水泥颗粒表面，使得水化反应进行较缓慢，这一阶段称作诱导期。水化产物中的氢氧化钙、水化铝酸钙和水化硫铝酸钙是结晶程度较高的物质，而数量多的水化硅酸钙则是大小为 $10 \sim 1000$ Å 的粒子（或结晶），比表面积很大，相当于胶体物质，胶体凝聚便形成凝体。由此可见，水泥水化物中有凝胶和晶体。以水化硅酸钙凝胶为主体，其中分布着氢氧化钙等晶体的结构，通常称之为凝胶体。水化开始时，由于水化物尚不多，包有凝胶体膜层的水泥颗粒之间还是分离着的，相互间引力较小，此时水泥浆具有良好的塑性。

(3) 凝结期 随着水泥颗粒不断水化，凝胶体膜层不断增厚而破裂，并继续扩展，在水泥颗粒之间形成了网状结构，水泥浆体逐渐变稠，黏度不断增高，失去塑性，这就是水泥的凝结过程。

(4) 硬化期 以上过程不断地进行，水化产物不断生成并填充颗粒之间空隙，毛细孔越来越少，使结构更加紧密，水泥浆体逐渐产生强度而进入硬化阶段。

由上述可见，水泥的水化反应是由颗粒表面逐渐深入到内层。当水化物增多时，堆积在水泥颗粒周围的水化物不断增加，以致阻碍水分继续透入，使水泥颗粒内部的水化越来越困难，经过长时间（几个月，甚至几年）的水化以后，多数颗粒仍剩余尚未水化的内核。因此，硬化后的水泥石是由凝胶体（凝胶和晶体）、未水化水泥颗粒内核和毛细孔组成的不匀质结构体。

关于熟料矿物在水泥石强度发展过程中所起的作用，可以认为硅酸三钙在最初约四周以内对水泥石强度起决定性作用；硅酸二钙在大约四周以后才发挥其强度作用，大约经过一年，与硅酸三钙对水泥石强度发挥相等的作用；铝酸三钙在 $1\sim3d$ 或稍长的时间内对水泥石强度起有益作用。目前对铁铝酸四钙在水泥水化时所起的作用，认识还存在分歧，各方面试验结果也有较大差异。多数人认为铁铝酸四钙水化速率不低，但到后期由于生成凝胶而阻止了进一步的水化。

3. 影响水泥凝结硬化的主要因素

水泥的凝结硬化过程除受本身的矿物组成影响外，尚受以下因素的影响。

(1) 细度 水泥颗粒越细，总表面积越大，与水接触的面积也越大，则水化速度越快，凝结硬化也越快。

(2) 石膏掺量 水泥中掺入石膏，可调节水泥凝结硬化的速度。在磨细水泥熟料时，若不掺入少量石膏，则所获得的水泥浆可在很短时间内迅速凝结。这是由于铝酸钙电离出高价铝离子 (Al^{3+})，而高价离子可促进胶体凝聚。当掺入少量石膏后，石膏将与铝酸三钙作用，生成难溶的水化硫铝酸钙晶体（钙矾石），减少了溶液中的铝离子，延缓了水泥浆体的凝结速度，但石膏掺量不能过多，因过多不仅缓凝作用不大，还会引起水泥安定性不良。合理的石膏掺量，主要决定于水泥中铝酸三钙的含量及石膏中三氧化硫的含量。一般掺量约占水泥质量的 $3\%\sim5\%$，具体掺量通过试验确定。

(3) 养护时间（龄期） 随着时间的延续，水泥的水化程度在不断增大，水化产物也不断增加。因此，水泥石强度的发展是随龄期而增长的。一般在 28 天内强度发展最快，28 天后显著减慢。但只要在温暖与潮湿的环境中，水泥强度的增长可延续几年，甚至几十年。

(4) 温度和湿度 温度对水泥的凝结硬化有着明显的影响。提高温度可加速水化反应，通常提高温度可加速硅酸盐水泥的早期水化，使早期强度能较快发展，但对后期强度反而可能有所降低。在较低温度下硬化时，虽然硬化缓慢，但水化产物较致密，所以可获得较高的最终强度。当温度降至负温时，水化反应停止，由于水分结冰，会导致水泥石冻裂，破坏其结构。温度的影响主要表现在水泥水化的早期阶段，对后期影响不大。

水泥的水化反应及凝结硬化过程必须在水分充足的条件下进行。环境湿度大，水分不易蒸发，水泥的水化及凝结硬化就能够顺利进行。如果环境干燥，水泥浆中的水分蒸发过快，当水分蒸发完后，水化作用将无法进行，硬化即行停止，强度不再增长，甚至还会在制品表面产生干缩裂缝。因此，使用水泥时必须注意养护，使水泥在适宜的温度及湿度环境中进行硬化，从而不断增长其强度。

第三节　掺混合材料的硅酸盐水泥

为了调整水泥强度等级，扩大使用范围，改善水泥的某些性能，增加水泥的品种和产量，充分利用工业废料，降低水泥成本，可以在硅酸盐水泥中掺入一定量的混合材料。所谓混合材料就是天然或人工的矿物材料，一般多采用磨细的天然岩或工业废渣。

一、混合材料

混合材料按其性能可分为活性混合材料和非活性混合材料。

（一）活性混合材料

磨细的混合材料与石灰、石膏或硅酸盐水泥一起，加水拌合后能发生化学反应，生成有一定胶凝性的物质，且具有水硬性，这种混合材料称为活性混合材料。活性混合材料的这种性质称为火山灰性。因为最初发现火山灰具有这样的性质，因而得名。活性混合材料中一般均含有活性氧化硅和活性氧化铝，它们能与水泥水化生成的氢氧化钙作用，生成水硬性凝胶。属于活性混合材料的有：粒化高炉矿渣、火山灰质混合材料和粉煤灰。

1. 粒化高炉矿渣

高炉矿渣是冶炼生铁时的副产品，它已成为建材工业的重要原料之一，是水泥工业活性混合材料的主要来源。粒化高炉矿渣是将炼铁高炉的熔融矿渣，经急速冷却处理而成的质地疏松、多孔的粒状物。一般用水淬方法进行急冷，故又称水淬高炉矿渣。粒化高炉矿渣的活性除取决于化学成分外，还取于它的结构状态。粒化高炉矿渣在骤冷过程中，熔融矿渣任其自然冷却，就会凝固成块，呈结晶状态，活性极小，属非活性混合材料。

粒化高炉矿渣的化学成分有：CaO、MgO、Al_2O_3、SiO_2、Fe_2O_3 等氧化物和少量的硫化物。在一般矿渣中 CaO、SiO_2、Al_2O_3 含量占 90% 以上，其化学成分与硅酸盐水泥的化学成分相似，只不过 CaO 含量较低，而 SiO_2 含量偏高。

2. 火山灰质混合材料

它是以活性 SiO_2 和活性 Al_2O_3 为主要成分的矿物材料。火山灰质混合材料没有水硬性，但具有火山灰性，即在常温下能与石灰和水作用生成水硬性化合物。火山灰质混合材料的品种很多，天然的有火山灰、凝灰岩、浮石、沸石岩、硅藻土等；人工的有煤矸石、烧页岩、烧黏土、煤渣、硅质渣等。

3. 粉煤灰

粉煤灰或称飞灰，是煤燃烧排放出的一种黏土类火山灰质材料。我国粉煤灰绝大多数来自电厂，是燃煤电厂的副产品。其颗粒多数呈球形，表面光滑，色灰，密度为 $1770 \sim 2430 kg/m^3$，松散容积密度为 $516 \sim 1073 kg/m^3$。以 SiO_2 和 Al_2O_3 为主要成分，含有少量 CaO。按粉煤灰中氧化钙含量，区分为低钙灰和高钙灰。普通低钙粉煤灰，CaO 含量不超过 10%，一般少于 5%。

粉煤灰的矿物相主要是铝硅玻璃体，含量一般为 50％～80％，是粉煤灰具有火山灰活性的主要组成部分，其含量越多，活性越高。

根据《用于水泥和混凝土中的粉煤灰》（GB/T 1596—2005）规定，用于拌制混凝土和砂浆的粉煤灰应符合表 4-5 中技术要求。

表 4-5　拌制混凝土和砂浆用粉煤灰技术要求

项　目		技　术　要　求		
		Ⅰ	Ⅱ	Ⅲ
细度（45μm 方孔筛筛余），不大于/%	F 类粉煤灰	12.0	25.0	45.0
	C 类粉煤灰			
需水量比，不大于/%	F 类粉煤灰	95	105	115
	C 类粉煤灰			
烧失量，不大于/%	F 类粉煤灰	5.0	8.0	15.0
	C 类粉煤灰			
三氧化硫，不大于/%	F 类粉煤灰	3.0		
	C 类粉煤灰			
含水量，不大于/%	F 类粉煤灰	1.0		
	C 类粉煤灰			
游离氧化钙，不大于/%	F 类粉煤灰	1.0		
	C 类粉煤灰	4.0		
安定性 雷氏夹沸煮后增加距离，不大于/mm	C 类粉煤灰	5.0		

粉煤灰在混凝土中的作用分为物理作用和化学作用两方面。优质粉煤灰（Ⅰ级或Ⅱ级当中需水量比小于 100％的粉煤灰）属于低需水性的酸性活性掺合料。由于其中玻璃微珠的含量高，多孔碳粒少，烧失量和需水量比低，对减少新拌混凝土的用水量、增大混凝土的流动性，具有优良的物理作用。而其硅铝玻璃体在常温常压条件下，可与水泥水化生成的氢氧化钙发生化学反应，生成低钙硅比的 C-S-H 凝胶。故采用优质粉煤灰取代部分水泥后，可以改善混凝土拌合物的和易性；降低混凝土凝结硬化过程的水化热；提高硬化混凝土的抗化学侵蚀性，抑制碱-集料反应等耐久性能。虽然粉煤灰混凝土的早期强度有所下降，但 28d 后的长期强度可赶上，甚至超过不掺粉煤灰的混凝土。

（二）非活性混合材料

凡不具有活性或活性甚低的人工或天然的矿物质材料称为非活性混合材料。这类材料与水泥成分不起化学反应，或者化学反应甚微。它的掺入仅能起调节水泥强度等级、增加水泥产量、降低水化热等作用。实质上非活性混合材料在水泥中仅起填充料的作用，所以又称为填充性混合材料。石英砂、石灰石、黏土、慢冷矿渣以及不符合质量标准的活性混合材料均可加以磨细作为非活性混合材料应用。

对于非活性混合材料的质量要求，主要应具有足够的细度，不含或极少含对水泥有害的杂质。

二、普通硅酸盐水泥

普通硅酸盐水泥的定义是：凡由硅酸盐水泥熟料、活性混合材料（掺加量为＞5％且≤20％，其中允许用不超过水泥质量8％的非活性混合材料或不超过水泥质量5％的窑灰代替）、适量石膏磨细制成的水硬性胶凝材料，称为普通硅酸盐水泥（简称普通水泥），代号P·O。普通水泥中混合材料掺加量按质量百分比计。

普通硅酸盐水泥强度等级分为42.5、42.5R、52.5和52.5R四个等级与两种类型（普通型和早强型）。普通硅酸盐水泥中掺入少量混合材料的作用，主要是调节水泥强度等级。由于混合材料掺加量较少，其矿物组成的比例仍在硅酸盐水泥范围内，所以其性能、应用范围与同强度等级硅酸盐水泥相近。但普通硅酸盐水泥早期硬化速度稍慢，其3d强度较硅酸盐水泥稍低，抗冻性及耐磨性也较硅酸盐水泥稍差。普通硅酸盐水泥被广泛应用于各种混凝土工程中，是我国主要水泥品种之一。

三、矿渣硅酸盐水泥

（一）矿渣硅酸盐水泥概述

凡由硅酸盐水泥熟料和粒化高炉矿渣（＞20％且≤70％）、适量石膏磨细制成的水硬性胶凝材料称为矿渣硅酸盐水泥（简称矿渣水泥），代号P·S。

矿渣水泥加水后，其水化反应分两步进行。首先是水泥熟料矿物与水作用，生成氢氧化钙、水化硅酸钙、水化铝酸钙等水化产物。这一过程与硅酸盐水泥水化时基本相同。而后，生成的氢氧化钙与矿渣中的活性氧化硅和活性氧化铝进行二次反应，生成水化硅酸钙和水化铝酸钙。矿渣水泥中加入的石膏，一方面可调节水泥的凝结时间，另一方面又是激发矿渣活性的激发剂。因此，石膏的掺加量可比硅酸盐水泥稍多一些。矿渣水泥中的SO_3的含量不得超过4％。

矿渣水泥的密度、细度、凝结时间和体积安定性的技术要求与硅酸盐水泥大体相同。矿渣水泥是我国产量最大的水泥品种，共分32.5、32.5R、42.5、42.5R、52.5、52.5R六个强度等级。

（二）矿渣硅酸盐水泥特点

1. 早期强度低，后期强度高

矿渣水泥的水化首先是熟料矿物水化，然后生成的氢氧化钙才与矿渣中的活性氧化硅和活性氧化铝发生反应。同时，由于矿渣水泥中含有粒化高炉矿渣，相应熟料含量较少，因此凝结稍慢，早期强度较低。但在硬化后期，28d以后的强度发展将超过硅酸盐水泥。一般矿渣掺入量越多，早期强度越低，但后期强度增长率越大。为了保证其强度不断增长，应长时间在潮湿环境下养护。

此外，矿渣水泥受温度影响的敏感性较硅酸盐水泥大。在低温下硬化很慢，显著降低早期强度；而采用蒸汽养护等湿热处理方法，则能加快硬化速度，并且不影响后期强度的发展。矿渣水泥适用于采用蒸汽养护的预制构件，而不宜用于早期强度要求高的混凝土工程。

2. 具有较强的抗溶出性侵蚀及抗硫酸盐侵蚀的能力

由于水泥熟料中的氢氧化钙与矿渣中的活性氧化硅和活性氧化铝发生二次反应，使水泥中易受腐蚀的氢氧化钙大为减少；同时因掺入矿渣而使水泥中易受硫酸盐侵蚀的铝酸三钙含量也相对降低。矿渣水泥可用于受溶出性侵蚀，以及受硫酸盐侵蚀的水工及海工混凝土。

3. 水化热低

矿渣水泥中硅酸三钙和铝酸三钙的含量相对减少，水化速度较慢，故水化热也相应较低。此种水泥适用于大体积混凝土工程。

4. 抗冻性差

在低温条件下，火山灰反应缓慢甚至停止。所以在低温（10℃）以下需要强度迅速发展的工程结构中，应对水泥混凝土采用加热保温措施，否则不应使用。

四、火山灰质硅酸盐水泥

凡由硅酸盐水泥熟料和火山灰质混合材料（＞20％且≤40％）、适量石膏磨细制成的水硬性胶凝材料称为火山灰质硅酸盐水泥（简称火山灰水泥），代号 P·P。火山灰水泥和矿渣水泥在性能方面有许多共同点，如早期强度较低，后期强度增长率较大，水化热低，耐蚀性较强，抗冻性差等。常因所掺混合材料的品种、质量及硬化环境的不同而有其本身的特点。

1. 抗渗性及耐水性高

火山灰水泥颗粒较细，泌水性小，火山灰质混合材料和氢氧化钙作用，生成较多的水化硅酸钙胶体，使水泥石结构致密，因而具有较高的抗渗性和耐水性。

2. 在干燥环境中易产生裂缝

火山灰水泥在硬化过程中干缩现象较矿渣水泥更显著，当处在干燥空气中时，形成的水化硅酸钙胶体会逐渐干燥，产生干缩裂缝。在水泥石的表面上，由于空气中的二氧化碳能使水化硅酸钙凝胶分解成碳酸钙和氧化硅的粉状混合物，使已经硬化的水泥石表面产生"起粉"现象。因此，在施工时，应特别注意加强养护，需要较长时间保持潮湿状态，以免产生干缩裂缝和起粉。

3. 耐蚀性较强

火山灰水泥耐蚀性较强的原理与矿渣水泥相同。但如果混合材料中活性氧化铝含量较高时，在硬化过程中氢氧化钙与氧化铝相互作用生成水化铝酸钙，在此种情况下则不能很好地抵抗硫酸盐侵蚀。

火山灰水泥除适用于蒸汽养护的混凝土构件、大体积工程、抗软水和硫酸盐侵蚀的工程外，特别适用于有抗渗要求的混凝土结构。不宜用于干燥地区及高温车间，亦不宜用于有抗冻要求的工程。由于火山灰水泥中所掺的混合材料种类很多，所以必须区别出不同混合材料所产生的不同性能，使用时加以具体分析。

五、粉煤灰硅酸盐水泥

凡由硅酸盐水泥熟料和粉煤灰（＞20％且≤40％）、适量石膏磨细制成的水硬性胶凝材料称为粉煤灰硅酸盐水泥（简称粉煤灰水泥），代号 P·F。粉煤灰水泥各龄期的强度要求与矿渣水泥和火山灰水泥相同。细度、凝结时间、体积安定性的要求与硅酸盐水泥相同。

粉煤灰本身就是一种火山灰质混合材料，因此实质上粉煤灰水泥就是一种火山灰水泥。粉煤灰水泥凝结硬化过程及性质与火山灰水泥极为相似，但由于粉煤灰的化学组成和矿物结构与其他火山灰质混合材料有所差异，因而构成了粉煤灰水泥的特点。

1. 早期强度低

粉煤灰呈球形颗粒，表面致密，内比表面积小，不易水化，早期强度发展速率比矿渣水

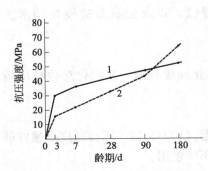

图 4-4　粉煤灰水泥强度与龄期的关系
1—硅酸盐水泥；2—掺30%粉煤灰

泥和火山灰水泥更低，但后期可明显地超过硅酸盐水泥。图 4-4 为粉煤灰水泥强度增长和龄期关系的一例。

2. 干缩小，抗裂性高

由于粉煤灰表面呈致密球形，吸水能力弱，与其他掺混合材料的水泥比较，标准稠度需水量较小，干缩性也小，因而抗裂性较高。但球形颗粒的保水性差，泌水较快，若处理不当易引起混凝土产生失水裂缝。

由上述可知，粉煤灰水泥适用于大体积水工混凝土工程及地下和海港工程。对承受荷载较迟的工程更为有利。

五种常用水泥比较，见表 4-6。

表 4-6　通用水泥的性能特点

项目	硅酸盐水泥	普通水泥	矿渣水泥	火山灰水泥	粉煤灰水泥
特性	早期强度高；水化热较大；抗冻性较好；耐蚀性差；干缩较小	与硅酸盐水泥基本相同	早期强度低，后期强度增长较快；水化热较低；耐蚀性较强；抗冻性差；干缩性较大	早期强度低，后期强度增长较快；水化热较低；耐蚀性较强；抗渗性好；抗冻性差；干缩性大	早期强度低，后期强度增长较快；水化热较低；耐蚀性较强；干缩性小；抗裂性较高；抗冻性差
适用范围	一般土建工程中钢筋混凝土结构；受反复冰冻作用的结构；配制高强混凝土	与硅酸盐水泥基本相同	耐热混凝土结构；大体积混凝土结构；蒸汽养护的构件；有抗硫酸盐侵蚀要求的工程	地下、水中大体积混凝土结构和有抗渗要求的混凝土结构；蒸汽养护的构件；有抗硫酸盐侵蚀要求的工程	地上、地下及水中大体积混凝土结构构件；抗裂性要求较高的构件；有抗硫酸盐侵蚀要求的工程
不适用范围	大体积混凝土结构；受化学及海水侵蚀的工程	与硅酸盐水泥基本相同	早期强度要求高的工程；有抗冻要求的混凝土工程；抗渗性混凝土	处在干燥环境中的混凝土工程；早期强度要求高的工程；有抗冻要求的混凝土工程	有抗碳化要求的工程；早期强度要求高的工程；有抗冻要求的混凝土工程

第四节　其他品种水泥

一、铝酸盐水泥

铝酸盐水泥又称高铝水泥（也称矾土水泥），是以铝矾土和石灰石为原料，经高温煅烧得到以铝酸钙为主要成分的熟料，经磨细而成的水硬性胶凝材料。这种水泥与上述的硅酸盐水泥不同，是一种快硬、早强、耐腐蚀、耐热的水泥。

（一）高铝水泥的矿物成分和水化产物

高铝水泥的主要矿物成分是铝酸一钙（$CaO \cdot Al_2O_3$，简写为 CA）和二铝酸一钙（$CaO \cdot 2Al_2O_3$，简写为 CA_2）；此外尚有少量硅酸二钙及其他铝酸盐，如七铝酸十二钙（$12CaO \cdot 7Al_2O_3$，简写为 $C_{12}A_7$）、六铝酸一钙（$CaO \cdot 6Al_2O_3$，简写为 CA_6）、硅铝酸二钙（$2CaO \cdot Al_2O_3 \cdot SiO_2$，简写为 C_2AS）。

铝酸一钙（CA）具有很高的水硬活性，其特点是凝结正常，硬化迅速，是高铝水泥强度的主要来源。

二铝酸一钙（CA_2）的早期强度低，但后期强度能不断增高。高铝水泥中增加 CA_2 含量，水泥的耐热性提高，但含量过多，将影响其快硬性能。

高铝水泥的水化过程，主要是铝酸一钙的水化过程。一般认为其水化反应随温度不同而不同：当温度小于 20℃时，主要水化产物为水化铝酸一钙（$CaO \cdot Al_2O_3 \cdot 10H_2O$，简写为 CAH_{10}）；温度在 20～30℃时主要水化产物为水化铝酸二钙（$2CaO \cdot Al_2O_3 \cdot 8H_2O$，简写为 C_2AH_8）；当温度大于 30℃时，主要水化产物为水化铝酸三钙（$3CaO \cdot Al_2O_3 \cdot 6H_2O$，简写为 C_3AH_6）。此外，尚有氢氧化铝凝胶（$Al_2O_3 \cdot 3H_2O$）。

二铝酸一钙（CA_2）的水化反应与铝酸一钙相似，但水化速度较慢。硅酸二钙则生成水化硅酸钙凝胶。

水化铝酸一钙和水化铝酸二钙为片状或针状晶体，它们互相交错搭接，形成坚强的结晶体骨架，同时所生成的氢氧化铝凝胶填塞于骨架空间，形成比较致密的结构。经 5～7 天后水化产物的数量就很少增加，强度即趋向稳定。因此高铝水泥早期强度增长得很快，而后期强度增进得不太显著。硅酸二钙的数量很少，在硬化过程中不起很大的作用。

随着时间的推移，CAH_{10} 或 C_2AH_8 会逐渐转化为比较稳定的 C_3AH_6，这个转化过程随着环境温度的上升而加速。由于晶体转化的结果，使水泥石内析出游离水，增大了孔隙体积，同时也由于 C_3AH_6 本身强度较低，所以水泥石的强度明显下降。一般浇灌 5 年以上的高铝水泥混凝土，剩余强度仅为早期强度的二分之一，甚至只有几分之一。

（二）高铝水泥的技术性质

1. 密度与堆积密度

高铝水泥的密度为 3.20～3.25g/cm³，堆积密度为 1000～1300kg/m³。

2. 细度

根据国家标准《铝酸盐水泥》（GB 201—2000），比表面积不小于 300m²/kg 或 45μm 筛余不大于 20%。

3. 凝结时间

《铝酸盐水泥》（GB 201—2000）规定，CA-50、CA-70、CA-80 初凝时间不得早于 30min，终凝时间不得迟于 6h；CA-60 初凝时间不得早于 60min，终凝时间不得迟于 18h。

4. 强度

各类型铝酸盐水泥的强度不得低于表 4-7。

表 4-7 铝酸盐水泥的强度

水泥类型	抗压强度/MPa				抗折强度/MPa			
	6h	1d	3d	28d	6h	1d	3d	28d
CA-50	20	40	50	—	3.0	5.5	6.5	—
CA-60	—	20	45	85	—	2.5	5.0	10.0
CA-70		30	40			5.0	6.0	
CA-80	—	25	30	—	—	4.0	5.0	—

（三）高铝水泥的特性与应用

高铝水泥与硅酸盐水泥相比有如下特性。

1. 早期强度增长快

这种水泥的 1d 强度即可达 3d 强度的 80％以上，属快硬型水泥，适用于紧急抢修工程和早期强度要求高的特殊工程，但必须考虑到这种水泥后期强度的降低。使用高铝水泥时，要控制其硬化温度。最适宜的硬化温度为 15℃左右，一般不得超过 25℃。如果温度过高，水化铝酸二钙会转化为水化铝酸三钙，使强度降低。若在湿热条件下，强度下降更为剧烈。所以高铝水泥不适合用于蒸汽养护的混凝土制品，也不适用于在高温季节施工的工程中。

2. 水化热大

高铝水泥硬化时放热量较大，且集中在早期放出，1 天内即可放出水化热总量的 70％～80％，而硅酸盐水泥仅放出水化热总量的 25％～50％。因此，这种水泥不宜用于大体积混凝土工程，但适用于寒冷地区冬季施工的混凝土工程。

3. 抗硫酸盐侵蚀性强

高铝水泥水化时不析出氢氧化钙，而且硬化后结构致密，因此它具有较好的抗硫酸盐及抗海水腐蚀的性能。同时，对碳酸水、稀盐酸等侵蚀性溶液也有很好的稳定性。但晶体转化成稳定的水化铝酸三钙后，孔隙率增加，耐蚀性也相应降低。高铝水泥对碱液侵蚀无抵抗能力，故应注意避免碱性腐蚀。

4. 耐热性高

高铝水泥在高温下仍保持较高强度。如用这种水泥配制的混凝土在 900℃温度下，还具有原强度的 70％，当达到 1300℃时尚有 50％左右的强度。这些尚存的强度是由于水泥石中各组分之间产生固相反应，形成陶瓷坯体所致。因此，高铝水泥可作为耐热混凝土的胶结材料。

高铝水泥一般不得与硅酸盐水泥、石灰等能析出氢氧化钙的胶凝材料混合作用，在拌合浇灌过程中也必须避免互相混杂，并不得与尚未硬化的硅酸盐水泥接触，否则会引起强度降低并缩短凝结时间，甚至还会出现"闪凝"现象。所谓闪凝，即浆体迅速失去流动性，以至无法施工，但可以与已经硬化的硅酸盐水泥接触。

（四）注意事项

① 在施工过程中：一般不得与硅酸盐水泥、石灰等能析出氢氧化钙的胶凝物质混合，使用前拌合设备等必须冲洗干净。

② 不得用于接触强碱性溶液的工程。

③ 铝酸盐水泥水化热集中于早期释放，从硬化开始应立即浇水养护。一般不宜浇筑大体积混凝土。

④ 铝酸盐水泥混凝土后期强度下降较大，应按最低稳定强度设计。

⑤ 若用蒸汽养护加速混凝土硬化时，养护温度不高于 50℃。

⑥ 用于钢筋混凝土时，钢筋保护层的厚度不得小于 3cm。

⑦ 未经试验，不得加入任何外加物。

⑧ 不得与未硬化的硅酸盐水泥混凝土接触使用；可以与具有脱模强度的硅酸盐水泥混凝土接触使用，但接茬处不应长期处于潮湿状态。

二、硫铝酸盐水泥

硫铝酸盐水泥是以无水硫铝酸钙熟料（$3CaO \cdot 3Al_2O_3 \cdot CaSO_4$）为主要成分的一种新

型水泥。此类水泥以其早期强度高、干缩小、抗渗性好、耐蚀性好，而且生产成本低等特点，在混凝土工程中得到广泛应用。

从无水硫铝酸钙复合矿物研究中已经开发出的硫铝酸盐水泥系列包括普通硫铝酸盐水泥和高铁硫铝酸盐水泥（又称铁铝酸盐水泥）。普通硫铝酸盐水泥主要品种有：快硬硫铝酸盐水泥、膨胀硫铝酸盐水泥、低碱度硫铝酸盐水泥、自应力硫铝酸盐水泥和高强硫铝酸盐水泥。高铁硫铝酸盐水泥主要品种有：快硬铁铝酸盐水泥、膨胀铁铝酸盐水泥、自应力铁铝酸盐水泥和高强铁铝酸盐水泥。本节将着重介绍普通硫铝酸盐水泥。

根据石膏掺入量和混合材的不同，此类水泥可分为 5 个品种。

1. 快硬硫铝酸盐水泥

（1）快硬硫铝酸盐水泥的定义及矿物组成　以适当成分的生料，经煅烧所得以无水硫铝酸钙和硅酸二钙为主要矿物成分的熟料，加入适量的石膏和 0%～10% 的石灰石，磨细制成的早期强度高的水硬性胶凝材料，称为快硬硫铝酸盐水泥，代号 R·SAC。快硬硫铝酸盐的主要水化产物是：高硫型水化硫铝酸钙（AFt）、低硫型水化硫铝酸钙（AFm）、铝胶和水化硅酸盐等。在水化反应时互相促进，因此水泥的反应非常迅速，早期强度非常高。

（2）快硬硫铝酸盐水泥的技术性质　国家标准《硫铝酸盐水泥》（GB 20472—2006）规定有以下技术要求。

① 比表面积不得小于 350m²/kg；

② 初凝不得早于 25min，终凝不得迟于 180min；

③ 强度等级分为 42.5、52.5、62.5、72.5。

（3）快硬硫铝酸盐水泥的主要特性

① 具有较高的早期强度，而且后期强度能不断增长，12h～1d 抗压强度能达 30～60MPa，3～28d 强度可达 60～80MPa，6 年龄期强度缓慢增长。其凝结时间也能满足要求。

② 水化放热快。这种水泥虽然水化放热总量比硅酸盐水泥低，但水化放热集中在 1d 龄期。因此，快凝硫铝酸盐水泥适宜于冬期施工。

③ 不收缩、高抗渗性。快硬硫铝酸盐水泥石的结构较硅酸盐水泥石、膨胀与自应力硅酸盐水泥石结构致密得多，所以具有高抗渗性，在 3.0MPa 水压下不渗漏。

④ 具有较好的低、负温性能。在 0～10℃ 条件下施工，不用覆盖即可施工。负温 0～20℃ 时，只需添加少量防冻剂及简单覆盖即可正常施工，即使处于塑性状态也不怕受冻，3～7d 强度可达设计强度等级的 70%～80%。

⑤ 高抗冻融性能。抗冻等级达到 F270 以上，60 次冻融循环强度不仅不降低，甚至还提高。

⑥ 高抗腐蚀性。这种水泥对海水以及复合盐类的饱和溶液等均有极好的耐腐蚀性，明显高于抗硫酸盐硅酸盐水泥和铝酸盐水泥。

⑦ 钢筋锈蚀。这种水泥因碱度低（pH<12），钢筋表面不能形成钝化膜，在水化初期由于含有较多空气和水，对钢筋早期有轻微锈蚀，但由于水泥石结构致密，水与空气不能进入，因此，随着混凝土制作过程中混入的空气和水分的耗尽，钢筋锈蚀便不再发展。

（4）快硬硫铝酸盐水泥的应用　快硬硫铝酸盐水泥主要用于抢修工程、冬季低温施工工程、堵漏工程，配制早强、抗渗和抗硫酸盐侵蚀混凝土以及喷射混凝土，生产水泥制品、玻璃纤维增强水泥制品和混凝土预制构件等。但由于钙矾石在 150℃ 以上会脱水，强度大幅度下降，故耐热性较差。

2. 膨胀硫铝酸盐水泥

指以无水硫铝酸钙和硅酸二钙为主要矿物成分的熟料，加入适量石膏磨细制成的具有可调膨胀性能的水硬性胶凝材料，代号 E·SAC。根据 28d 膨胀量，分为微膨胀硫铝酸盐水泥和膨胀硫铝酸盐水泥。

（1）膨胀机理　水泥膨胀的动力主要来源于硬化过程中膨胀相的形成。按膨胀相的不同，膨胀类型分为以下几种。

① 由含铝酸钙矿物与含硫酸盐类物质水化反应生成高硫型水化硫铝酸钙时产生的体积膨胀称为水化硫铝酸钙型膨胀；

② 轻度过烧 CaO 在水泥硬化过程中遇水形成 $Ca(OH)_2$ 而使水泥石发生的体积膨胀称为氢氧化钙型膨胀；

③ 经 $800 \sim 900 ℃$ 灼烧的菱镁矿或白云石中的 MgO 与水作用形成 $Mg(OH)_2$ 时造成水泥石的体积膨胀称为氢氧化镁型膨胀；

④ 在水泥硬化过程中金属铁与氧化剂作用而产生的膨胀称为氧化铁型膨胀；

⑤ 金属铝与水泥水化时析出的 $Ca(OH)_2$ 发生作用放出氢气而引起水泥石的体积膨胀称为氢气型膨胀。

目前，工程中使用最广、用量最大的膨胀水泥的膨胀类型属高硫型水化硫铝酸钙型。由于其膨胀值大，所以自应力水泥的膨胀源也都属该类型。

硫铝酸盐水泥水化过程中主要矿物 $3CaO \cdot 3Al_2O_3 \cdot CaSO_4$ 形成 $3CaO \cdot 3CaSO_4 \cdot 32H_2O$ 和 $Al_2O_3 \cdot 3H_2O$ 时固相体积要增大 123%。

（2）膨胀硫铝酸盐水泥的特点及应用　膨胀硫铝酸盐水泥最大的特点是：强度高，与快硬硫铝酸盐水泥相似；抗渗性和耐腐蚀性优于快硬硫铝酸盐水泥；具有可调的膨胀性能；在自然条件下，自应力保持率较高，可达 70%。这种水泥主要用于配置补偿收缩混凝土和防渗工程。

3. 自应力硫铝酸盐水泥

凡以适当成分的生料，经煅烧所得以无水硫铝酸钙和硅酸二钙为主要矿物成分的熟料，加入适量石膏磨细制成的强膨胀性水硬性胶凝材料，称为自应力硫铝酸盐水泥，代号 S·SAC。国家标准《硫铝酸盐水泥》（GB 20472—2006）规定，划分为 3.0、3.5、4.0、4.5 四个级别，水泥比表面积、凝结时间、自由膨胀率应符合表 4-8 的规定；各级别各龄期自应力值应符合表 4-9 的要求；抗压强度 7d 不小于 32.5MPa，28d 不小于 42.5MPa；28d 自应力增进率不大于 0.010MPa/d。水泥中的碱含量按 $Na_2O + 0.658K_2O$ 计小于 0.50%。

表 4-8　比表面积、凝结时间、自由膨胀率要求

项　　目			指标值
比表面积/(m²/kg)　　　　≥			370
凝结时间/min	初凝　不早于		40
	终凝　不迟于		240
自由膨胀率/%	7d	不大于	1.30
	28d	不大于	1.75

表 4-9　各龄期自应力值的要求　　　　　MPa

级别	7d	28d	
	≥	≥	≤
3.0	2.0	3.0	4.0
3.5	2.5	3.5	4.5
4.0	3.0	4.0	5.0
4.5	3.5	4.5	5.5

自应力原理：在配置钢筋的混凝土中，水泥石体积膨胀时带动钢筋同时张拉，在弹性变形范围内被拉伸的钢筋压缩混凝土使混凝土产生压应力，从而提高其抗拉和抗折强度。靠水泥石自身膨胀而产生的混凝土压应力，人们通常称为自应力。由于水泥石膨胀是矿物与水发生化学反应的结果，所以自应力又称化学预应力。

4. 高强硫铝酸盐水泥

高强硫铝酸盐水泥代号是 H·SAC。根据 28d 抗压强度可分为 72.5、82.5、92.5 三个强度等级。国家标准《硫铝酸盐水泥》（GB 20472—2006）中并未对此进行单独规定。

5. 低碱度硫铝酸盐水泥

低碱度硫铝酸盐水泥根据 7d 抗压强度，分为 32.5、42.5、52.5 三个强度等级。低碱度硫铝酸盐水泥在国家标准《硫铝酸盐水泥》（GB 20472—2006）中规定比表面积不低于 $400m^2/kg$；初凝不早于 25min，终凝不迟于 3h；水泥浆液 1h 的 pH 值不大于 10.0；28d 自由膨胀率在 0%～0.15%之间；强度指标具体数值列于表 4-10。

表 4-10　低碱度硫铝酸盐水泥强度指标

强度等级	抗压强度/MPa		抗折强度/MPa	
	1d	7d	1d	7d
32.5	25.0	32.5	3.5	5.0
42.5	30.0	42.5	4.0	5.5
52.5	40.0	52.5	4.5	6.0

三、快硬系列水泥

（一）快硬硅酸盐水泥

凡以硅酸盐水泥熟料和适量石膏磨细制成的，以 3d 抗压强度表示强度等级的水硬性胶凝材料，称为快硬硅酸盐水泥（简称快硬水泥）。

这种水泥指早期强度增进较快的水泥，也称早强水泥。快硬水泥的制造过程和硅酸盐水泥基本相同，主要依靠调节矿物组成及控制生产措施，使得水泥的性能符合要求。快硬水泥的凝结速度略快于一般水泥的凝结速度，熟料中硬化最快的矿物成分是 $3CaO·Al_2O_3$（8%～14%）和 $3CaO·SiO_2$（50%～60%），两者的总量应不少于 60%～65%，为加快硬化，可适当增加石膏的掺量（可达 8%）和提高水泥的细度，通常比表面积达 $450m^2/kg$。

快硬水泥的其他性质特点是：凝结硬化快；早期强度及后期强度均高，抗冻性好；与钢筋黏结力好，对钢筋无侵蚀作用；抗硫酸侵蚀性优于普通水泥，抗渗性、耐磨性也较好，但水化放热大，抗蚀力较差，易受潮变质。它适用于紧急抢修工程、低温施工工程和高强度等级混凝土预制件等，但不能用于大体积混凝土工程及经常与腐蚀介质接触的混凝土工程。由于快硬水泥细度大，易受潮变质，在运输和贮存时，必须特别注意防止受潮，并应与其他品种水泥分开贮运，不得混杂。一般贮存期不应超过1个月。

（二）快凝快硬硅酸盐水泥

凡以适当成分的生料烧至部分熔融，所得以硅酸三钙、氟铝酸钙为主的熟料，加入适量的硬石膏、粒化高炉矿渣、无水硫酸钠，经过磨细制成的一种凝结快、早期强度增长快的水硬性胶凝材料称为快凝快硬硅酸盐水泥（简称为双快水泥）。

快凝快硬水泥的主要特点是凝结硬化快，早期强度增长很快。适用于机场道面、桥梁、隧道和涵洞等紧急抢修工程，以及冬期施工、堵漏等工程。施工时不准与其他水泥混合使用。

由于快凝快硬水泥在运输和贮存时，易风化，应特别防止受潮，并且须与其他品种水泥分别贮运，不得混杂。水泥应贮放于干燥处，不宜高叠。一般贮存期不应超过3个月，使用时须重新检验强度。

四、水工系列水泥

在我国大型水利水电混凝土工程中，由于耐久性不良而出现的病害主要有以下六类：①混凝土的裂缝；②渗漏和溶蚀；③冲刷磨损和气蚀破坏；④冻融破坏；⑤混凝土的碳化和钢筋锈蚀；⑥水质侵蚀。每一种病害又是由多方面原因造成的。水工建筑物中使用特殊性能的水泥可以有效解决混凝土出现的病害，如大坝水泥、抗硫酸盐水泥、膨胀水泥等。

（一）大坝水泥

中热硅酸盐水泥、低热硅酸盐水泥与低热矿渣水泥是水化放热较低的品种，适用于浇制水工大坝、大型构筑物和大型房屋基础等要求水泥水化热低的大体积混凝土工程，常称为大坝水泥。由于混凝土的导热率低，水泥水化时放出的热量不易散失，容易使混凝土内部最高温度达60℃以上。由于混凝土外表面冷却较快，就使混凝土内外温差达几十度。混凝土外部冷却产生收缩，而内部尚未冷却，就产生内应力，容易产生微裂缝，致使混凝土耐水性降低。采用低放热量和低放热速率的水泥就可降低大体积混凝土的内部温升。

1. 中热硅酸盐水泥

以适当成分的硅酸盐水泥熟料（硅酸三钙含量应不超过55%，铝酸三钙含量应不超过6%，游离氧化钙的含量应不超过1.0%），加入适量石膏，磨细制成的具有中等水化热的水硬性胶凝材料，称为中热硅酸盐水泥（简称中热水泥），代号P·MH。中热硅酸盐水泥主要适用于大坝溢流面的面层和水位变动区等要求较高的耐磨性和抗冻性工程。低热水泥和低热矿渣水泥主要适用于大坝或大体积建筑物内部及水下工程。

2. 低热硅酸盐水泥

以适当成分的硅酸盐水泥熟料（硅酸二钙含量应不小于40%，铝酸三钙含量应不超过

6%，游离氧化钙的含量应不超过1.0%），加入适量石膏，磨细制成的具有低水化热的水硬性胶凝材料，称为低热硅酸盐水泥（简称低热水泥），代号 P·LH。该水泥早期强度相比中热水泥略低，后期强度增进率高。低热水泥韧性好，水化产物更为致密，耐化学侵蚀性好，干燥收缩小，其长期耐久性也优于高 C_3S 含量水泥。因此，低热水泥是一种性能优良的新型筑坝材料，在大体积混凝土中采用低热水泥，为防止大体积混凝土由于温度应力而导致的开裂问题提供了新的技术途径。

3. 低热矿渣硅酸盐水泥

以适当成分的硅酸盐水泥熟料（铝酸三钙含量应不超过8%，游离氧化钙含量应不超过1.2%，氧化镁含量不宜超过5.0%；如果水泥经压蒸安定性试验合格，则熟料中氧化镁含量允许放宽到6.0%），加入矿渣、适量石膏，磨细制成的具有低水化热的水硬性胶凝材料，称为低热矿渣硅酸盐水泥（简称低热矿渣水泥），代号 P·SLH。低热矿渣硅酸盐水泥中矿渣掺加量按质量百分比计为20%～60%，允许用不超过混合材总量50%的粒化电炉磷渣或粉煤灰代替部分粒化高炉矿渣。具有水化热低、干缩小、抗腐蚀能力强、抗冻、强度增进率稳定等特点。

4. 低热微膨胀水泥

低热微膨胀水泥是我国研制成的用于大坝工程的另一种低热水泥，它由粒化高炉矿渣、硅酸盐水泥熟料和石膏共同粉磨组成。净浆线膨胀率为0.2%～0.3%左右，7d 水化热小于167kJ/kg，主要水化物为钙矾石和水化硅酸钙凝胶。该水泥主要适用于要求较低水化热和要求补偿后期降温阶段的收缩的大体积混凝土，也可用于一般工业和民用建筑，对要求抗渗和抗硫酸盐侵蚀的工程也较适合。

（二）抗硫酸盐硅酸盐水泥

抗硫酸盐硅酸盐水泥主要用于受硫酸盐侵蚀的海港、水利、地下、隧道、涵洞、引水、道路和桥梁基础等工程。抗硫酸盐硅酸盐水泥按其抗硫酸盐性能分为中抗硫酸盐硅酸盐水泥（简称中抗硫酸盐水泥，代号 P·MSR）和高抗硫酸盐硅酸盐水泥（简称高抗硫酸盐水泥，代号 P·HSR）两类。

由于抗硫酸盐硅酸盐水泥易受潮变质，在运输和贮存时，必须特别注意防止受潮，并应与其他品种水泥分开贮运，不得混杂。

五、其他专用水泥

1. 砌筑水泥

凡由活性混合材料或具有水硬性的工业废料为主要原料，加入少量硅酸盐水泥熟料和石膏，经磨细制成的水硬性胶凝材料均称为砌筑水泥。

2. 道路水泥

以适当成分的生料烧至部分熔融，所得以硅酸钙为主要成分和较多量的铁铝酸盐的硅酸盐水泥熟料称为道路硅酸盐水泥熟料。道路硅酸盐水泥强度等级分32.5、42.5和52.5三个等级。道路工程对水泥的要求是：耐磨性好、收缩小、抗冻性好、应变性较高、抗冲击性能好以及抗折强度高等。

3. 装饰水泥

一般是指白色水泥和彩色水泥。与其他天然或人造的装饰材料相比，装饰水泥具有许多技术、经济方面的优越性。

第五节　常用水泥的选用与贮运

一、水泥的选用

水泥的选择应根据工程特点、环境条件、水泥的性质来决定。混凝土常用的水泥按表 4-11 选用。

表 4-11　常用水泥选用表

序号	工程特点或所处环境条件	优先选用	可以选用	不得使用
1	一般地上土建工程	硅酸盐水泥 普通硅酸盐水泥	矿渣硅酸盐水泥 火山灰质硅酸盐水泥 粉煤灰硅酸盐水泥	
2	在气候干热地区施工的工程	普通硅酸盐水泥 硅酸盐水泥	矿渣硅酸盐水泥	火山灰质硅酸盐水泥 粉煤灰硅酸盐水泥
3	大体积混凝土工程	粉煤灰硅酸盐水泥 矿渣硅酸盐水泥	火山灰质硅酸盐水泥 普通硅酸盐水泥	矾土水泥 硅酸盐水泥 快硬水泥
4	地下、水下的混凝土工程	火山灰质硅酸盐水泥 矿渣硅酸盐水泥 粉煤灰硅酸盐水泥 抗硫酸盐硅酸盐水泥	普通硅酸盐水泥 硅酸盐水泥	
5	在严寒地区施工的工程	高强度等级普通硅酸盐水泥 快硬硅酸盐水泥 特快硬硅酸盐水泥	矿渣硅酸盐水泥 矾土水泥	火山灰质硅酸盐水泥 粉煤灰硅酸盐水泥
6	严寒地区水位升降范围内的混凝土工程	高强度等级普通硅酸盐水泥 快硬硅酸盐水泥 特快硬硅酸盐水泥 抗硫酸盐硅酸盐水泥	矾土水泥	火山灰质硅酸盐水泥 矿渣硅酸盐水泥 粉煤灰硅酸盐水泥
7	早期强度要求较高的工程（≤C30 混凝土）	高强度等级普通硅酸盐水泥 快硬硅酸盐水泥 特快硬硅酸盐水泥	普通硅酸盐水泥 矾土水泥	火山灰质硅酸盐水泥 矿渣硅酸盐水泥 复合硅酸盐水泥
8	大于 C50 的高强度混凝土工程	高强度等级水泥浇筑水泥	特快硬硅酸盐水泥 快硬硅酸盐水泥 高强度等级普通硅酸盐水泥	火山灰质硅酸盐水泥 矿渣硅酸盐水泥 复合硅酸盐水泥
9	耐火混凝土工程	矿渣硅酸盐水泥	矾土水泥	普通硅酸盐水泥
10	防水、抗渗工程	硅酸盐膨胀水泥 石膏矾土膨胀水泥 普通硅酸盐水泥	自应力（膨胀）水泥 粉煤灰硅酸盐水泥 火山灰质硅酸盐水泥	矿渣硅酸盐水泥
11	防潮工程	硅酸盐水泥	普通硅酸盐水泥	

续表

序号	工程特点或所处环境条件	优先选用	可以选用	不得使用
12	紧急抢修和加固工程	高强度等级水泥 浇筑水泥 快硬硅酸盐水泥	矾土水泥 硅酸盐水泥	火山灰质硅酸盐水泥 矿渣硅酸盐水泥 复合硅酸盐水泥 粉煤灰硅酸盐水泥
13	有耐磨性要求的混凝土	高强度等级普通硅酸盐水泥	矿渣硅酸盐水泥	火山灰质硅酸盐水泥
14	混凝土预制构件拼装锚固工程	浇筑水泥 特快硬硅酸盐水泥	硅酸盐膨胀水泥 石膏矾土膨胀水泥	普通硅酸盐水泥
15	保温隔热工程	矿渣硅酸盐水泥 普通硅酸盐水泥	低钙铝酸盐耐火水泥	
16	装饰工程	白色硅酸盐水泥 彩色硅酸盐水泥	普通硅酸盐水泥 火山灰质硅酸盐水泥	

二、水泥的验收

① 水泥到货后应核对包装袋上工厂名称、水泥品种强度等级、水泥代号、包装年月日和生产许可证号，然后清点数量。

② 水泥的 28d 强度值在水泥发出日起 32d 内由发出单位补报；收货仓库接到此试验报告单后，应与到货通知书等核对品种、强度等级和质量，然后保存此报告单，以备查考。

③ 袋装水泥一般每袋净重（50±1)kg，但快凝快硬硅酸盐水泥每袋净重为（45±1)kg，砌筑水泥为（40±1)kg，硫铝酸盐早强水泥为（46±1)kg，验收时应特别注意。

三、水泥的运输及贮存

① 水泥在运输及贮存时不得受潮和混入杂物，不同品种和强度等级的水泥应分别贮运。

② 贮存水泥的仓库应注意防潮、防雨水渗漏；存放袋装水泥时，地面垫板要离地 300mm，四周离墙 300mm；袋装水泥堆垛不宜太高，以免下部水泥受压结硬，一般以 10 袋为宜，如果存放期短、库房紧张，也不宜超过 15 袋。

③ 水泥的贮存应按照水泥到货先后，依次堆放，尽量做到先存先用。

④ 水泥贮存期不宜过长，以免受潮而降低水泥强度；一般水泥贮存期为 3 个月，高铝水泥为 2 个月，快硬水泥为 1 个月。

一般水泥存放 3 个月以上为过期水泥，强度将降低 10%～20%，存放期越长，强度降低越大。过期水泥使用前必须重新检验、标定强度等级，否则不得使用。

思考题与习题

1. 生产硅酸盐水泥的主要原料有哪些？

2. 生产硅酸盐水泥为什么要掺入适量石膏？

3. 试述硅酸盐水泥的主要矿物成分及其对水泥性能的影响。

4. 硅酸盐水泥的主要水化产物有哪几种？水泥石的结构如何？

5. 造成硅酸盐水泥体积安定性不良的原因有哪几种？怎样检验？

6. 试述硅酸盐水泥的强度发展规律及影响因素。

7. 硅酸盐水泥检验中，哪些性能不符合要求时，则该水泥属于不合格品？哪些性能不符合要求时，则该水泥属于废品？怎样处理不合格品和废品？

8. 什么是活性混合材料和非活性混合材料？掺入硅酸盐水泥中各能起到什么作用？

9. 为什么掺较多活性混合材料的硅酸盐水泥早期强度较低，后期强度发展比较明显，长期强度甚至超过同强度等级的硅酸盐水泥？

10. 与普通水泥相比较，矿渣水泥、火山灰水泥、粉煤灰水泥在性能上有哪些不同？分析这四种水泥的适用和禁用范围。

11. 铝酸盐水泥有何特点？

12. 简述铝酸盐水泥的水化过程及后期强度下降的原因。

第五章 混 凝 土

>>> **内容提要**

本章主要介绍了普通混凝土的原材料性能及对混凝土性能的影响；普通混凝土的和易性、强度、耐久性、变形性能及影响因素和检测评价方法；普通混凝土配合比设计原理；混凝土质量波动规律以及相关的检验评定标准等。对目前工程上常用的高强及高性能混凝土以及其他混凝土的特性和应用也作了较详细的介绍。

第一节 混凝土概述

一、混凝土定义

混凝土是当今世界上用量最大的人工建筑材料。广义上的混凝土是由胶结材料、水、粗细集料，或必要时加入的外加剂和掺合料，按照适当的比例配合，经均匀拌合、密实成型及养护硬化而成的人造石材。

二、混凝土的分类

1. 按表观密度分类

（1）重混凝土　用钢屑、重晶石等重集料配制，表观密度大于2600kg/m³的混凝土。用于要求抵抗磨损及有特殊要求的结构，如机场跑道等。

（2）普通混凝土　表观密度为1950～2500kg/m³的水泥混凝土。主要以砂、石子和水泥配制而成，是土木工程中最常用的混凝土品种。

（3）轻混凝土　用天然或人工轻集料，如膨胀矿渣、陶粒、浮石等制成，表观密度为600～1950kg/m³。常用于隔热而稍承重的构件。

（4）特轻混凝土　不使用硬质集料，在胶结材料的浆体中加入泡沫剂、发气剂，使之形成大量气泡，硬化后形成多孔构造的混凝土，表观密度在600kg/m³以下，如泡沫混凝土、加气混凝土等。常用于屋面和管道等的隔热保温。

2. 按胶凝材料的品种分类

根据胶凝材料品种命名：水泥混凝土、石膏混凝土、水玻璃混凝土、沥青混凝土、聚合物混凝土等。或以特种改性材料命名，如水泥混凝土中掺入钢纤维时，称为钢纤维混凝土；水泥混凝土中掺大量粉煤灰时则称为粉煤灰混凝土等。

3. 按使用功能和特性分类

按使用部位、功能和特性分为：结构混凝土、道路混凝土、水工混凝土、耐热混凝土、耐酸混凝土、防辐射混凝土、补偿收缩混凝土、防水混凝土、泵送混凝土、自密实混凝土、高强混凝土、高性能混凝土等。

4. 按生产和施工方法分类

可分为泵送混凝土、喷射混凝土、碾压混凝土、挤压混凝土、压力灌浆混凝土及预拌混凝土等。

在混凝土中，应用最广、使用量最大的是水泥混凝土，称为普通混凝土，简称混凝土。

三、混凝土的特点

① 混凝土之所以在工程中得到广泛的应用，是因为它与其他材料相比具有一系列的优点。

a. 材料来源广泛：混凝土中占 80％以上的砂、石等原材料资源丰富，价格低廉，符合就地取材和经济的原则；

b. 硬化前有良好的可塑性：便于浇筑成各种形状、尺寸的结构或构件；

c. 性能可调范围大：调整原材料品种及配量，可获得不同性能的混凝土以满足工程上的不同要求；

d. 有较高的强度和耐久性：硬化后具有较高的力学强度和良好的耐久性；

e. 与钢筋有良好的黏结性：两者线膨胀系数基本相同，复合成的钢筋混凝土能取长补短，使其扩展了应用范围，增强了抗拉强度；

f. 可充分利用工业废料作为集料或外掺料，比如粉煤灰、矿渣，有利于环境保护。

由于混凝土具有上述重要优点，因此是一种主要的建筑材料，广泛应用于工业与民用建筑工程、给排水工程、水利工程以及地下工程、道路、桥涵及国防建筑等工程中。

② 混凝土的主要缺点是自重大、比强度小；脆性大、易开裂；抗拉强度低，为其抗压强度的 $1/10 \sim 1/20$；施工周期较长，质量波动较大。随着科技的不断进步，混凝土技术的不断发展，混凝土的不足也在不断被克服。

③ 工程上对混凝土的质量要求：混凝土拌合物应具有与施工条件相适应的和易性；硬化后具有符合设计要求的强度；长期应用应具有与工程环境相适应的耐久性；能节约水泥，降低成本。

第二节　普通混凝土的组成材料

混凝土的组成材料主要是水泥、水、细集料和粗集料，同时还包括适量的掺合料和外加剂，有时还可以加入适量的纤维。另外，混凝土的制备过程中，不可避免要带入少量的空气，或有意引入空气（如采用引气剂），它对混凝土的结构和性能也有很大影响。因此，空气也可以称为混凝土组成材料的组分之一。普通混凝土的组成及其各组分材料如表 5-1 所示。

表 5-1　普通混凝土组成及其各组分材料

组成部分	水泥净浆胶凝材料				矿物填充材料	
	水泥胶体	未水化水泥颗粒	凝胶孔、微毛细孔和大毛细孔	空隙	细集料（砂）	粗集料（石）
	水泥		水和气体	气体		
占混凝土总体积的百分数/%	10～15	15～20		1～3	20～33	35～48
	22～35			1～3	66～78	

普通混凝土是由粗、细集料作为填充材料，水泥净浆作为胶凝材料构成的。前者占总体积的 70％左右。占总体积 30％左右的水泥净浆又可分为水泥胶体、凝胶孔、毛细孔、空隙和未水化的水泥颗粒等。在大气环境中，凝胶孔和微毛细孔通常充满着自由水，大毛细孔和空隙通常充满蒸汽空气混合气体；与水接触时，大毛细孔和空隙也可以被水充填。水泥净浆

的质量对于混凝土的性能起决定性的作用，集料的质量对于混凝土的性能也有很大的影响。

一、水泥

1. 水泥品种的选择

水泥品种的选择主要根据工程结构特点、工程所处环境及施工条件确定。如高温车间结构混凝土有耐热要求，一般宜选用耐热性好的矿渣水泥等。

2. 水泥强度等级的选择

水泥强度等级的选择原则为：混凝土设计强度等级越高，则水泥强度等级也宜越高；设计强度等级低，则水泥强度等级也相应低。例如，C40 以下混凝土，一般选用强度等级 32.5 级；C45～C60 混凝土一般选用 42.5 级，在采用高效减水剂等条件下也可选用 32.5 级；大于 C60 的高强混凝土，一般宜选用 42.5 级或更高强度等级的水泥；对于 C15 以下的混凝土，则宜选择强度等级为 32.5 级的水泥，并外掺粉煤灰等混合材料。目标是保证混凝土中有足够的水泥，既不过多，也不过少。因为水泥用量过多（低强水泥配制高强度混凝土），一方面成本增加；另一方面，混凝土收缩增大，对耐久性不利。水泥用量过少（高强水泥配制低强度混凝土），混凝土的黏聚性变差，不易获得均匀密实的混凝土，严重影响混凝土的耐久性。

二、集料

普通混凝土所用集料按粒径大小分为两种，粒径大于 4.75mm 的称为粗集料，粒径小于 4.75mm 的称为细集料。

普通混凝土中所用细集料，一般是由天然岩石长期风化等自然条件形成的天然砂，也有人工砂（包括机制砂、混合砂）。根据产源不同，天然砂可分为：河砂、海砂、山砂三类。按粗细程度可分为：粗砂（细度模数 3.1～3.7）、中砂（细度模数 2.3～3.0）、细砂（细度模数 1.6～2.2）和特细砂（细度模数 0.7～1.5）四类。

普通混凝土通常所用的粗集料有人工碎石和天然卵石（河卵石、海卵石、山卵石）两种。按颗粒大小可分为：小石（公称粒径 5～20mm）、中石（20～40mm）、大石（40～80mm）和特大石（80～150mm）四类。

（一）集料的质量与性能

我国在《建设用砂》（GB/T 14684—2011）和《建设用卵石、碎石》（GB/T 14685—2011）这两个标准中，对不同类别的砂、石均提出了明确的技术质量要求。

根据国家标准规定，建筑用砂和建筑用卵石、碎石按技术要求均分为 Ⅰ、Ⅱ、Ⅲ类。下面对其技术质量要求作一概括性介绍。

1. 泥和泥块含量

泥含量是指集料中粒径小于 0.075mm 颗粒的含量。

泥块含量是指在细集料中粒径大于 1.18mm，经水洗、手捏后变成小于 0.60mm 的颗粒的含量；在粗集料中则指粒径大于 4.75mm，经水洗、手捏后变成小于 2.36mm 的颗粒的含量。

集料中的泥颗粒极细，会黏附在集料表面，影响水泥石与集料之间的胶结能力。而泥块会在混凝土中形成薄弱部分，对混凝土的质量影响更大。据此，对集料中泥和泥块含量必须严加限制。

2. 有害物质含量

普通混凝土用粗、细集料中不应混有草根、树叶、树枝、炉渣、煤块等杂物，并且集料中所含硫化物、硫酸盐和有机物等的含量要符合国家规定的砂、石质量标准。对于砂，除了上面几项外，还有云母、轻物质（指密度小于 2000kg/m³ 的物质）含量也需符合国家质量标准的规定。如果是海砂，还应考虑氯盐含量。

3. 坚固性

集料的坚固性是指在自然风化和其他外界物理化学因素作用下抵抗破裂的能力。按标准规定建筑用碎石、卵石和天然砂采用硫酸钠溶液法进行试验，砂试样经 5 次循环后其质量损失应符合国家标准的规定。人工砂采用压碎指标法进行试验，压碎指标值应小于国家标准的规定值。

4. 碱活性

集料中若含有活性氧化硅，会与水泥中的碱发生碱-集料反应，产生膨胀并导致混凝土开裂。因此，当用于重要工程或对集料有怀疑时，必须按标准规定，采用化学法或长度法对集料进行碱活性检验。

5. 级配和粗细程度

集料的级配，是指集料中不同粒径颗粒的分布情况。良好的级配应当能使集料的空隙率和总表面积均较小，从而不仅使所需水泥浆量较少，而且还可以提高混凝土的密实度、强度及其他性能。

集料的粗细程度，是指不同粒径的颗粒混在一起的平均粗细程度。相同质量的集料，粒径小，总表面积大；粒径大，总表面积小，因而大粒径的集料所需包裹其表面的水泥浆就少。即相同的水泥浆量，包裹在大粒径集料表面的水泥浆层就厚，便能减小集料间的摩擦。

6. 集料的形状和表面特征

集料的颗粒形状近似球状或立方体形，且表面光滑时，表面积较小，对混凝土流动性有利，然而表面光滑的集料与水泥石黏结较差。砂的颗粒较小，一般较少考虑其形貌，可是石子就必须考虑其针、片状的含量。石子中的针状颗粒是指颗粒长度大于该颗粒所属粒级平均粒径（该粒级上、下限粒径的平均值）的 2.4 倍者；而片状颗粒是指其厚度小于平均粒径 0.4 倍者。针、片状颗粒不仅受力时易折断，而且会增加集料间的空隙，所以国家标准中对针、片状颗粒含量作出规定的限量要求。

（二）细集料的技术要求

1. 细集料的颗粒级配和粗细程度

砂的级配和粗细程度是用筛分析方法测定的。砂的筛分析方法是用一套方筛孔为 4.75mm、2.36mm、1.18mm、0.60mm、0.30mm、0.15mm 的标准筛，将抽样所得 500g 干砂，由粗到细依次过筛，然后称得留在各筛上砂的质量，并计算出各筛上的分计筛余百分率（各筛上的筛余量占砂样总质量百分率），及累计筛余百分率 A_1、A_2、A_3、A_4、A_5、A_6（各筛与比该筛粗的所有筛之分计筛余百分率之和）。累计筛余和分计筛余的关系见表 5-2。任意一组累计筛余（$A_1 \sim A_6$）则表征了一个级配。

表 5-2　分计筛余和累计筛余的关系

筛孔尺寸/mm	分计筛余/%	累计筛余/%
4.75	a_1	$A_1 = a_1$
2.36	a_2	$A_2 = a_1 + a_2$
1.18	a_3	$A_3 = a_1 + a_2 + a_3$
0.60	a_4	$A_4 = a_1 + a_2 + a_3 + a_4$
0.30	a_5	$A_5 = a_1 + a_2 + a_3 + a_4 + a_5$
0.15	a_6	$A_6 = a_1 + a_2 + a_3 + a_4 + a_5 + a_6$

标准规定，砂按 0.60mm 筛孔的累计筛余百分率，分成三个级配区，见表 5-3。砂的实际颗粒级配与表 5-3 中所示累计筛余百分率相比，除 4.75mm 和 0.60mm 筛号外，允许稍有超出分界线，但超出总量百分率不应大于 5%。1 区人工砂中 0.15mm 筛孔的累计筛余可以放宽到 100%～85%；2 区人工砂中 0.15mm 筛孔的累计筛余可以放宽到 100%～80%；3 区人工砂中 0.15mm 筛孔的累计筛余可以放宽到 100%～75%。

配制混凝土时宜优先选用 2 区砂；当采用 1 区砂时，应提高砂率，并保持足够的水泥用量，以满足混凝土的和易性；当采用 3 区砂时，宜适当降低砂率，以保证混凝土强度。

表 5-3　砂的颗粒级配区

累计筛余/% 方筛孔/mm	1	2	3
9.50	0	0	0
4.75	10～0	10～0	10～0
2.36	35～5	25～0	15～0
1.18	65～35	50～10	25～0
0.60	85～71	70～41	40～16
0.30	95～80	92～70	85～55
0.15	100～90	100～90	100～90

砂的粗细程度用细度模数表示，细度模数（M_x）按下式计算：

$$M_x = \frac{(A_2+A_3+A_4+A_5+A_6)-5A_1}{100-A_1} \tag{5-1}$$

细度模数越大，表示砂越粗。普通混凝土用砂的细度模数范围一般为 3.7～1.6，其中 M_x 在 3.7～3.1 为粗砂；M_x 在 3.0～2.3 为中砂；M_x 在 2.2～1.6 为细砂，配制混凝土时宜优先选用中砂；M_x 在 1.5～0.7 的砂为特细砂，配制混凝土时要作特殊考虑。

应当注意，砂的细度模数并不能反映其级配的优劣，细度模数相同的砂，级配并不相同。所以，配制混凝土时必须同时考虑砂的颗粒级配和细度模数。

2. 细集料的其他质量要求

建筑用砂的含泥量、石粉含量和泥块含量，以及有害物质含量和坚固性要求，如表 5-4 所示。

表 5-4　建筑用砂的质量标准

项目	等级	I	II	III
泥含量(按质量计)/%		≤1.0	≤3.0	≤5.0
泥块含量(按质量计)/%		0	≤1.0	≤2.0
云母(按质量计)/%		≤1.0	≤2.0	≤2.0
硫化物与硫酸盐(按 SO_3 质量计)/%		≤0.5		
氯化物(以氯离子质量计)/%		≤0.01	≤0.02	≤0.06
贝壳(按质量计)/%		≤3.0	≤5.0	≤8.0
坚固性	天然砂(硫酸钠溶液浸渍 5 个循环后,其质量损失)/%	≤8	≤8	≤10
	人工砂(单级最大压碎指标)/%	≤20	≤25	≤30
人工砂的石粉含量 (按质量计)/%	MB 值≤1.4 或合格	≤10		
	MB 值>1.4 或不合格	≤1.0	≤3.0	≤5.0

　　建筑用砂的表观密度、堆积密度、空隙率应符合如下规定：表观密度大于 2500kg/m³；松散堆积密度大于 1400kg/m³；空隙率小于 44％。

　　有机物含量试验，砂的试样溶液颜色应浅于标准溶液；砂样轻物质含量应小于 1.0％。

　　经碱-集料反应试验后，由砂制备的试件无裂缝、酥裂、胶体外溢等现象，在规定的试验龄期膨胀率应小于 0.10％。

　　（三）粗集料的技术要求

　　1. 粗集料的颗粒级配和最大粒径

　　石子的级配分为连续粒级和单粒级两种，石子的级配通过筛分试验确定，一套标准筛有方孔为 2.36mm、4.75mm、9.50mm、16.0mm、19.0mm、26.5mm、31.5mm、37.5mm、53.0mm、63.0mm、75.0mm、90mm 共 12 个筛子，可按需选用筛号进行筛分，然后计算得每个筛号的分计筛余百分率和累计筛余百分率（计算与砂相同）。

　　粗集料中公称粒级的上限称为该集料的最大粒径。集料粒径越大，其表面积越小，因此包裹它表面所需的水泥浆数量相应减少，可节约水泥，所以在条件许可的情况下，应尽量选用最大粒径较大的粗集料。但在实际工程上，集料最大粒径受到多种条件的限制：混凝土粗集料的最大粒径不得超过结构截面最小尺寸的 1/4，并且不得大于钢筋间最小净间距的 3/4；对于混凝土实心板，集料的最大粒径不宜超过板厚的 1/3，且不得超过 40mm；对于泵送混凝土，石子粒径过大对运输和搅拌都不利，集料最大粒径与输送管内径之比，碎石不宜大于1：3，卵石不宜大于 1：2.5；对大体积混凝土（如混凝土坝或围堤）或疏筋混凝土，有时为了节省水泥，降低收缩，可在大体积混凝土中抛入大块石（或称毛石），常称作抛石混凝土。在普通混凝土中，集料粒径大于 40mm 并没有好处，有可能造成混凝土强度下降。

　　2. 强度

　　集料的强度是指粗集料（卵石和碎石）的强度，为了保证混凝土的强度，粗集料必须致密并具有足够的强度。碎石的强度可用抗压强度和压碎指标值表示，卵石的强度只用压碎指标值表示。

　　碎石的抗压强度测定，是将其母岩制成边长为 50mm 的立方体（或直径与高均为 50mm 的圆柱体）试件，在水饱和状态下测定其极限抗压强度值。碎石抗压强度一般在混凝土强度等级大于或等于 C60 时才检验，其他情况如有怀疑或必要时也可进行抗压强度检验。通常，要求岩石抗压强度与混凝土强度等级之比不应小于 1.5，火成岩强度不宜低于 80MPa，变质岩强度不宜低于 60MPa，水成岩强度不宜低于 45MPa。

　　碎石和卵石的压碎指标值测定，是将一定量气干状态的 10～20mm 石子装入标准筒内按规定的加荷速率，加荷至 300kN，卸荷后称取试样质量 m_0，再用 2.36mm 方孔筛筛除被压碎的细粒，称出筛上剩余的试样质量 m_1，按下式计算压碎指标值：

$$\delta_a = \frac{m_0 - m_1}{m_0} \times 100\% \qquad (5\text{-}2)$$

　　压碎指标值越小，说明粗集料抵抗受压破碎能力越强。建筑用卵石和碎石的压碎指标值的限量，见表 5-5。

表 5-5　建筑用卵石和碎石的压碎指标

项　　目	指　　标		
	Ⅰ	Ⅱ	Ⅲ
碎石压碎指标/%	<10	<20	<30
卵石压碎指标/%	<12	<16	<16

3. 粗集料的其他质量要求

建筑用卵石、碎石的有害物质指标如表 5-6 所示。

表 5-6　建筑用卵石、碎石的有害物质指标

项目 \ 等级	Ⅰ	Ⅱ	Ⅲ
针片状颗粒(按质量计)/%	<5	<15	<25
含泥量(按质量计)/%	<0.5	<1.0	<1.5
泥块含量(按质量计)/%	0	<0.2	<0.5
硫化物与硫酸盐(按 SO_3 质量计)/%	<0.5	<1.0	<1.0
坚固性(硫酸钠溶液浸渍 5 个循环后,其质量损失)/%	<5	<8	<12
吸水率/%	≤1.0	≤2.0	≤2.0

建筑用卵石、碎石的表观密度应不小于 2600kg/m³；连续级配松散堆积孔隙率应分别符合如下规定：Ⅰ类不大于 43%，Ⅱ类不大于 45%，Ⅲ类不大于 47%。

经碱-集料反应试验后，由卵石、碎石制备的试件无裂缝、酥裂、胶体外溢等现象，在规定的试验龄期膨胀率应小于 0.10%。

（四）再生混凝土集料

再生混凝土集料简称再生混凝土，是指将废弃混凝土块经过破碎、清洗、分级后，按一定比例配成的再生混凝土集料，部分或全部代替砂石等天然集料（主要是粗集料）配制而成的混凝土。由于再生集料表面粗糙、棱角较多，且表面包裹着相当数量的水泥砂浆（水泥砂浆孔隙大、吸水率高），再加上混凝土块在解体、破碎过程中由于损伤累积内部存在大量微裂缝，这些因素都使其吸水率和吸水速率增大，这对配制混凝土是不利的，因此，拌制的再生混凝土的工作性能、力学性能、耐久性能等综合性能也较差。

三、混凝土用水

混凝土用水的基本质量要求是：不影响混凝土的凝结和硬化；无损于混凝土强度发展及耐久性；不加快钢筋锈蚀；不引起预应力钢筋脆断；不污染混凝土表面。《混凝土用水标准》（JGJ 63—2006）规定的混凝土拌合用水水质要求见表 5-7。

表 5-7　混凝土拌合用水水质要求

项目	预应力混凝土	钢筋混凝土	素混凝土
pH 值	≥5.0	≥4.5	≥4.5
不溶物/(mg/L)	≤2000	≤2000	≤5000
可溶物/(mg/L)	≤2000	≤5000	≤10000
Cl^-/(mg/L)	≤500	≤1000	≤3500
SO_4^{2-}/(mg/L)	≤600	≤2000	≤2700
碱含量/(mg/L)	≤1500	≤1500	≤1500

注：碱含量按 $Na_2O+0.658K_2O$ 计算值来表示。采用非碱活性集料时可不检验碱含量。

凡能饮用的水和清洁的天然水，都可用于混凝土拌制和养护。海水不得拌制钢筋混凝土、预应力混凝土及有饰面要求的混凝土。工业废水须经适当处理后才能使用。

四、外加剂

混凝土外加剂（concrete admixtures）简称外加剂，是指在拌制混凝土的过程中掺入用以改善混凝土性能的物质。混凝土外加剂的掺量一般不大于水泥质量的 5%。混凝土外加剂产品的质量必须符合国家标准《混凝土外加剂》（GB 8076—2008）的规定。

(一) 混凝土外加剂的定义

混凝土外加剂是在拌制混凝土过程中掺入的，并能按要求改善混凝土性能的，一般掺量不超过水泥质量 5％的物质。混凝土外加剂不包括在水泥生产过程中掺入的助磨剂等物质。除混凝土膨胀剂、防冻剂等少数外加剂以外，大部分掺量都在 2％～3％之内。外加剂的掺量，一般情况下以水泥质量的百分比计，但在高性能混凝土中，应以胶凝材料总用量的百分比掺用。

混凝土外加剂在拌制混凝土过程中，可以与拌合水一起掺入拌合物，也可以比拌合水滞后掺入。研究认为，滞后掺入可以取得更好的改性效果。根据需要，外加剂也可以在从混凝土搅拌到混凝土浇筑的过程中，分几次掺入，以解决混凝土拌合物流动性的经时损失问题。

每种外加剂按其具有一种或多种功能给出定义，并根据其主要功能命名。复合外加剂具有一种以上的主要功能，按其一种以上主要功能命名。

主要混凝土外加剂的名称及定义如下。

① 减水剂：在混凝土坍落度基本相同的条件下，能减少拌合用水量的外加剂。减水率≥5％的减水剂为普通减水剂；减水率≥10％的减水剂为高效减水剂。

② 早强剂：可加速混凝土早期强度发展的外加剂。

③ 缓凝剂：可延长混凝土凝结时间的外加剂。

④ 引气剂：在搅拌混凝土过程中能引入大量均匀分布、稳定而封闭的微小气泡的外加剂。

⑤ 早强减水剂：兼有早强和减水功能的外加剂

⑥ 缓凝减水剂：兼有缓凝和减水功能的外加剂。

⑦ 引气减水剂：兼有引气和减水功能的外加剂。

⑧ 防水剂：能够降低混凝土在静水压力下的透水性的外加剂。

⑨ 阻锈剂：能抑制或减轻混凝土中钢筋或其他预埋金属锈蚀的外加剂。

⑩ 加气剂：混凝土制备过程中因发生化学反应，产生气体，而使混凝土中形成大量气孔的外加剂。

⑪ 膨胀剂：能使混凝土产生一定体积膨胀的外加剂。

⑫ 防冻剂：能使混凝土在负温下硬化，并在规定时间内达到足够防冻强度的外加剂。

⑬ 泵送剂：能改善混凝土拌合物泵送性能的外加剂。

⑭ 速凝剂：能使混凝土迅速凝结硬化的外加剂。

(二) 混凝土外加剂的分类

1. 按主要功能分类

① 改善混凝土拌合物流变性能的外加剂：包括各种减水剂、引气剂和泵送剂等。

② 调节混凝土凝结时间、硬化性能的外加剂：包括缓凝剂、早强剂和速凝剂。

③ 改善混凝土耐久性的外加剂：包括减水剂、引气剂、防冻剂、防水剂和阻锈剂等。

④ 改善混凝土其他性能的外加剂：包括加气剂、膨胀剂、着色剂等。

2. 按化学成分分类

① 无机物外加剂：包括各种无机盐类、一些金属单质和少量氢氧化物等。如早强剂中的 $CaCl_2$ 和 Na_2SO_4，加气剂中的铝粉，防水剂中的氢氧化铝等。

② 有机物外加剂：这类外加剂占混凝土外加剂的绝大部分。种类极多，其中大部分属

于表面活性剂的范畴，有阴离子型、阳离子型、非离子型表面活性剂等。如减水剂中的木质素磺酸盐、萘磺酸盐甲醛缩合物等。有一些有机外加剂本身并不具有表面活性作用，但却可作为优质外加剂使用。

③ 复合外加剂：适当的无机物与有机物复合制成的外加剂，往往具有多种功能或使某项性能得到显著改善，这是协同效应在外加剂技术中的体现，是外加剂的发展方向之一。

3. 混凝土外加剂的作用

混凝土外加剂的主要成分及作用如表 5-8 所示。

表 5-8　各种混凝土外加剂的主要成分和主要作用

外加剂品种	主要作用	主要成分
早强剂	(1)提早拆模； (2)缩短养护期,使混凝土不受冰冻或其他因素的破坏 (3)提前完成建筑物的建设与修补； (4)部分或完全抵消低温对强度发展的影响； (5)提前开始表面抹平 (6)减少模板侧压力； (7)在水压下堵漏效果好	可溶性无机盐：氯化物、溴化物、氟化物、碳酸盐、硝酸盐、硫代硫酸盐、硅酸盐、铝酸盐和碱性氢氧化物 可溶性有机物：三乙醇胺、甲酸钙、乙酸钙、丙酸钙、丁酸钙、尿素、草酸、胺与甲醛缩合物
速凝剂	喷射混凝土、堵漏或其他特殊用途	铁盐、氟化物、氯化铝、铝酸盐和硫铝酸盐、碳酸钾等
引气剂	引气,提高混凝土流动性和黏聚性、减少离析与泌水,提高抗冻融性和耐久性	松香热聚物、合成洗涤剂、木质素磺酸盐、蛋白质的盐、脂肪酸和树脂酸及其盐
减水剂和调凝剂	减水、缓凝、早强、缓凝减水、早强减水、高效减水、高效缓凝减水	(1)木质素磺酸盐； (2)木质素磺酸盐的改性物或衍生物； (3)羟基羧酸及其盐类； (4)羟基羧酸及其盐的改性物或衍生物； (5)其他物质 ①无机盐：锌盐、硼酸盐、磷酸盐、氯化物； ②铵盐及其衍生物； ③碳水化合物、多聚糖酸和糖酸； ④水溶性聚合物,如纤维素醚、蜜胺衍生物、萘衍生物、聚硅氧烷和磺化碳氢化合物
高效减水剂（超塑化剂）	高效减水,提高流动性,或二者结合	(1)萘磺酸盐甲醛缩合物； (2)多环芳烃磺酸盐甲醛缩合物； (3)三聚氰胺磺酸盐甲醛缩合物
加气剂（起泡剂）	在新拌混凝土浇筑时或浇筑后水泥凝结前产生气泡,减少混凝土沉陷和泌水,使混凝土更接近浇筑时的体积	过氧化氢、金属铝粉、吸附空气的某些活性炭
灌浆外加剂	黏结油井、在油井中远距离泵送	缓凝剂、凝胶、黏土、凝胶淀粉和甲基纤维素；膨润土、增稠剂、早强剂、加气剂
膨胀剂	减少混凝土干燥收缩	细铁粉或粒状铁粉与氧化促进剂、石灰系、硫铝酸盐系、铝酸盐系
黏结剂	增加混凝土黏结性	合成乳胶、天然橡胶胶乳
泵送剂	提高可泵性,增加水的黏度,防止泌水、离析、堵塞	(1)高效减水剂、普通减水剂、缓凝剂、引气剂； (2)合成或天然水溶性聚合物,增加水的黏度； (3)高比表面积无机材料：膨润土、二氧化硅、石棉粉、石棉短纤维等； (4)混凝土掺合料：粉煤灰、水硬石灰、石粉

外加剂品种	主要作用	主要成分
着色剂	配制各种颜色的混凝土和砂浆	灰到黑:氧化铁黑、矿物黑、炭黑; 蓝:群青、酞青蓝; 浅红到深红:氧化铁红; 棕:氧化铁棕、富锰棕土、烧褐土; 绿:氧化铬绿、酞青绿; 白:二氧化钛
絮凝剂	增加泌水速率,减少泌水能力,减小流动性,增加黏度,早强	聚合物电解质
灭菌剂和杀虫剂	阻止和控制细菌和霉菌在混凝土墙板和墙面上生长	多卤化物、狄氏剂乳液和铜化物
防潮剂	减小水渗入混凝土的速度或减小水在混凝土内从湿到干的传导速度	皂类、丁基硬脂酸、某些石油产品
减渗剂	减小混凝土的渗透性	减水剂、氯化钙
减小碱-集料反应的外加剂	减小碱-集料反应的膨胀	锂盐、钡盐,某些引气剂、减水剂、缓凝剂、火山灰质掺合料
阻锈剂	防止钢筋锈蚀	亚硝酸钠、苯甲酸钠、木质素磺酸钙、硅酸盐、氟硅酸盐、氟铝酸盐

五、掺合料

混凝土掺合料是指在配制混凝土拌合物过程中,直接加入的能够改变新拌混凝土和硬化混凝土性能的矿物细粉材料。

矿物掺合料绝大多数来自工业固体废渣,它们在混凝土胶凝组分中的掺量通常大于水泥用量的 5%,细度与水泥细度相同或比水泥细度更细。混凝土掺合料作用与水泥混合材相似,在碱性或兼有硫酸盐成分存在的液相条件下,许多掺合料可发生水化反应,生成具有强度的胶凝物质。但由于掺合料的质量要求与水泥混合材的质量要求不完全一样,所以,掺合料对混凝土性能的影响与混合材并不完全相同。

在混凝土中合理使用掺合料不仅可以节约水泥,降低能耗和成本,而且可以改善混凝土拌合物的工作性,提高硬化混凝土的强度和耐久性。另外,掺合料的应用,对改善环境,减少二次污染,推动可持续发展的绿色混凝土,具有十分重要的意义。

粉煤灰是一种黏土类火山灰质材料,其颗粒多数呈球形,以 SiO_2 和 Al_2O_3 为主要成分,含有少量 CaO。

矿渣微粉是水淬粒化高炉矿渣经磨细加工后形成的微粉材料,矿物组成主要为硅酸盐与铝酸盐玻璃体,少量硅酸一钙或硅酸二钙等矿物。一般矿渣粉属于碱性活性掺合料,其颗粒多为不规则形状,早期活性一般高于粉煤灰,对混凝土流动性增大的效果比不上优质粉煤灰,但优于劣质粉煤灰。

硅灰也称气相沉积二氧化硅、微细二氧化硅,是电弧炉冶炼金属硅和硅铁合金时的副产品,是极细的球形颗粒,主要成分为无定形 SiO_2。用氮气吸附法测定的比表面积达 20～35m²/g,平均粒径小于 0.1μm,比水泥颗粒小两个数量级。由于其粒径非常细小,巨大的比表面积使其具有很高的火山灰活性,但掺入混凝土中会导致混凝土的需水量大幅度增加。硅灰的需水量比为 134%,火山灰活性指标高达 110%。一般硅灰的掺量控制在 5%～10%之间,并用高效减水剂来调节需水量。目前在国内外,常利用硅灰配制 100MPa 以上的特高强混凝土。

沸石粉是沸石岩经磨细后形成的一种粉状建筑材料。天然沸石是一种经长期压力、温度、碱性水介质作用而沸石化了的凝灰岩，属于火山灰材料，有 30 多个品种，用作混凝土矿物掺合料的主要是斜发沸石和丝光沸石。沸石粉的主要化学成分是 SiO_2 为 60%～70%，Al_2O_3 为 10%～30%，可溶硅为 5%～12%，可溶铝为 6%～9%。

偏高岭土是在一定温度和条件控制下煅烧的高岭土，具有较高的火山灰活性。在 600℃下煅烧的高岭土首先脱水成偏高岭石（$Al_2O_3 \cdot 2SiO_2$），然后一部分分解成无定形 Al_2O_3 和 SiO_2 产物，还保留一部分无水铝硅酸盐结晶，属于火山灰质矿物掺合料。煅烧后的高岭土火山灰活性与其结构密切相关。只有在其矿物脱水相处于无定形介稳态时，结构中可溶出的 SiO_2 和 Al_2O_3 数量最多，其活性最高，因此控制煅烧温度是很重要的。当煅烧温度过高时，由于脱水相致密化并转变为结晶相，其活性急剧下降。

细磨石灰石粉具有微弱的化学活性，它能与水泥中的 C_3A 反应生成水化碳铝酸钙（$C_3A \cdot 3CaCO_3 \cdot 32H_2O$）。在混凝土中掺入 2% 磨细石灰石粉，有利于提高早期强度。另外，混凝土中掺入适量磨细的惰性和碱性（即憎水性）石灰石粉，能够降低组成材料的亲水性，增大毛细孔壁与液体的接触角，减小毛细孔压力，而且因取代了部分水泥和活性掺合料，使胶凝材料的一次化学收缩和二次化学收缩的幅度都得到减少，从而有效地改善混凝土的自收缩现象。

第三节 普通混凝土的主要技术性能

一、新拌混凝土的性能

结构物在施工过程中使用的是尚未凝结硬化的水泥混凝土，即新拌混凝土。新拌混凝土是不同粒径矿质集料分散在水泥浆体中的一种复合分散系，具有黏性、塑性等特性。新拌混凝土的运输、浇筑、振捣和表面处理等工序在很大程度上制约着硬化后混凝土的性能，故研究其特性具有十分重要的意义。

（一）拌合物的工作性及其主要内容

新拌混凝土拌合物工作性（和易性）是指混凝土拌合物易于施工操作（搅拌、运输、浇灌、捣实）并能获得质量均匀、成型密实的混凝土的性能。工作性是一项综合的技术性质，包括流动性、黏聚性和保水性三方面的含义。

流动性是指混凝土拌合物在本身自重或施工机械振捣的作用下能产生流动，并均匀密实地填满模板的性能。流动性好的混凝土操作方便，易于捣实、成型。

黏聚性是指混凝土拌合物在施工过程中，其组成材料之间具有一定的黏聚力，不致产生分层和离析的现象。在外力作用下，混凝土拌合物各组成材料的沉降不相同，如配合比例不当，黏聚性差，则施工中易发生分层（即混凝土拌合物各组分出现层状分离现象）、离析（即混凝土拌合物内某些组分分离、析出现象）等情况，致使混凝土硬化后产生"蜂窝"、"麻面"等缺陷，影响混凝土强度和耐久性。

保水性是指混凝土拌合物在施工过程中，具有一定的保水能力，不致产生严重的泌水现象。泌水性又称析水性，是指从混凝土拌合物中泌出部分水的性能。保水性不良的混凝土，易出现泌水，水分泌出后会形成连通孔隙，影响混凝土的密实性；泌出的水还会聚集到混凝土表面，引起表面疏松；泌出的水积聚在集料或钢筋的下表面会形成孔隙，从而削弱了集料或钢筋与水泥石的黏结力，影响混凝土质量。

由此可见，混凝土拌合物的流动性、黏聚性、保水性有其各自的内容，而彼此既互相联系又存在矛盾。所谓工作性就是这三方面性质在一定工程条件下达到统一。

（二）拌合物工作性的检测方法

从工作性的定义看出，工作性是一项综合技术性质，很难用一种指标能全面反映混凝土拌合物的工作性。通常是以测定拌合物流动性为主，而黏聚性和保水性主要通过观察的方法进行评定。

国家标准《普通混凝土拌合物性能试验方法标准》（GB/T 50080—2002）规定，根据拌合物的流动性不同，混凝土流动性的测定可采用坍落度与坍落扩展度法或维勃稠度法。

坍落度试验方法适用于集料最大粒径不大于 40mm、坍落度值不小于 10mm 的混凝土拌合物测定；维勃稠度试验方法适用于最大粒径不大于 40mm、维勃稠度在 5～30s 的混凝土拌合物稠度测定；维勃稠度大于 30s 的特干硬性混凝土拌合物的稠度可采用增实因数法来测定［见国家标准《普通混凝土拌合物性能试验方法标准》（GB/T 50080—2002）］。

1. 坍落度与坍落扩展度试验

坍落度试验方法是由美国查普曼首先提出的，目前已为世界各国广泛采用。标准坍落度筒的构造和尺寸如图 5-1 所示，该筒为钢皮制成，高度 $H=300\text{mm}$，上口直径 $d=100\text{mm}$，下底直径 $D=200\text{mm}$。试验时湿润坍落度筒及底板，在坍落度筒内壁和底板上应无明水。底板应放置在坚实水平面上，并把筒放在底板中心，然后用脚踩住两边的脚踏板，坍落度筒在装料时应保持固定的位置。

把按要求取得的混凝土试样用小铲分三层均匀地装入筒内，使捣实后每层高度为筒高的 1/3 左右。每层用捣棒插捣 25 次。插捣应沿螺旋方向由外向中心进行，各次插捣应在截面上均匀分布。插捣底层时，捣棒应贯穿整个深度，插捣第二层和顶层时，捣棒应插透本层至下一层的表面；浇灌顶层时，混凝土应灌到高出筒口。插捣过程中，如混凝土沉落到低于筒口，则应随时添加。顶层插捣完后，刮去多余的混凝土，并用抹刀抹平。

清除筒边底板上的混凝土后，垂直平稳地提起坍落度筒。坍落度筒的提离过程应在 5～10s 内完成；从开始装料到提坍落度筒的整个过程应不间断地进行，并应在 150s 内完成。

提起坍落度筒后，测量筒高与坍落后混凝土试体最高点之间的高度差，即为该混凝土拌合物的坍落度值，如图 5-2 所示；坍落度筒提离后，如混凝土发生崩坍或一边剪坏现象，则应重新取样另行测定；如第二次试验仍出现上述现象，则表示该混凝土工作性不好，应予记录备查。

观察坍落后的混凝土试体的黏聚性及保水性。黏聚性的检查方法是用捣棒在已坍落的混凝土锥体侧面轻轻敲打，此时如果锥体逐渐下沉，则表示黏聚性良好；如果锥体倒塌、部分崩裂或出现离析现象，则表示黏聚性不好。保水性以混凝土拌合物稀浆析出的程度来评定，坍落度筒提起后如有较多的稀浆从底部析出，锥体部分的混凝土也因失浆而集料外露，则表明此混凝土拌合物的保水性能不好；如坍落度筒提起后无稀浆或仅有少量稀浆自底部析出，则表示此混凝土拌合物保水性良好。

当混凝土拌合物的坍落度大于 220mm 时，用钢尺测量混凝土扩展后最终的最大直径和最小直径，在这两个直径之差小于 50mm 的条件下，用其算术平均值作为坍落扩展度值；否则，此次试验无效。如果发现粗集料在中央集堆或边缘有水泥浆析出，表示此混凝土拌合物抗离析性不好，应予记录。

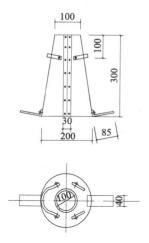

图 5-1　坍落度试验用坍落度筒（单位：mm）

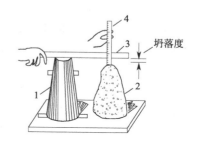

图 5-2　坍落度测定示意图（单位：mm）
1—坍落度筒；2—拌合物；3—木尺；4—钢尺

新拌混凝土按坍落度分为四级，见表 5-9。

表 5-9　混凝土按坍落度的分级

级别	名称	坍落度/mm	级别	名称	坍落度/mm
T_1	低塑性混凝土	10～40	T_3	流动性混凝土	100～150
T_2	塑性混凝土	50～90	T_4	大流动性混凝土	≥160

2. 维勃稠度试验

维勃稠度试验方法是瑞典 V. 皮纳（Bahmer）首先提出的，因而用他名字首母 V-B 命名。维勃稠度计，其构造如图 5-3 所示。将容器牢固地用螺母固定在振动台上，放入坍落度筒，把漏斗转到坍落度筒上口，拧紧螺丝，使坍落度筒不能漂离容器底面。按坍落度试验方法，分三层装拌合物，每层捣 25 次，抹平筒口，提取筒模，仔细地放下圆盘，读出滑棒上刻度，即坍落。拧紧螺丝，使圆盘顺利滑向容器，开动振动台和秒表，通过透明圆盘观察混凝土的振实情况，一旦圆盘底面为水泥浆所布满时，即刻停表和关闭振动台，秒表所记时间，即表示混凝土混合料的维勃时间，时间精确至 1s。

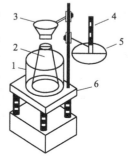

图 5-3　维勃稠度计
1—容器；2—坍落度筒；
3—漏斗；4—侧杆；
5—透明圆盘；6—振动台

仪器每测试一次，必须将容器、筒模及透明盘洗净擦干，并在滑棒等处涂薄层黄油，以便下次使用。

新拌混凝土按维勃稠度分为四级，见表 5-10。

表 5-10　混凝土按维勃稠度的分级

级别	名称	维勃稠度/s	级别	名称	维勃稠度/s
V_0	超干硬性混凝土	≥31	V_2	干硬性混凝土	20～11
V_1	特干硬性混凝土	30～21	V_3	半干硬性混凝土	10～5

3. 坍落度损失试验

拌合物按规定进行坍落度试验后得初始坍落度值，立即将全部拌合料装入铁桶或塑料桶内，用盖子或塑料布密封。存放 30min 后将桶内物料倒在拌料板上，用铁锹翻拌两次，进行坍落度试验得出 30min 坍落度保留值；再将全部物料装入桶内，密封再存放 30min，用上法再测定一次，得出 60min 坍落度保留值；按上述方法直到测完 5h 的坍落度值。最后绘制混凝土拌合物坍落度随时间变化曲线。

（三）拌合物的影响因素及选择

1. 拌合物的影响因素

混凝土混合料的工作性取决于各组分的特性及其相对含量。水泥净浆的流动性决定于水胶比。当集料加进水泥浆中，混合料变得干硬，若需保持原来的流动性，则集料加得愈多，水胶比必须愈大。一定配比的干料，随着水量的增加，流动性增大，最后导致黏结性能的破坏，发生严重的离析和泌水。可见混合料各组分对工作性的影响是互相关联的，而其中水的作用则是主要的。影响因素主要是内因与外因，内因是组成材料的质量及其用量，外因是环境条件（温度、湿度和风速）以及时间等方面。以下我们将分别予以讨论。

（1）组成材料质量及其用量

① 混合料的单位用水量对流动性的影响　根据试验，在采用一定的集料的情况下，流动性混合料的坍落度，如果单位用水量一定，在实际应用范围内，单位水泥用量即使变化，坍落度大体上保持不变，这一规律通常称为固定加水量定则，或称需水性定则。这个定则用于混凝土配合比设计时是相当方便的，可以通过固定单位用水量，变化水胶比，而得到既满足混合料工作性的要求，又满足混凝土强度要求的设计。

总的来说，在组成材料确定的情况下，单位用水量增加使混凝土拌合物的流动性增大。当水胶比一定时，若单位用水量过小，则水泥浆数量过少，集料颗粒间缺少足够的黏结材料，黏聚性较差；反之，流动性增加，而黏聚性将随之恶化，会由于水泥浆过多而出现泌水、分层或流浆现象，同时还会导致混凝土产生收缩裂缝，使混凝土强度和耐久性严重降低。

② 混合料的水胶比和集浆比对工作性的影响　单位混凝土中集浆比（单位混凝土拌合物中集料体积和水泥浆体绝对体积之比）确定水泥浆用量一定，水胶比（水与所有胶凝材料的质量比）即决定水泥浆稠度。实际为了使混凝土拌合物流动性增加而增加水，务必保持水胶比不变，否则将显著降低混凝土质量。单位体积混凝土拌合物中，水胶比保持不变，水泥浆数量越多，拌合物的流动性愈大；过多会造成流浆现象；过少不足以填满集料的空隙和包裹集料表面，则拌合物黏聚性变差，甚至产生崩坍现象。满足工作性前提下，强度和耐久性要求尽量采用大集浆比，以节约水泥。

这种关系也可以从瑞典阿勒森德逊（Alexanderson）所得的曲线（见图 5-4）看出。当集料体积率很大时，需要的水胶比趋近于无限大，也就是说水泥要充分稀释到像纯粹的水一样，此时集料的体积含量称为集料极限值，此值是曲线的渐近线。这在理论上可以认为是能够达到规定的流动性时集料的最大量。在集料体积为零的另一端，表示能达到所规定流动性的纯水泥浆的水胶比，称水泥浆水胶比极限值。很明显，此值也决定于所要求的流动性，愈干硬，水胶比愈小。

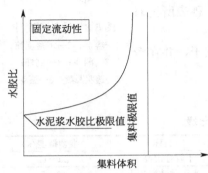

图 5-4　集料体积对水胶比的影响

③ 砂率对混合料工作性的影响　砂率是指细集料质量占集料总质量的百分数。试验证明，砂率对混合料的工作性有很大的影响。根据试验资料（见表 5-11）表明，砂率对混合

料坍落度的影响有极大值的变化。

细集料影响工作性的原因目前还不十分清楚。但一般认为适当含量的细集料颗粒组成的砂浆在混合料中起着润滑的作用，减少粗集料颗粒之间的摩擦阻力。所以在一定的含砂率范围内，随着含砂率的增加，润滑作用愈加显著，混合料的塑性黏度降低，流动性提高。但是当含砂率超过一定范围后，细集料的总表面积过分增加，需要的润湿水分增大，在一定加水量条件下，砂浆的黏度过分增加，从而使混合料流动性能降低。所以对于一定级配的粗集料和水泥用量的混合料，均有各自的最佳含砂率，使得在满足工作性要求的条件下的加水量最少。

表 5-11　砂率对混凝土坍落度的影响

序号	每立方米混凝土混合料材料用量/kg				含砂率/%	坍落度/mm
	水泥	砂	砾石	水		
1	241	664	1334	156.8	33	0
2	241	705	1293	156.8	35	35
3	241	765	1232	156.8	38	50
4	241	794	1203	156.8	39.5	30
5	241	826	1178	156.8	41	15
6	241	868	1135	156.8	43	10

注：采用水胶比为 0.85（不加掺合料），水泥标准稠度为 23.6%。

混凝土拌合物合理砂率是指用水量和水泥用量一定情况下，能使混凝土拌合物获得最大的流动性，又能保持黏聚性和保水性能良好的砂率。

④ 水泥与集料对混合料工作性的影响　以上讨论了各组分的相对含量对混合料工作性的影响。此外，组分本身的特性对混合料的工作性也有影响。

a. 水泥　不同品种的水泥、不同的水泥细度、不同的水泥矿物组成及混合掺料，其需水性不同。需水性大的水泥比需水性小的水泥配制的混合料，在相同的流动性条件下，需要较多的加水量。水泥的需水性以标准稠度的用水量表示，如表 5-12 所示。

表 5-12　不同水泥的需水性

水泥品种	标准稠度用水量/%	水泥品种	标准稠度用水量/%
普通硅酸盐水泥	21～27	矾土水泥	31～33
火山灰质硅酸盐水泥	30～45	石灰-火山灰水泥	30～60
矿渣硅酸盐水泥	26～30	石灰-矿渣水泥	28～40

可知普通硅酸盐水泥中掺入矿渣、火山灰等掺料都对水泥的需水性有影响，其中以火山灰的影响最为显著，这是因为它具有吸附及湿胀性能的缘故。采用火山灰质硅酸盐水泥配制的混合料，加水量要比用普通硅酸盐水泥增加 $15～20kg/m^3$。水泥的矿物组成中，以铝酸钙的需水性为最大，而硅酸二钙的需水性为最小。因此矾土水泥的需水性比普通硅酸盐水泥高。

水泥的细度愈细，则比表面积增加，为了获得一定稠度的净浆，其需水量也增加。但一般说来，由于在混合料中水泥含量相对比较少，因此水泥的需水性对混合料工作性的影响并不十分显著。

b. 集料　集料在混合料中占据的体积最大，因此它的特性对混合料工作性的影响也比较大。这些特性包括级配、颗粒形状、表面状态及最大粒径等。

级配好的集料空隙少，在相同水泥浆量的情况下，可以获得比级配差的集料更好的工作性。但在多灰混合料中，级配的影响将显著减少。

集料级配中，0.3～10mm 之间的中等颗粒的含量对混合料工作性的影响更为显著。如果中等颗粒含量过多，即粗集料偏细，细集料偏粗，那么将导致混合料粗涩、松散，工作性差；如果中等颗粒含量过少，会使混合料黏聚性变差并发生离析。

集料的最大粒径愈大，其表面积愈小，获得相同坍落度的混合料所需的加水量愈少，但不呈线性关系。例如有些资料说明，集料的最大粒径每增加一级（如由 20mm 增加到 40mm），混合料的需水性可降低 10～15kg/m³。普通砂浆的需水性在 200～300kg/m³ 之间，而普通混凝土则在 130～200kg/m³ 之间，后者的需水性小得多，其原因就在于集料表面积减少。

扁平和针状的集料，对混合料的流动性不利。卵石及河砂表面光滑而呈蛋圆形，因此使混合料的需水性减少，碎石和山砂表面粗糙且呈棱角形，增加了混合料的内摩擦阻力，提高了需水性。

多孔集料，一方面由于表面多孔，增加了混合料的内摩擦阻力；另一方面由于吸水性大，因此需水性增加。例如，普通混凝土的需水性为 130～200 kg/m³，而炉渣混凝土则为 200～300 kg/m³，浮石混凝土则为 300～400 kg/m³。

⑤ 外加剂　采用级配好的集料、足够的水泥用量以及合理用水量的混凝土拌合物，具有良好的工作性，但是级配不良，颗粒形状不好的集料和水泥用量不足引起的贫混凝土和粗涩的混凝土拌合物，掺加外加剂可以使工作性得到改善。

掺加引气剂或减水剂，可以增加混凝土的工作性，减少混凝土的离析和泌水，引气剂产生的大量的不连通的微细气泡，对新拌混凝土的工作性有良好的改善作用，可增加混凝土拌合物的黏性、减少泌水、减少离析并易于抹面。对于贫混凝土，用级配不良的集料或易于泌水的水泥拌制的混凝土，掺加引气剂则更为有利。例如，对于贫混凝土掺入外加剂不仅可以改善工作性，还可增加强度。矿渣水泥混凝土泌水严重，掺加引气剂后，混凝土拌合物的黏聚性得到改善，浇筑完毕的混凝土表面的泌水现象亦减少到最小。

掺加粉煤灰可以改善混凝土的工作性，粉煤灰的球形颗粒以及无论是采用超量取代或是等量取代都可使混凝土拌合物中胶凝材料浆体增加，使混凝土拌合物更具有黏性且易于捣实。

（2）环境条件和时间的影响（外因）

① 环境条件　引起混凝土拌合物工作性降低的环境因素，主要有温度、湿度和风速。对于给定组成材料性质和配合比例的混凝土拌合物，其工作性的变化，主要受水泥的水化率和水分的蒸发率所支配。因此，混凝土拌合物从搅拌到捣实的这段时间里，温度的升高会加速水化率以及水由于蒸发而损失，这些都会导致拌合物坍落度的减小。混合料的工作性也受温度的影响（见图 5-5）。显然在热天，为了保持一定的工作性必须比冷天增加混合料加水量。同样，风速和湿度因素会影响拌合物水分的蒸发率，因而影响坍落度。对于不同环境条件下，要保证拌合物具有一定的工作性，必须采用相应的改善工作性的措施。

② 时间　混凝土拌合物在搅拌后，其坍落度随时间的增长而逐渐减小，称为坍落度损失。图 5-6 给出了坍落度时间变化曲线的一个例子。由于混合料流动性的这种变化，因此浇筑时的工作性更具有实际意义，所以相应地将工作性测定时间推迟至搅拌完后 15min 更为适宜。

拌合物坍落度损失的原因，主要是由于拌合物中自由水随时间而蒸发、集料的吸水和水泥早期水化而损失的结果。混凝土拌合物工作性的损失率，受组成材料的性质（如水泥的水化和发热特性、外加剂的特性、集料的孔隙率等）以及环境因素的影响。

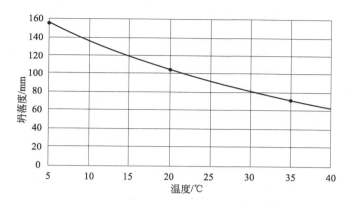

图 5-5　温度对坍落度的影响（曲线为集料最大粒径 38mm）

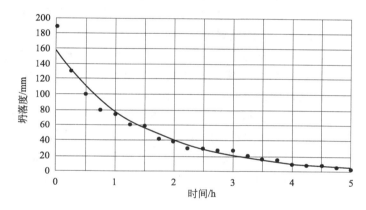

图 5-6　坍落度和拌合后时间的关系（配合比 1∶2∶4，0.775）

2. 拌合物的工作性的调整与选择

（1）拌合物工作性的调整

① 当混凝土流动性小于设计要求时，为了保证混凝土的强度和耐久性，不能单独加水，必须保持水胶比不变，增加水泥浆用量。

② 当坍落度大于设计要求时，可在保持砂率不变的前提下，增加砂石用量，实际上减少水泥浆数量，选择合理的浆集比。

③ 改善集料级配，既可增加混凝土流动性，也能改善黏聚性和保水性。

④ 掺减水剂或引气剂，是改善混凝土工作性的有效措施。

⑤ 尽可能选用最优砂率，当黏聚性不足时可适当增大砂率。

（2）拌合物工作性的选择　应根据结构物的断面尺寸、钢筋配置以及机械类型与施工方法来选择。

对断面尺寸较小、形状复杂或配筋很密的结构，则应选用较大的坍落度，易浇捣密实。反之，对无筋厚大结构、钢筋配置稀易于施工的结构，尽量选较小坍落度以节约水泥。

当所采用的浇筑密实方法不同时，对拌合物流动性的要求也不同。例如，振动捣实对流动性的要求较人工捣实为低。在离心成型时，就要求拌合物具有一定的流动性，以使组分均匀。

混凝土混合料的黏聚性是它抵抗分层离析的能力，黏聚性主要取决于它的细粒组分的相对含量。对于贫混凝土，特别要注意细集料和粗集料的比例，以求获得具有一定黏聚性的配合比。

在选定流动性指标以后，根据需水性定则，选择单位体积混凝土的用水量，在集料级配良好的条件下，当集料最大粒径为一定时，混凝土混合料的坍落度（流动性）取决于单位体积混凝土的用水量，而与水泥用量（在一定范围内）的变化无关。

二、混凝土的力学性能

（一）混凝土的强度及影响

1. 混凝土的强度

强度是混凝土最重要的力学性质，因为混凝土结构物主要用以承受荷载或抵抗各种作用力。虽然在实际工程中还可能要求混凝土同时具有其他性能，如抗渗性、抗冻性等，甚至这些性能可能更为重要，但是这些性能与混凝土强度之间往往存在着密切关系。一般来说，混凝土的强度愈高，其刚性、不透水性、抵抗风化和某些侵蚀介质的能力也愈高；另一方面，混凝土强度愈高，干缩也较大，同时较脆、易裂。混凝土的强度包括抗压、抗拉、抗弯、抗剪以及钢筋握裹强度等，其中抗压强度值最大，而且混凝土的抗压强度与其他强度间有一定的相关性，可以根据抗压强度的大小来估计其他强度值。另外，工程上混凝土主要承受压力，因此混凝土的抗压强度是最重要的一项性能指标。

（1）混凝土立方体抗压强度与强度等级　按照国家标准《普通混凝土力学性能试验方法》（GB/T 50081—2002）规定，水泥混凝土抗压强度是按标准方法制作的 150mm×150mm×150mm 立方体试件，在标准条件［温度（20±2）℃，相对湿度 95％以上］下，养护到 28d 龄期，测得的抗压强度值为混凝土立方体试件抗压强度（简称立方体抗压强度），以 f_{cu}（MPa）表示：

$$f_{cu} = \frac{F}{A} \tag{5-3}$$

式中，f_{cu} 为立方体抗压强度，MPa；F 为极限荷载，N；A 为受压面积，mm^2。

以 3 个试件测值的算术平均为测定值。如任一个测定值与中值的差超过中值的 15％时，则取中值为测定值；如有两个测值的差值均超过上述规定，则该组试验结果无效。试验结果计算至 0.1MPa。

混凝土抗压强度以 150mm×150mm×150mm 的方块为标准试件，其他尺寸试件抗压强度换算系数如表 5-13 所示，并应在报告中注明。等混凝土强度等级≥C60 时，宜采用标准试件；使用非标准试件时，换算系数应由试验确定。

表 5-13　抗压强度尺寸换算系数表

试件尺寸/mm×mm×mm	100×100×100	150×150×150	200×200×200
换算系数 k	0.95	1.00	1.05
集料最大粒径/mm	30	40	60

按照国家标准《混凝土结构设计规范》（GB 50010—2010），混凝土强度等级应按立方体抗压强度标准值确定。立方体抗压强度标准值系指按标准方法制作和养护的边长为 150mm 的立方体试件，在 28d 龄期用标准试验方法测得的具有 95％保证率的抗压强度，以

$f_{cu,k}$表示。

混凝土强度等级是根据立方体抗压强度标准值来确定的。强度等级表示方法是用符号"C"和"立方体抗压强度标准值"两项内容表示。例如"C40"，即表示混凝土立方体抗压强度标准值 $f_{cu,k}$ 为 40MPa。普通混凝土划分为 14 个强度等级：C15、C20、C25、C30、C35、C40、C45、C50、C55、C60、C65、C70、C75 和 C80。混凝土强度等级是混凝土结构设计、施工质量控制和工程验收的重要依据。

素混凝土结构的混凝土强度等级不应低于 C15；钢筋混凝土结构的混凝土强度等级不应低于 C20；当采用强度等级 400MPa 及以上的钢筋时，混凝土强度等级不得低于 C25。预应力混凝土结构的混凝土强度等级不宜低于 C40，且不应低于 C30；承受重复荷载的钢筋混凝土构件混凝土强度等级不应低于 C30。

(2) 混凝土的轴心抗压强度和轴心抗拉强度

① 轴心抗压强度 混凝土的立方体抗压强度只是评定强度等级的一个标志，它不能直接用来作为结构设计的依据。为了符合工程实际，在结构设计中混凝土受压构件的计算采用混凝土的轴心抗压强度。轴心抗压强度的测定采用 150mm×150mm×300mm 棱柱体作为标准试件，在标准养护条件下，养护至规定龄期。以立方抗压强度试验相同的加荷速度，均匀而连续地加荷，当试件接近破坏而开始迅速变形时，应停止调整试验机油门，直至试件破坏，记录最大荷载。轴心抗压强度设计值以 f_c 表示，轴心抗压强度标准值以 f_{ck} 表示。

$$f_{ck}=\frac{F}{A} \tag{5-4}$$

式中，f_{ck} 为混凝土轴心抗压强度，MPa；F 为极限荷载，N；A 为受压面积，mm^2。

取 3 根试件试验结果的算术平均值作为该组混凝土轴心抗压强度。如任一个测定值与中值的差超过中值的 15% 时，则取中值为测定值；如有 2 个测定值与中值的差值均超过上述规定时，则该组试验结果无效，结果计算至 0.1MPa。采用非标准尺寸试件测得的轴心抗压强度，应乘以尺寸系数，对 200mm×200mm 截面试件为 1.05，对 100mm×100mm 截面试件为 0.95。试验表明，轴心抗压强度 f_c 比同截面的立方体强度值 f_{cu} 小，棱柱体试件高宽比 h/a 越大，轴心抗压强度越小，但当 h/a 达到一定值后，强度就不再降低。但是过高的试件在破坏前由于失稳产生较大的附加偏心，又会降低其抗压的试验强度值。试验表明，在立方体抗压强度 f_{cu} 为 10~55MPa 的范围内，轴心抗压强度与立方体抗压强度之比约为 0.70~0.80。

② 轴心抗拉强度 混凝土是一种脆性材料，在受拉时很小的变形就要开裂。混凝土的抗拉强度只有抗压强度的 1/10~1/20，且随着混凝土强度等级的提高，比值降低。混凝土在工作时一般不依靠其抗拉强度，但抗拉强度对于抗开裂性有重要意义，在结构设计中抗拉强度是确定混凝土抗裂能力的重要指标。有时也用它来间接衡量混凝土与钢筋的黏结强度等。

混凝土抗拉强度采用立方体劈裂抗拉试验来测定，称为劈裂抗拉强度 f_{ts}。该方法的原理是在试件的两个相对表面的中线上，作用着均匀分布的压力，这样就能够在外力作用的竖向平面内产生均布拉伸应力（见图 5-7），混凝土劈裂抗拉强度计算：

$$f_{ts}=\frac{2F}{\pi A}=0.637\frac{F}{A} \tag{5-5}$$

式中，f_{ts} 为混凝土劈裂抗拉强度，MPa；F 为破坏荷载，N；A 为试件劈裂面面积，mm^2。

混凝土轴心抗拉强度 f_t 可按劈裂抗拉强度 f_{ts} 换算得到，换算系数可由试验确定。

各强度等级的混凝土轴心抗压强度标准值 f_{ck}、轴心抗拉强度标准值 f_{tk} 应按表 5-14 采用。

还需注意的是，相同强度等级的混凝土轴心抗压强度设计值 f_c、轴心抗拉强度设计值 f_t 低于混凝土轴心抗压强度标准值 f_{ck}、轴心抗拉强度标准值 f_{tk}。

当混凝土强度等级低于 C30 时，以 0.02～0.05MPa/s 的速度连续而均匀地加荷；当混凝土强度等级不低于 C30 时，以 0.05～0.08MPa/s 的速度连续而均匀地加荷。当上压板与试件接近时，调整球座使接触均衡，当试件接近破坏时，应停止调整油门，直至试件破坏，记下破坏荷载，准确至 0.01kN。劈裂抗拉强度测定值的计算及异常数据的取舍原则，同混凝土抗压强度测定值的取舍原则相同。采用本试验法测得的劈裂抗拉强度值，如需换算为轴心抗拉强度，应乘以换算系数 0.9。采用 100mm×100mm×100mm 非标准试件时，取得的劈裂抗拉强度值应乘以换算系数 0.85。

表 5-14　混凝土强度标准值

强度种类	混凝土强度等级													
	C15	C20	C25	C30	C35	C40	C45	C50	C55	C60	C65	C70	C75	C80
f_{ck}/MPa	10.0	13.4	16.7	20.1	23.4	26.8	29.6	32.4	35.5	38.5	41.5	44.5	47.4	50.2
f_{tk}/MPa	1.27	1.54	1.78	2.01	2.20	2.39	2.51	2.64	2.74	2.85	2.93	2.99	3.05	3.11

（3）混凝土的抗折强度　水泥混凝土抗折强度是水泥混凝土路面设计的重要参数。在水泥混凝土路面施工时，为了保证施工质量，也必须按规定测定抗折强度。

根据《普通混凝土力学性能试验方法标准》（GB/T 50081—2002）规定，抗折试验装置如图 5-8 所示。试验机应能施加均匀、连续、速度可控的荷载，并带有能使两个相等荷载同时作用在试件跨度三分点处的抗折试验装置。抗折强度试件应符合表 5-15 的规定。

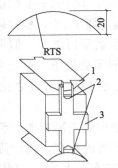

图 5-7　混凝土劈裂抗拉试验
1—垫块；2—垫条；3—支架

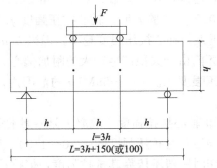

图 5-8　抗折试验装置

当试件尺寸为非标准试件时，应乘以尺寸换算系数 0.85。当混凝土强度等级≥C60 时，宜采用标准试件；使用非标准试件时，尺寸换算系数应由试验确定。

表 5-15　抗折强度试件尺寸

标准试件	非标准试件
150mm×150mm×600mm（或 550 mm）的棱柱体	150mm×150mm×400mm 的棱柱体

试件在标准条件下，经养护 28d 后，在净跨 450mm、双支点荷载作用下按三分点加荷

方式测定其抗折强度 f_{tf}：

$$f_{tf} = \frac{FL}{bh^2} \qquad (5\text{-}6)$$

式中，f_{tf} 为混凝土的抗折强度，MPa；F 为极限荷载，N；L 为支座间距离，$L=450mm$；b 为试件宽度，mm；h 为试件高度，mm。

抗折强度测定值的计算及异常数据的取舍原则，与混凝土抗压强度测定值的取舍原则相同。如断面位于加荷点外侧，则该试件结果无效；如有两根试件结果无效，则该组结果作废。

（4）水泥混凝土强度早期推定　我国现行交通行业标准《公路工程水泥及水泥混凝土试验规程》（JTGE 30—2005）可根据 1h 促凝压蒸法，推定标准养护 28d 龄期的混凝土抗压和抗折强度。测定压蒸试件的快硬强度：按同样的方法，可测定和计算压蒸试件的快硬抗压和抗折强度。根据压蒸试件的快硬抗折和抗压强度，采用下列事先建立的强度关系式，式（5-7）和式（5-8），分别推定标准养护 28d 龄期混凝土的抗压与抗折强度的推定值。

$$f_{28} = a_1 + b_1 f_{1h} \qquad (5\text{-}7)$$
$$f_{b28} = a_2 + b_2 f_{1h} \qquad (5\text{-}8)$$

式中，f_{28}、f_{b28} 分别为标准养护 28d 混凝土试件抗压强度和抗折强度推定值，MPa；f_{1h} 为压蒸快硬混凝土试件抗压强度测定值，MPa；a_1，b_1、a_2，b_2 为通过试验求得系数（与混凝土组成材料性质和压蒸养护方法有关）。

用该试验推定混凝土标准养护 28d 龄期的抗压与抗折强度，应事先建立同材料、同压蒸方法的混凝土强度推定公式，并经现场试用验证，证明其推定精度满足使用要求后，方可正式采用。

2. 影响硬化后混凝土强度的因素

混凝土的破坏情况有三种：一是集料破坏，多见于高强混凝土；二是水泥石破坏，这种情形在低强度等级的混凝土中并不多见，因为配制混凝土的水泥强度等级大于混凝土的强度等级；三是集料与水泥石的黏结界面破坏，这是最常见的破坏形式。所以混凝土强度主要决定于水泥石强度及其与集料的黏结强度，而水泥石强度及其与集料的黏结强度又与水泥强度、水胶比、集料性质、浆集比等有密切关系。此外，还受到施工质量、养护条件及龄期的影响。

（1）材料组成　混凝土的材料组成，即水泥、水、砂、石及外掺材料，是决定混凝土强度形成的内因，其质量及配合比对强度起着主要作用。

① 水泥强度与水胶比　水泥混凝土的强度主要取决于其内部起胶结作用的水泥石的质量，水泥石的质量则取决于水泥的特性和水胶比。水泥是混凝土中的活性组分，在混凝土配合比相同的条件下，水泥强度越高，则配制的混凝土强度越高。水泥不可避免地会在质量上有波动，这种质量波动毫无疑问地会影响混凝土的强度，主要是影响混凝土的早期强度，这是因为水泥质量的波动主要是由于水泥细度和 C_3S 含量的差异引起的，而这些因素在早期的影响最大，随着时间的延长，其影响就不再是重要的了。

当用同一种水泥（品种及强度等级相同）时，混凝土的强度主要决定于水胶比。因为水泥水化时所需的结合水，一般只占水泥质量的 23% 左右，但混凝土拌合物，为了获得必要的流动性，常需用较多的水（约占水泥质量的 40%～70%），即采用较大的水胶比，当混凝土硬化后，多余的水分就残留在混凝土中形成水泡或蒸发后形成气孔，大大地减少了混凝土抵抗荷载的有效断面，而且可能在孔隙周围产生应力集中。因此，在水泥强度等级相同的情况下，水胶比愈小，水泥石的强度愈高，与集料黏结力愈大，混凝土的强度愈高。但是，如果水胶比太小，拌合物过于干稠，在一定的捣实成型条件下，混凝土拌合物中将出现较多的孔洞，导致混凝土的强度下降。

根据各国大量工程实践及我国大量的试验资料统计结果，提出水胶比、水泥实际强度与混凝土 28d 立方体抗压强度的关系公式：

$$f_{cu,28} = \alpha_a f_b \left(\frac{B}{W} - \alpha_b \right) \tag{5-9}$$

式中，$f_{cu,28}$ 为混凝土 28d 龄期的立方体抗压强度，MPa；f_b 为胶凝材料 28d 胶砂抗压强度，可实测，且试验方法应按现行国家标准《水泥胶砂强度检验方法（ISO 法）》（GB/T 17671）执行，MPa；B/W 为胶水比；α_a、α_b 为回归系数，取决于卵石或碎石。

该经验公式一般只适用于流动性混凝土及低流动性混凝土，对于干硬性混凝土则不适用。对低流动性混凝土，也只是在原材料相同、工艺措施相同的条件下，α_a、α_b 才可看作常数。如果原材料或工艺条件改变，则 α_a、α_b 也随之改变。因此必须结合工地的具体条件，如施工方法及材料质量等，进行不同水胶比的混凝土强度试验，求出符合当地条件的 α_a、α_b 值，这样既能保证混凝土的质量，又能取得较好的经济效果。根据《普通混凝土配合比设计规程》（JGJ 55—2011）提供的 α_a、α_b 系数为：采用碎石 $\alpha_a = 0.53$，$\alpha_b = 0.20$；采用卵石 $\alpha_a = 0.49$，$\alpha_b = 0.13$。利用混凝土强度公式，可以根据所采用的水泥强度等级及水胶比来估计所配制的混凝土的强度，也可以根据水泥强度等级和要求的混凝土强度等级来计算应采用的水胶比。

② 集料特性与水泥浆用量

a. 集料强度、粒形及粒径对混凝土强度的影响。集料的强度不同，使混凝土的破坏机理有所差别。如集料强度大于水泥石强度，则混凝土强度由界面强度及水泥石强度所支配，在此情况下，集料强度对混凝土强度几乎没有什么影响；如集料强度低于水泥石强度，则集料强度与混凝土强度有关，会使混凝土强度下降。但过强过硬的集料可能在混凝土因温度或湿度变化发生体积变化时，使水泥石受到较大的应力而开裂，对混凝土的强度并不有利。

集料粒形以接近球形或立方体为好，若使用扁平或细长颗粒，就会对施工带来不利影响，增加了混凝土的空隙率，扩大了混凝土中集料的表面积，增加了混凝土的薄弱环节，导致混凝土强度的降低。

适当采用较大粒径的集料，对混凝土强度有利。但如采用最大粒径过大的集料会降低混凝土的强度。因为过大的颗粒减少了集料的比表面积，黏结强度比较小，这就使混凝土强度降低；过大的集料颗粒对限制水泥石收缩而产生的应力也较大，从而使水泥开裂或使水泥石与集料界面产生微裂缝，降低了黏结强度，导致混凝土后期强度的衰减。

b. 水泥浆用量由强度、耐久性、工作性、成本几方面因素确定，选择时需兼顾。水泥浆用量不够时，将会导致下列缺陷：混凝土、砂浆黏聚性差，施工时易出现离析，硬化后混凝土强度低、耐久性差、耐磨性差、易起粉；集料间的水泥浆润滑不够，施工流动性差，混凝土以及砂浆难于成型密实。若水泥浆用量过多，则会导致下列质量问题：混凝土或砂浆硬化后收缩增大，由此引起干缩裂缝增多。一般来说，水泥石的强度小于集料的强度。相对而言，水泥石结构疏松、耐侵蚀性差，是混凝土中的薄弱环节。

　　有资料表明，在相同水胶比情况下，C35以上混凝土的强度有随着集胶比的增大而提高的趋势。这可能与集料数量增大吸水量也增大，有效水胶比降低有关；也可能与混凝土内孔隙总体积减小有关；或者与集料对混凝土强度所起的作用得以更好地发挥有关。水泥用量大于$500kg/m^3$，而水胶比很小时，混凝土后期强度还会有所衰退，这可能与集料颗粒限制水泥石收缩而产生的应力使水泥石开裂或水泥石集料之间失去黏结有关。

　　造成水泥用量过少的原因除施工中计量不准外，还有施工中有意减少水泥用量以及施工中拌合不匀，引起局部混凝土、砂浆含水泥量偏少，或配比不当产生离析。离析也会改变水泥在混凝土、砂浆中的分布，使局部水泥量过少。

　　（2）养护的温度与湿度　　为了获得质量良好的混凝土，成型后必须在适宜的环境中进行养护。养护的目的是为了保证水泥水化过程能正常进行，它包括控制养护环境的温度与湿度。

　　周围环境的温度对水泥水化反应进行的速度有显著的影响，其影响的程度随水泥品种、混凝土配合比等条件而异。通常养护温度高，可以增大水泥早期的水化速度，混凝土的早期强度也高。但早期养护温度越高，混凝土后期强度的增进率越小。从图5-9可以看出，养护温度在4～23℃之间的混凝土后期强度都较养护温度在32～49℃之间的高。这是由于急速的早期水化，将导致水泥水化产物的不均匀分布，水化产物稠密程度低的区域成为水泥石中的薄弱点，从而降低整体的强度，水化产物稠密程度高的区域，包裹在水泥颗粒的周围，妨碍水化反应的继续进行，从而减少水化产物的产量。在养护温度较低的情况下，由于水化缓慢，具有充分的扩散时间，从而使水化产物能在水泥石中均匀分布，使混凝土后期强度提高。一般来说，夏天浇筑的混凝土要较同样的混凝土在秋冬季浇筑的后期强度为低。但温度降至冰点以下，水泥水化反应停止进行，混凝土的强度停止发展并因冰冻的破坏作用，使混凝土已获得的强度受到损失。

　　周围环境的湿度对水泥水化反应能否正常进行有显著影响，湿度适当，水泥水化便能顺利进行，使混凝土强度得到充分发展，因为水是水泥水化反应的必要成分。如果湿度不够，水泥水化反应不能正常进行，甚至停止水化，这不仅严重降低混凝土强度（见图5-10），而且使混凝土结构疏松，形成干缩裂缝，增大了渗水性，从而影响混凝土的耐久性。因为水泥水化反应进行的时间较长，因此应当根据水泥品种在浇灌混凝土以后，保持一定时间的湿润养护环境，尽可能保持混凝土处于饱水状态。只有在饱水状态下，水泥水化速度才是最大的。

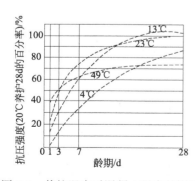

图5-9　养护温度对混凝土强度的影响

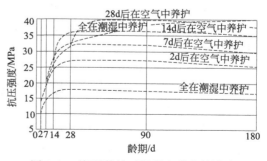

图5-10　潮湿养护对混凝土强度的影响

　　（3）龄期　　混凝土在正常养护条件下（保持适宜的环境温度与湿度），其强度将随龄期

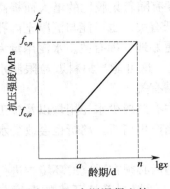

图 5-11 水泥混凝土的
强度随时间的增长

的增加而增长。一般初期增长比例较为显著，后期较为缓慢，但龄期延续很久其强度仍有所增长。在相同养护条件下，其增长规律如图 5-11 所示。

根据混凝土早期强度推算混凝土后期强度，对混凝土工程的拆模或预计承载应力有重要意义，目前常采用的方法有单一龄期强度推算法。

根据混凝土早期强度（$f_{c,a}$），假定混凝土强度随龄期按对数规律推算后期强度（$f_{c,n}$）：

$$f_{c,n} = f_{c,a} \frac{\lg n}{\lg a} \tag{5-10}$$

式中，$f_{c,a}$ 为 a 天龄期的混凝土抗压强度，MPa；$f_{c,n}$ 为 n 天龄期的混凝土抗压强度，MPa。

根据上式，可以利用混凝土的早期强度，估算混凝土 28d 的强度。因影响混凝土强度的因素很多，上式只适用于普通硅酸盐水泥（R 型水泥除外），且龄期 $a \geqslant 3d$ 时。

关于混凝土强度的预测问题是混凝土工程中重要的研究课题，国内外很多学者曾进行过大量的研究，但由于影响因素较为复杂，并未得到准确推算方法。目前多根据各地区积累经验数据推算。

（4）试验条件和施工质量 相同材料组成、制备条件和养护条件制成的混凝土试件，其力学强度还取决于试验条件。影响混凝土力学强度的试验条件主要有：试件形状与尺寸、试件湿度、试件温度、支承条件和加载方式等。

混凝土工程的施工质量对混凝土的强度有一定的影响。施工质量包括配料的准确性、搅拌的均匀性、振捣效果等。上述工序如果不能按照有关规程操作，必然会导致混凝土强度的降低。

3．提高混凝土强度的措施

（1）采用高强度水泥和特种水泥 为了提高混凝土强度，可采用高强度等级水泥，对于抢修工程、桥梁拼装接头、严寒的冬季施工以及其他要求早强的结构物，则可采用特种水泥配制的混凝土。

（2）采用低水胶比和浆集比 采用低的水胶比，可以减少混凝土中的游离水，从而减少混凝土中的空隙，改善混凝土的密实度和强度。另一方面降低浆集比，减薄水泥浆层的厚度，充分发挥集料的骨架作用，对混凝土的强度也有一定帮助。

（3）掺加外加剂 在混凝土中掺加外加剂，可改善混凝土的技术性质。掺早强剂，可提高混凝土的早期强度；掺加减水剂，在不改变流动性的条件下，可减小水胶比，从而提高混凝土的强度。

（4）采用湿热处理方法

① 蒸汽养护。蒸汽养护是指浇筑好的混凝土构件经 1～3h 预养后，在 90% 以上的相对湿度、60℃ 以上的温度的饱和水蒸气中进行养护，以加速混凝土强度的发展。普通混凝土经过蒸汽养护后，其早期强度提高很快，一般经过 24h 的蒸汽养护，混凝土的强度能达到设计强度的 70%，但对后期强度增长有影响，所以普通水泥混凝土养护温度不宜太高，时间不宜太长，一般养护温度为 60～80℃，恒温养护时间以 5～8h 为宜。用火山灰水泥和矿渣水泥配制的混凝土，蒸汽养护的效果比普通水泥混凝土好。

② 蒸压养护。蒸压养护是将浇筑成型的混凝土构件静置 8～10h，放入蒸压釜内，通入高压（≥8 个大气压）、高温（≥175℃）饱和蒸汽进行养护。在高温、高压的蒸汽养护下，水泥水化时析出的氢氧化钙不仅能充分与活性氧化硅结合，而且也能与结晶状态的氧化硅结合生成含水硅酸盐结晶，从而加速水泥的水化和硬化，提高混凝土的强度。此法比蒸汽养护的混凝土质量好，特别是对采用掺活性混合材料的水泥配制的混凝土及掺有磨细石英砂混合材料的硅酸盐水泥更为有效。

（5）采用机械拌合振捣　混凝土拌合物在强力拌合振捣作用下，水泥浆的凝聚结构暂时受到破坏，降低了水泥浆的黏度和集料间的摩阻力，使拌合物能更好地充满模型并均匀密实，从而使混凝土强度得到提高。

（二）混凝土的变形

混凝土的变形包括非荷载作用下的变形和荷载作用下的变形。非荷载下的变形，分为混凝土的化学收缩、干湿变形及温度变形；荷载作用下的变形，分为短期荷载作用下的变形及长期荷载作用下的变形——徐变。

1. 非荷载作用下的变形

（1）化学收缩（自生体积变形）　在混凝土硬化过程中，由于水泥水化物的固体体积比反应前物质的总体积小，从而引起混凝土的收缩，称为化学收缩。化学收缩是伴随着水泥水化而进行的，其收缩量是随混凝土硬化龄期的延长而增长的，增长的幅度逐渐减小。一般在混凝土成型后 40 多天内化学收缩增长较快，以后就渐趋稳定。

化学收缩是不能恢复的，收缩值较小，对混凝土结构没有破坏作用，但在混凝土内部可能产生微细裂缝而影响承载状态和耐久性。

（2）干湿变形（物理收缩）　干湿变形是指由于混凝土周围环境湿度的变化，会引起混凝土的干湿变形，表现为干缩湿胀。混凝土湿胀产生的原因是：吸水后使混凝土中水泥凝胶体粒子吸附水膜增厚，胶体粒子间的距离增大。湿胀变形量很小，对混凝土性能基本上无影响。但干缩变形对混凝土危害较大，干缩能使混凝土表面产生较大的拉应力而导致开裂，降低混凝土的抗渗、抗冻、抗侵蚀等耐久性能。

混凝土干缩产生的原因是：混凝土在干燥过程中，毛细孔水分蒸发，使毛细孔中形成负压，产生收缩力，导致混凝土收缩；当毛细孔中的水蒸发完后，如继续干燥，则凝胶体颗粒间吸附水也发生部分蒸发，缩小凝胶体颗粒间距离，甚至产生新的化学结合而收缩。因此，干缩的混凝土再次吸水时，干缩变形一部分可恢复，也有一部分（约 30%～60%）不能恢复。

混凝土干缩变形的大小用干缩率表示，它反映混凝土的相对干缩性，其值约为 $(3～5)\times10^{-4}$。在一般工程设计中，混凝土干缩值通常取 $(1.5～2)\times10^{-4}$，即每米混凝土收缩 0.15～0.2mm。

当混凝土在水中硬化时，体积产生轻微膨胀，这是由于凝胶体中胶体粒子的吸附水膜增厚，胶体粒子间的距离增大所致。

干湿变形的影响因素有以下几种。

① 水泥的用量、细度及品种　水胶比不变，水泥用量愈多，干缩率越大；水泥颗粒愈细，干缩率越大。水泥品种不同，混凝土的干缩率也不同。如使用火山灰水泥干缩最大，使用矿渣水泥比使用普通水泥的收缩大。

② 水胶比的影响　水泥用量不变，水胶比越大，干缩率越大。用水量越多，硬化后形

成的毛细孔越多，其干缩也越大。水泥用量越多，混凝土中凝胶体越多，收缩量也较大，而且水泥用量多会使用水量增加，从而导致干缩偏大。

③ 集料的影响　集料含量多的混凝土，干缩率较小。集料的弹性模量越高，混凝土的收缩越小，故轻集料混凝土的收缩比普通混凝土大得多。

④ 施工质量的影响　延长养护时间能推迟干缩变形的发生和发展，但影响甚微；采用湿热法处理养护，可有效减小混凝土的干缩率。

（3）温度变形　混凝土与其他材料一样，也具有热胀冷缩的性质。温度变形是指混凝土随着温度的变化而产生热胀冷缩变形。混凝土的温度变形系数 α 为 $(1\sim1.5)\times10^{-5}/℃$ ，即温度每升高 1℃，每 1m 混凝土胀缩 $0.01\sim0.015$mm。因此对大体积混凝土工程，必须尽量设法减少混凝土发热量，如采用低热水泥、减少水泥用量、采取人工降温等措施。

为防止温度变形带来的危害，一般超长的钢筋混凝土结构物，应采取每隔一段长度设置伸缩缝以及在结构物中设置温度钢筋等措施。同时可采取的措施为：采用低热水泥，减少水泥用量，掺加缓凝剂，采用人工降温，设温度伸缩缝，以及在结构内配置温度钢筋等，以减少因温度变形而引起的混凝土质量问题。

2. 荷载作用下的变形

（1）混凝土在短期作用下的变形　混凝土是一种由水泥石、砂、石、游离水、气泡等组成的不匀质的多组分三相复合材料，为弹塑性体。受力时既产生弹性变形，又产生塑性变形，其应力应变关系呈曲线，如图 5-12 所示。卸荷后能恢复的应变 $\varepsilon_{弹}$ 是由混凝土的弹性应变引起的，称为弹性应变；剩余的不能恢复的应变 $\varepsilon_{塑}$，则是由混凝土的塑性应变引起的，称为塑性应变。

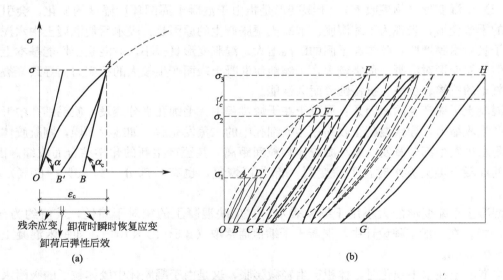

图 5-12　混凝土在重复荷载作用下的应力-应变曲线

混凝土的变形模量：在应力-应变曲线上任一点的应力 σ 与其应变 ε 的比值，称为混凝土在该应力下的变形模量。影响混凝土变形模量的主要因素有混凝土的强度、集料的含量及其弹性模量以及养护条件等。

混凝土的变形模量与弹性材料不同，混凝土受压应力-应变关系是一条曲线，在不同的应力阶段应力与应变之比的变形模量是一个变数。混凝土的变形模量有如下三种表示方法。

① 混凝土的初始切线弹性模量（即原点模量）　如图5-13所示，混凝土棱柱体受压时，在应力-应变曲线的原点（图中的 O 点）作一切线，其斜率为混凝土的原点模量，称为弹性模量，以 E_c 表示。$E_c = \tan\alpha_0$，式中 α_0 为混凝土应力-应变曲线在原点处的切线与横坐标的夹角。

② 混凝土割线弹性模量　连接图 5-13 中 O 点至曲线任一点应力为 σ_c 处割线的斜率，称为任意点割线模量，在应力小于极限抗压强度 $30\%\sim40\%$ 时，应力-应变曲线接近直线。表达式为 $E'_c = \tan\alpha_1$。

③ 混凝土的切线弹性模量　在混凝土应力-应变曲线上某一应力 σ_c 处作一切线，其应力增量与应变增量之比值称为相应于应力 σ_c 时混凝土的切线模量：$E''_c = \tan\alpha$。

（2）混凝土在长期荷载作用下的变形——徐变（creep）　混凝土在持续荷载作用下，除产生瞬间的弹性变形和塑性变形外，还会产生随时间增长的变形，称为徐变，如图 5-14 所示。

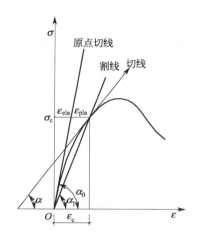

图 5-13　混凝土变形
模量的表示方法

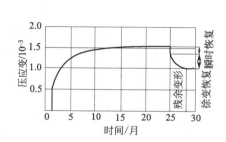

图 5-14　徐变变形与徐变恢复

① 徐变特点　在加荷瞬间产生瞬时变形，随着时间的延长，又产生徐变变形。荷载初期，徐变变形增长较快，以后逐渐变慢并稳定下来。卸荷后，一部分变形瞬时恢复，其值小于在加荷瞬间产生的瞬时变形。在卸荷后的一段时间内变形还会继续恢复，称为徐变恢复。最后残存的不能恢复的变形，称为残余变形。

② 徐变对结构物的影响　有利影响：可消除钢筋混凝土内的应力集中，使应力重新分配，从而使混凝土构件中局部应力得到缓和。对大体积混凝土则能消除一部分由于温度变形所产生的破坏应力。不利影响：使钢筋的预加应力受到损失（预应力减小），使构件强度减小。

③ 影响徐变的因素　混凝土的徐变是由于在长期荷载作用下，水泥石中的凝胶体产生黏性流动，向毛细孔内迁移所致。影响混凝土徐变的因素有水胶比、水泥用量、集料种类、应力等。混凝土内毛细孔数量越多，徐变越大；加荷龄期越长，徐变越小；水泥用量和水胶比越小，徐变越小；所用集料弹性模量越大，徐变越小；所受应力越大，徐变越大。应力较小时（$\sigma < 0.5f_c$），为线性徐变，徐变在 2 年以后可趋于稳定。应力较大时（$\sigma > 0.5f_c$），为非线性徐变，非稳定徐变，$0.8f_c$ 为界限强度，称为混凝土长期抗压强度，为荷载长期作

用时设计的依据。受荷前养护的温湿度越高，水泥水化作用越充分，徐变就越小。采用蒸汽养护可使徐变减少 20%～35%。受荷后构件所处的环境温度越高，相对湿度越小，徐变就越大。

三、混凝土的耐久性

混凝土抵抗环境介质作用并长期保持其良好的使用性能和外观完整性，从而维持混凝土结构的安全、正常使用的能力称为耐久性。混凝土建造的工程大多是永久性的，因此必须研究在环境介质的作用下，保持其强度的能力，亦即研究混凝土耐久性的问题。

混凝土长期处在各种环境介质中，往往会造成不同程度的损害，甚至完全破坏。造成损害和破坏的原因有外部环境条件引起的，也有混凝土内部的缺陷及组成材料的特性引起的。前者如气候、极端温度、磨蚀、天然或工业液体或气体的侵蚀等；后者如碱-集料反应、混凝土的渗透性、集料和水泥石热性能不同引起的热应力等。

（一）混凝土的抗冻性

国家标准《普通混凝土长期性能和耐久性能试验方法标准》（GB/T 50082—2009）采用三种混凝土抗冻性能试验方法——慢冻法、快冻法和单面冻融法（盐冻法）。慢冻法所测定的抗冻标号是我国一直沿用的抗冻性能指标，目前在建工、水工碾压混凝土以及抗冻性要求较低的工程中还在广泛使用。近年来有以快冻法检验抗冻耐久性指标来替代的趋势，但是这个替代并不会很快实现。慢冻法采用的试验条件是气冻水融法，该条件对于并非长期与水接触或者不是直接浸泡在水中的工程，如对抗冻要求不太高的工业和民用建筑，以气冻水融"慢冻法"的试验方法为基础的抗冻标号测定法，仍然有其优点，其试验条件与该类工程的实际使用条件比较相符。

1. 慢冻法

慢冻法适用于测定混凝土试件在气冻水融条件下，以经受的冻融循环次数来表示的混凝土抗冻性能。试验应采用尺寸为 100mm×100mm×100mm 的立方体试件，试件组数应符合表 5-16 的规定，每组试件应为 3 块。

表 5-16　慢冻法试验所需要的试件组数

设计抗冻标号	D25	D50	D100	D150	D200	D250	D300	D300 以上
检查强度所需冻融次数	25	50	50 及 100	100 及 150	150 及 200	200 及 250	250 及 300	300 及设计次数
鉴定 28d 强度所需试件组数	1	1	1	1	1	1	1	1
冻融试件组数	1	1	2	2	2	2	2	2
对比试件组数	1	1	2	2	2	2	2	2
总计试件组数	3	3	5	5	5	5	5	5

每次从装完试件到温度降至 -18℃ 所需的时间应在 1.5～2.0h 内，冷冻时间应在冻融箱内温度降至 -18℃ 时开始计算，冻融箱内温度在冷冻时应保持在 -20～-18℃，冷冻时间不应小于 4h。冷冻结束后，应立即加入温度为 18～20℃ 的水，使试件转入融化状态，加水时间不应超过 10min。控制系统应确保在 30min 内，水温不低于 10℃，且在 30min 后水温能保持在 18～20℃，融化时间不应小于 4h。每 25 次循环宜对冻融试件进行一次外观检查。当试件的平均质量损失率超过 5%，或冻融循环已达到规定的循环次数时，或抗压强度损失率已达到 25%，可停止其冻融循环试验。

每组试件的平均质量损失率应以三个试件的质量损失率试验结果的算术平均值作为测定

值。当某个试验结果出现负值，应取 0，再取三个试件的算术平均值。当三个值中的最大值或最小值与中间值之差超过 1％时，应剔除此值，再取其余两值的算术平均值作为测定值；当最大值和最小值与中间值之差均超过 1％时，应取中间值作为测定值。

2. 快冻法

快冻法适用于测定混凝土试件在水冻水融条件下，以经受的快速冻融循环次数来表示的混凝土抗冻性能。

快冻法试验所采用的试件应符合如下规定：应采用尺寸为 100mm×100mm×400mm 的棱柱体试件，每组试件应为 3 块；成型试件时，不得采用憎水性脱模剂；测温试件应采用防冻液作为冻融介质；测温试件的温度传感器应埋设在试件中心，不应采用钻孔后插入的方式埋设。

在标准养护室内或同条件养护的试件应在养护龄期为 24d 时提前将冻融试验的试件从养护地点取出，随后应将冻融试件放在（20±2）℃水中浸泡，浸泡时水面应高出试件顶面20～30mm。在水中浸泡时间应为 4d，试件应在 28d 龄期时开始进行冻融试验。始终在水中养护的试件，当试件养护龄期达到 28d 时，可直接进行后续试验。

在冷冻和融化过程中，试件中心最低和最高温度应分别控制在（-18±2）℃和（5±2）℃内，在任意时刻，试件中心温度不得高于 7℃，且不得低于-20℃；每块试件从 3℃降至-16℃所用的时间不得少于冷冻时间的 1/2；每块试件从-16℃升至3℃所用时间不得少于整个融化时间的 1/2，试件内外的温差不宜超过 28℃；冷冻和融化之间的转换时间不宜超过 10min；每次冻融循环应在 2～4h 内完成，且用于融化的时间不得少于整个冻融循环时间的 1/4。

每隔 25 次冻融循环宜测量试件的横向基频。当冻融循环出现下列情况之一时，可停止试验：达到规定的冻融循环次数；试件的相对动弹性模量下降到 60％；试件的质量损失率达 5％。

相对动弹性模量 P 应以三个试件试验结果的算术平均值作为测定值。当最大值或最小值与中间值之差超过中间值的 15％时，应剔除此值，并应取其余两值的算术平均值作为测定值；当最大值和最小值与中间值之差均超过中间值的 15％时，应取中间值作为测定值。

单个试件的质量损失率计算与一组试件的平均质量损失率计算同慢冻法。

3. 单面冻融法（或称盐冻法）

盐冻法适用于测定混凝土试件在大气环境中且与盐接触的条件下，以能够经受的冻融循环次数或者表面剥落质量或超声波相对动弹性模量来表示的混凝土抗冻性能。

4. 影响混凝土抗冻性的主要因素

影响混凝土抗冻性的主要因素有以下几种。

（1）水胶比或孔隙率　水胶比大，则孔隙率大，导致吸水率增大，冰冻破坏严重，抗冻性差。

（2）孔隙特征　连通毛细孔易吸水饱和，冻害严重。若为封闭孔，则不易吸水，冻害就小。故加入引气剂能提高抗冻性。若为粗大孔洞，则混凝土一离开水面水就流失，冻害就小。故无砂大孔混凝土的抗冻性较好。

（3）吸水饱和程度　若混凝土的孔隙非完全吸水饱和，冰冻过程产生的压力促使水分向孔隙处迁移，从而降低冰冻膨胀应力，对混凝土破坏作用就小。

（4）混凝土的自身强度　在相同的冰冻破坏应力作用下，混凝土强度越高，冻害程度也就越低。此外还与降温速度和冰冻温度有关。

从上述分析可知，要提高混凝土抗冻性，关键是改善混凝土的密实性，即降低水胶比；加强施工养护，提高混凝土的强度和改善混凝土的密实性，同时也可掺入引气剂等改善孔结构。

（二）混凝土的抗渗性

混凝土本质上是一种多孔性材料，混凝土的抗渗性主要与其密度及内部孔隙的大小和构造有关。混凝土内部的互相连通的孔隙和毛细管通路，以及由于在混凝土施工成型时，振捣不实产生的蜂窝、孔洞都会造成混凝土渗水。

混凝土的抗渗性采用国家标准《普通混凝土长期性能和耐久性能试验方法标准》（GB/T 50082—2009）中抗水渗透试验，一种方法为渗水高度法，用于以测定硬化混凝土在恒定水压力下的平均渗水高度来表示混凝土抗水渗透性能；另一种方法为通过逐级施加水压力来测定以抗渗等级来表示的混凝土的抗水渗透性能。根据混凝土抗渗性的试验方法和混凝土的毛细孔结构特性，可知抗渗性是指混凝土抵抗水压力和毛细孔压力共同作用下渗透的性能。

1. 渗水高度法

试模应采用上口内部直径为 175mm、下口内部直径为 185mm 和高度为 150mm 的圆台体。按《普通混凝土力学性能试验方法标准》（GB/T 50081）规定的方法进行试件的制作和养护。抗水渗透试验应以 6 个试件为一组。试件拆模后，应用钢丝刷刷去两端面的水泥浆膜，并应立即将试件送入标准养护室进行养护。抗水渗透试验的龄期宜为 28d。应在到达试验龄期的前一天，从养护室取出试件，并擦拭干净，待试件表面晾干后，进行试件密封（石蜡密封或水泥加黄油密封）。试件准备好之后，启动抗渗仪，使水压在 24h 内恒定控制在 (1.2 ± 0.05)MPa，且加压过程不应大于 5min，应以达到稳定压力的时间作为试验记录起始时间（精确至 1min）。在稳压过程中随时观察试件端面的渗水情况，当有某一个试件端面出现渗水时，应停止该试件的试验并应记录时间，并以试件的高度作为该试件的渗水高度。对于试件端面未出现渗水的情况，应在试验 24h 后停止试验，并及时取出试件。在试验过程中，当发现水从试件周边渗出时，应重新按规定进行密封。从抗渗仪上取出来的试件放在压力机上，将试件沿纵断面劈裂为两半。试件劈开后，应用防水笔描出水痕。测 10 个测点的渗水高度值，读数应精确至 1mm。

2. 逐级加压法

首先应按渗水高度法的规定进行试件的密封和安装。试验时，水压应从 0.1 MPa 开始，以后应每隔 8h 增加 0.1MPa 水压，并应随时观察试件端面渗水情况。当 6 个试件中有 3 个试件表面出现渗水时，或加至规定压力（设计抗渗等级）在 8h 内 6 个试件中表面渗水试件少于 3 个时，可停止试验，并记下此时的水压力。在试验过程中，当发现水从试件周边渗出时，应按规定重新进行密封。

混凝土的抗渗等级应以每组 6 个试件中有 4 个试件未出现渗水时的最大水压力乘以 10 来确定。混凝土的抗渗等级计算：

$$P = 10H - 1 \tag{5-11}$$

式中，P 为混凝土抗渗等级；H 为 6 个试件中有 3 个试件渗水时的水压力，MPa。

3. 影响混凝土抗渗性的主要因素

水胶比和水泥用量是影响混凝土抗渗透性能的最主要指标。水胶比越大，多余水分蒸发后留下的毛细孔道就多，亦即孔隙率大，又多为连通孔隙，故混凝土抵抗水压力渗透性越差。特别是当水胶比大于 0.6 时，抵抗水压力渗透性急剧下降。因此，为了保证混凝土的耐久性，对水胶比必须加以适当限制。为保证混凝土耐久性，水泥用量的多少 在某种程度上可由水胶比表示。因为混凝土达到一定流动性的用水量基本一定，水泥用量少，亦即水胶比大。

集料含泥量和数量高，则总表面积增大，混凝土达到同样流动性所需用水量增加，毛细孔道增多；同时含泥量大的集料界面黏结强度低，也将降低混凝土的抗渗性能。集料级配差则集料空隙率大，填满空隙所需水泥浆增大，同样导致毛细孔增加，影响抗渗性能。如水泥浆不能完全填满集料空隙，则抗渗性能更差。

施工质量和养护条件是混凝土抗渗性能的重要保证。如果振捣不密实，留下蜂窝、空洞，抗渗性就严重下降；如果温度过低产生冻害或温度过高，产生温度裂缝，抗渗性能严重降低；如果浇水养护不足，混凝土产生干缩裂缝，也严重降低混凝土抗渗性能。

此外，水泥的品种、混凝土拌合物的保水性和黏聚性等，对混凝土抗渗性能也有显著影响。提高混凝土抗渗性的措施，除了对上述相关因素加以严格控制和合理选择外，可通过掺入引气剂或引气减水剂提高抗渗性。其主要作用机理是引入微细闭气孔、阻断连通毛细孔道，同时降低用水量或水胶比。

（三）混凝土的碳化

混凝土碳化是指混凝土内水化产物 $Ca(OH)_2$ 与空气中的 CO_2 在一定湿度条件下发生化学反应，产生 $CaCO_3$ 和水的过程。碳化使混凝土的碱度下降，故也称混凝土中性化。碳化过程是二氧化碳由表及里向混凝土内部逐渐扩散的过程。因此，气体扩散规律决定了碳化速度的快慢。研究一致得出，碳化深度（X）与碳化时间（t）和 CO_2 浓度（m）的平方根成正比。

$$X = k \sqrt{m} \cdot \sqrt{t} \tag{5-12}$$

因为大气中 CO_2 浓度基本相同，因此式(5-12) 变为式(5-13)。

$$X = K \sqrt{t} \tag{5-13}$$

式中，X 为碳化深度，mm；t 为碳化时间，d；K 为碳化速度系数。

系数 K 与混凝土的原材料、孔隙率和孔隙构造、D_{max}（最大粒径）浓度、温度、湿度等条件有关。在外部条件（D_{max} 浓度、温度、湿度）一定的情况下，它反映混凝土的抗碳化能力强弱。值越大，混凝土碳化速度越快，抗碳化能力越差。

1. 碳化对混凝土性能的影响

碳化引起水泥石化学组成及组织结构的变化，从而对混凝土的化学性能和物理力学性能有明显的影响，主要是对碱度、强度和收缩的影响。碳化作用对混凝土的负面影响主要有两方面，一是碳化作用使混凝土的收缩增大，导致混凝土表面产生拉应力，从而降低混凝土的抗拉强度和抗折强度，严重时直接导致混凝土开裂，使得其他腐蚀介质更易进入混凝土内部，加速碳化作用，降低耐久性；二是碳化作用使混凝土的碱度降低，失去混凝土强碱环境对钢筋的保护作用，导致钢筋锈蚀膨胀，进一步加速碳化和腐蚀，严重影响钢筋混凝土结构的力学性能和耐久性能。同时，碳化作用生成的 $CaCO_3$ 能填充混凝土中的孔隙，使密实度提高；碳化作用释放出的水分有利于促进未水化水泥颗粒的进一步水化，能适当提高混凝土的抗压强度。但对混凝土结构工程而言，碳化作用造成的危害远远大于抗压强度的提高。

2. 影响混凝土碳化速度的主要因素

(1) 混凝土的水胶比　前面已详细分析过，水胶比大小主要影响混凝土孔隙率和密实度。因此水胶比大，混凝土的碳化速度就快。这是影响混凝土碳化速度的最主要因素。

(2) 水泥品种和用量　普通水泥水化产物中 $Ca(OH)_2$ 含量高，碳化同样深度所消耗的 D_{max} 量要求多，相当于碳化速度减慢。而矿渣水泥、火山灰水泥、粉煤灰水泥、复合水泥以及高掺量混合材配制的混凝土，$Ca(OH)_2$ 含量低，故碳化速度相对较快。水泥用量大，碳化速度慢。

(3) 施工养护　搅拌均匀、振捣成型密实、养护良好的混凝土碳化速度较慢。蒸汽养护的混凝土碳化速度相对较快。

(4) 环境条件　空气中 D_{max} 的浓度大，碳化速度加快。当空气相对湿度为 $50\%\sim75\%$ 时，碳化速度最快。当相对湿度小于 20% 时，由于缺少水环境，碳化终止；相对湿度达 100% 或水中混凝土，由于 CO_2 不易进入混凝土孔隙内，碳化也将停止。

3. 提高混凝土抗碳化性能的措施

从前述影响混凝土碳化速度的因素分析可知，提高混凝土抗碳化性能的关键是改善混凝土的密实性，改善孔结构，阻止 CO_2 向混凝土内部渗透。绝对密实的混凝土碳化作用也就自然停止。因此提高混凝土碳化性能的主要措施为：根据环境条件合理选择水泥品种；水泥水化充分，改善密实度；加强施工养护，保证混凝土均匀密实；用减水剂、引气剂等外加剂控制水胶比或改善孔结构；必要时还可以采用表面涂刷石灰水等加以保护。

（四）混凝土的耐磨性

耐磨性是路面、机场跑道和桥梁混凝土的重要性能指标之一。作为高等级路面的水泥混凝土，必须具有较高的耐磨性能。桥墩、溢洪道表面、管渠、河坝等均要求混凝土具有较好的抗冲刷性能。根据现行标准《公路工程水泥及水泥混凝土试验规程》（JTGE 30—2005），混凝土的耐磨性采用 $150mm\times150mm\times150mm$ 的立方体试块，标准养护至 27d，擦干表面水自然干燥 12h，之后在 (60 ± 5)℃条件下烘干至恒重。然后在带有花轮磨头的混凝土磨耗试验机上，外加 200N 负荷磨削 30 转，然后取下试件刷净粉尘称重，记下相应质量 m_1，该质量作为试件的初始质量。然后在 200N 负荷磨削 60 转，取下试件刷净粉尘称重，记下相应质量 m_2。计算磨损量：

$$G_c=\frac{m_1-m_2}{0.0125} \tag{5-14}$$

式中，G_c 为单位面积磨损量，kg/m^2；m_1 为试件的初始质量，kg；m_2 为试件磨损后的质量，kg；0.0125 为试件磨损面积，m^2。

以 3 个试件磨损量的算术平均值作为试验结果，结果计算精确至 $0.001kg/m^2$，当其中一个试件磨损量超过平均值 15% 时，应予以剔除，取余下两个试件结果的平均值作为试验结果，如两个磨损量均超过平均值 15% 时，应重新试验。

（五）混凝土的化学侵蚀

混凝土的抗侵蚀性与所用水泥的品种、混凝土的密实程度和孔隙特征有关。密实和孔隙封闭的混凝土，环境水不易侵入，故其抗侵蚀性较强。所以，提高混凝土抗侵蚀性的措施，主要是合理选择水泥品种、降低水胶比、改善混凝土的密实度和改善孔结构。

混凝土受侵蚀性介质的侵害随介质的化学性质而不同，但根据所发生的化学反应，混凝土受化学侵蚀的方式不外乎是：水泥石中某些组分被介质溶解，化学反应的产物易溶于水；化学反应产物发生体积膨胀等。下面就混凝土常遇到的几种化学侵蚀作用及防护措施分别加以讨论。

1. 硫酸盐侵蚀

某些地下水常含有硫酸盐，如硫酸钠、硫酸钙、硫酸镁等。硫酸盐溶液和水泥石中的氢氧化钙及水化铝酸钙发生化学反应，生成石膏和硫铝酸钙，产生体积膨胀，使混凝土瓦解。

硫酸钠和氢氧化钙的反应式可写成：

$$Ca(OH)_2 + Na_2SO_4 \cdot 10H_2O \longrightarrow CaSO_4 \cdot 2H_2O + 2NaOH + 8H_2O$$

这种反应在流动的硫酸盐水里可以一直进行下去，直至 $Ca(OH)_2$ 完全被反应完。但如果 NaOH 被积聚，反应就可达到平衡。从氢氧化钙转变为石膏，体积增加为原来的两倍。

硫酸钠和水化铝酸钙的反应式为：

$$2(3CaO \cdot Al_2O_3 \cdot 12H_2O) + 3(Na_2SO_4 \cdot 10H_2O) \longrightarrow$$
$$3CaO \cdot Al_2O_3 \cdot 3CaSO_4 \cdot 32H_2O + 2Al(OH)_3 + 6NaOH + 16H_2O$$

水化铝酸钙变成硫铝酸钙时体积也有增加。硫酸钙只能与水化铝酸钙反应，生成硫铝酸钙。硫酸镁则除了能侵害水化铝酸钙和氢氧化钙外，还能和水化硅酸钙反应，其反应式为：

$$3CaO \cdot 2SiO_2 \cdot aq + MgSO_4 \cdot 7H_2O \longrightarrow CaSO_4 \cdot 2H_2O + Mg(OH)_2 + SiO \cdot aq$$

这一反应之所以能够进行完全，是因为氢氧化镁的溶解度很低而造成其饱和溶液 pH 值也低的缘故。氢氧化镁溶解度在每升水中仅为 0.01g，它的饱和溶液 pH 值约为 10.5。这个数值低于使水化硅酸钙稳定所要求的数值，致使水化硅酸钙在有硫酸镁溶液存在的条件下不断分解出石灰。所以硫酸镁较其他硫酸盐具有更大的侵蚀作用。

硫酸盐侵蚀的速度随其溶液的浓度增加而加快。硫酸盐的浓度以 SO_3 的含量表示，达到 1‰时，侵蚀作用被认为是中等严重，2‰时，则为非常严重。当混凝土的一侧受到硫酸盐水的压力作用而发生渗流时，水泥石中硫酸盐将不断得到补充，侵蚀速度更大。如果存在干湿循环，配合以干缩湿胀，则会导致混凝土迅速崩解。可见混凝土的渗透性也是影响侵蚀速度的一个重要因素。水泥用量少的混凝土将更快地被侵蚀。

混凝土遭受硫酸盐侵蚀的特征是表面发白，损害通常在棱角处开始，接着裂缝开展并剥落，使混凝土成为一种易碎的、甚至松散的状态。

配制抗硫酸盐侵蚀的混凝土必须采用含 C_3A 低的水泥，如抗硫酸盐水泥。实际上已经发现，5.5%～7%的 C_3A 的含量是水泥抗硫酸盐侵蚀性能好与差的一个大致界限。

采用火山灰质掺料，特别是当与抗硫酸盐水泥联合使用时，配制的混凝土对抗硫酸盐侵蚀有显著的效果。这是因为火山灰与氢氧化钙反应生成水化硅酸钙，减少游离的氢氧化钙，并在易被侵蚀的含铝化合物的表面形成晶体水化物，比常温下形成的水化硅酸盐要稳定得多，而铝酸三钙则水化成稳定的 $C_3A \cdot 6H_2O$ 的立方体，代替了活泼得多的 $C_4A \cdot 12H_2O$，变成低活性状态，改善了混凝土的抗硫酸盐性能。

2. 水及酸性水的侵蚀

淡水能把氢氧化钙溶解，甚至导致水化产物发生分解，直至形成一些没有黏结能力的 $SiO_2 \cdot nH_2O$ 及 $Al(OH)_3$，使混凝土强度降低。但是这种作用，除非水可以不断地渗透过混凝土，否则进行得十分缓慢，几乎可以忽略不计。

当水中含有一些酸类时，水泥石除了受到上述的浸析作用外，还会反生化学溶解作用，使混凝土的侵蚀明显加速。1%的硫酸或硝酸溶液在数月内对混凝土的侵蚀能达到很深的程度，这是因为它们和水泥石中的 $Ca(OH)_2$ 作用，生成水和可溶性钙盐，同时能直接与硅酸盐、铝酸盐作用使之分解，使混凝土结构遭到严重的破坏。

有些酸（如磷酸）与 $Ca(OH)_2$ 作用生成不溶性钙盐，堵塞在混凝土的毛细孔中，侵蚀速度可以减慢，但强度也不断下降，直到最后破坏。

某些天然水因溶有 CO_2 及腐殖酸，所以也常呈酸性，对混凝土发生酸性侵蚀。例如某些山区管道，混凝土表面的水泥石被溶解，暴露出集料，增加了水流的阻力。某些烟筒及火车隧道，长期在潮湿的条件下，也会出现类似的破坏。

防止混凝土遭受酸性水侵蚀，可用煤沥青、橡胶、沥青涂料等处理混凝土的表面，形成耐蚀的保护层。但对于预制混凝土制品来说，比较好的办法是用 SiF_4 气体在真空条件下处理混凝土。这种气体和石灰的反应是：

$$2Ca(OH)_2 + SiF_4 \longrightarrow 2CaF_2 + Si(OH)_4$$

生成难溶解的氟化钙及硅胶的耐蚀保护层。

矾土水泥因不存在氢氧化钙，同时铝胶包围了易与酸作用的氧化钙的化合物，所以耐酸性侵蚀的性能优于硅酸盐水泥。但在 pH 值低于 4 的酸性水中，也会迅速破坏。

3. 海水侵蚀

海水对混凝土的侵蚀作用可由以下一些原因引起：海水的化学作用；反复干湿的物理作用；盐分在混凝土内的结晶与聚集；海浪及悬浮物的机械磨损和冲击作用；混凝土内钢筋的腐蚀；在寒冷地区冻融循环的作用等。任何一种作用的发生，都会加剧其余种类的破坏作用。

海水是一种成分复杂的溶液，海水中平均总盐量约为 $35g/L$，其中 NaCl 占盐量的 77％，$MgCl$ 占 12％，$MgSO_4$ 占 9％，K_2SO_4 占 2％，还有碳酸氢盐及其他微量成分。海水对混凝土的化学侵蚀主要是硫酸镁侵蚀。海水中存在大量的氯化物，提高了石膏和硫铝酸钙的溶解度，因此很少呈现膨胀破坏，而常是失去某些成分的浸析性破坏。但随着氢氧化镁的沉淀，减少了混凝土的透水性，这种浸析作用也会逐渐减少。

由于混凝土的毛细管作用，海水在混凝土内上升，并不断蒸发，于是盐类在混凝土中不断结晶和聚集，使混凝土开裂。干湿交替加速了这种破坏作用，因此在高低潮位之间的混凝土破坏得特别严重。而完全浸在海水中的混凝土，特别是在没有水压差的情况下，侵蚀却很小。

海水中的氯离子向混凝土内渗透，使低潮位以上反复干湿的混凝土中的钢筋发生严重锈蚀，结果体积膨胀，造成混凝土开裂。因此，海水对钢筋混凝土的侵蚀比对素混凝土更为严重。

根据海岸、海洋结构，各部分混凝土所受到的侵蚀作用不同，各部位可以采用不同的混凝土。例如，处在高低潮位之间的混凝土，由于干湿循环，同时遭受化学侵蚀和盐结晶的破坏作用，在严寒地区还受饱水状态下的冻融破坏。这个部位的混凝土必须足够密实，水胶比宜低，水泥用量应适当增加，可采用引气混凝土。对于浸在海水部位的混凝土，主要考虑防止化学侵蚀，因此除了要求混凝土足够密实外，可以考虑采用矾土水泥、抗硫酸盐水泥、矿渣硅酸盐水泥或火山灰质硅酸盐水泥。

4. 碱类侵蚀

固体碱如碱块、碱粉等对混凝土无明显的作用，而熔融状碱或碱的浓溶液对水泥有侵蚀作用。但当碱的浓度不大（15％以下）、温度不高（低于 50℃）时，影响很小。碱（NaOH）对混凝土的侵蚀作用主要包括化学侵蚀和结晶侵蚀两个因素。

化学侵蚀是碱溶液与水泥石组分之间起化学反应，生成胶结力不强、同时易为碱液浸析的产物。典型的反应式如下：

$$2CaO \cdot SiO_3 \cdot nH_2O + 2NaOH \longrightarrow 2Ca(OH)_2 + Na_2SiO_3 + mH_2O$$
$$3CaO \cdot Al_2O_3 \cdot 6H_2O + 2NaOH \longrightarrow 3Ca(OH)_2 + Na_2O \cdot Al_2O_3 + 4H_2O$$

结晶侵蚀是由于碱渗入混凝土孔隙中，在空气中的 CO_2 作用下形成含 10 个结晶水的碳酸钠晶体析出，体积比原有的苛性钠增加 2.5 倍，产生很大的结晶压力而引起水泥石结构的破坏。

（六）混凝土的碱-集料反应

碱-集料反应是指硬化混凝土中所含的碱（Na_2O 和 K_2O）与集料中的活性成分发生反应，生成具有吸水膨胀性的产物，导致混凝土开裂的现象。吸水后将产生 3 倍以上的体积膨胀，从而导致混凝土膨胀开裂而破坏。碱-集料反应的特征是，在破坏的试样里可以鉴定出碱-硅酸盐凝胶的存在，以及集料颗粒周围出现反应环。碱-集料反应引起的破坏，一般要经过若干年后才会发现，而一旦发生则很难修复。一般总碱量（R_2O）常以等剂量比的 Na_2O 计，即 Na_2O 百分数加上 0.658 乘以 K_2O 的百分数。只有水泥中的 R_2O 含量大于 0.6% 时，集料中含有活性 SiO_2 且在潮湿环境或水中使用的混凝土工程，才会与活性集料发生碱-集料反应而产生膨胀，必须加以重视。活性集料有蛋白石、玉髓、鳞石英、方石英、酸性或中性玻璃体的隐晶质火山岩，如流纹岩、安山岩及其凝灰岩等，其中蛋白石质的二氧化硅可能活性最大。大型水工结构、桥梁结构、高等级公路、飞机场跑道一般均要求对集料进行碱活性试验或对水泥的碱含量加以限制。

在一定意义上说，由一定活性集料配制的混凝土，碱-集料反应膨胀随水泥的碱含量增加而增大；一定碱量的水泥，则集料颗粒愈小而膨胀愈大。但是人们发现，加入活性氧化硅的细粉能使碱-集料反应膨胀减小或消除。在较低的活性氧化硅含量范围内，对一定的碱量，活性氧化硅含量越多，膨胀越大。但当活性氧化硅含量超过一定范围后，情形就相反了。这是因为，一方面降低了每个活性颗粒（集料）表面的碱的作用量，形成的凝胶很少；另一方面由于氢氧化钙的迁移率极低，在增加了活性集料总表面积的情况下，提高了集料周界处的氢氧化钙与碱的局部浓度比，这时碱-集料反应仅形成一种无害的（不膨胀的）石灰-碱-氧化硅络合物。引气也会减少碱-集料反应膨胀，这是因为反应产物能嵌进分散孔隙中，降低了膨胀压力。

混凝土只有含活性二氧化硅的集料、有较多的碱（Na_2O 和 K_2O）和有充分的水三个条件同时具备时才发生碱-集料反应。干燥状态是不会发生碱-集料反应的，所以混凝土的渗透性同样对碱-集料有很大的影响。

因此，可以采取以下措施抑制碱-集料反应。

① 选择无碱活性的集料。

② 在不得不采用具有碱活性的集料时，应严格控制混凝土中总的碱量。

③ 掺用活性掺合料，如硅灰、矿渣、粉煤灰（高钙高碱粉煤灰除外）等，对碱-集料反应有明显的抑制效果。活性掺合料与混凝土中的碱起反应，反应产物均匀分散在混凝土中，而不是集中在集料表面，不会发生有害的膨胀，从而降低了混凝土的含碱量，起到抑制碱-集料反应的作用。

④ 控制进入混凝土的水分。碱-集料反应要有水分，如果没有水分，反应就会大为减少乃至完全停止。因此，要防止外界水分渗入混凝土以减轻碱-集料反应的危害。

（七）混凝土中钢筋的锈蚀

大量工程实践证明，在钢筋混凝土结构中，钢筋的锈蚀是影响服役结构耐久性的主要因素。新鲜的混凝土是呈碱性的，其 pH 值一般大于 12.5，在碱性环境中的钢筋容易发生钝化作用，使钢筋表面产生一层钝化膜，能够阻止混凝土中钢筋的锈蚀。但当有二氧化碳、水汽和氯离子等有害物质从混凝土表面通过孔隙进入混凝土内部时与混凝土材料中的碱性物质中和，从而导致了混凝土的 pH 值降低，甚至出现 pH<9 的情况。在这种环境下，混凝土中埋置钢筋表面的钝化膜被逐渐破坏，在其他条件具备的情况下，钢筋就会发生锈蚀，并且随着锈蚀的加剧，会导致混凝土保护层开裂，钢筋与混凝土之间的黏结力破坏，钢筋受力截面减少，结构强度降低等，从而导致结构耐久性的降低。通常情况下，受氯盐污染的混凝土中的钢筋有更严重的锈蚀情况。

1. 混凝土中钢筋锈蚀的机理

当二氧化碳、氯离子等腐蚀介质侵入时，混凝土的碱性降低或者混凝土保护层受拉开裂等都将造成全部或局部的钢筋表面钝化状态破坏，钢筋表面的不同部位会出现较大的电位差，形成阳极和阴极，在一定的环境条件下（如氧和水的存在）钢筋就开始锈蚀。锈蚀的形式一般为斑状锈蚀，即锈蚀分布在较广的表面面积上。

混凝土中的钢筋锈蚀一般为电化学锈蚀。钢筋在混凝土结构中的腐蚀是在氧气和水分子参与的条件下，铁不断失去电子而溶于水，在钢筋表面生成铁锈，引起混凝土开裂。二氧化碳和氯离子对混凝土本身都没有严重的破坏作用，但是这两种环境物质都是混凝土中钢筋钝化膜破坏的最重要又最常遇到的环境介质。因此，混凝土中钢筋锈蚀机理主要有两种，即混凝土碳化和氯离子侵入。钢筋混凝土结构在使用寿命期间可能遇到的最危险的侵蚀介质就是氯离子。它对混凝土结构的危害是多方面的，这里只评述氯离子促进钢筋锈蚀方面的机理。

氯离子和氢氧根离子争夺腐蚀产生的 Fe^{2+}，形成 $FeCl_2 \cdot 4H_2O$（绿锈），绿锈从钢筋阳极向含氧量较高的混凝土孔隙迁徙，分解为 $Fe(OH)_2$（褐锈）。褐锈沉积于阳极周围，同时放出 H^+ 和 Cl^-，它们又回到阳极区，使阳极区附近的孔隙液局部酸化，Cl^- 再带出更多的 Fe^{2+}。这样，氯离子虽然不构成腐蚀产物，在腐蚀中也不消耗，但是起到了催化作用。反应式为：

$$Fe^{2+} + 2Cl^- + 4H_2O \longrightarrow FeCl_2 \cdot 4H_2O$$

$$FeCl_2 \cdot 4H_2O \longrightarrow Fe(OH)_2 + 2Cl^- + 2H^+ + 2H_2O$$

如果在大面积的钢筋表面上有高浓度的氯离子，则氯离子引起的腐蚀是均匀腐蚀，但是在混凝土中常见局部腐蚀。首先在很小的钢筋表面上形成局部破坏，成为小阳极，此时钢筋表面的大部分仍具有钝化膜，成为大阴极。这种特定的由大阴极和小阳极组成的腐蚀电偶，由于大阴极供氧充足，使小阳极上铁迅速溶解产生深蚀坑，小阳极区局部酸化；同时，由于大阴极区的阴极反应，生成 OH^- 使 pH 值增高；氯离子提高混凝土吸湿性，使阴极和阳极之间的混凝土孔隙液欧姆电阻降低。这三方面的自发性变化，使得上述局部腐蚀电偶以局部深入的形式持续进行，这种局部腐蚀又被称为点蚀和坑蚀，如图 5-15 所示。

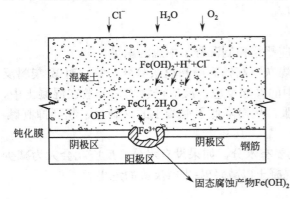

图 5-15　氯离子引起的钢筋点蚀示意图

在工程中可将混凝土结构所处的环境分为以下三种类型，对存在顺筋裂缝的钢筋混凝土构件，其锈蚀存在不同特点。

（1）干燥环境　混凝土湿度梯度为内

湿外干，顺筋裂缝处钢筋电位最高，作为阴极使深层钢筋及非裂缝处钢筋的锈蚀速度增加，加速其他部位产生顺筋裂缝。由于混凝土电阻较大，且各部分钢筋表面作为孤立电极时自身的阴阳极面积比较大，表观锈蚀速度较低，使本环境下钢筋锈蚀问题较小。

（2）表面湿润环境　此环境的钢筋混凝土结构包括频繁干湿循环环境、处于雨季的暴露结构和长期潮湿环境结构等。这些构件如存在顺筋裂缝，其锈蚀的电化学特点为湿度分布梯度外湿内干，顺筋裂缝电位最低，深层钢筋及非裂缝处钢筋作为阴极使该处锈蚀速度增加，且呈现大阴极小阳极特点，并随着顺筋裂缝的增宽，锈蚀速度在较大数值的基础上以加速增长。

（3）长期浸泡环境　处于此环境的钢筋混凝土结构锈蚀的电化学特点与（2）基本相同，但是由于内外湿度相差较小，且氧气浓度差别较小，使不同部位钢筋的电位差较小。但如果顺筋裂缝宽度较大，由于混凝土湿度较大，电阻率较小，仍有可能在电位差较小的同时产生较高的"宏电流"。"宏电流"作用会导致顺筋裂缝附近钢筋锈蚀速度的较大增长。

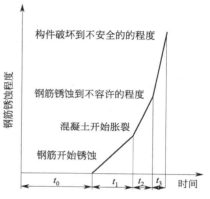

图 5-16　混凝土钢筋腐蚀过程示意图

2. 钢筋腐蚀过程

混凝土中钢筋锈蚀过程可分为以下几个阶段，如图 5-16 所示。

（1）腐蚀孕育期　从浇筑混凝土到混凝土碳化层深达钢筋，或氯离子侵入混凝土已使钢筋去钝化，即钢筋开始锈蚀为止，这段时间以 t_0 表示。

（2）腐蚀发展期　从钢筋开始腐蚀发展到混凝土保护层表面因钢筋锈胀而出现破坏（如顺筋胀裂、层裂或剥落等），这段时间以 t_1 表示。

（3）腐蚀破坏期　从混凝土表面因钢筋锈蚀肿胀开始破坏发展到混凝土严重胀裂、剥落破坏，即已达到不可容忍的程度，必须全面大修时为止，这段时间以 t_2 表示。

（4）腐蚀危害期　钢筋锈蚀已经扩大到使混凝土结构区域性破坏，致使结构不能安全使用，这段时间以 t_3 表示。

一般，$t_0 > t_1 > t_2 > t_3$。

3. 影响钢筋锈蚀的因素

在通常情况下，钢筋表面的混凝土层对钢筋有物理和机械保护作用。同时，混凝土为钢筋提供的是一个高碱度的环境（pH＞12.5），能使钢筋表面形成一层致密的钝化膜，从而长期不锈蚀。当碱性降低时，钝化膜逐渐被破坏，钢筋逐渐开始锈蚀，当 pH 低于 12 时，锈蚀速度明显增大。

混凝土结构中的钢筋锈蚀受许多因素，包括钢筋位置、钢筋直径、水泥品种、混凝土密实度、保护层厚度及完好性、外部环境等影响。

（1）混凝土液相 pH 值　钢筋锈蚀速度与混凝土液相 pH 值有密切关系。当 pH 值大于 10 时，钢筋锈蚀速度很小；而当 pH 值小于 4 时，钢筋锈蚀速度急剧增加。

（2）混凝土中 Cl^- 含量　混凝土中 Cl^- 含量对钢筋锈蚀的影响极大。一般情况下，钢筋混凝土结构中的氯盐掺量应少于水泥重量的 1％（按无水状态计算），而且掺氯盐的混凝土结构必须振捣密实，也不宜采用蒸汽养护。

（3）混凝土密实度和保护层厚度　混凝土对钢筋的保护作用包括两个主要方面：一是混凝土的高碱性使钢筋表面形成钝化膜，二是保护层对外界腐蚀介质、氧气和水分等渗入的阻止。后一种作用主要取决混凝土的密实度及保护层厚度。

（4）混凝土保护层的完好性　混凝土保护层的完好性指混凝土是否开裂、有无蜂窝孔洞等。它对钢筋锈蚀有明显的影响，特别是对处于潮湿环境或腐蚀介质中的混凝土结构影响更大。调查表明，在潮湿环境中使用的钢筋混凝土结构，横向裂缝宽度达 0.2mm 时即可引起钢筋锈蚀。钢筋锈蚀物体积的膨胀加大保护层纵向裂缝宽度，如此恶性循环的结果必将导致混凝土保护层的彻底剥落和钢筋混凝土结构的最终破坏。

（5）水泥品种和掺合料　粉煤灰等矿物掺合料能降低混凝土的碱性，从而影响钢筋的耐久性。国内外许多研究表明，在掺用优质粉煤灰等掺合料时，在降低混凝土碱性的同时能提高混凝土的密实度，改变混凝土内部孔结构，从而能阻止外界腐蚀介质和氧气与水分的渗入，这无疑对防止钢筋锈蚀是十分有利的。近年来，我国的研究工作还表明，掺入粉煤灰可以增强混凝土抵抗杂散电流对钢筋的腐蚀作用。因此，综合考虑上述效应，可以认为在混凝土结构中掺用符合标准的粉煤灰不会影响混凝土结构耐久性，有时反而会提高耐久性。

（6）环境条件　环境条件如温度、湿度及干燥交替作用、海水飞溅、海盐渗透等是引起钢筋锈蚀的外在因素，都对混凝土结构中的钢筋锈蚀有明显影响。特别是混凝土自身保护能力不符合要求或混凝土保护层有裂缝等缺陷时，外界因素的影响会更突出。许多实际调查结果表明，混凝土结构在干燥无腐蚀介质情况下，其使用寿命要比在潮湿及腐蚀介质中使用要长 2~3 倍。

（7）其他因素　除了以上因素外，钢筋应力状态对其锈蚀也有很大影响，应力腐蚀比一般腐蚀更危险。应力腐蚀不同于钢筋的蚀坑及均匀锈蚀，而是以裂缝的形式出现，并不断发展直到破坏，这种破坏又常常是毫无预兆的突然脆断。一般来讲，钢筋的应力腐蚀分为两个阶段，即局部电化学腐蚀阶段及裂缝发展阶段。对此必须充分估计，以免钢筋发生事故性断裂。

4. 防止钢筋锈蚀的措施

根据钢筋锈蚀的基本原理以及各种因素的影响规律，可采取以下措施来保护钢筋。

① 在结构设计时应尽量避免混凝土表面、接缝和密封处积水，加强排水，尽量减少受潮和溅湿的表面积。

② 尽可能地增加保护层的厚度，在同样的条件下，增加保护层厚度可以延长碳化到钢筋处的时间和 Cl^- 扩散到钢筋表面的时间，推迟钢筋锈蚀。

③ 掺入粉煤灰或磨细矿渣粉等矿物掺合料和一些超塑化剂，减少混凝土用水量，降低水胶比。掺入矿物掺合料时应加强养护，以保证混凝土有较好的抗渗性能。

④ 采用耐腐蚀钢筋，耐腐蚀钢筋有耐腐蚀低合金钢筋、包铜钢筋、镀锌钢筋、环氧涂层钢筋、聚乙烯醇缩丁醛涂层钢筋、不锈钢钢筋等。

⑤ 采用阻锈剂，常用的阻锈剂有：亚硝酸钙、单氟磷酸钠以及一些有机阻锈剂。

⑥ 采取阴极保护，阴极保护是一种电化学保护方法，通过一些技术措施，使钢筋表面不再放出自由电子，以控制钢筋的阳极反应。

⑦ 对混凝土进行表面处理，通常采取真空脱水处理、表面粘贴和表面涂敷进行混凝土表面处理。

第四节　普通混凝土的质量控制与强度评定

一、普通混凝土质量控制

混凝土的质量控制是保证混凝土结构工程质量的一项非常重要的工作。混凝土的质量是通过其性能来表达的，在实际工程中由于原材料、施工条件以及试验条件等许多复杂因素的影响，混凝土的质量总会有波动。引起混凝土质量波动的因素有正常因素和异常因素两大类，正常因素是不可避免的微小变化的因素，如砂、石材料质量的微小变化，称量时的微小误差等。这些是不可避免也不易克服的因素，它们引起的质量波动一般较小，称为正常波动。异常因素是不正常的变化因素，如原材料的称量错误等，这些是可以避免和克服的因素，它们引起的质量波动一般较大，称为异常波动。混凝土质量控制的目的就是及时发现和排除异常波动，使混凝土的质量处于正常波动状态。

混凝土的质量通常是指能用数量指标表示出来的性能，如混凝土的强度、坍落度、含气量等。这些性能在正常稳定连续生产的情况下，其数量指标可用随机变量描述。因此，可用数理统计方法来控制、检验和评定其质量。在混凝土的各项质量指标中，混凝土的强度与其他性能有较好的相关性，能较好地反映混凝土的质量情况，因此，通常以混凝土强度作为评定和控制质量的指标。混凝土强度的质量控制包括初步控制、生产控制和合格控制。

1. 原材料质量控制

（1）水泥

① 水泥品种与强度等级应根据设计、施工要求以及工程所处环境确定。对于一般建筑结构及预制构件的普通混凝土，宜采用通用硅酸盐水泥；高强混凝土和有抗冻要求的混凝土宜采用硅酸盐水泥或普通硅酸盐水泥；有预防混凝土碱-集料反应要求的混凝土工程宜采用低碱水泥；大体积混凝土宜采用中、低热硅酸盐水泥或低热矿渣硅酸盐水泥，也可采用通用硅酸盐水泥；有特殊要求的混凝土也可采用其他品种的水泥。

② 水泥质量主要控制项目应包括凝结时间、安定性、胶砂强度、氧化镁和氯离子含量，低碱水泥主要控制项目还应包括碱含量，中、低热硅酸盐水泥或低热矿渣硅酸盐水泥主要控制项目还应包括水化热。

③ 在水泥应用方面还应符合以下规定。

a. 宜采用旋窑或新型干法窑生产的水泥。

b. 水泥中的混合材品种和掺加量应得到明示。

c. 用于生产混凝土的水泥温度不宜高于60℃。

（2）粗集料

① 粗集料应符合现行行业标准《普通混凝土用砂、石质量及检验方法标准》（JGJ 52—2006）和国家标准《建设用卵石、碎石》（GB/T 14685—2011）的规定。

② 粗集料质量主要控制项目应包括颗粒级配、针片状含量、含泥量、泥块含量、压碎值指标和坚固性，用于高强混凝土的粗集料主要控制项目还应包括岩石抗压强度。

③ 在粗集料应用方面还应符合以下规定。

a. 混凝土粗集料宜采用连续级配。

b. 对于混凝土结构，粗集料最大公称粒径不得超过相关规定；对于大体积混凝土，粗集料最大公称粒径不宜小于31.5mm。

c. 对于防裂抗渗透要求高的混凝土，宜选用级配良好和空隙率较小的粗集料，或者采用两个或三个粒级的粗集料混合配制连续级配粗集料，粗集料空隙率不宜大于 47%。

d. 对于有抗渗、抗冻、抗腐蚀、耐磨或其他特殊要求的混凝土，粗集料中的含泥量和泥块含量分别不应大于 1.0% 和 0.5%；坚固性检验的质量损失不应大于 8%。

e. 对于高强混凝土，粗集料的岩石抗压强度应比混凝土设计强度至少高 30%；最大公称粒径不宜大于 25.0mm，针片状含量不宜大于 5%，不应大于 8%；含泥量和泥块含量应分别不大于 0.5% 和 0.2%。

f. 对粗集料或用于制作粗集料的岩石，应进行碱活性检验，包括碱-硅活性检验和碱-碳酸盐活性检验；对于有预防混凝土碱-集料反应要求的混凝土工程，不宜采用有碱活性的粗集料。

（3）细集料

① 细集料应符合现行行业标准《普通混凝土用砂、石质量及检验方法标准》（JGJ 52—2006）和国家标准《建设用砂》（GB/T 14684—2011）的规定；混凝土用海砂应符合现行行业标准《海砂混凝土应用技术规范》（JGJ 206—2010）的规定。

② 细集料质量主要控制项目应包括颗粒级配、细度模数、含泥量、泥块含量、坚固性、氯离子含量和有害物质含量；人工砂主要控制项目还应包括石粉含量和压碎值指标，但可不包括氯离子含量和有害物质含量；海砂主要控制项目还应包括贝壳含量。

③ 在细集料应用方面还应符合以下规定。

a. 泵送混凝土宜采用中砂，且 $300\mu m$ 筛孔的颗粒通过量不宜少于 15%。

b. 对于防裂抗渗透要求高的混凝土，宜选用级配良好和洁净的中砂，天然砂的含泥量和泥块含量应分别不大于 2.0% 和 0.5%，人工砂的石粉含量不宜大于 5%。

c. 对于有抗渗、抗冻或其他特殊要求的混凝土，砂中的含泥量和泥块含量应分别不大于 3.0% 和 1.0%；坚固性检验的质量损失不应大于 8%。

d. 对于高强混凝土，砂的细度模数宜控制在 2.6~3.0 范围之内，含泥量和泥块含量应分别不大于 2.0% 和 0.5%。

e. 钢筋混凝土和预应力钢筋混凝土用砂的氯离子含量应分别不大于 0.06% 和 0.02%。

f. 混凝土用海砂必须经过净化处理。

g. 混凝土用海砂氯离子含量不应大于 0.03%，贝壳含量应符合表 5-17 的规定。海砂不得用于预应力钢筋混凝土。

表 5-17 混凝土用海砂的贝壳含量

混凝土强度等级	≥C60	≥C40	C35~C30	C25~C15
贝壳含量(按质量计)/%	≤3	≤5	≤8	≤10

h. 人工砂中的石粉含量应符合表 5-18 的规定。

表 5-18 人工砂中石粉含量

混凝土强度等级		≥C60	C55~C30	≤C25
石粉含量/%	MB<1.4	≤5.0	≤7.0	≤10.0
	MB≥1.4	≤2.0	≤3.0	≤5.0

i. 不宜单独采用特细砂作为细集料配制混凝土。

j. 对于河砂和海砂，应进行碱-硅活性检验；对于人工砂，还应进行碳酸盐活性的检验；

对于有预防混凝土碱-集料反应要求的混凝土工程，不宜采用有碱活性的砂。

（4）矿物掺合料

① 用于混凝土中的矿物掺合料可包括粉煤灰、粒化高炉矿渣粉、硅灰、钢渣粉、磷渣粉；可采用两种或两种以上的矿物掺合料按一定比例混合使用。粉煤灰应符合现行国家标准《用于水泥和混凝土中的粉煤灰》（GB/T 1596—2005）的规定，粒化高炉矿渣粉应符合现行国家标准《用于水泥和混凝土中的粒化高炉矿渣粉》（GB/T 18046—2008）的规定，钢渣粉应符合现行国家标准《用于水泥和混凝土中的钢渣粉》（GB/T 20491—2006）；矿物掺合料的放射性应符合现行国家标准《建筑材料放射性核素限量》（GB 6566—2010）的规定。

② 粉煤灰的主要控制项目应包括细度、需水量比、烧失量和三氧化硫含量，C 类粉煤灰的主要控制项目还应包括游离氧化钙含量和安定性；粒化高炉矿渣粉主要控制项目应包括比表面积、活性指数和流动度比；钢渣粉的主要控制项目应包括比表面积、活性指数、流动度比、游离氧化钙含量、三氧化硫含量、氧化镁含量和安定性；磷渣粉的主要控制项目应包括细度、活性指数、流动度比、五氧化二磷含量和安定性；硅灰的主要控制项目应包括比表面积和二氧化硅含量。矿物掺合料还应进行放射性检验。

③ 在矿物掺合料应用方面还应符合以下规定。

a. 掺用矿物掺合料的混凝土，宜采用硅酸盐水泥和普通硅酸盐水泥。

b. 在混凝土中掺用矿物掺合料时，矿物掺合料的种类和掺量应经试验确定，其混凝土性能应满足设计要求。

c. 矿物掺合料宜与高效减水剂同时使用。

d. 对于高强混凝土或有抗渗、抗冻、抗腐蚀、耐磨等其他特殊要求的混凝土，宜采用不低于Ⅱ级的粉煤灰。

e. 对于高强混凝土和耐腐蚀要求的混凝土，当需要采用硅灰时，宜采用二氧化硅含量不小于 90% 的硅灰；硅灰宜采用吨包供货。

（5）外加剂

① 外加剂应符合国家现行标准《混凝土外加剂》（GB 8076—2008）和《混凝土外加剂应用技术规范》（GB 50119—2003）的规定。

② 外加剂质量主要控制项目应包括掺外加剂混凝土性能和外加剂匀质性两方面，混凝土性能方面的主要控制项目有减水率、凝结时间差和抗压强度比，外加剂匀质性方面的主要控制项目有 pH 值、氯离子含量和碱含量。引气剂和引气减水剂主要控制项目还应包括含气量，防冻剂主要控制项目还应包括钢筋锈蚀试验。

③ 在外加剂应用方面还应符合以下规定。

a. 在混凝土中掺用外加剂时，外加剂应与水泥具有良好的适应性，其种类和掺量应经试验确定，混凝土性能应满足设计要求。

b. 高强混凝土宜采用高性能减水剂；有抗冻要求的混凝土宜采用引气剂或引气减水剂；大体积混凝土宜采用缓凝剂或缓凝减水剂；混凝土冬期施工可采用防冻剂。

c. 不得在钢筋混凝土和预应力钢筋混凝土中采用含有氯盐配制的外加剂；不得在预应力钢筋混凝土中采用含有亚硝酸盐或碳酸盐的防冻剂以及在办公、居住等建筑工程中采用含有硝铵或尿素的防冻剂。

d. 外加剂中的氯离子含量和碱含量应满足混凝土设计要求。

e. 宜采用液态外加剂。

（6）水

① 混凝土用水应符合现行行业标准《混凝土用水标准》（JGJ 63—2006）的规定。

② 混凝土用水主要控制项目应包括 pH 值、不溶物含量、可溶物含量、硫酸根离子含量、氯离子含量、水泥凝结时间差和水泥胶砂强度对比，当混凝土集料为碱活性时，主要控制项目还应包括碱含量。

③ 在混凝土用水方面还应符合以下规定。

a. 未经处理的海水严禁用于钢筋混凝土和预应力钢筋混凝土。

b. 不得采用混凝土企业设备洗刷水配制集料为碱活性的混凝土。

2. 其他技术规定

混凝土性能技术规定中应注意拌合物性能、力学性能、长期性能和耐久性能。混凝土配合比设计应符合国家现行标准的规定，应经试验验证并应满足混凝土施工性能要求，以及强度、其他力学性能和耐久性能的设计要求。生产与施工质量控制过程中应注意原材料进场、计量、搅拌、运输、浇筑成型、养护。此外，注意混凝土质量检验和验收。

二、强度的评定方法

现行标准的规定，混凝土强度应分批进行检验评定。一个验收批的混凝土应由强度等级相同、龄期相同以及生产工艺条件和配合比基本相同的混凝土组成。

1. 统计方法评定

（1）已知标准差方法　当混凝土生产条件在较长时间内能保持一致，且同一品种混凝土的强度变异性能保持稳定时，应由连续的三组试件组成一个验收批，其强度应同时满足式（5-15）与式（5-16）要求：

$$m_{fcu} \geqslant f_{cu,k} + 0.7\sigma_0 \tag{5-15}$$

$$f_{cu,min} \geqslant f_{cu,k} - 0.7\sigma_0 \tag{5-16}$$

当混凝土强度等级高于 C20 时，其强度的最小值还应满足式（5-17）要求：

$$f_{cu,min} \geqslant 0.9f_{cu,k} \tag{5-17}$$

当混凝土强度等级不高于 C20 时，其强度的最小值还应满足式（5-18）要求：

$$f_{cu,min} \geqslant 0.85f_{cu,k} \tag{5-18}$$

式中，m_{fcu} 为同一验收批混凝土立方体抗压强度的平均值，MPa；$f_{cu,k}$ 为混凝土立方体抗压强度标准值，MPa；σ_0 为验收批混凝土立方体抗压强度的标准差，精确到 0.01MPa，σ_0 计算值小于 2.5MPa 时，应取 2.5MPa；$f_{cu,min}$ 为同一验收批混凝土立方体抗压强度的最小值，精确到 0.1MPa。

验收批混凝土立方体抗压强度标准差，应根据前一个检验期内同一品种混凝土试件的强度数据，按式（5-19）确定：

$$\sigma_0 = \sqrt{\frac{\sum_{i=1}^{n} f_{cu,i}^2 - nm_{fcu}^2}{n-1}} \tag{5-19}$$

式中，$f_{cu,i}$ 为前一个检验期内同一品种、同一强度等级的第 i 组试件强度值，精确到 0.1MPa，该检验期不应少于 60d，也不得大于 90d；n 为前一检验期内的样本容量，在该期间内样本容量不应少于 45。

（2）未知标准差方法　当混凝土生产条件不能满足前述规定，或在前一个检验期内的同一品种混凝土没有足够的数据用以确定验收批混凝土强度的标准差时，应由不少于 10 组试件组成一个验收批，其强度应同时满足式（5-20）与式（5-21）的要求：

$$m_{fcu} - \lambda_1 S_{fcu} \geqslant f_{cu,k} \tag{5-20}$$

$$f_{cu,min} \geqslant \lambda_2 f_{cu,k} \tag{5-21}$$

式中，S_{fcu} 为同一验收批混凝土立方体抗压强度的标准差，精确到 0.01MPa，当 S_{fcu} 的计算值小于 2.5MPa 时，取 S_{fcu}＝2.5MPa；λ_1、λ_2 为合格判定系数，按表 5-19 取用。

表 5-19　混凝土强度的合格判定系数

试件组数	10～14	15～19	≥20
λ_1	1.15	1.05	0.95
λ_2	0.90	0.85	

混凝土立方体抗压强度的标准差可按式（5-22）计算：

$$S_{fcu} = \sqrt{\frac{\sum\limits_{i=1}^{n} f_{cu,i}^2 - n m_{fcu}^2}{n-1}} \tag{5-22}$$

式中，$f_{cu,i}$ 为第 i 组混凝土立方体抗压强度值，MPa；n 为一个验收混凝土试件的组数。

2. 非统计方法评定

试件少于 10 组时，按非统计方法评定混凝土强度时，其所保留强度应同时满足式（5-23）与式（5-24）要求：

$$m_{fcu} \geqslant \lambda_3 f_{cu,k} \tag{5-23}$$

$$f_{cu,min} \geqslant \lambda_4 f_{cu,k} \tag{5-24}$$

式中，λ_3、λ_4 为合格评定系数，应按表 5-20 取用。

表 5-20　混凝土强度的非统计法合格评定系数

混凝土强度等级	＜C60	≥C60
λ_3	1.15	1.10
λ_4	0.95	

当检验结果满足上述的规定时，则该批混凝土强度应评定为合格，当不能满足上述规定时，该批混凝土强度应评定为不合格。对评定为不合格批的混凝土，可按国家现行的有关标准进行处理。

第五节　普通混凝土配合比设计及实例

一、普通混凝土的配合比设计

（一）混凝土配比设计的规范要求

普通混凝土为干密度为 2000～2800kg/m³ 的水泥混凝土，配合比设计的规范要求应该满足《普通混凝土配合比设计规程》（JGJ 55—2011）。混凝土的生产与配制取决于各工艺环节的技术水平和操作人员的熟练程度及生产经验的累积。在实际工作中，混凝土配合比的设计能一次性达到理论强度的概率为 17.8%，经调整后能满足施工强度要求的概率为 68.3%，试配失效概率为 12.7%。当混凝土强度增高时，常用的普通混凝土配比设计方法已不适用，须按概率分布法调配，经实际压测后方能满足生产需要。

1. 设计流程

（1）**基本流程** 混凝土配合比设计的基本流程如图 5-17 所示。

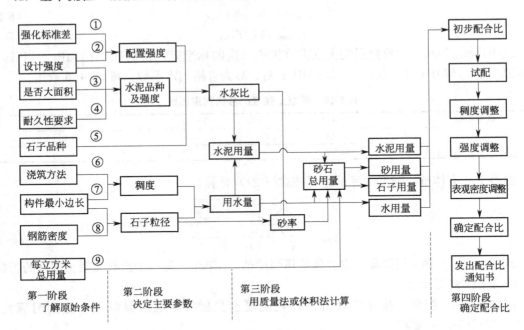

图 5-17　配合比设计的基本流程

① **第一阶段** 根据设计图纸及施工单位的工艺条件，结合当地、当时的具体条件，提出要求，为第二阶段作准备。

a. 混凝土设计强度等级；

b. 工程特征（工程所处环境、结构断面、钢筋最小净距等）；

c. 耐久性要求（如抗冻、抗侵蚀、耐磨、碱-集料反应等）；

d. 砂、石的种类等；

e. 施工方法等。

② **第二阶段** 选用材料，如水泥品种和强度等级、集料粒径等；选用设计参数，这是整个设计的基础。材料和参数的选择决定配合比设计是否合理。

现行混凝土配合比的 3 个基本参数是水胶比、单位用水量和砂率，混凝土配合比所要求达到的主要性能是强度、耐久性及工作性，3 个基本参数影响 3 个主要性能。

混凝土配合比设计就是根据原材料的性能和对混凝土的技术要求，通过计算和试配调整，确定出满足工程技术经济指标的混凝土各组成材料的用量。

③ **第三阶段** 计算用料，可用质量法或体积法计算。水泥混凝土配合比表示方法，有下列两种。

a. 单位用量表示法。以 1m³ 混凝土中各种材料的用量表示（如水泥：水：细集料：粗集料＝330：150：706：1264）。

b. 相对用量表示法。以水泥的质量为 1，并按"水泥：细集料：粗集料；水胶比"的顺序排列表示（如 1：2.14：3.83；W/B＝0.45）。

④ **第四阶段** 对配合比设计的结果，进行试配、调整并加以确定。配合比确定后，应签发配合比通知书。搅拌站在进行搅拌前，应根据仓存砂、石的含水率作必要的调整，并根

据搅拌机的规格确定每拌的投料量。搅拌后应将试件强度反馈给签发通知书的单位。

（2）基本要求　混凝土配合比设计的目的，就是根据混凝土的技术要求、原材料的技术性能及施工条件，合理选择混凝土的组成材料，并确定具有满足设计要求的强度等级、便于施工的工作性、与使用环境相适应的耐久性和经济便宜的配合比。必要时，还要考虑混凝土的水化热、早期强度和变形性能等。强度、工作性、耐久性和经济性被称为混凝土配合比设计的四项基本要求。

① 满足结构物设计强度的要求　不论混凝土路面或桥梁，在设计时都会对不同的结构部位提出不同的设计强度要求。为了保证结构物的可靠性，在配制混凝土配合比时，必须要考虑结构物的重要性、施工单位的施工水平等因素，采用一个比设计强度高的配制强度，才能满足设计强度的要求。配制强度定得太低，结构物不安全；定得太高又浪费资金。

② 满足施工工作性要求　按照结构物断面尺寸和要求，配筋的疏密以及施工方法和设备来确定工作性（坍落度或维勃稠度）。

③ 满足环境耐久性的要求　根据结构物所处环境条件，如严寒地区的路面或桥梁、桥梁墩台在水位的升降范围等，为保证结构的耐久性，在设计混凝土配合比时应考虑适当的水胶比和水泥用量。尤其是对于未用引气剂的混凝土和不能确保混凝土达到超密实的情况，应该更加注意。

④ 满足经济的要求　在满足设计强度、工作性和耐久性的前提下，配合比设计中尽量降低高价材料（水泥）的用量，并考虑应用当地材料和工业废料（如粉煤灰等），以配制成性能优越、价格便宜的混凝土。

2. 混凝土配比设计的规范要求

混凝土配合比设计应满足混凝土配制强度及其他力学性能、拌合物性能、长期性能和耐久性能的设计要求。混凝土拌合物性能、力学性能、长期性能和耐久性能的试验方法应分别符合现行国家标准《普通混凝土拌合物性能试验方法标准》（GB/T 50080）、《普通混凝土力学性能试验方法标准》（GB/T 50081）和《普通混凝土长期性能和耐久性能试验方法标准》（GB/T 50082）的规定。

混凝土配合比设计应采用工程实际使用的原材料；配合比设计所采用的细集料含水率应小于 0.5%，粗集料含水率应小于 0.2%。

混凝土的最大水胶比应符合《普通混凝土配合比设计规程》（JGJ 55—2011）中引用现行国家标准《混凝土结构设计规范》（GB 50010—2010）的规定。混凝土结构暴露的环境类别应按表 5-21 的要求划分。

表 5-21　混凝土结构的环境类别

环境类别	条　件
一	室内干燥环境； 无侵蚀性静水浸没环境
二 a	室内潮湿环境； 非严寒和非寒冷地区的露天环境； 非严寒和非寒冷地区与无侵蚀性的水或土壤直接接触的环境； 严寒和寒冷地区的冰冻线以下与无侵蚀性的水或土壤直接接触的环境
二 b	干湿交替环境； 水位频繁变动环境； 严寒和寒冷地区的露天环境； 严寒和寒冷地区冰冻线以上与无侵蚀性的水或土壤直接接触的环境

续表

环境类别	条 件
三 a	严寒和寒冷地区冬季水位变动区环境； 受除冰盐影响环境； 海风环境
三 b	盐渍土环境； 受除冰盐作用环境； 海岸环境
四	海水环境
五	受人为或自然的侵蚀性物质影响的环境

注：1. 室内潮湿环境是指构件表面经常处于结露或湿润状态的环境。

2. 严寒和寒冷地区的划分应符合现行国家标准《民用建筑热工设计规范》（GB 50176—1993）的有关规定。

3. 海岸环境和海风环境宜根据当地情况，考虑主导风向及结构所处迎风、背风部位等因素的影响，由调查研究和工程经验确定。

4. 受除冰盐影响环境是指受到除冰盐盐雾影响的环境；受除冰盐作用环境是指被除冰盐溶液溅射的环境以及使用除冰盐地区的洗车房、停车楼等建筑。

5. 暴露的环境是指混凝土结构表面所处的环境。

设计使用年限为 50 年的混凝土结构，其混凝土材料宜符合表 5-22 的规定。

表 5-22 结构混凝土材料的耐久性基本要求

环境等级	最大水胶比	最低强度等级	最大氯离子含量/%	最大碱含量/(kg/m³)
一	0.60	C20	0.30	不限制
二 a	0.55	C25	0.20	3.0
二 b	0.50(0.55)	C20(C25)	0.15	
三 a	0.45(0.50)	C35(C30)	0.15	
三 b	0.40	C40	0.10	

注：1. 氯离子含量系指其占胶凝材料总量的百分比。

2. 预应力构件混凝土中的最大氯离子含量为 0.06%；其最低混凝土强度等级宜按表中的规定提高两个等级。

3. 素混凝土构件的水胶比及最低强度等级的要求可适当放松。

4. 有可靠工程经验时，二类环境中的最低混凝土强度等级可降低一个等级。

5. 处于严寒和寒冷地区二 b、三 a 类环境中的混凝土应使用引气剂，并可采用括号中的有关参数。

6. 当使用非碱活性集料时，对混凝土中的碱含量可不作限制。

混凝土结构及构件还应采取下列耐久性技术措施：预应力混凝土结构中的预应力筋应根据具体情况采取表面防护、孔道灌浆、加大混凝土保护层厚度等措施，外露的锚固端应采取封锚和混凝土表面处理等有效措施；有抗渗要求的混凝土结构，混凝土的抗渗等级应符合有关标准的要求；严寒及寒冷地区的潮湿环境中，结构混凝土应满足抗冻要求，混凝土抗冻等级应符合有关标准的要求；处于二、三类环境中的悬臂构件宜采用悬臂梁-板的结构形式，或在其上表面增设防护层；处于二、三类环境中的结构构件，其表面的预埋件、吊钩、连接件等金属部件应采取可靠的防锈措施；处在三类环境中的混凝土结构构件，可采用阻锈剂、环氧树脂涂层钢筋或其他具有耐腐蚀性能的钢筋、采取阴极保护措施或采用可更换的构件等措施。

除配制 C15 及其以下强度等级的混凝土外，混凝土的最小胶凝材料用量应符合表 5-23 的规定。

表 5-23　混凝土的最小胶凝材料用量

最大水胶比	最小胶凝材料用量/(kg/m³)		
	素混凝土	钢筋混凝土	预应力混凝土
0.60	250	280	300
0.55	280	300	300
0.50		320	
≤0.45		330	

　　矿物掺合料在混凝土中的掺量应通过试验确定。采用硅酸盐水泥或普通硅酸盐水泥时，钢筋混凝土中矿物掺合料最大掺量宜符合表 5-24 的规定，预应力混凝土中矿物掺合料最大掺量宜符合表 5-25 的规定。对基础大体积混凝土，粉煤灰、粒化高炉矿渣粉和复合掺合料的最大掺量可增加 5%。采用掺量大于 30% 的 C 类粉煤灰的混凝土应以实际使用的水泥和粉煤灰掺量进行安定性检验。

表 5-24　钢筋混凝土中矿物掺合料最大掺量

矿料掺合料种类	水胶比	最大掺量/%	
		采用硅酸盐水泥	采用普通硅酸盐水泥
粉煤灰	≤0.40	45	35
	>0.40	40	30
粒化高炉矿渣粉	≤0.40	65	55
	>0.40	55	45
钢渣粉	—	30	20
磷渣粉	—	30	20
硅灰	—	10	10
复合掺合料	≤0.40	65	55
	>0.40	55	45

　　注：1. 采用其他通用硅酸盐水泥时，宜将水泥混合材掺量 20% 以上的混合材量计入矿物掺合料。

　　2. 复合掺合料各组分的掺量不宜超过单掺时的最大掺量。

　　3. 在混合使用两种或两种以上矿物掺合料时，矿物掺合料总掺量应符合表中复合掺合料的规定。

表 5-25　预应力混凝土中矿物掺合料最大掺量

矿物掺合料种类	水胶比	最大掺量/%	
		硅酸盐水泥	普通硅酸盐水泥
粉煤灰	≤0.40	35	30
	>0.40	25	20
粒化高炉矿渣粉	≤0.40	55	45
	>0.40	45	35
钢渣粉	—	20	10
磷渣粉	—	20	10
硅灰	—	10	10
复合掺合料	≤0.40	55	45
	>0.40	45	35

　　注：1. 采用其他通用硅酸盐水泥时，宜将水泥混合材掺量 20% 以上的混合材量计入矿物掺合料。

　　2. 复合掺合料各组分的掺量不宜超过单掺时的最大掺量。

　　3. 在混合使用两种或两种以上矿物掺合料时，矿物掺合料总掺量应符合表中复合掺合料的规定。

　　混凝土拌合物中水溶性氯离子最大含量应符合表 5-26 的规定，其测试方法应符合现行行业标准《水运工程混凝土试验规程》（JTJ 270）中混凝土拌合物中氯离子含量的快速测定方法的规定。

表 5-26　混凝土拌合物中水溶性氯离子最大含量

环境条件	水溶性氯离子最大含量(水泥用量的质量百分比)/%		
	钢筋混凝土	预应力混凝土	素混凝土
干燥环境	0.30		
潮湿但不含氯离子的环境	0.20	0.06	1.00
潮湿且含有氯离子的环境、盐渍土环境	0.10		
除冰盐等侵蚀性物质的腐蚀环境	0.06		

　　长期处于潮湿或水位变动的寒冷和严寒环境以及盐冻环境的混凝土应掺用引气剂。引气剂掺量应根据混凝土含气量要求经试验确定，混凝土最小含气量应符合表 5-27 的规定，最大不宜超过 7.0%。

表 5-27　混凝土最小含气量

粗集料最大公称粒径/mm	混凝土最小含气量/%	
	潮湿或水位变动的寒冷和严寒环境	盐冻环境
40.0	4.5	5.0
25.0	5.0	5.5
20.0	5.5	6.0

　　注：含气量为气体占混凝土体积的百分比。

　　对于有预防混凝土碱-集料反应设计要求的工程，宜掺用适量粉煤灰或其他矿物掺合料，混凝土中最大碱含量不应大于 3.0kg/m³；对于矿物掺合料碱含量，粉煤灰碱含量可取实测值的 1/6，粒化高炉矿渣粉碱含量可取实测值的 1/2。

　　（二）混凝土配合比设计步骤

　　水胶比、砂率和单位用水量三个关键参数与混凝土的各项性能密切相关。其中，水胶比对混凝土的强度和耐久性起决定作用；砂率对新拌混凝土的黏聚性和保水性有很大影响；单位用水量是影响新拌混凝土流动性的最主要因素。在配合比设计中只要正确地确定这三个参数，就能设计出经济合理的混凝土配合比。

　　确定混凝土配合比的主要内容为：根据经验公式和试验参数计算各种组成材料的比例，得出初步配合比；按初步配合比在试验室进行试拌，考察混凝土拌合物的施工工作性，经调整后得出基准配合比；再按基准配合比对混凝土进行强度复核，如有其他要求，也应作出相应的检验复核，最后确定出满足设计和施工要求且经济合理的试验室配合比；在施工现场，还应根据现场砂石材料的含水量对配合比进行修正，得出施工配合比。如果混凝土还有其他技术性能要求，除在计算和试配过程中予以考虑外，还应增添相应的试验项目，进行试验确认。

　　1. 初步配合比的确定

　　普通混凝土初步配合比计算步骤如下：计算出要求的试配强度 $f_{cu,o}$，并计算出所要求的水胶比值；选取每立方米混凝土的用水量，并由此计算出每立方米混凝土的胶凝材料用量；选取合理的砂率值，计算出粗、细集料的用量，提出供试配用的配合比。

　　（1）混凝土配制强度的确定　当混凝土的设计强度等级小于 C60 时，混凝土的配制强度按式（5-25）计算：

$$f_{cu,o} \geqslant f_{cu,k} + 1.645\sigma \qquad (5-25)$$

　　式中，$f_{cu,o}$ 为混凝土的施工配制强度，MPa；$f_{cu,k}$ 为设计的混凝土立方体抗压强度标准值，MPa；σ 为施工单位的混凝土强度标准差，MPa。

当设计强度等级不小于 C60 时，配制强度应按式(5-26) 确定：

$$f_{cu,o} \geq 1.15 f_{cu,k} \tag{5-26}$$

当具有近 1～3 个月的同一品种、同一强度等级混凝土的强度资料，且试件组数不小于 30 时，σ 的取值可按式(5-27) 求得：

$$\sigma = \sqrt{\frac{\sum\limits_{i=1}^{n} f_{cu,i}^2 - nm_{fcu}^2}{n-1}} \tag{5-27}$$

式中，$f_{cu,i}$ 为统计周期内同一品种混凝土第 i 组试件强度值，MPa；m_{fcu} 为统计周期内同一品种混凝土 n 组试件强度的平均值，MPa；n 为统计周期内同一品种混凝土试件总组数。

对于强度不大于 C30 级的混凝土，计算得到的 σ 不小于 3.0MPa 时，σ 取式(5-27) 计算所得结果；当计算得到的 σ 小于 3.0MPa 时，σ 取 3.0MPa。对于强度等级大于 C30 且小于 C60 的混凝土，计算得到的 σ 不小于 4.0MPa 时，σ 取式(5-27) 计算所得结果；当计算得到的 σ 小于 4.0MPa 时，σ 取 4.0MPa

当没有近期的同一品种、同一强度等级混凝土强度资料时，σ 可按表 5-28 取值。

表 5-28　标准差 σ 取值表

混凝土强度等级	≤C20	C25～C45	C50～C55
σ/MPa	4.0	5.0	6.0

【例 5-1】　某多层钢筋混凝土框架结构房屋，柱、梁、板混凝土设计的结构强度为 C25 级，据搅拌站提供该站前一个月的生产水平资料如下，请计算其标准差及混凝土的配制强度。

【资料】

① 组数 $n=27$；

② 前一个月各组总强度 $\sum f_{cu,i}=968.8$；

③ 各组强度值的总值 $\sum f_{cu,i}^2=36401.18$；

④ 各组强度的平均值 $m_{fcu}=36.548$；

⑤ 强度平均值的平方值乘组数 $nm_{fcu}^2=36065.42$。

【解】

① 计算标准差，将资料各值代入式(5-27)

$$\sigma = \sqrt{\frac{\sum\limits_{i=1}^{n} f_{cu,i}^2 - nm_{fcu}^2}{n-1}} = \sqrt{\frac{36401.18 - 36065.42}{27-1}} = 3.594(\text{MPa})(\text{取 } \sigma = 3.6\text{MPa})$$

如没有近期的同一品种、同一强度等级混凝土强度资料时，查表 5-28，则 σ=5.0MPa。

② 计算配制强度

按题意，混凝土的设计强度 $f_{cu,o}$=25MPa；施工单位混凝土强度标准差 σ=3.6MPa。

将上列两值代入式(5-25)，得：

$$f_{cu,o} \geq f_{cu,k} + 1.645\sigma = 25 + 1.645 \times 3.6 = 30.92 \ (\text{MPa})$$

(2) 计算所要求的水胶比 (W/B) 可按式(5-28)（混凝土强度等级小于 C60 时）

$$\frac{W}{B} = \frac{\alpha_a f_b}{f_{cu,o} + \alpha_a \alpha_b f_b} \tag{5-28}$$

式中，α_a、α_b为回归系数；f_b为胶凝材料 28d 胶砂抗压强度，MPa，可实测，且试验方法应按现行国家标准《水泥胶砂强度检验方法（ISO 法）》（GB/T 17671—2005）；W/B 为混凝土所要求的水胶比。

① 回归系数 α_a、α_b 通过试验统计资料确定，若无试验统计资料，回归系数可按表 5-29 选用。

表 5-29　回归系数 α_a、α_b 选用表

系数 ＼ 粗集料品种	碎石	卵石
α_a	0.53	0.49
α_b	0.20	0.13

② 当胶凝材料 28d 胶砂强度值 f_b 无实测值时，可按式(5-29)计算：

$$f_b = \gamma_f \gamma_s f_{ce} \tag{5-29}$$

式中，γ_f、γ_s 为粉煤灰影响系数和粒化高炉矿渣粉影响系数，可按表 5-30 选用；f_{ce} 为水泥 28d 胶砂抗压强度，MPa，可实测，也可计算确定。

表 5-30　粉煤灰影响系数和粒化高炉矿渣粉影响系数

掺量/% ＼ 种类	粉煤灰影响系数 γ_f	粒化高炉矿渣粉影响系数 γ_s
0	1.00	1.00
10	0.85~0.95	1.00
20	0.75~0.85	0.95~1.00
30	0.65~0.75	0.90~1.00
40	0.55~0.65	0.80~0.90
50	—	0.70~0.85

注：1. 采用 Ⅰ、Ⅱ 级粉煤灰宜取上限值。

2. 采用 S75 级粒化高炉矿渣粉宜取下限值，采用 S95 级粒化高炉矿渣粉宜取上限值，采用 S105 级粒化高炉矿渣粉可取上限值加 0.05。

3. 当超出表中的掺量时，粉煤灰和粒化高炉矿渣粉影响系数应经试验确定。

当水泥 28d 胶砂抗压强度（f_{ce}）无实测值时，可按式(5-30)计算：

$$f_{ce} = \gamma_c f_{ce,g} \tag{5-30}$$

式中，γ_c 为水泥强度等级值的富余系数，可按实际统计资料确定；当缺乏实际统计资料时，也可按表 5-31 选用；$f_{ce,g}$ 为水泥强度等级值，MPa。

表 5-31　水泥强度等级值的富余系数（γ_c）

水泥强度等级值	32.5	42.5	52.5
富余系数	1.12	1.16	1.10

（3）选取单位用水量和外加剂用量

① 每立方米干硬性或塑性混凝土用水量（m_{wo}）的确定

a. 水胶比在 0.40~0.80 范围时，根据粗集料的品种、粒径及施工要求的混凝土拌合物稠度，其用水量可按表 5-32、表 5-33 选取。

表 5-32 干硬性混凝土的用水量 kg/m³

拌合物稠度		卵石最大公称粒径/mm			碎石最大公称粒径/mm		
项目	指标	10.0	20.0	40.0	16.0	20.0	40.0
维勃稠度/s	16～20	175	160	145	180	170	155
	11～15	180	165	150	185	175	160
	5～10	185	170	155	190	180	165

表 5-33 塑性混凝土的用水量 kg/m³

拌合物稠度		卵石最大粒径/mm				碎石最大粒径/mm			
项目	指标	10.0	20.0	31.5	40.0	16.0	20.0	31.5	40.0
坍落度/mm	10～30	190	170	160	150	200	185	175	165
	35～50	200	180	170	160	210	195	185	175
	55～70	210	190	180	170	220	205	195	185
	75～90	215	195	185	175	230	215	205	195

注：1. 本表用水量系采用中砂时的取值。采用细砂时，每立方米混凝土用水量可增加 5～10kg；采用粗砂时，则可减少 5～10kg。

2. 掺用各种外加剂或掺合料时，用水量应相应调整。

b. W/B 小于 0.4 的混凝土应通过试验确定用水量。

② 掺外加剂时，每立方米流动性或大流动性混凝土用水量（m_{wo}）的确定 掺外加剂时，每立方米流动性或大流动性混凝土用水量（m_{wo}）可按式（5-31）计算：

$$m_{wo}=m'_{wo}(1-\beta) \tag{5-31}$$

式中，m_{wo} 为计算配合比每立方米混凝土的用水量，kg/m³；m'_{wo} 为未掺外加剂的混凝土每立方米混凝土的用水量，kg/m³，以表 5-33 中坍落度 90mm 的用水量为基础，坍落度每增大 20mm 用水量增加 5kg/m³，当坍落度增加 180mm 以上时，随坍落度相应增加的用水量减少；β 为外加剂的减水率，%，外加剂的减水率应经试验确定。

每立方米混凝土中外加剂用量（m_{ao}）应按式（5-32）计算：

$$m_{ao}=m_{bo}\beta_a \tag{5-32}$$

式中，m_{ao} 为计算配合比每立方米混凝土中外加剂用量，kg/m³；m_{bo} 为计算配合比每立方米混凝土中胶凝材料用量，kg/m³；β_a 为外加剂掺量，%，应经混凝土试验确定。

（4）胶凝材料、矿物掺合料和水泥用量

① 每立方米混凝土的胶凝材料用量 每立方米混凝土的胶凝材料用量（m_{bo}）应按式（5-33）计算，并应进行试拌调整，在拌合物性能满足的情况下，取经济合理的胶凝材料用量。

$$m_{bo}=\frac{m_{wo}}{W/B} \tag{5-33}$$

② 每立方米混凝土的矿物掺合料用量 每立方米混凝土的矿物掺合料用量（m_{fo}）应按式（5-34）计算：

$$m_{fo}=m_{bo}\beta_f \tag{5-34}$$

式中，m_{fo} 为计算配合比每立方米混凝土中矿物掺合料用量，kg/m³；β_f 为矿物掺合料掺量，%，可结合规程确定。

③ 每立方米混凝土的水泥用量（m_{co}）应按式（5-35）计算：

$$m_{co}=m_{bo}-m_{fo} \tag{5-35}$$

式中，m_{co} 为计算配合比每立方米混凝土中水泥用量，kg/m³。

（5）混凝土砂率的确定 砂率（β_s）应根据集料的技术指标、混凝土拌合物性能和施工要求，参考既有历史资料确定。

当缺乏砂率的历史资料时，混凝土砂率的确定应符合下列规定。

① 坍落度小于 10mm 的混凝土，其砂率应通过试验确定。

② 坍落度为 10～60mm 的混凝土，砂率可根据粗集料品种、最大公称粒径及水胶比按表 5-34 选取。

表 5-34 混凝土的砂率 %

水胶比 (W/B)	卵石最大公称粒径/mm			碎石最大公称粒径/mm		
	10.0	20.0	40.0	16.0	20.0	40.0
0.40	26～32	25～31	24～30	30～35	29～34	27～32
0.50	30～35	29～34	28～33	33～38	32～37	30～35
0.60	33～38	32～37	31～36	36～41	35～40	33～38
0.70	36～41	35～40	34～39	39～44	38～43	36～41

注：1. 表中数值系中砂的选用砂率。对细砂或粗砂，可相应地减少或增加砂率。

2. 只用一个单粒级粗集料配制混凝土时，砂率应当适当增加。

3. 采用人工砂配制混凝土时，砂率应适当增加。

③ 坍落度大于 60mm 的混凝土，其砂率可经试验确定，也可在表 5-34 的基础上，按坍落度每增大 20mm、砂率增大 1% 的幅度予以调整。

（6）计算粗、细集料用量 在已知混凝土用水量、胶凝材料用量和砂率的情况下，可用体积法或质量法求出粗、细集料的用量，从而得出混凝土的初步配合比。

① 质量法 质量法又称为假定重量法。这种方法是假定混凝土拌合料的质量为已知，从而可求出单位体积混凝土的集料总用量（质量），进而分别求出粗、细集料的质量，得出混凝土的配合比。方程式如式（5-36）与式（5-37）：

$$m_{fo} + m_{co} + m_{go} + m_{so} + m_{wo} = m_{cp} \tag{5-36}$$

$$\beta_s = \frac{m_{so}}{m_{go} + m_{so}} \times 100\% \tag{5-37}$$

式中，m_{cp} 为每立方米混凝土拌合物的假定质量，kg/m³，其值可取 2350～2450kg/m³；m_{go} 为每立方米混凝土的粗集料用量，kg/m³；m_{so} 为每立方米混凝土的细集料用量，kg/m³；β_s 为砂率，%。

在上述关系式中，m_{cp} 可根据本单位累积的试验资料确定。在无资料时，可根据集料的密度、粒径以及混凝土强度等级，按表 5-35 选取。

表 5-35 混凝土拌合物的假定湿表观密度参考表

混凝土强度等级/MPa	<C15	C20～C30	>C40
假定湿表观密度/(kg/m³)	2350	2350～2400	2450

② 体积法 体积法又称绝对体积法。这个方法是假设混凝土组成材料绝对体积的总和等于混凝土的体积，因而得式（5-38）与式（5-39），并解之。

$$\beta_s = \frac{m_{so}}{m_{go} + m_{so}} \times 100\% \tag{5-38}$$

$$\frac{m_{co}}{\rho_c} + \frac{m_{fo}}{\rho_f} + \frac{m_{go}}{\rho_g} + \frac{m_{so}}{\rho_s} + \frac{m_{wo}}{\rho_w} + 0.01\alpha = 1 \tag{5-39}$$

式中，ρ_c 为水泥密度，kg/m^3，可按现行国家标准《水泥密度测定方法》（GB/T 208—1994）测定，也可取 2900～3100kg/m^3；ρ_f 为矿物掺合料密度，kg/m^3，可按现行国家标准《水泥密度测定方法》（GB/T 208—1994）测定；ρ_g 为粗集料的表观密度，kg/m^3，应按现行行业标准《普通混凝土用砂、石质量及检验方法标准》（JGJ 52—2006）测定；ρ_s 为细集料的表观密度，kg/m^3，应按现行行业标准《普通混凝土用砂、石质量及检验方法标准》（JGJ 52—2006）测定；ρ_w 为水的密度，kg/m^3，可取 1000kg/m^3；α 为混凝土含气量百分数，％，在不使用含气型外掺剂时可取 $\alpha=1$。

2. 普通混凝土拌合物的试配和调整，提出"基准配合比"

混凝土试配应采用强制式搅拌机进行搅拌，并应符合现行行业标准《混凝土试验用搅拌机》（JG 244—2009）的规定，搅拌方法宜与施工采用的方法相同。

试验室成型条件应符合现行国家标准《普通混凝土拌合物性能试验方法标准》（GB/T 50080）的规定。

每盘混凝土试配的最小搅拌量应符合表 5-36 的规定，并不应小于搅拌机公称容量的 1/4 且不应大于搅拌机公称容量。

表 5-36　混凝土试配的最小搅拌量

粗集料最大公称粒径/mm	拌合物数量/L
≤31.5	20
40	25

在计算配合比的基础上应进行试拌。计算水胶比宜保持不变，并应通过调整配合比其他参数使混凝土拌合物性能符合设计和施工要求，然后修正计算配合比，提出试拌配合比，即为 m_{ca} ： m_{fa} ： m_{wa} ： m_{sa} ： m_{ga}。

3. 检验强度，确定试验室配合比

在试拌配合比的基础上应进行混凝土强度试验，并应符合下列规定：应采用三个不同的配合比，其中一个应为确定的试拌配合比，另外两个配合比的水胶比宜较试拌配合比分别增加和减少 0.05，用水量应与试拌配合比相同，砂率可分别增加和减少 1％。

当不同水胶比的混凝土拌合物坍落度与要求值的差超过允许偏差时，可通过增、减用水量进行调整。

制作混凝土强度试件时，尚需试验混凝土的坍落度、黏聚性、保水性及混凝土拌合物的表观密度，作为代表这一配合比的混凝土拌合物的各项基本性能。

每种配合比应至少制作一组（3 块）试件，标准养护 28d 后进行试压。有条件的单位也可同时制作多组试件，供快速检验或较早龄期的试压，以便提前提出混凝土配合比供施工使用。但以后仍必须以标准养护 28d 的检验结果为准，据此调整配合比。

经过试配和调整以后，便可按照所得的结果确定混凝土的施工配合比。由试验得出的各水胶比值的混凝土强度，绘制强度与水胶比的线性关系图或插值法计算求出略大于混凝土配制强度（$f_{cu,o}$）相对应的水胶比。这样，初步定出混凝土所需的配合比。

试验室配合比用水量（m_{wb}）和外加剂用量（m_a）：在基准配合比的基础上，应根据确定的水胶比加以适当调整。

水泥用量（m_{cb}）：以用水量除以经试验选定出来的水胶比计算确定。

粗集料（m_{gb}）和细集料（m_{sb}）用量：取基准配合比中的粗集料和细集料用量，按选定水胶比进行适当调整后确定。

按上述各项定出的配合比算出混凝土的表观密度计算值 $\rho_{c,c}$：

$$\rho_{c,c}=m_{cb}+m_{fb}+m_{gb}+m_{sb}+m_{wb} \tag{5-40}$$

式中，$\rho_{c,c}$ 为混凝土拌合物湿表观密度计算值，kg/m^3；m_{cb} 为每立方米混凝土的水泥用量，kg/m^3；m_{fb} 为每立方米混凝土的矿物掺合料用量，kg/m^3；m_{gb} 为每立方米混凝土的粗集料用量，kg/m^3；m_{sb} 为每立方米混凝土的细集料用量，kg/m^3；m_{wb} 为每立方米混凝土的用水量，kg/m^3。

再将混凝土的表观密度实测值除以表观密度计算值，得出配合比校正系数 δ：

$$\delta=\rho_{c,t}/\rho_{c,c} \tag{5-41}$$

式中，$\rho_{c,t}$ 为混凝土表观密度实测值，kg/m^3。

当混凝土表观密度实测值与计算值之差的绝对值不超过计算值的 2% 时，按上述确定的配合比即为确定的配合比，当二者之差超过 2% 时，应将混凝土配合比中每项材料用量均乘以校正系数 δ，即为最终确定的实验室配合比。

$$\begin{cases} m'_{cb}=m_{cb}\delta \\ m'_{sb}=m_{sb}\delta \\ m'_{fb}=m_{fb}\delta \\ m'_{gb}=m_{gb}\delta \\ m'_{wb}=m_{wb}\delta \end{cases} \tag{5-42}$$

4. 确定施工配合比

试验室最后确定的配合比，是按绝干状态集料计算的，而施工现场的砂、石材料为露天堆放，都含有一定的水分。因此，施工现场应根据现场砂、石实际含水率变化，将试验室配合比换算为施工配合比。

施工现场实测砂、石含水率分别为 $a\%$、$b\%$，施工配合比 $1m^3$ 混凝土各种材料用量为：

$$\begin{cases} m_c=m'_{cb} \\ m_f=m'_{fb} \\ m_s=m'_{sb}(1+a\%) \\ m_g=m'_{gb}(1+b\%) \\ m_w=m'_{wb}-(m'_{sb}a\%+m'_{gb}b\%) \end{cases} \tag{5-43}$$

配合比调整后，应测定拌合物水溶性氯离子含量，试验结果应符合规定。对耐久性有设计要求的混凝土应进行相关耐久性试验验证。

二、混凝土配合比设计实例

【例 5-2】 某现浇钢筋混凝土梁，混凝土设计强度等级为 C30，施工要求坍落度为 30～50mm，使用环境为无冻害的室外使用，施工单位无该种混凝土的历史统计资料，该混凝土采用统计法评定。所用的原材料情况如下。

【原始资料】 普通水泥的强度为 42.5，实测 28d 抗压强度为 46.0MPa，密度 $\rho_c=3.10\times10^3 kg/m^3$；砂的级配合格，为中砂，表观密度 $\rho_s=2.65\times10^3 kg/m^3$；石为 5～20mm 的碎石，表观密度 $\rho_g=2.72\times10^3 kg/m^3$。

【设计要求】

① 该混凝土的设计配合比。

② 施工现场砂的含水率为 3%，碎石的含水率为 1%时的施工配合比。

【解】

（1）计算初步配合比

① 确定混凝土配制强度 按题意已知，设计要求混凝土强度 $f_{cu,k}=30MPa$，无历史统计资料，查表 5-28 得标准差 $\sigma=5.0MPa$。混凝土配制强度：

$$f_{cu,o}=f_{cu,k}+1.645\sigma=30+1.645\times5.0=38.2\ （MPa）$$

② 计算水胶比

a. 计算胶凝材料 28d 胶砂抗压强度值 已知，水泥实测 28d 抗压强度为 $f_{ce}=46.0MPa$，γ_f、γ_s 查表 5-30 得 $\gamma_f=1$、$\gamma_s=1$，代入得：

$$f_b=\gamma_f\gamma_s f_{ce}=1\times1\times46.0=46.0\ （MPa）$$

b. 按强度要求计算水胶比 已知 $f_{cu,o}=38.2MPa$，由表 5-29 得回归系数 α_a、α_b 分别为 0.53、0.20，计算水胶比：

$$\frac{W}{B}=\frac{\alpha_a f_b}{f_{cu,o}+\alpha_a\alpha_b f_b}=\frac{0.53\times46.0}{38.2+0.53\times0.20\times46.0}=0.57$$

③ 单位用水量（m_{wo}） 根据坍落度 $T=30\sim50mm$，砂子为中砂，石子为 5～20mm 的碎石，查表 5-33 得 $m_{wo}=195kg/m^3$。

④ 计算单位用灰量（m_{co}） 按强度要求计算单位用灰量，已知混凝土单位用水量为 195kg/m³，水胶比为 0.57，混凝土单位胶凝材料用量为：

$$m_{bo}=\frac{m_{wo}}{W/B}=\frac{195}{0.57}=342\ （kg/m^3）$$

已知本配合比设计没有掺入矿物掺合料，$m_{fo}=0$，故 m_{co} 为 342kg/m³。

⑤ 选定砂率（β_s）

根据已知集料采用碎石，最大粒径为 20mm，$W/B=0.57$，查表 5-34 并经过插值法得 $\beta_s=38\%$。

⑥ 计算砂石用量

a. 采用质量法 已知 $m_{co}=342kg/m^3$，$m_{wo}=195kg/m^3$，假定拌合物湿表观密度 $m_{cp}=2400kg/m^3$，$\beta_s=0.38\%$，代入：

$$\begin{cases}m_{so}+m_{go}=m_{cp}-m_{co}-m_{wo}\\\dfrac{m_{so}}{m_{so}+m_{go}}\times100\%=\beta_s\end{cases}$$

解得：$m_{so}=708kg/m^3$，$m_{go}=1155kg/m^3$。

因此，1m³混凝土的各材料用量：水泥为 342kg/m³，水为 195kg/m³，砂为 708kg/m³，碎石为 1155kg/m³。

$m_{co}:m_{so}:m_{go}:m_{wo}=342:708:1155:195$，即为 1:2.07:3.38；$W/B=0.57$。

b. 采用体积法 已知水泥的密度为 $\rho_c=3.10\times10^3kg/m^3$，砂的表观密度 $\rho_s=2.65\times10^3kg/m^3$，碎石的表观密度为 $\rho_g=2.72\times10^3kg/m^3$，取新拌混凝土的含气量 $\alpha=1$。代入

$$\begin{cases}\dfrac{m_{co}}{\rho_c}+\dfrac{m_{go}}{\rho_g}+\dfrac{m_{so}}{\rho_s}+\dfrac{m_{wo}}{\rho_w}+0.01\alpha=1\\\dfrac{m_{so}}{m_{so}+m_{go}}\times100\%=\beta_s\end{cases}$$

得

$$\begin{cases} \dfrac{342}{3100}+\dfrac{m_{go}}{2720}+\dfrac{m_{so}}{2650}+\dfrac{195}{1000}+0.01\times1=1 \\[3mm] \dfrac{m_{so}}{m_{so}+m_{go}}\times100\%=38\% \end{cases}$$

解联立方程组得：$m_{so}=701kg/m^3$，$m_{go}=1143kg/m^3$。

因此，该混凝土的计算配合比为 $1m^3$ 混凝土的个材料用量：水泥为 $342kg/m^3$、水为 $195kg/m^3$、砂为 $701kg/m^3$、碎石为 $1143kg/m^3$。

$m_{co}:m_{so}:m_{go}:m_{wo}=342:701:1143:195$，即为 $1:2.05:3.34$；$W/B=0.57$。

（2）配合比的试配、调整与确定

① 计算试件材料用量　试拌 $0.020m^3$ 混凝土，各个材料用量如下。

水泥　　$342\ kg/m^3\times0.020m^3=6.84kg$

水　　　$195\ kg/m^3\times0.020m^3=3.90kg$

砂　　　$701kg/m^3\times0.020m^3=14.02kg$

碎石　　$1143kg/m^3\times0.020m^3=22.86kg$

拌合均匀后，测得坍落度为 25mm，低于施工要求的坍落度（30～50mm），增加水泥浆5%，测得坍落度为 40mm，新拌混凝土的黏聚性和保水性良好。经调整后各项材料用量为：水泥 7.18kg、水 4.10kg、砂 14.02kg、碎石 22.86kg。因此，基准配合比如下。

$m_{ca}:m_{wa}:m_{sa}:m_{ga}=359:205:701:1143$，即为 $1:1.95:3.18$；$W/B=0.57$。

以基准配合比为基础，采用水胶比为 0.52、0.57 和 0.62 的三个不同配合比，制作强度试验试件。其中，水胶比为 0.52 与 0.62 的配合比也应经和易性调整，保证满足施工要求的和易性，同时，测得其表观密度分别为 $2380\ kg/m^3$、$2383kg/m^3$、$2372kg/m^3$。

② 配合比的调整　三种不同水胶比混凝土的配合比、实测表观密度和 28d 强度如表5-37所列。

表 5-37　不同水胶比混凝土性能对比表

编　号	水　胶　比	混凝土实测性能	
		表观密度/(kg/m³)	28d 抗压强度/MPa
1	0.52	2380	41.1
2	0.57	2383	37.2
3	0.62	2372	34.0

配制强度 $f_{cu,o}$ 对应的 W/B 为 0.55。因此，取水胶比为 0.55，用水量为 205kg，砂率保持不变。调整后的配合比为：水泥 $373kg/m^3$，水 $204kg/m^3$，砂 $680kg/m^3$，碎石 $1110kg/m^3$。由以上定出的配合比，还需要根据混凝土的实测表观密度 $\rho_{c,t}$ 和计算表观密度 $\rho_{c,c}$ 进行校正。按调整后的配合比实测的表观密度为 $2395kg/m^3$，计算表观密度为 $2367kg/m^3$，校正系数为 δ 为：

$$\delta=\frac{\rho_{c,t}}{\rho_{c,c}}=\frac{2395}{2367}=1.01$$

由于混凝土表观密度实测值与计算值之差的绝对值不超过计算值的 2%，所以调整后的配合比可确定为实验室设计配合比。即为 $1m^3$ 混凝土的各材料用量：水泥 373kg、水 205kg、砂 680kg、碎石 1110kg，即为 $1:1.82:2.98$；$W/B=0.55$。

（3）现场施工配合比　将配合比换算为现场施工配合比时，用水量应扣除砂、石所含水量，砂、石用量则应增加砂、石所含水量。因此，施工配合比为：

$$\begin{cases} m_c = m'_{cb} = 373 \text{ (kg/m}^3) \\ m_s = m'_{sb}(1+a\%) = 680(1+0.03) = 700 \text{(kg/m}^3) \\ m_g = m'_{gb}(1+b\%) = 1110 \times (1+0.01) = 1121 \text{(kg/m}^3) \\ m_w = m'_{wb} - (m'_{sb}a\% + m'_{gb}b\%) = 205 - 680 \times 0.03 - 1110 \times 0.01 = 174 \text{(kg/m}^3) \end{cases}$$

施工配合比为 $m_c : m_s : m_g : m_w = 373 : 700 : 1121 : 174$，即为 $1 : 1.88 : 3.01$；$W/B = 0.47$。

第六节　其他混凝土

特殊性能混凝土一般使用某些或部分特殊材料和特别工艺条件生产，具有某些特殊性能，使用在特定场合和环境。随着社会的现代化发展和科技的进步，特殊性能混凝土的品种越来越多。其中主要有：高性能混凝土，纤维混凝土，聚合物混凝土，轻质混凝土，大体积混凝土，道路混凝土，喷射混凝土，水下浇筑混凝土，碾压混凝土，膨胀混凝土，重混凝土，防辐射混凝土，耐腐蚀混凝土，耐热混凝土，装饰混凝土等。

一、高性能混凝土

高性能混凝土（high performance concrete，简称 HPC）是 20 世纪 80 年代末 90 年代初，一些发达国家基于混凝土结构耐久性设计提出的一种全新概念的高技术混凝土。所谓的高性能混凝土就是指混凝土具有高强度、高耐久性、高工作性等多方面（如体积稳定性等）的优越性能。其中，最重要的是高耐久性，同时考虑高性能混凝土的实用价值，还应兼顾高经济性；但必须注意其中的高强度并不是指混凝土的强度等级（即 28d 强度）一定要高，而是指能够满足使用要求的强度等级和足够高的长期强度。高性能混凝土不仅适用于有超高强度要求的混凝土工程，而且同样适用于各种强度等级的混凝土工程。由于高性能混凝土的强度等级可以差别很大，高性能混凝土的孔结构也不会是完全相同的一种类型。按其孔结构类型，高性能混凝土可以进一步划分为超密实高性能混凝土、中密实高性能混凝土和引气型高性能混凝土三类。

高性能混凝土以耐久性作为设计的主要指标，针对不同用途要求，对下列性能重点予以保证：耐久性（这种混凝土有可能为基础设施工程提供 100 年以上的使用寿命）、工作性、适用性、强度、体积稳定性和经济性。其中，超密实高性能混凝土在配置上的特点是采用低水胶比，选用优质原材料，且必须掺加足够数量的矿物细掺料和高效外加剂。

（一）高性能混凝土用原材料及其选用

高性能混凝土所用的原材料包括水泥、细集料、粗集料、外加剂、矿物掺合料、混凝土用水等。

1. 水泥

水泥应选用硅酸盐水泥或普通硅酸盐水泥（简称普通水泥），混合材宜为矿渣或粉煤灰。

处于严重化学侵蚀环境时（硫酸盐侵蚀环境作用等级为 H3 或 H4）应选用 C_3A 含量不大于 6% 的硅酸盐水泥或抗硫酸盐水泥（简称抗硫水泥）。

提高水泥强度的主要措施是增加铝酸三钙（C_3A）和硅酸三钙（C_3S）含量和增加比表面积，易导致水泥水化速率过快，水化热大，混凝土收缩大，抗裂性下降，微结构不良，抗腐蚀性差，所以水泥强度等级够用就行，不得随意提高水泥强度等级。

水泥细度会影响水泥的凝结硬化速度、强度、需水性、干缩性、水化热等一系列性能。水泥必须控制一定的粉磨细度，水泥颗粒越细，凝结越快，早期强度发挥越快，泌水性小，但也不能太细，否则，一方面水泥的需水量大幅度增加，干缩大，水化放热集中；另一方面，大大降低了磨机产量，增加电耗。在高性能混凝土中，水泥细度过大，容易导致混凝土早期开裂，还会影响外加剂的作用效果。

2. 细集料

细集料应选用处于级配区的中粗河砂（用于预制梁时，砂的细度模数要求为 2.6～3.0）。当河砂料源确有困难时，经监理和业主同意也可采用质量符合要求的人工砂。

3. 粗集料

粗集料应选用二级配或多级配的碎石，亦可采用分级破碎的碎卵石（预应力混凝土除外），掺配比例应通过试验确定。且其目测不得有明显的水锈现象。

4. 外加剂

外加剂宜采用聚羧酸系产品，减水率 30%；适当引气，坍落度损失小，保水性好。混凝土中不得掺加诸如防腐蚀剂、抗裂剂等无标准不规范的产品。

5. 矿物掺合料

矿物掺合料指用于改善混凝土耐久性能而加入的、磨细的各种矿物掺合料。其品种有粉煤灰、磨细矿渣粉、硅灰、稻壳灰、沸石粉。

6. 混凝土用水及环境水

拌合用水可采用饮用水。当采用其他来源的水时，水的品质应符合要求。

（二）高性能混凝土的性能

与普通混凝土相比，高性能混凝土具有如下独特的性能。

1. 耐久性

高性能混凝土的重要特点是具有高耐久性，而耐久性则取决于抗渗性；抗渗性又与混凝土中的水泥石密实度和界面结构有关。由于高性能混凝土掺加了高效减水剂，其水胶比很低，水泥全部水化后，混凝土没有多余的毛细水，孔隙细化，孔径很小，总孔隙率低；再者高性能混凝土中掺加矿物质超细粉后，混凝土中集料与水泥石之间的界面过渡区孔隙能得到明显的降低，而且矿物质超细粉的掺加还能改善水泥石的孔结构，使其大于等于 $100\mu m$ 的孔含量得到明显减少，矿物质超细粉的掺加也使得混凝土的早期抗裂性能得到了大大提高。以上这些措施对于混凝土的抗冻融、抗中性化、抗碱-集料反应、抗硫酸盐腐蚀以及其他酸性和盐类侵蚀等性能都能得到有效的提高。

总之，高效减水剂和矿物质超细粉的配合使用，能够有效地减少用水量，减少混凝土内部的空隙，能够使混凝土结构安全可靠地工作 50～100 年以上，是高性能混凝土应用的主要目的。

2. 工作性

坍落度是评价混凝土工作性的主要指标，高性能混凝土的坍落度控制功能好，在振捣的过程中，高性能混凝土黏性大，粗集料的下沉速度慢，在相同振动时间内，下沉距离短，稳定性和均匀性好。同时，由于高性能混凝土的水胶比低，自由水少，且掺入超细粉，基本上无泌水，其水泥浆的黏性大，很少产生离析现象，能在正常施工条件下保证混凝土结构的密实性和均匀性，对于某些结构的特殊部位（如梁柱接头等钢筋密集处）还可采用自流密实成型混凝土，从而保证该部位的密实性，这样就可以减轻施工劳动强度，节约施工能耗。

3. 力学性能

由于混凝土是一种非匀质材料，强度受诸多因素的影响，水胶比是影响混凝土强度的主要因素，对于普通混凝土，随着水胶比的降低，混凝土的抗压强度增大，高性能混凝土中的高效减水剂对水泥的分散能力强、减水率高，可大幅度降低混凝土单方用水量。在高性能混凝土中掺入矿物超细粉可以填充水泥颗粒之间的空隙，改善界面结构，提高混凝土的密实度，提高强度。

4. 体积稳定性

高性能混凝土具有较高的体积稳定性，即混凝土在硬化早期应具有较低的水化热，硬化后期具有较小的收缩变形。

高性能混凝土的体积稳定性表现在其优良的抗初期开裂性，低的温度变形、低徐变及低的自收缩变形。虽然高性能混凝土的水胶比比较低，但是如果将新型高效减水剂和增黏剂一起使用，尽可能地降低单方用水量，防止离析，浇筑振实后立即用湿布或湿草帘加以覆盖养护，避免太阳光照射和风吹，防止混凝土的水分蒸发，这样高性能混凝土早期开裂就会得到有效抑制。高性能混凝土、掺加了粉煤灰的普通混凝土的开裂问题都显著降低，这对于大体积混凝土的温控和防裂十分有利。国内已有研究表明，对于外掺加40%粉煤灰的高性能混凝土，不管是在标准养护还是在蒸压养护条件下，其360d龄期的徐变度（单位徐变应力的徐变值）均小于同强度等级的普通混凝土，高性能混凝土徐变度仅为普通混凝土的50%左右。高性能混凝土长期的力学稳定性要求其在长期的荷载作用及恶劣环境侵蚀下抗压强度、抗拉强度及弹性模量等力学性能保持稳定。

5. 韧性

高性能混凝土具有较高的韧性。高性能混凝土的高韧性要求其具有能较好的抵抗地震荷载、疲劳荷载及冲击荷载的能力，混凝土的韧性可通过在混凝土掺加引气剂或采用高性能纤维混凝土等措施得到提高。

6. 经济性

高性能混凝土较高的强度、良好的耐久性和工艺性都能使其具有良好的经济性。高性能混凝土良好的耐久性可以减少结构的维修费用，延长结构的使用寿命，收到良好的经济效益；高性能混凝土的高强度可以减少构件尺寸，减小自重，增加使用空间；高性能混凝土良好的工作性可以减少工人工作强度，加快施工速度，减少成本。前苏联学者研究发现用C110～C137的高性能混凝土替代C40～C60的混凝土，可以节约15%～25%的钢材和30%～70%的水泥。虽然高性能混凝土本身的价格偏高，但是其优异的性能使其具有了良好的经济性。概括起来说，高性能混凝土就是能更好地满足结构功能要求和施工工艺要求的混凝土，能最大限度地延长混凝土结构的使用年限，降低工程造价。

（三）超密实高性能混凝土配合比设计

超密实高性能混凝土配合比设计的目标是：在满足强度和工作性的前提下，实现优良的耐久性。因此，在配合比设计时应遵循五项法则：水胶比法则、混凝土密实体积法则、最小单位用水量或最小胶凝材料用量法则、最小水泥用量法则、最小砂率法则。

① 水胶比法则：可塑状态的混凝土水胶比的大小决定混凝土硬化后的强度，并影响硬化混凝土的耐久性。混凝土的强度与水泥强度成正比，与水胶比成反比。与普通混凝土相似，高性能混凝土的强度与水胶比之间仍然呈近似的线性关系，不同的是在低水胶比或高水胶比的范围内，随着水胶比降低，强度的增长变缓，商品混凝土企业可针对自己经常使用的原材料，通过大量试验和数据统计，确定强度与水胶比的关系。高性能混凝土的水胶比一般不大于 0.40。

② 混凝土密实体积法则：混凝土内部结构属于多级分散体系，以粗集料为骨架，以细集料填充粗集料之间的空隙，又以胶凝材料-水的浆体填充砂石空隙，并包裹砂石表面，以减少砂石间的摩擦阻力，保证混凝土有足够的流动性。这样，可塑状态的混凝土总体积为水、胶凝材料、砂、石的密实体积之和。

③ 最小单位用水量或最小胶凝材料用量法则：在水胶比固定、原材料一定的情况下，使用满足工作性的最小用水量（即最小的浆体量），可得到体积稳定、经济的混凝土。

④ 最小水泥用量法则：为降低混凝土的温升、提高混凝土抗环境因素侵蚀的能力，在满足混凝土早期强度要求的前提下，应尽量减少胶凝材料中的水泥用量。

⑤ 最小砂率法则：在最小胶凝材料用量，并且砂石集料颗粒实现最密实堆积的条件下，使用满足工作性要求的最小砂率，以提高混凝土弹性模量，降低收缩和徐变。

超密实高性能混凝土配合比设计的步骤除参考普通混凝土的设计步骤外，还可根据实际工程经验确定配合比。

近年来，在高性能混凝土配合比设计中，越来越多地运用数值分析、数理统计、模糊神经网络等方法进行计算和试验设计，并借助计算机技术进行计算和分析。

（四）高强及高性能混凝土的应用

高性能混凝土作为原建设部推广应用的十大新技术之一，是建设工程发展的必然趋势。发达国家早在 20 世纪 50 年代即已开始研究应用高强混凝土，并在 20 世纪 90 年代提出高性能混凝土的概念。高强混凝土在我国 20 世纪 80 年代初首先在轨枕和预应力桥梁中得到应用，在高层建筑中应用则始于 80 年代末，进入 90 年代以后，研究和应用增加。当前国内一些大型结构工程、铁路工程和市政工程中有很多已采用了 C60、C80 及 C100 的高性能混凝土，如北京国家大剧院工程中部分混凝土柱采用了 C100 的高性能混凝土。

随着国民经济的发展，高强高性能混凝土在建筑、道路、桥梁、港口、海洋、大跨度及预应力结构、高耸建筑物等工程中的应用将越来越广泛。

二、纤维增强混凝土

纤维混凝土（FRC）又称为纤维增强混凝土（fiber reinforced concrete），是以水泥净浆、砂浆或混凝土作为基材，以非连续的短纤维或连续的长纤维作为增强材料，均匀地掺和在混凝土中而形成的一种新型水泥基复合材料的总称。

20 世纪 70 年代，不仅钢纤维混凝土的研究发展很快，而且碳、玻璃、石棉等高弹性纤维混凝土，尼龙、聚丙烯、植物等低弹性纤维混凝土的研制也引起各国的关注。就目前情况看来，钢纤维混凝土在大面积混凝土工程中应用最为成功。混凝土中掺入其体积 2% 的钢纤维，抗弯强度可提高 2.5～3 倍，韧性可提高 10 倍以上，抗拉强度可提 20％～30％，被越来越多地应用于桥梁面板、公路和飞机跑道的路面、采矿和隧道工程以及大体积混凝土的维护与补强等方面。

纤维混凝土性能的稳定性至今还没能达到准确设计的程度，研究还不够深入，而且和易性较差，搅拌、浇筑、振捣时容易发生纤维成团和折断的现象，黏结性能也有待改善，纤维价格也较高，造成工程造价升高等，都是目前限制纤维混凝土推广应用的重要因素。随着科学技术的进步和纤维混凝土研究的不断深入，相信在不久的将来，纤维混凝土一定会在更多的应用范围内显示出许多潜在的优越性。

三、聚合物混凝土

聚合物混凝土是由有机聚合物、无机胶凝材料、集料有效结合而形成的一种新型混凝土材料的总称。它克服了普通水泥混凝土抗拉强度低、脆性大、易开裂、耐化学腐蚀性差等缺点，扩大了混凝土的使用范围，是国内外大力研究和发展的新型混凝土。

（一）聚合物浸渍混凝土

聚合物浸渍混凝土（PIC）是以已硬化的水泥混凝土为基材，将聚合物填充其孔隙而成的一种混凝土-聚合物复合材料，其中聚合物含量为复合体质量的 5％～15％。其工艺为先将基材作不同程度的干燥处理，然后在不同压力下浸泡在以苯乙烯或甲基丙烯酸甲酯等有机单体为主的浸渍液中，使之渗入基材孔隙，最后用加热、辐射或化学等方法，使浸渍液在其中聚合固化。在浸渍过程中，浸渍液深入基材内部并遍及全体者，称完全浸渍工艺，一般应用于工厂预制构件，各道工序在专门设备中进行。浸渍液仅渗入基材表面层者，称表面浸渍工艺，一般应用于路面、桥面等现场施工。

聚合物浸渍混凝土的原材料，主要是指基材（被浸渍材料）和浸渍液（浸渍材料）两种。混凝土基材、浸渍液的成分和性能，对聚合物浸渍混凝土的性能有着直接的影响。另外，根据工艺和性能的需要，在基材和浸渍液中还可以加入适量的添加剂。

目前，国内外主要采用水泥混凝土和钢筋混凝土作为被浸渍基材，一般说来，凡是用无机胶结材料将集料固结起来的混凝土材料均可作为基材。其制作成型方法与一般混凝土制品相同，但应满足下列要求。

① 混凝土构件表面或内部应有适当的孔隙，并能使浸渍液渗入内部；

② 有一定的强度，能承受干燥、浸渍和聚合过程中的作用力，不会在搬动时产生裂缝、掉角等；

③ 混凝土中的化学成分（包括外加剂），不妨碍浸渍液的聚合；

④ 混凝土的材料结构尽可能是匀质的；

⑤ 被浸渍的基材要达到充分干燥，尺寸与形状要与浸渍和聚合所用的设备相适应。

混凝土养护方法的不同，会引起混凝土孔结构的变化。孔隙率高而强度低的混凝土经浸渍处理后，能达到原来孔隙率低而强度高的混凝土同样的浸渍效果，但将导致混凝土成本的迅速增加。因此，在选择浸渍基材时，必须对浸渍量适当加以控制。

浸渍液是聚合物浸渍混凝土的主要材料，由一种或几种单体组成，当采用加热聚合时，还应加入适量的引发剂等添加剂。

浸渍液的选择，主要取决于浸渍混凝土的最终用途、浸渍工艺、混凝土的密度和制造成本等。如需完全浸渍时，应采用黏度较小的单体；如局部浸渍或表面浸渍时，可选用黏度较大的单体。作为浸渍用的单体，一般应满足下列要求：有较低、适当的黏度，浸渍时容易渗入到被浸渍基材的内部，并能达到要求的浸渍深度；有较高的沸点和较低的蒸汽压力，以减少浸渍后和聚合时的损失。

（二）聚合物胶结混凝土——树脂混凝土

聚合物胶结混凝土（PC）是一种以聚合物（或单体）全部代替水泥，作为胶结材料的聚合物混凝土。常用一种或几种有机物及其固化剂、天然或人工集料（石英粉、辉绿岩粉等）混合、成型、固化而成。常用的有机物有不饱和聚酯树脂、环氧树脂、呋喃树脂、酚醛树脂等，或用甲基丙烯酸甲酯、苯乙烯等单体。聚合物在此种混凝土中的含量为质量的8%～25%。与水泥混凝土相比，它具有快硬、高强和显著改善抗渗、耐蚀、耐磨、抗冻融以及黏结等性能，可现场应用于混凝土工程快速修补、地下管线工程快速修建、隧道衬里等，也可在工厂预制。树脂混凝土和普通混凝土的区别在于，所用的胶凝材料是合成树脂，不是水泥，但是其技术性能却大大优于普通混凝土。

（三）聚合物水泥混凝土

聚合物水泥混凝土（PCC）也称聚合改性混凝土，是指采用有机、无机复合手段，以聚合物（或单体）和水泥共同作为胶凝材料的聚合物混凝土。其制作工艺与普通混凝土相似，在加水搅拌时掺入一定量的有机物及其辅助剂，经成型、养护后，其中的水泥与聚合物同时固化，是利用聚合物对普通混凝土进行改性。

由于聚合物的引入，聚合物水泥混凝土改进了普通混凝土的抗拉强度、耐磨、耐蚀、抗渗、抗冲击等性能，并改善混凝土的和易性，可应用于现场灌筑构筑物、路面及桥面修补，混凝土贮罐的耐蚀面层，新老混凝土的黏结以及其他特殊用途的预制品。

用于制备聚合物水泥防水混凝土的聚合物可分三种类型：聚合物乳液、水溶性聚合物、液体树脂。其中最常用、改性效果最好的是聚合物乳液，主要组分是聚合物颗粒（0.1～1μm）、乳化剂、稳定剂、分散剂等，其固相成分含量在40%～70%之间。聚合物颗粒通过乳化剂作用均匀地分散在水溶液中，形成乳液，并在分散剂和稳定剂的作用下使乳液保持较长时间不离析絮凝。此外，为避免乳液带入的气泡影响混凝土质量，一般在聚合物乳液内还加入一定的消泡剂。

聚合物掺加量一般为水泥质量的5%～20%。使用的聚合物一般为合成橡胶乳液，如氯丁胶乳（CR）、丁苯胶乳（SBR）、丁腈胶乳（NBR）；或热塑性树脂乳液，如聚丙烯酸酯类乳液（PAE）、聚乙酸乙烯乳液（PVAC）等。此外环氧树脂及不饱和聚酯一类树脂也可应用。

聚合物水泥防水混凝土在未硬化状态下，因聚合物分散体系中所含的表面活性剂与分散体系本身的亲水性胶体作用，其流动性、泌水性得到不同程度改善。硬化后水泥水化产物与聚合物网络相互贯穿，形成与集料牢固结合的整体，因而其抗拉强度、断裂韧性提高，抗渗性、耐久性得到改善。聚合物水泥防水混凝土的性能主要取决于聚灰比、水胶比、灰砂比、聚合物种类等因素。

聚合物水泥防水混凝土的设计类似于普通水泥混凝土的设计，根据要求的工作性、强度、抗渗性等进行设计，所不同的是在设计过程中，应首先确定聚合物与水泥的比值，即聚灰比。聚合物对新拌混凝土的工作性有较大影响，这是因为分散的聚合物颗粒同粉煤灰一样具有滚珠效应，能提高新拌混凝土的流动性的同时，聚合物本身及加入到乳液中以减少聚合物悬浮颗粒聚沉的表面活性剂具有减水剂效果，可减少混凝土用水量。此外，加入聚合物乳液中的表面活性剂及稳定剂在新拌聚合物水泥防水混凝土中引入许多气泡，适量气泡的引入可改善新拌混凝土的和易性。气泡还可改善硬化混凝土的抗冻能力，但太多的气泡会使强度降低。因此，通常在聚合物水泥防水混凝土中加入消泡剂，以控制引入的气泡量。由于引气作用改善了颗粒堆积状态，提高了聚合物水泥防水混凝土中水泥颗粒的分散效果，从而使泌水和离析现象减少。因此，聚合物的表面活性剂作用及亲水性胶体特征等特性使得混凝土的微结构更加均匀。

聚合物的掺加使硬化聚合物水泥防水混凝土的抗拉、抗弯和抗压强度得到提高。抗压强度的提高主要归结于聚合物水泥防水混凝土需水量的减少。抗拉、抗弯强度的提高主要是因为聚合物与水泥浆体间的互穿网络的形成，改善了集料与水泥浆体的黏结，减少了裂隙的形成。混凝土在应力作用下产生裂纹扩展时，聚合物能跨越裂纹并抑制裂缝扩展，从而使聚合物水泥防水混凝土的断裂韧性、变形性能得以提高。此外，聚合物水泥防水混凝土的工作性和分散性的改善，使水化水泥浆体的匀质性提高，也是抗拉和抗弯强度提高的原因之一。

聚合物水泥防水混凝土与其他材料的黏结强度高于普通混凝土。亲水性聚合物与水泥颗粒悬浮液的液相一起向被黏附材料孔隙内渗透，在孔隙内充满被聚合物增强的水泥水化产物，使得聚合物水泥防水混凝土与被黏附材料间具有较高的黏结强度。有试验表明，添加少量聚合物就可使黏结强度提高 30%，当聚灰比达 0.2 时黏结强度可提高 10 倍。

聚合物水泥防水混凝土的耐久性要比普通混凝土好。这是由于聚合物网络与水泥水化产物间的互穿网络的存在，以及使用聚合物时较低的孔隙率及合理的孔结构所致。聚合物水泥防水混凝土弹性模量较普通混凝土低，对改善聚合物水泥防水混凝土的变形协调性有利，同时，聚合物水泥防水混凝土的抗拉强度提高，延伸性能改善，可减少混凝土内裂缝的形成，有利于聚合物水泥防水混凝土耐久性的提高。然而，由于混凝土内聚合物网络在高温条件下的不稳定性，聚合物水泥防水混凝土的耐火性比普通混凝土差。除了随温度升高强度降低外，温度上升到一定程度会对聚合物网络形成破坏，导致混凝土抗渗性、耐久性大幅度下降。

四、轻集料混凝土

轻集料混凝土（lightweight aggregate concrete）是用轻集料配制成的、容重不大于 $1900kg/m^3$ 的轻混凝土，也称多孔集料轻混凝土。

轻集料是堆积密度小于 $1200kg/m^3$ 的天然或人工多孔轻质集料的总称。根据集料粒径大小，轻集料分为轻粗集料与轻细集料，轻粗集料简称轻集料。一般的轻集料混凝土的粗集料使用轻集料，细集料采用普通砂或与轻砂混合使用，这样的混凝土称为砂轻混凝土；细集料全部采用轻砂，粗集料采用轻集料的混凝土称为全轻混凝土。

轻集料混凝土按轻集料的种类分为：天然轻集料混凝土，如浮石混凝土、火山渣混凝土和多孔凝灰岩混凝土等；人造轻集料混凝土，如黏土陶粒混凝土、页岩陶粒混凝土以及膨胀珍珠岩混凝土和用有机轻集料制成的混凝土等；工业废料轻集料混凝土，如煤渣混凝土、粉煤灰陶粒混凝土和膨胀矿渣珠混凝土等。

按其用途可分为以下几类。

（1）保温轻集料混凝土　其表观密度小于 800kg/m³，抗压强度小于 5.0MPa，主要用于保温的围护结构和热工构筑物。

（2）结构保温轻集料混凝土　其表观密度为 800～1400kg/m³，抗压强度为 5.0～20.0MPa，主要用于配筋和不配筋的围护结构。

（3）结构轻集料混凝土　其表观密度为 1400～1900kg/m³，抗压强度为 15.0～50.0MPa，主要用于承重的构件、预应力构件或构筑物。

思考题与习题

1. 试述影响水泥混凝土强度的主要原因及提高强度的主要措施。

2. 简述混凝土拌合物工作性的含义，影响工作性的主要因素和改善工作性的措施。

3. 简述坍落度和维勃稠度测定方法。

4. 粗细集料中的有害杂质是什么？它们分别对混凝土质量有何影响？

5. 何谓减水剂？试述减水剂的作用机理。

6. 何谓混凝土的早强剂、引气剂和缓凝剂？指出它们各自的用途和常用品种。

7. 如何确定混凝土的强度等级？混凝土强度等级如何表示？

8. 简述影响混凝土弹性模量的因素。

9. 何谓碱-集料反应？混凝土发生碱-集料反应的必要条件是什么？防止措施怎样？

10. 对普通混凝土有哪些基本要求？怎样才能获得质量优良的混凝土？

11. 试述混凝土中的四种基本组成材料在混凝土中所起的作用。

12. 试比较碎石和卵石拌制混凝土的优缺点。

13. 试述泌水对混凝土质量的影响。

14. 和易性与流动性之间有何区别？混凝土试拌调整时，发现坍落度太小，如果单纯加用水量去调整，混凝土的拌合物会有什么变化？

15. 普通混凝土为何强度愈高愈易开裂？试提出提高早期抗裂性的措施。

16. 某市政工程队在夏季正午施工，铺筑路面水泥混凝土。选用缓凝减水剂。浇筑完后表面未及时覆盖，后发现混凝土表面形成众多表面微细龟裂纹，请分析原因。

17. 某工程队于 7 月份在湖南某工地施工，经现场试验确定了一个掺木质素磺酸钠的混凝土配方，经使用一个月情况均正常。该工程后因资金问题暂停 5 个月，随后继续使用原混凝土配方开工。发觉混凝土的凝结时间明显延长，影响了工程进度。请分析原因，并提出解决办法。

18. 某混凝土搅拌站原使用砂的细度模数为 2.5，后改用细度模数为 2.1 的砂。改砂后原混凝土配方不变，发觉混凝土坍落度明显变小。请分析原因。

19. 某水利枢纽工程"进水口、洞群和溢洪道"标段（Ⅱ标）为提高泄水建筑物抵抗河道泥沙及高速水流的冲刷能力，浇筑了 28 天抗压强度达 70MPa 的混凝土约 $50×10^4 m^3$。但都出现了一定数量的裂缝。裂缝产生有多方面的原因，其中原材料的选用是一个方面。请就其胶凝材料的选用分析其裂缝产生的原因。水泥：采用了早强型普通硅酸盐水泥。

20. 为什么混凝土在潮湿条件下养护时收缩较小，干燥条件下养护时收缩较大，而在水中养护时却几乎不收缩？

21. 某工地施工人员拟采用下述方案提高混凝土拌合物的流动性，试问哪个方案可行，哪个不可行？简要说明原因。方案：①多加水；②保持水灰比不变，适当增加水泥浆量；③加入氯化钙；④掺加减水剂；⑤适当加强机械振捣。

22. 已知混凝土的水胶比（无掺合料）为 0.60，每立方米混凝土拌合用水量为 180kg，采用砂率 33%，水泥的密度为 3.10g/cm³，砂子和石子的表观密度分别为 2.62g/cm³、2.70g/cm³。试用体积法求每立方米混凝土中各材料的用量。

23. 某混凝土公司生产预应力钢筋混凝土大梁，需用设计强度为 C40 的混凝土，拟用原材料为：

水泥为普通硅酸盐水泥 42.5，富余系数为 1.10，密度为 3.15g/cm³；

中砂的密度为 2.66g/cm³，级配合格；

碎石的密度为 2.70g/cm³，级配合格，最大粒径为 20mm。

已知单位用水量为 170kg，标准差为 5MPa。试用体积法计算混凝土配合比。

第六章 建 筑 砂 浆

>>> **内容提要**

本章重点介绍砂浆的原材料及其性能要求；砂浆的物理力学性能、耐久性等的技术要求以及检测评价方法；砌筑砂浆和普通抹面砂浆的基本要求、原料要求以及技术要求；砌筑砂浆和普通抹面砂浆的配合比设计；装饰砂浆的原料要求和选用、技术要求；同时还介绍了几种特种砂浆的特性和应用。

砂浆是由无（有）机胶凝材料、细集料、矿物掺合料、化学外加剂以及水等材料按适当的比例配置而成的建筑材料。砂浆与混凝土的最大差别在于其组成材料中不含粗集料。因此，在性能上与混凝土有相近的地方。但由于用途不同，砂浆又有与混凝土不尽相同的要求。合理选择和使用砂浆，对保证工程质量，降低成本有着重要意义。

砂浆在建筑工程中起黏结、衬垫和传递应力的作用，主要用于以下几个方面。

① 砌筑：把砖、石、砌块等胶结起来构成砌体。

② 接头、接缝：结构构件、墙板和管道的接头和接缝。

③ 抹面：室内外的基础、墙面、地面、顶棚及梁柱结构等表面的抹面。

④ 粘贴：天然石材、人造石材、瓷砖、锦砖等的镶贴。

⑤ 特殊用途：绝热、吸声、防水、防腐、装饰等。

建筑砂浆按用途不同，可分为砌筑砂浆、抹面砂浆（如普通抹面砂浆、防水砂浆、装饰砂浆）、特种砂浆（如隔热砂浆、耐腐蚀砂浆、吸声砂浆等）。按所用的胶凝材料，建筑砂浆可分为水泥砂浆、石灰砂浆、混合砂浆（如水泥石灰砂浆、水泥黏土砂浆、石灰黏土砂浆等）。近年来，为保护城市环境和保证正确的砂浆配合比例，砂浆在工厂进行配料和混合生产成商品砂浆，在城市用建筑砂浆中成为主要趋势。

第一节 砂浆的技术要求

砂浆的技术性质主要是新拌砂浆的和易性和硬化砂浆的强度，其他还有砂浆的黏结力、变形性和抗冻性等内容。

一、新拌砂浆的和易性

新拌砂浆应具有良好的施工和易性，如砌筑砂浆应易于在砖石表面铺成薄层，且与基底紧密黏结，新拌砂浆的和易性可由流动性和保水性两个方面评定。

1. 流动性

砂浆的流动性也称稠度，是指在自重或外力的作用下流动的性质。用砂浆稠度测定仪测定，以沉入度（mm）表示。沉入度越大，表示流动性越好。

砂浆的稠度选择要考虑块材的吸水性能、砌体受力特点及气候条件。基底为多孔吸水材料或在干热条件下施工时，应使砂浆流动性大些。相反，对于密实的吸水很少的基底材料，或在湿冷气候条件下施工时，可使流动性小些。一般可根据施工经验来掌握，但应符合《砌体结构工程施工质量验收规范》（GB 50203—2011）的规定，如表6-1所示。

表 6-1　砌筑砂浆的稠度

砌 体 种 类	砂浆稠度/mm	砌 体 种 类	砂浆稠度/mm
烧结普通砖砌体 蒸压粉煤灰砖砌体	70～90	烧结多孔砖、空心砖砌体 轻集料小型空心砌块砌体 蒸压加气混凝土砌块砌体	60～80
混凝土实心砖、混凝土多孔砖砌体 普通混凝土小型空心砌块砌体 蒸压灰砂砖砌体	50～70	石砌体	30～50

注：1. 采用薄灰砌筑蒸压加气混凝土砌块砌体时，加气混凝土黏结砂浆的加水量按照其产品说明书控制。

2. 当砌筑砌块砌体时，其砌筑砂浆的稠度可根据块体吸水特性及气候条件确定。

影响砂浆流动性的因素很多，如胶凝材料种类和用量、用水量、细集料的粗细程度、粒形及颗粒级配、搅拌时间、掺合料种类及用量以及化学外加剂种类和用量等。

2. 保水性

新拌砂浆保持其内部水分不泌出流失的能力，称为保水性。保水性不良的砂浆在存放、运输和施工过程中容易产生离析泌水现象。在施工过程中，保水性不好的水泥砂浆中的水分容易被墙体材料吸取，使砂浆过于干稠，涂抹不平，同时由于砂浆过多失水会影响砂浆的正常凝结硬化，降低了砂浆与基层的黏结力以及砂浆本身的强度。

砂浆的保水性可用分层度和保水率两个指标来衡量。分层度用砂浆分层度测量仪来测定，常作为衡量普通砌筑砂浆和抹面砂浆保水性好坏的参数，分层度是指根据需要加水搅拌好的砂浆，一部分利用稠度测定仪测得其初始稠度，另一部分根据相关标准放入分层度筒内静置30min，然后去掉分层度筒上部20cm厚的砂浆，剩余部分砂浆重新拌合后，再利用稠度测定仪测定其稠度，前后两次稠度之差值。分层度越小，说明水泥砂浆的保水性就越好，稳定性越好；分层度越大，则水泥砂浆泌水离析现象严重，保水性差，稳定性差。一般而言，普通水泥砌筑砂浆的分层度要求在10～30mm之间，而抹面砂浆则对保水性要求相对较高，分层度应不大于20mm。原因在于，分层度大于30mm的砂浆由于产生离析，保水性差；而分层度只有几个毫米的砂浆，虽然上下无分层现象，保水性好，但这种情况往往是胶凝材料用量过多，或者砂子过细，砂浆硬化后会干缩很大，尤其不适宜用作抹面砂浆。

同稠度一样，普通商品砂浆的分层度也主要是受到水泥、矿物掺合料、集料、保水增稠材料以及用水量等组成的影响。

保水率是另外一个衡量砂浆保水性好坏的参数，多用于衡量除上述两种普通砂浆外的特种砂浆保水性好坏，是特种砂浆保水性的量化指标。砂浆保水率大，则砂浆保水性好；砂浆保水率小，则砂浆保水性差。相比较而言，分层度测量保水性相对较好的水泥砂浆时，灵敏度不够，常难以测得出差别；而保水率测试时，使用了具有良好吸水性的滤纸，即使砂浆保湿性很高，滤纸仍能吸附砂浆中的水分，而吸附水分的多少和砂浆保水性密切相关，因此保水率能够精确反映出砂浆的保水性。

二、硬化砂浆的强度

1. 强度特征

砂浆强度不但受砂浆本身的组成材料及配比的影响，还与基层材料的吸水性能有关。

（1）用于密实不吸水基底的砂浆　密实基底（如致密的石材）几乎不吸水，砂浆中的水分保持不变，这时砂浆强度主要受水泥的强度和水灰比的影响，砂浆强度可表示为：

$$f_m = A f_{ce}(C/W - B) \tag{6-1}$$

式中，f_m 为砂浆 28d 抗压强度值，MPa；f_{ce} 为水泥 28d 实测强度值，MPa；C/W 为砂浆的水灰比；A、B 为统计常数，无统计资料时，可取 0.29 和 0.4。

（2）用于多孔吸水基底的砂浆　多孔基底（如烧结黏土砖）有较大的吸水性，砂浆摊铺后，其中的水分会被基底所吸收。吸水后，砂浆中保留水分的多少主要取决于其本身的保水性，而与初始水灰比关系不大。砂浆强度与水泥强度和水泥用量的关系：

$$f_m = \frac{\alpha f_{ce} Q_c}{1000} - \beta \tag{6-2}$$

式中，f_m 为砂浆 28d 抗压强度值，MPa；f_{ce} 为水泥 28d 实测强度值，MPa；Q_c 为每立方米砂浆的水泥用量，kg/m³；α、β 为统计常数，通常可取 3.03 和 -15.9。

2. 强度检验

砂浆的抗压强度是以边长为 70.7mm 的立方体试块，一组 3 块，在标准条件下养护 28 天后，测得的抗压强度的平均值而定的。对用于不吸水基底的砂浆，采用有底试模；对于吸水基底的砂浆，采用无底试模，并衬垫所砌块材和透水隔离纸。

三、砂浆的黏结力

砂浆的黏结力是影响砌体抗剪强度、耐久性和稳定性，乃至建筑物抗震能力和抗裂性的基本因素之一。通常，砂浆的抗压强度越高，其黏结力越大。砂浆的黏结力还与基层材料的表面状况、清洁程度、润湿情况及施工养护等条件有关。在润湿、粗糙、清洁的表面上使用且养护良好的砂浆与表面黏结较好。

四、砂浆的变形性

砂浆在承受荷载、温度和湿度变化时，会产生变形，如果变形过大或不均匀，会降低砌体的质量，引起砌体的沉降或开裂，如墙板接缝开裂、瓷砖脱落等现象。若使用轻集料制砂浆或掺合料过多，会引起砂浆收缩变形过大。

五、砂浆的抗冻性

寒冷地区经常与水接触的建筑，砂浆应有较好的抗冻性。通常，强度大于 2.5MPa 的砂浆，才有一定的抗冻性，可用于受冻融影响的建筑部位。当设计中对冻融循环有要求时，必须进行冻融循环试验。经冻融循环试验后，试件的抗压强度损失率不大于 25%，且质量损失率不大于 5%。

第二节　砌　筑　砂　浆

用于砖、石、砌块等砌体砌筑的砂浆，称为砌筑砂浆。它起着黏结砌块、传递荷载的作用，是砌体的重要组成部分。建筑常用的砌筑砂浆包括水泥砂浆、水泥混合砂浆和石灰砂浆等。

一、砌筑砂浆的材料要求

砌筑砂浆中常有水泥、细集料、掺加料（如石灰膏、电石膏、粉煤灰、粒化高炉矿渣粉等）、外加剂和水等材料。目前，随着砌筑砂浆性能要求的提高以及商品砂浆的发展，砌筑砂浆还常用到保水增稠材料。

1. 水泥

水泥是砂浆的主要胶凝材料，水泥宜采用通用硅酸盐水泥或砌筑水泥，且应符合现行国家标准《通用硅酸盐水泥》（GB 175）和《砌筑水泥》（GB/T 3183）的规定。水泥强度等级应根据砂浆品种及强度等级的要求进行选择。M15 及以下强度等级的砌筑砂浆宜选用 32.5 级的通用硅酸盐水泥或砌筑水泥；M15 以上强度等级的砌筑砂浆宜选用 42.5 级通用硅酸盐水泥。

2. 细集料

水泥砂浆常用的细集料是天然砂。由于砂浆层较薄，对砂子的粗细程度有限制。砂宜选用中砂，即可满足和易性要求，又可节约水泥。毛石砌体宜选用粗砂。砂浆中选用的砂应符合现行行业标准《普通混凝土用砂、石质量及检验方法标准》（JGJ 52）的规定，且应全部通过 4.75mm 的筛孔。

3. 掺加料

掺加料是在施工现场为改善砂浆和易性而加入的无机材料。

（1）石灰膏　生石灰熟化成石灰膏时，应用孔径不大于 3mm×3mm 的网过滤，熟化时间不得少于 7d；磨细生石灰粉的熟化时间不得少于 2d。沉淀池中贮存的石灰膏，应采取防止干燥、冻结和污染的措施。严禁使用脱水硬化的石灰膏。

（2）电石膏　制作电石膏的电石渣应用孔径不大于 3mm×3mm 的网过滤，检验时应加热至 70℃后至少保持 20min，并应待乙炔挥发完后再使用。

（3）无机矿物掺合料　砂浆中使用粉煤灰、粒化高炉矿渣、硅灰、天然沸石粉应分别符合国家现行标准《用于水泥和混凝土中的粉煤灰》（GB/T 1596）、《用于水泥和混凝土中的粒化高炉矿渣粉》（GB/T 18046）、《高强高性能混凝土用矿物外加剂》（GB/T 18736）和《天然沸石粉在混凝土和砂浆中应用技术规程》（JGJ/T 112）的规定。

4. 外加剂

为使砂浆具有良好的和易性和其他施工性能，还可以在砂浆中掺入外加剂（如引气剂、早强剂、缓凝剂、防冻剂等），但外加剂的品种和掺量及物理力学性能都应符合国家现行有关标准的规定，引气型外加剂还应有完整的形式检验报告。

5. 水

拌制砂浆用水基本质量要求与混凝土一样，应符合现行行业标准《混凝土用水标准》（JGJ 63）的规定。

二、砌筑砂浆的技术要求

1. 强度

砌筑砂浆的砌体力学性能应符合现行国家标准《砌体结构设计规范》（GB 50003）的规定。水泥砂浆及预拌砌筑砂浆的强度等级可分为 M5、M7.5、M10、M15、M20、M25、M30；水泥混合砂浆的强度等级可分为 M5、M7.5、M10、M15。

2. 表观密度

砌筑砂浆拌合物的表观密度宜符合表 6-2 的规定。

砂浆种类	表观密度
水泥砂浆	≥1900
水泥混合砂浆	≥1800
预拌砌筑砂浆	≥1800

表 6-2　砌筑砂浆表观密度 kg/m³

3. 稠度

砌筑砂浆的稠度宜在 50～90mm 范围内。预拌砌筑砂浆的稠度限定了 50mm、70mm 和 90mm 三个范围，稠度实测值与规定稠度之差应在 ±10mm 内；也可根据要求，限定稠度和稠度偏差的范围。不同砌体材料应选用不同稠度范围的砌筑砂浆，具体要求按表 6-1 所示。

4. 分层度

砌筑砂浆的分层度应不大于 30mm，一般以 10～30mm 为宜。

5. 保水率

砌筑砂浆的保水率要求见表 6-3。

表 6-3　砌筑砂浆的保水率 %

砂浆种类	保水率
水泥砂浆	≥80
水泥混合砂浆	≥84
预拌砌筑砂浆	≥88

6. 抗冻性

有抗冻性要求的砌体工程，砌筑砂浆应进行冻融试验。砌筑砂浆的抗冻性应符合表 6-4 的要求，且当设计对抗冻性有明确要求时，还应符合设计规定。

表 6-4　砌筑砂浆的抗冻性

使 用 条 件	抗冻指标	质量损失率/%	强度损失率/%
夏热冬暖地区	F15	≤5	≤25
夏热冬冷地区	F25		
寒冷地区	F35		
严寒地区	F50		

7. 水泥及掺合料用量要求

水泥砂浆中，水泥用量不小于 200kg/m³；水泥混合砂浆中水泥和掺合料总量不小于 350kg/m³。

8. 搅拌时间

砌筑砂浆试配时应采用机械搅拌。搅拌时间应自开始加水算起，并应符合下列规定。

① 对水泥砂浆和水泥混合砂浆，搅拌时间不得少于 120s。

② 对预拌砌筑砂浆和掺有粉煤灰、外加剂、保水增稠材料等的砂浆，搅拌时间不得少于 180s。

三、砌筑砂浆配合比设计

砌筑砂浆要根据工程类别及砌体部位的设计要求选择其强度等级，再按砂浆强度等级来确定其配合比。

确定砂浆配合比，一般情况可查阅有关手册或资料来选择。重要工程用砂浆或无参考资料时，可根据《砌筑砂浆配合比设计规程》（JGJ/T 98—2010），按下列步骤计算。

（一）水泥混合砂浆配合比计算

1. 配合比计算步骤

① 计算砂浆试配强度（$f_{m,0}$）；

② 计算每立方米砂浆中的水泥用量（Q_c）；

③ 计算每立方米砂浆中石灰膏用量（Q_D）；

④ 确定每立方米砂浆中的砂用量（Q_S）；

⑤ 按砂浆稠度选每立方米砂浆用水量（Q_W）。

2. 砂浆的试配度的计算

$$f_{m,0} = k f_2 \tag{6-3}$$

式中，$f_{m,0}$ 为砂浆的试配强度，MPa，应精确至 0.1MPa；f_2 为砂浆强度等级值，MPa，应精确至 0.1MPa；k 为系数，按表 6-5 取值。

表 6-5　砂浆强度标准差 σ 及 k 值

项目 质量	砂浆强度标准 σ/MPa							k
	M5	M7.5	M10	M15	M20	M25	M30	
优良	1.00	1.5	2.00	3.00	4.00	5.00	6.00	1.15
一般	1.25	1.88	2.50	3.75	5.00	6.25	7.50	1.20
较差	1.5	2.25	3.00	4.50	6.00	7.50	9.00	1.25

3. 砂浆强度标准差的确定应符合下列规定

① 当有统计资料时，砂浆强度标准差应按式（6-4）计算：

$$\sigma = \sqrt{\frac{\sum\limits_{i=1}^{n} f_{m,i}^2 - n\mu_{f_m}^2}{n-1}} \tag{6-4}$$

式中，$f_{m,i}$ 为统计周期内同一品种砂浆第 i 组试件的强度，MPa；μ_{f_m} 为统计周期内同一品种砂浆 n 组试件强度的平均值，MPa；n 为统计周期内同一品种砂浆试件的总组数，$n \geqslant 25$。

② 当无统计资料时，砂浆强度标准差可按表 6-5 取值。

4. 水泥用量的计算应符合下列规定

① 每立方米砂浆中的水泥用量，应按式（6-5）计算：

$$Q_c = 1000(f_{m,0} - \beta)/(\alpha f_{ce}) \tag{6-5}$$

式中，Q_c 为每立方米砂浆的水泥用量，kg，应精确至 1kg；f_{ce} 为水泥的实测强度，MPa，精确至 0.1MPa；α、β 为砂浆的特征系数，其中 α 取 3.03，β 取 −15.09。

注：各地区也可用本地区试验资料确定 α、β 值，统计用的试验组数不得少于 30 组。

② 在无法取得水泥的实测强度值时，可按式（6-6）计算：

$$f_{ce} = \gamma_c f_{ce,k} \tag{6-6}$$

式中，$f_{ce,k}$ 为水泥强度等级值，MPa；γ_c 为水泥强度等级值的富余系数，宜按实际统计资料确定，无统计资料时可取 1.0。

5. 石灰膏用量计算

$$Q_D = Q_A - Q_C \tag{6-7}$$

式中，Q_D 为每立方米砂浆的石灰膏用量，kg，应精确至 1kg；石灰膏使用时的稠度宜为（120±5）mm；Q_C 为每立方米砂浆的水泥用量，kg，应精确至 1kg；Q_A 为每立方米砂浆的水泥和石灰膏总量，应精确至 1kg，可为 350kg。

6. 每立方米砂浆中的砂用量

应按干燥状态（含水率小于 0.5%）的堆积密度值作为计算值（kg）。

7. 每立方米砂浆中的用水量

可根据砂浆稠度等要求选用 210kg～310kg。

注：1. 混合砂浆中的用水量，不包括石灰膏中的水。

2. 当采用细砂或粗砂时，用水量分别取上限或下限。

3. 稠度小于 70mm 时，用水量可小于下限。

4. 施工现场气候炎热或干燥季节，可酌量增加用水量。

（二）水泥砂浆配合比的选用

水泥砂浆材料用量可按照表 6-6 选用。表 6-6 中 M15 及 M15 以下强度等级水泥砂浆，水泥强度等级为 32.5 级；M15 以上强度等级水泥砂浆，水泥强度等级为 42.5 级；当采用细砂或粗砂时，用水量分别取上限或下限；稠度小于 70mm 时，用水量可小于下限；施工现场气候炎热或干燥季节，可酌量增加用水量；试配强度应按照式(6-3)计算。

表 6-6 每立方米水泥砂浆材料用量   kg/m³

强 度 等 级	水 泥	砂	用 水 量
M5	200～230		
M7.5	230～260		
M10	260～290		
M15	290～330	砂的堆积密度	270～330
M20	340～400		
M25	360～410		
M30	430～480		

（三）配合比试配、调整与确定

① 试配时应采用工程中实际使用的材料；砂浆试配时应采用机械搅拌。搅拌时间，应自投料结束算起，对水泥砂浆和水泥混合砂浆，不得少于 120s；对掺用粉煤灰和外加剂的砂浆，不得少于 180s。

② 按计算或查表所得配合比进行试拌时，应测定其拌合物的稠度和分层度，当不能满足要求时，应调整材料用量，直到符合要求为止。然后确定为试配时的砂浆基准配合比。

③ 试配时至少应采用三个不同的配合比，其中一个配合比应为按上述规程得出的基准配合比，其余两个配合比的水泥用量应按基准配合比分别增加及减少 10%。在稠度、保水率合格条件下，可将用水量、石灰膏、保水增稠材料或粉煤灰等活性掺合料用量相应调整。

④ 砌筑砂浆试配时稠度应满足施工要求，并应按现行行业标准《建筑砂浆基本性能试验方法标准》(JGJ/T 70)分别测定不同配合比砂浆的表观密度及强度；并应选定符合试配强度及和易性要求、水泥用量最低的配合比作为砂浆的试配配合比。

第三节 抹 面 砂 浆

抹面砂浆也称抹灰砂浆。凡涂抹在建筑物或土木工程构件表面的砂浆，可统称为抹面砂浆。抹面砂浆的作用包括保护基层、满足使用要求和增加美观等方面。

抹面砂浆一般对强度要求不高，主要要求是其应有良好的和易性，施工时容易涂抹成均匀的薄层，并与基层具有良好的黏结力，在长期使用过程中不会出现开裂、脱落等现象。处于潮湿环境或易受外力作用时（如地面、墙裙等），还应具有较高的强度等。

根据抹面砂浆功能的不同，一般可将抹面砂浆分为普通抹面砂浆、装饰砂浆、防水砂浆和具有某些特殊功能的抹面砂浆（如绝热、耐酸、放射线砂浆）等。

抹面砂浆的组成材料与砌筑砂浆基本相同。但为了防止砂浆层开裂，有时需要加一些纤维材料（如纸筋、麻刀等）。抹面砂浆需要具有某些特殊功能时，还需加入特殊集料、掺合料或者化学外加剂等。

一、普通抹面砂浆

普通抹面砂浆的功能是保护结构主体免遭各种侵蚀，提高结构的耐久性，改善结构的外观。常用的抹面砂浆有石灰砂浆、水泥混合砂浆、麻刀石灰浆（简称麻刀灰）、纸筋石灰浆（简称纸筋灰）等。

为了提高抹面砂浆的黏结力，其胶凝材料（包括掺加料）的用量比砌筑砂浆多，常常加入适量有机聚合物（占水泥质量的10％），如聚乙烯醇缩甲醛（俗称107胶）或聚醋酸乙烯等。为了提高抗拉强度，防止抹面砂浆的开裂，常加入麻刀、纸筋、稻草、玻璃纤维等纤维材料。

为了保证抹灰层表面平整，避免裂缝和脱落，常采用分层薄涂的方法，一般分为三层施工。底层起黏结作用，中层起抹平作用，面层起装饰作用。各层抹灰要求不同，所以每层所用的砂浆也不一样。用于砖墙的底层抹灰，常为石灰砂浆，有防水防潮要求时用水泥砂浆。用于混凝土基层的底层抹灰，常为水泥混合砂浆。中层抹灰常用水泥混合砂浆或石灰砂浆。面层抹灰常用水泥混合砂浆、麻刀灰或纸筋灰。

不同抹面层应选用不同稠度范围的抹面砂浆，可参考表6-7。常用普通抹面砂浆配合比及应用范围，可参考表6-8。

表6-7　抹面砂浆稠度及最大粒径选用要求

抹　面　层	抹面砂浆稠度/mm	砂的最大粒径/mm
底层	100～120	2.5
中层	70～90	2.5
面层	70～80	1.2

表6-8　常用普通抹面砂浆配合比及应用范围

抹面砂浆品种	材　料	配合比（体积比）	应　用　范　围
石灰砂浆	石灰：砂	(1:2)～(1:4)	砖石墙面（檐口、女儿墙、勒脚及潮湿房间墙除外）
石灰黏土砂浆	石灰：黏土：砂	(1:1:4)～(1:1:8)	干燥环境墙表面
石灰石膏砂浆	石灰：石膏：砂	(1:0.4:2)～(1:1:3)	不潮湿房间的墙及顶棚
石灰石膏砂浆	石灰：石膏：砂	(1:2:2)～(1:2:4)	不潮湿房间的线脚及其他装饰工程
水泥混合砂浆	石灰：水泥：砂	(1:2:2)～(1:2:4)	檐口、勒脚、女儿墙，以及比较潮湿的部位
水泥砂浆	水泥：砂	(1:3)～(1:2.5)	浴室、潮湿车间等墙裙、勒脚或地面基层
水泥砂浆	水泥：砂	(1:2)～(1:1.5)	地面、天棚或墙面层
水泥砂浆	水泥：砂	(1:0.5)～(1:1)	混凝土地面随时压光
水泥混合砂浆	水泥：石膏：砂：锯末	1:1:3:5	吸声粉刷
水泥砂浆	水泥：白石子	(1:2)～(1:1)	水磨石（打底用1:2.5水泥砂浆）
水泥砂浆	水泥：白石子	1:1.5	斩假石[打底用(1:2)～(1:2.5)水泥砂浆]
麻刀石灰浆	石灰膏：麻刀	100:2.5（质量比）	板条天棚底层
麻刀石灰浆	石灰膏：麻刀	100:1.3（质量比）	板条天棚面层
纸筋石灰浆	纸筋：白灰浆	石膏1m³，纸筋3.6kg	较高级墙板、天棚

二、装饰砂浆

装饰砂浆是指用作建筑物的饰面的砂浆。它除了具有抹面砂浆的功能外，还兼有装饰的效果。装饰砂浆可分两类，即灰浆类和石渣类。

装饰性砂浆的组成材料有以下几种。

① 胶凝材料。胶凝材料可采用石膏、石灰、白水泥、彩色水泥、高分子胶凝材料、硅酸盐系列水泥。

② 集料。集料可采用石英砂、普通砂、彩釉砂、着色砂、大理石或花岗石加工而成的石渣等。

③ 着色剂。装饰性砂浆的着色剂应选用较好的耐候性的矿物颜料。常用的着色剂有氧化铁红、氧化铁黄、氧化铁棕、氧化铁黑、氧化铁紫、铬黄、铬绿、甲苯胺红、群青、钴蓝、锰黑、炭黑等。

1. 灰浆类装饰砂浆

灰浆类装饰砂浆是用各种着色剂使水泥砂浆着色，或对水泥砂浆表面形态进行艺术处理，获得一定色彩、线条、纹理质感的表面装饰砂浆。装饰性抹面砂浆底层和中层多与普通抹面砂浆相同，只改变面层的处理方法。常用的灰浆类装饰砂浆有以下几种。

① 拉毛灰。拉毛灰是用拉毛工具，将罩面灰轻压后顺势用力拉去，形成很强的凹凸质感的装饰性砂浆面层。拉毛灰不仅具有装饰作用，而且具有吸声作用，一般用于外墙及影剧院等公共建筑的室内墙壁和天棚的饰面。

② 甩毛灰。甩毛灰是用竹丝刷等工具将罩面灰浆甩在墙面上，形成大小不一而又有规律的云状毛面装饰性砂浆。

③ 假面砖。假面砖是在掺有着色剂的水泥砂浆抹面的墙面上，用特制的铁钩和靠尺，按设计要求的尺寸进行分格处理，形成表面平整，纹理清晰的装饰效果，多用于外墙装饰。

④ 喷涂。喷涂是用挤压式砂浆泵或喷斗，将掺有聚合物的少量砂浆喷涂在墙面基层或底面上，形成装饰性面层，为了提高墙面的耐久性和减少污染，再在表面上喷一层甲基硅醇钠或甲基硅树脂疏水剂。喷涂一般用于外墙装饰。

⑤ 弹涂。弹涂是将掺有 107 胶水的各种水泥砂浆，用电动弹力器，分次弹涂到墙面上，形成 1～3mm 的圆状的带色斑点，最后刷一道树脂面层，起到防护作用。弹涂可用于内外墙饰面。

⑥ 拉条。拉条是在面层砂浆抹好后，用一凹凸状的轴辊在砂浆表面由上而下滚压出条纹。拉条饰面立体感强，适用于会场、大厅等内墙装饰。

2. 石渣类装饰砂浆

石渣类装饰性砂浆有以下几种。

① 水刷石。水刷石是将水泥和石渣按适当的比例加水拌合配制成石渣浆，在建筑物表面的面层抹灰后，待水泥浆初凝后，用毛刷刷洗，或用喷枪以一定的压力水冲洗，冲掉石渣表面的水泥浆，使石渣露出来，达到饰面的效果。一般用于外墙饰面。

② 干黏石。干黏石是将石渣、彩色石子等粘在水泥或 107 胶的砂浆黏结层上，再拍平压实而成。施工时，可采用手工甩粘或机械甩喷，施工时注意石子一定要黏结牢固，不掉渣，不露浆，石渣的 2/3 应压入砂浆内。一般用于外墙饰面。

③ 水磨石。水磨石是由水泥、白色大理石石渣或彩色石渣、着色剂按适当的比例加水配制，经搅拌、浇筑、养护，待其硬化后，在其表面打磨，洒草酸冲洗，干燥后上蜡而成。

水磨石可现场制作，也可预制。一般用于地面、窗台、墙裙等。

④ 斩假石。斩假石又称剁斧石。以水泥、石渣按适当的比例加水拌制而成。砂浆进行面层抹灰，待其硬化到一定的强度时，用斧子或凿子等工具在面层上剁斩出纹理。一般用于室外柱面、栏杆、踏步等的装饰。

三、防水砂浆

防水砂浆是用作防水层的砂浆。它是用特定的施工工艺或在普通水泥中加入防水剂等以提高砂浆的密实性或改善抗裂性，使硬化后的砂浆层具有防水、抗渗等性能。

防水砂浆根据施工方法可分为两种。

① 利用高压喷枪将砂浆以 100m/s 的高速喷到建筑物的表面，砂浆被高压空气压实，密实度大，抗渗性好，但由于施工条件的限制，目前应用还不广泛。

② 人工多层抹压法，将砂浆分几层压实，以减少内部的连通孔隙，提高密实度，达到防水的目的。这种防水层的做法，对施工操作的技术要求很高。

随着防水剂产品的不断增多和防水剂性能的不断提高，在普通水泥砂浆内掺入一定量的防水剂而制成的防水砂浆，是目前应用最广泛的防水砂浆品种。

防水砂浆配合比为水泥∶砂≤1∶2.5，水灰比应为 0.50～0.60，稠度不应大于 80mm。水泥宜选用 32.5 强度等级以上的水泥，砂子应选用洁净的中砂。防水剂的掺量按生产厂推荐的最佳掺量掺入，进行试配，最后确定适宜的掺量。

由防水砂浆构筑的刚性防水层适用于不受震动和具有一定刚度的混凝土或砖石的表面，如地下室、水池等。

四、保温砂浆（绝热砂浆）

保温砂浆是以水泥、灰膏、石膏等胶凝材料与轻质集料（珍珠岩砂、浮石、陶粒等）按一定的比例配制的砂浆。它具有轻质、保温等特性。

常用的保温砂浆有水泥膨胀珍珠岩砂浆、水泥膨胀蛭石砂浆、水泥石灰膨胀蛭石砂浆等。水泥膨胀珍珠岩砂浆用 42.5 强度等级的普通水泥配制，其体积比为水泥∶膨胀珍珠岩砂＝1∶（12～5），水灰比为 1.5～2.0，热导率为 0.067～0.074W/（m·K），可用于砖及混凝土内墙表面抹灰或喷涂。水泥石灰膨胀蛭石砂浆的体积配合比为水泥∶石灰膏∶膨胀蛭石＝1∶1∶（5～8）。其热导率为 0.076～0.105W/（m·K），一般用于平屋顶保温层及顶棚、内墙抹灰。

五、耐酸砂浆

用水玻璃和氟硅酸钠加入石英砂、花岗岩砂、铸石按适当的比例配制的砂浆，具有耐酸性。可用于耐酸地面和耐酸容器的内壁防护层。

六、防辐射砂浆

在水泥中加入重晶石粉和重晶石砂可配制具有防 X 射线的砂浆。其配合比一般为水泥∶重晶石粉∶重晶石砂＝1∶0.25∶（4～5）。配制砂浆时加入硼砂、硼酸可制成具有防中子辐射能力的砂浆。此类砂浆用于射线防护工程。

七、吸声砂浆

用水泥、石膏、砂、锯末等可以配制成吸声砂浆。轻集料配成的保温砂浆一般也具有吸声性。如果在吸声砂浆内掺入玻璃纤维、矿物棉等松软的材料能获得更好的吸声效果。吸声砂浆用于室内的墙面和顶棚的抹灰。

思考题与习题

1. 新拌砂浆的和易性的含义是什么？怎样才能提高砂浆的和易性？
2. 配制砂浆时，其胶凝材料和普通混凝土的胶凝材料有何不同？
3. 影响砂浆强度的主要因素有哪些？
4. 对新拌砂浆的技术要求与混凝土拌合物的技术要求有何异同？

第七章 墙体材料

>>> **内容提要**

墙体材料是建筑材料中用量最大的一类材料，按照质量计算在一般民用建筑中占70%。墙体材料种类很多，可分为砌体结构墙体和墙板结构墙体两大类，其中砌体结构墙体的应用历史久远，到目前为止仍然是主要的墙体组成材料，砌体的主要类型为砖和砌块。

本章重点了解砌墙砖的分类，掌握烧结砖、加气混凝土砌块和普通混凝土小型空心砌块的技术性质和应用，了解其他非砌墙砖和砌块的性能及应用；熟悉各种墙板的性能和应用，熟悉新型墙体材料的性能和应用，了解墙体材料的发展方向和砌体材料应用动态。

砌体材料在房屋建筑中起承重、维护和分隔作用，与建筑物的功能、自重、成本、工期以及建筑能耗等均有着直接关系。它是土木工程材料最重要的材料之一。实心黏土砖和石材作为传统的砌体材料代表，既浪费了大量的土地资源和矿山资源，消耗了大量燃料，严重影响了农业生产和生态环境，也不符合我国建筑材料可持续发展的要求。传统的砌体材料逐渐退出建筑市场，也是我国墙改主要方向。

第一节 砌 墙 砖

砌墙砖是指以黏土、水泥或工业废料等为主要原料，以不同工艺制成，在建筑工程中用于承重或非承重墙体的砖。砌墙砖是当前主要的墙体材料，与目前新型墙体材料相比具有原料易得、生产工艺简单、物理力学性能优异、价格低廉、保温绝热和耐久性较好等优点。其长度不超过365mm，宽度不超过240mm，高度不超过115mm。一般按生产工艺分为两类：一类是通过焙烧工艺制得的，称为烧结砖；而通过蒸养、蒸压或自养等工艺制得的，称为免烧砖。砌墙砖按孔洞率的大小形式又分为实心砖、多孔砖和空心砖。实心砖无孔洞或孔洞率小于15%；多孔砖的孔洞率不小于25%，孔的尺寸小且数量多；空心砖的孔洞率不小于40%，孔的尺寸大且数量少。

一、烧结砖

以黏土、页岩、粉煤灰、煤矸石为主要原料，经焙烧而制成的砖称为烧结砖。根据生产原料分为黏土砖（N）、页岩砖（Y）、煤矸石砖（M）和粉煤灰砖（F）。

烧结砖的生产工艺包括原料开采、泥料制备、制坯、焙烧等工序。其中，焙烧是生产工艺中最重要的环节之一，在焙烧过程中，窑内焙烧温度的分布难以绝对均匀，因此，在烧制过程中除了正火砖外，不可避免会出现欠火砖和过火砖。欠火砖是由于烧成温度过低而造成，这种砖色浅、声哑、孔隙率大、强度低、耐久性差；过火砖由于烧成温度过高，产生软化变形，严重出现局部烧结成大块的现象，这种砖色深、声清脆、吸水率低、强度高。这两种砖均属于不合格产品。砖的焙烧温度因所用原料不同而不同，黏土砖烧结温度为 950℃ 左右，页岩砖和粉煤灰砖为 1050℃ 左右，煤矸石砖为 1100℃ 左右。

（一）烧结普通砖

烧结普通砖是指公称尺寸为 240mm×115mm×53mm 的实心烧结砖。

1. 主要技术性质

烧结普通砖的各项技术性能指标应满足国家标准《烧结普通砖》（GB 5101—2003）规定的尺寸偏差、外观质量、强度等级、抗风化性能、泛霜和石灰爆裂等要求，且产品中不得含有欠火砖、酥砖和螺纹砖。强度和抗风化性能合格的砖，根据尺寸偏差、外观质量、强度等级、泛霜和石灰爆裂等分为优等品（A）、一等品（B）、合格品（C）三个质量等级。

烧结普通砖的检验方法按照国家标准《砌墙砖实验方法》（GB/T 2542—2012）规定执行。

（1）尺寸偏差和外观质量　各质量等级砖的尺寸偏差和外观质量要求见表 7-1 和表 7-2。

表 7-1　烧结普通砖尺寸偏差　　　　　　　　　　　　　　　　mm

公称尺寸	优等品		一等品		合格品	
	样本平均偏差	样本极差≤	样本平均偏差	样本极差≤	样本平均偏差	样本极差≤
240	±2.0	6	±2.5	7	±3.0	8
115	±1.5	5	±2.0	6	±2.5	7
53	±1.5	4	±1.6	5	±2.0	6

表 7-2　烧结普通砖外观质量　　　　　　　　　　　　　　　　mm

项　目		优等品	一等品	合格品
两条面高度差≤		2	3	4
弯曲≤		2	3	4
杂质突出高度≤		2	3	4
缺棱掉角的三个破坏尺寸不得同时大于		15	20	30
裂纹长度≤	大面上宽度方向及其延伸至条面的长度	70	70	110
	大面上宽度方向及其延伸至顶面的长度或条顶面上水平裂纹的长度	100	100	150
宽整面不得少于		一条面和一顶面	一条面和一顶面	—
颜色		基本一致	—	—

（2）强度等级　烧结普通砖的强度等级是通过取 10 块砖试样进行抗压强度试验，根据抗压强度平均值和强度标准值划分为 MU30、MU25、MU20、MU15、MU10 五个强度等级。各等级的强度标准见表 7-3。

表 7-3　烧结普通砖的强度等级　　　　　　　　　　　　　　　　MPa

强 度 等 级	抗压强度平均值 $\bar{f}$≥	变异系数≤0.21	变异系数＞0.21
		强度标准值 f_k	单块最小抗压强度 f_{min}≥
MU30	30.0	22.0	25.0
MU25	25.0	18.0	22.0
MU20	20.0	14.0	16.0
MU15	15.0	10.0	12.0
MU10	10.0	6.5	7.5

表 7-3 中抗压强度标准值和变异系数按式(7-1)～式(7-3) 计算：

$$f_k = \bar{f} - 1.8S \tag{7-1}$$

$$S = \sqrt{\frac{1}{9} \sum_{i=1}^{10} (f_i - \bar{f})^2} \tag{7-2}$$

$$\delta = \frac{S}{\bar{f}} \tag{7-3}$$

式中，f_k 为抗压强度标准值，MPa；f_i 为单块砖试件抗压强度测定值，MPa；$\bar{f}$ 为 10 块砖试件抗压强度平均值，MPa；S 为 10 块砖试件抗压强度标准差，MPa；δ 为砖强度变异系数。

（3）抗风化性能　抗风化性能是指在干湿变化、温度变化、冻融变化等物理因素作用下，材料不破坏，仍能保持其原有性质的能力。砖的抗风化性能与砖的使用寿命密切相关，它是烧结普通砖耐久性的重要指标。该性能除了与自身性质有关外，还与所处的环境的风化指数有关。风化指数是指日气温从正温降至负温或从负温升至正温的每年平均天数，与每年从霜冻之日起至消失霜冻之日止这一期间降雨总量（以 mm 计）的平均值的乘积。风化指数大于 12700 为严重风化区（我国的东北、华北、西北等地区），小于 12700 为非严重风化区（我国的华东、华南、华中、西南等地区）。砖的抗风化性能是一项综合指标，主要用吸水率、饱和系数和抗冻性等指标判别。用于严重风化地区中的黑龙江、吉林、辽宁、内蒙古和新疆等地区的烧结普通砖的抗冻性能必须符合国家标准《烧结普通砖》（GB 5101—2003）的规定；用于其他地区的烧结普通砖，如果 5h 沸煮吸水率和饱和系数符合《烧结普通砖》（GB 5101—2003）的规定，可以不做冻融试验。见表 7-4。

表 7-4　烧结普通砖的抗风化性能指标

砖的种类	严重风化地区				非严重风化地区			
	5h 沸煮吸水率/% ≤		饱和系数 ≤		5h 沸煮吸水率/% ≤		饱和系数 ≤	
	平均值	单块最大值	平均值	单块最大值	平均值	单块最大值	平均值	单块最大值
黏土砖	18	20	0.85	0.87	19	20	0.88	0.90
粉煤灰砖	21	23			23	25		
页岩砖	16	18	0.74	0.77	18	20	0.78	0.88
煤矸石砖								

注：1. 粉煤灰掺入量（体积比）小于 30% 时，按黏土砖规定判定。

在严重风化地区的黑龙江、辽宁、吉林、内蒙古自治区和新疆自治区必须按照标准《烧结普通砖》（GB 5101—2003）做砖的抗冻性试验，其抗冻性应满足表 7-5 的要求；其他严重或非严重风化地区的烧结普通砖，如果各项指标符合表 7-4 的规定，可以认为其抗风化性合格，不必进行冻融试验。

表 7-5　严重风化地区用砖的抗冻性指标

强度等级	抗压强度平均值/MPa ≥	单块砖的干质量损失/% ≤
MU30	23.0	
MU25	19.0	
MU20	14.0	2.0
MU15	10.0	
MU10	6.5	

（4）烧结普通砖的泛霜和爆裂　泛霜是指可溶性盐类如硫酸盐等在砖的使用过程中，随

着砖内水分的蒸发在砖的表面逐渐析出的一层白霜。泛霜不仅影响建筑物的外观，还会造成砖表面分化与脱落，破坏砖与砂浆的黏结，导致建筑物墙体抹灰层剥落，严重的还可能降低墙的承载力。

当生产黏土砖的原料中含有石灰时，在焙烧中石灰石会煅烧成石灰留在砖内，这些生石灰吸收外界水分后，会引其熟化而造成体积膨胀，导致砖因发生局部膨胀而破坏，这种现象称为石灰爆裂。石灰爆裂对墙体的危害很大，轻者影响外观，缩短使用寿命，严重者会使砖砌体强度下降，危及建筑物的安全。

烧结普通砖对泛霜和石灰爆裂的要求应符合表 7-6 中的规定。

表 7-6　烧结普通砖对泛霜和石灰爆裂的要求

项　目	优等品(A)	一等品(B)	合格品(C)
泛霜	无泛霜现象	无中等泛霜现象	无严重泛霜现象
石灰爆裂	不允许出现最大破坏尺寸＞2mm 的爆裂区域	(1)最大破坏尺寸＞2mm，且≤10mm 的爆裂区域，每组样砖不得多于 15 处； (2)不允许出现最大破坏尺寸 10mm 的爆裂区域	(1)最大破坏尺寸＞2mm，且≤15mm 的爆裂区域，每组样砖不得多于 15 处，其中＞10mm 的不得多于 7 处； (2)不允许出现最大破坏尺寸 10mm 的爆裂区域

2. 烧结普通砖的应用

烧结普通砖具有较高的强度、良好的绝热性、透气性和体积稳定性、较好的耐久性及隔热、隔声、价格低廉等优点，是应用最为广泛的砌体材料之一。在建筑工程中主要用作墙体材料，其中，优等品可用于清水墙和墙体装饰，一等品、合格品用于混水墙，而中等泛霜的砖不能用于潮湿部位。烧结普通砖也可用于砌筑柱、拱、烟囱、基础等，还可以与轻混凝土、加气混凝土等隔热材料混合使用，或者中间填充轻质材料做成复合墙体；在砌体中适当配置钢筋或钢丝网制作柱、过梁作为配筋砌体，代替钢筋混凝土柱或过梁等。

黏土砖的制作一般采取的是毁田取土，会导致农田被大量破坏；而且黏土砖具有自重较大、烧砖能耗高、尺寸小、施工效率低、施工成本高、性能单一、抗震性差等缺点。因此，我国自 20 世纪 90 年代开始，大力推广新型墙体材料，以空心砖、工业废渣砖及砌块、轻质板材等替代实心黏土砖。

（二）烧结多孔砖和多孔砌块、烧结空心砖和空心砌块

烧结多孔砖和多孔砌块、烧结空心砖和空心砌块的原料和生产工艺与烧结普通砖基本相同，但对原料的可塑性要求更高。烧结多孔砖和多孔砌块、烧结空心砖和空心砌块具有块体尺寸大、自重较轻、隔热保温性好等优点。与烧结普通砖相比，可节约黏土 20%～30%，节约燃煤 10%～20%，且砖坯焙烧均匀，烧成率高，造价降低 20%。砌筑墙体时，可提高施工效率 20%～50 %，节约砂浆 15%～60%，减轻自重 1/3 左右，同时还能改善墙体的隔热和隔声功能。它们是烧结普通砖的替代产品，属新型墙体材料。

1. 烧结多孔砖和砌块

烧结多孔砖和砌块是以黏土、页岩、煤矸石、粉煤灰、淤泥以及固体废物等为主要原料，经焙烧制成主要用于建筑物承重部位的多孔砖和多孔砌块（见图 7-1）。国家标准《烧结多孔砖和多孔砌块》（GB 13544—2011）同样也规定尺寸偏差、外观质量、密度等级、强度等级、抗风化性能、泛霜和石灰爆裂等要求，并规定了产品中不得含有欠火砖（砌块）、酥砖（砌块）。

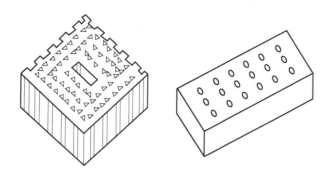

图 7-1　烧结多孔砖

（1）**砖和砌块的长度、宽度、高度尺寸应符合下列要求**　砖规格尺寸（mm）：290、240、190、180、140、115、90。砌块规格尺寸（mm）：490、440、390、340、290、240、190、180、140、115、90。

（2）**强度等级**　根据抗压强度分为 MU30、MU25、MU20、MU15、MU10 五个强度等级。

（3）**密度等级**　砖的密度等级分为 1000、1100、1200、1300 四个等级。砌块的密度等级分为 900、1000、1100、1200 四个等级。

（4）**产品标记**　砖和砌块的产品标记按产品名称、品种、规格、强度等级、密度等级和标准编号顺序编写。标记示例：规格尺寸 290mm×140 mm×90 mm、强度等级 MU25、密度 1200 级的黏土烧结砖，其标记为：烧结多孔砖 N290×140 MU25 GB 13544—2011。

（5）**技术要求**

① 尺寸允许偏差　尺寸允许偏差应符合表 7-7 的规定。

表 7-7　尺寸允许偏差
　　　　　　　　　　　　　　　　　　　　　　　　　　　　　　mm

尺　寸	样本平均偏差	样本极差≤	尺　寸	样本平均偏差	样本极差≤
＞400	±3.0	10.0	100～200	±2.0	7.0
300～400	±2.5	9.0	＜100	±1.5	6.0
200～300	±2.5	8.0			

② 外观质量　砖和砌块的外观质量应符合表 7-8 的规定。

表 7-8　外观质量
　　　　　　　　　　　　　　　　　　　　　　　　　　　　　　mm

项　　目		指　标
1. 完整面	不得少于	一条面和一顶面
2. 缺棱掉角的三个破坏尺寸	不得同时大于	30
3. 裂纹长度		
①大面（有孔面）上深入孔壁15mm 以上宽度方向及其延伸到登门的长度	不大于	80
②大面（有孔面）上深入孔壁15mm 以上长度方向及其延伸到登门的长度	不大于	100
③条顶面上的水平裂纹	不大于	100
4. 杂质在砖或砌块面上造成的凸出高度	不大于	5

注：凡有下列缺陷之一者，不能称为完整面。

1. 缺损在条面或顶面上造成的破坏面尺寸同时大于 20mm×30mm。

2. 条面或顶面上裂纹宽度大于 1mm，其长度超过 70mm。

3. 压陷、焦化、粘底在条面或顶面上的凹陷或凸出超过 2mm，区域最大投影尺寸同时大于 20mm×30mm。

③ 强度等级　强度等级应符合表 7-9 的规定。

表 7-9　强度等级　　　　　　　MPa

强度等级	抗压强度平均值≥	强度标准值≥	强度等级	抗压强度平均值≥	强度标准值≥
MU30	30.0	22.0	MU15	15.0	10.0
MU25	25.0	18.0	MU10	10.0	6.5
MU20	20.0	14.0			

④ 孔型、孔结构及孔洞率　孔型、孔结构及孔洞率应符合表 7-10 的规定。

表 7-10　孔型、孔结构及孔洞率规定

孔型	孔洞尺寸/mm		最小壁厚 /mm	最小肋厚 /mm	孔洞率/%		孔洞排列
	孔宽度 尺寸 b	孔长度 尺寸 L			砖	砌块	
矩形条孔 或矩形孔	≤13	≤40	≥12	≥5	≥28	≥33	1. 所有孔宽应相等,孔采用单向 或双向交错排列。 2. 孔洞排列上下、左右应对称, 分布均匀,手抓孔的长度方向尺寸 必须平行于砖的条面

注：1. 矩形孔的孔长 L、孔宽 b 满足式 $L ≥ 3b$ 时,为矩形条孔。

2. 孔四个角应做成过渡圆角,不得做成直尖角。

3. 如设有砌筑砂浆槽,则砌筑砂浆槽不计算在孔洞率内。

4. 规格大的砖和砌块应设置手抓孔,手抓孔尺寸（30～40）mm×（75～85）mm。

⑤ 耐久性　烧结多孔砖和砌块的耐久性主要包括抗风化性能、泛霜和石灰爆裂。其要求应符合《烧结多孔砖和多孔砌块》（GB 13544—2011）的规定。

⑥ 放射性核素限量　砖和砌块的放射性核素限量应符合《建筑材料放射性核素限量》（GB 6566）的规定。

2. 烧结空心砖和空心砌块

烧结空心砖是以黏土、页岩、煤矸石为主要原料,经焙烧而成的孔洞率不小于 40%,孔洞平行于大面和条面,且孔的尺寸大而数量少的砖（见图 7-2）。烧结空心砖尺寸应满足：长度（L）不大于 365mm,宽度（b）不大于 240mm,高度（h）不大于 140mm,壁厚不小于 10mm,肋厚不小于 7mm。在砂浆的结合面（即大面与条面）上应增设增加结合力的深 1～2mm 的凹线槽。

空心砌块是指空心率不小于 25% 的砌块。

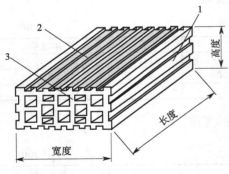

图 7-2　烧结空心砖外形
1—条面；2—大面；3—顶面

烧结空心砖按其表观密度分为 800、900、1000、1100 四个等级,国家标准《烧结空心砖和空心砌块》（GB 13545—2003）对每个密度级的空心砖,根据孔洞及其排数、尺寸偏差、外观质量、强度等级、抗风化性能、泛霜和石灰爆裂等要求,分为优等品（A）、一等品（B）、合格品（C）三个质量等级。其尺寸偏差、外观质量和强度等级具体要求见表 7-11～表 7-13。耐久性要求与烧结多孔砖基本相同。

烧结空心砖和空心砌块自重轻、强度较低,多用于非承重墙,如多层建筑内隔墙和框架结构的填充墙、围墙等。

表 7-11 尺寸偏差 mm

尺 寸	尺寸允许偏差		
	优等品	一等品	合格品
＞200	±4	±5	±7
100~200	±3	±4	±5
＜100	±3	±4	±4

表 7-12 外观质量要求 mm

项 目		优等品	一等品	合格品
弯曲不大于		3	4	5
缺棱掉角的三个破坏尺寸不得同时大于		15	30	40
未贯穿裂纹长度不大于	大面上宽度方向及延伸到条面的长度	不允许	100	140
	大面上长度方向或条面上水平方向的长度	不允许	120	160
贯穿裂纹长度不大于	大面上宽度方向及延伸到条面的长度	不允许	60	80
	壁、肋延长度方向、宽度方向及水平方向的长度	不允许	60	80
壁、肋内残缺长度不大于		不允许	60	80
完整面不大于		一条面和一大面	一条面和一大面	
欠火砖和酥砖		不允许	不允许	不允许

表 7-13 空心砖和空心砌块强度等级

强度等级	抗压强度/MPa			密度等级范围 /(kg·m³)
	抗压强度平均值 $f \geqslant$	变异系数≤0.21 强度标准值 $f_k \geqslant$	变异系数＞0.21 单块最小抗压强度 $f_{min} \geqslant$	
MU10.0	10.0	7.0	8.0	≤1100
MU7.5	7.5	5.0	5.8	
MU5.0	5.0	3.5	4.0	
MU3.5	3.5	2.5	2.8	
MU2.5	2.5	1.5	1.8	

（三）烧结页岩砖

以泥质页岩或炭质页岩为主要原料，经粉碎、成型、干燥和焙烧而成的普通砖称为烧结页岩砖。生产这种砖可以完全不用黏土，且配料调制时用水量少，利于砖坯干燥。这种砖抗压强度为 7.5~15MPa，吸水率为 20%左右，其表观密度为 1500~2750kg/m³，比普通黏土砖大，为减轻自重，也可烧制成空心烧结页岩砖。页岩砖的质量标准和检测方法及应用范围与烧结普通砖相同。

（四）烧结煤矸石砖

以煤矸石为主要原料，经选料、粉碎、成型、干燥、焙烧而成的普通砖称为烧结煤矸石砖。煤矸石的主要成分和黏土相似。经粉碎后，根据其含碳量和可塑性进行适当配料，焙烧时基本不需要外投煤。这种砖比单靠外部燃料烧的砖可节省用煤量 50%~60%，并可节省大量的黏土。烧结煤矸石砖抗压强度为 10~20 MPa，抗折强度为 2.3~5.0 MPa，吸水率为 15%左右，其表观密度为 1400~1650kg/m³，也可烧制成空心砖。在一般的工业与民用建筑中，可完全代替普通砖使用。

（五）烧结粉煤灰砖

以粉煤灰为主要原料，掺入煤矸石或黏土等胶结砖料，经配料、成型、干燥和焙烧而成的普通砖称为烧结粉煤灰砖。配料时，粉煤灰的用量可达 50%。这类砖属于半内燃砖，表观密度小，为 1300～1400kg/m³，颜色淡红到深红，抗压强度为 10～15MPa，抗折强度为 3.0～40MPa，吸水率为 20％左右，能满足砖的抗冻性要求。烧结粉煤灰砖可代替普通砖在工业与民用建筑中使用。

二、非烧结砖

不经焙烧制成的砖均为非烧结砖，如免烧免蒸砖、蒸压蒸养砖、碳化砖等。目前应用较广的是蒸养（压）砖，这类砖是以钙质材料（石灰、水泥、电石渣等）和硅质材料（砂、粉煤灰、煤矸石、矿渣、炉渣等）为主要原料，经坯料制备、压制成型，在自然条件下或人工蒸养（压）条件下，发生化学反应，生成以水化硅酸钙、水化铝酸钙为主要胶结产物的硅酸盐建筑制品。

非烧结砖主要品种有灰砂砖、粉煤灰砖、煤渣砖等。与烧结普通砖相比，非烧结砖能节约土地资源和燃煤，且能充分利用工业废料，减少环境污染。其规格尺寸与烧结普通砖相同。

（一）蒸压灰砂砖

以砂和石灰为主要原料，可掺入颜料和外加剂，经坯料制备、压制成型和高压蒸汽养护而成的砖称为灰砂砖。

根据国家标准《蒸压灰砂砖》（GB 11945—1999）的规定，灰砂砖按照抗压强度和抗折强度分为 MU25、MU20、MU15、MU10 四个强度等级。根据产品的尺寸偏差、外观质量、强度和抗冻性分为优等品（A）、一等品（B）、合格品（C）三个等级。其强度指标和抗冻性指标应符合表 7-14 的规定。

表 7-14　蒸压灰砂砖强度指标和抗冻性指标

强度等级	抗压强度/MPa		抗折强度/MPa		抗冻性(15 次冻融循环)	
	平均值 ≥	单块值 ≥	平均值 ≥	单块值 ≥	冻后抗压强度 平均值/MPa≥	单块砖的干质量 损失/%≤
MU25	25.0	20.0	5.0	4.0	20.0	2.0
MU20	20.0	16.0	4.0	3.2	16.0	2.0
MU15	15.0	12.0	3.3	2.6	12.0	2.0
MU10	10.0	8.0	2.5	2.0	8.0	2.0

注：优等品的强度等级不得小于 MU15。

灰砂砖主要用于工业与民用建筑中。MU25、MU20 和 MU15 可用于基础和其他建筑；MU10 可用于防潮层以上的建筑。灰砂砖（水化产物氢氧化钙、碳酸钙等）不耐酸、不耐热，因此不得用于长期高于 200℃及急冷急热和有酸性介质侵蚀的建筑部位，如不能砌筑烟囱和炉衬等；也不宜用于有流水冲刷的部位。

（二）蒸压粉煤灰砖

以粉煤灰、石灰和水泥为主要原料，掺入适量的石膏和集料，经坯料制备、压制成型和高压蒸汽养护或自然养护而成的砖称为粉煤灰砖。

根据行业标准《粉煤灰砖》（JC 239—2001）的规定，粉煤灰砖按照抗压强度和抗折强度分为 MU30、MU25、MU20、MU15、MU10 五个强度等级。根据产品的尺寸偏差、外观质量、强度等级、干燥收缩分为优等品（A）、一等品（B）、合格品（C）三个等级。其强度指标和抗冻性指标应符合表 7-15 的规定。

表 7-15　蒸压粉煤灰砖的强度等级

强度等级	抗压强度/MPa　≥		抗折强度/MPa　≥		15 次冻融循环后的抗冻性	
	10 块平均值	单块最小值	10 块平均值	单块最小值	10 块抗压强度/MPa≥	单块质量损失率/%≥
MU30	30.0	24.0	6.2	5.0	24.0	
MU25	25.0	20.0	5.0	4.0	20.0	
MU20	20.0	16.0	4.0	3.2	16.0	2.0%
MU15	15.0	12.0	3.3	2.6	12.0	
MU10	10.0	8.0	2.5	2.0	8.0	

　　蒸压粉煤灰的干缩率较大,所以标准规定,优等品及一等品的干燥收缩率应不大于 0.65mm/m,合格品的干燥收缩率应不大于 0.75mm/m。

（三）蒸压炉渣砖

　　我国自 20 世纪 20 年代上海开始生产炉渣砖,到 20 世纪 60 年代之后的一段时间发展较快,曾因消纳工业废渣而得到国家新型建材鼓励政策的扶持和推广,目前因受城市燃煤锅炉规模减小和燃煤收尘方式的改进,炉渣集中供应量降低,生产量逐渐减少。

　　蒸压炉渣砖以炉渣为主要原料,加入适量的石灰和少量石膏,经过配料、加水搅拌、陈化、轮碾、成型和蒸汽或蒸压养护制得,产品标准为《炉渣砖》（JC/T 525—2007）,一般为实心砖,尺寸规格与烧结普通砖相同,强度为 10～25MPa,表观密度（1.5～2.0）×10³ kg/m³,根据强度和碳化性能分为 20MPa、15MPa、10MPa、7.5MPa 四个强度等级,如表 7-16。当用于基础、易受冻、干湿循环等环境或防潮层以下部位时,必须采用 15MPa 以上的砖。

表 7-16　蒸压炉渣砖的强度等级

强度等级	抗压强度/MPa≥		抗折强度/MPa≥		碳化性能
	10 块平均值	单块最小值	10 块平均值	单块最小值	平均抗压强度/MPa≥
20MPa	20.0	15.0	4.0	3.0	14.0
15MPa	15.0	11.0	3.2	2.4	10.5
10MPa	10.0	7.5	2.5	1.9	7.0
7.5MPa	7.5	5.6	2.0	1.5	5.2

　　对生产原料的要求,炉渣含碳量小于 20%,破碎筛分后粒径在 20～10mm 的颗粒要低于 10%,生石灰须经过磨细,过 0.08mm 方孔筛的筛余不大于 20%,石膏中三氧化硫含量大于 35%。以质量计,生石灰用量一般为 8%～12%,采用电石渣、消石灰时用量应适当增加,以保证混合料中有效氧化钙含量为 6%～10%;石膏用量 1%～3%;用水量与混合料的消化及砖坯的成型方式有关,用水过多对强度不利,过少则混合料松散,成型困难。采用蒸汽养护时的恒温温度为 95～100℃。

第二节　砌　　块

一、概述

　　砌块是指比普通尺寸大的块材,实际工程中多采用高度为 18～350mm 的小型砌块,一般采用当地的工农业固体废弃物制作,由于其施工速度快、效率高、能够改善墙体的功能,所以是我国政策推广的新型墙体材料,近年来发展迅速。其品种规格很多,主要包括:混凝土空心砌块（含小型和中型砌块两类）、蒸压加气混凝土砌块、轻集料混凝土砌块、粉煤灰砌块、煤矸石砌块、石膏砌块、菱镁砌块、大孔混凝土砌块等，其中，混凝土小型砌块、蒸压加气混凝土砌块、粉煤灰硅酸盐砌块和石膏砌块等在实际中的应用较多。由于砌块体积较大，不便于通过砍削来补充其错缝时在端头留下的不规则缺口，所以，在我国实际应用中常采用普通砖与其配合使用。

二、烧结空心黏土砌块

黏土砌块与砖的区别是指其规格较大，并且按照主规格高度的范围分为大（>980mm）、中（380~980mm）、小（115~380mm）三种，具体尺寸有很多，但按照《墙体材料术语》（GB/T 18968—2003）的规定，长度不超过高度的3倍。

我国从秦代出现黏土砖后即开始使用黏土空心砖和砌块，到西汉时有过一段发展繁盛期，砌块表面手工花纹工艺精美，多用于铺地、墙面装饰、砌筑墓室，到东汉时空心砌块趋于消失，唐宋直至明清时期的史料中已看不到空心黏土砌块的生产。20世纪70年代南京、西安等地率先开始现代烧结空心黏土砌块生产，早期的名称叫做拱壳空心砌块，还有孔洞率44%的楼板空心砌块，以及孔洞率49%的5孔楼板空心砌块、孔洞率50%的10孔楼板空心砌块等，也研制出用于装饰的画格砌块和大型砌块，但到目前，中、大型空心黏土砌块应用较少。国外的发展起源于公元前1世纪，大规模发展则始于20世纪60年代，其后至70年代产量迅速增长。

三、蒸压加气混凝土砌块

蒸压加气混凝土砌块是用钙质材料（如石灰、水泥等）、硅质材料（如石英砂、粉煤灰、粒化高炉矿渣等）和发气剂（铝粉等）为原料，经加水搅拌、浇筑成型、化学反应发气膨胀、预养切割和高压蒸汽养护等工艺制成的轻质多孔硅酸盐砌块。

（一）主要技术指标

1. 强度及强度等级

根据国家《蒸压加气混凝土砌块》（GB 11968—2006）的规定，按砌块的抗压强度1.0MPa、2.0MPa、2.5MPa、3.5MPa、5.0MPa、7.5MPa、10.0MPa，蒸压加气混凝土砌块分为A1.0、A2.0、A2.5、A3.5、A5.0、A7.5和A10.0七个级别。各等级砌块的立方体抗压强度不得小于表7-17的规定，各强度级别砌块应符合表7-18的规定。

表7-17　砌块的立方体抗压强度　　　　　　　　　　　　MPa

强度等级	立方体抗压强度		强度等级	立方体抗压强度	
	平均值不小于	单组最小值不小于		平均值不小于	单组最小值不小于
A1.0	1.0	0.8	A5.0	5.0	4.0
A2.0	2.0	1.6	A7.5	7.5	6.0
A2.5	2.5	2.0	A10.0	10.0	8.0
A3.5	3.5	2.8			

表7-18　砌块的强度级别

干密度级别		B03	B04	B05	B06	B07	B08
强度等级	优等品（A）	A1.0	A2.0	A3.5	A5.0	A7.5	A10.0
	合格品（B）			A2.5	A3.5	A5.0	A7.5

2. 干体积密度

根据国家《蒸压加气混凝土砌块》（GB 11968—2006）的规定，按砌块的干体积密度 $300kg/m^3$、$400kg/m^3$、$500kg/m^3$、$600kg/m^3$、$700kg/m^3$、$800kg/m^3$ 分为 B03、B04、B05、B06、B07、B08 六个级别。各级别的干体积密度值应符合表 7-19 的规定。

表 7-19　砌块的干密度　　　　　　　　　kg/m^3

干密度级别		B03	B04	B05	B06	B07	B08
干密度	优等品(A)≤	300	400	500	600	700	800
	合格品(B)≤	325	425	525	625	725	825

对加气混凝土砌块的干燥收缩、抗冻性、导热、隔热等有要求，具体应符合表 7-20 的规定。

表 7-20　砌块的干燥收缩、抗冻融和热导率

干密度级别			B03	B04	B05	B06	B07	B08
干燥收缩值①	标准法/(mm/m)≤		0.50					
	快速法/(mm/m)≤		0.80					
抗冻性	质量损失/%≤		5.0					
	冻后强度 /MPa≥	优等品(A)	0.8	1.6	2.8	4.0	6.0	8.0
		合格品(B)			2.0	2.8	4.0	6.0
热导率(干态)/[W/(m·K)]≤			0.10	0.12	0.14	0.15	0.18	0.20

① 规定采用标准法、快速法测定砌块干燥收缩值，若测定结果发生矛盾不能判定时，则以标准法测定的结果为准。

3. 外观质量

蒸压加气混凝土砌块按照表 7-21 中的质量指标划分为优等品（A）和合格品（B）两个等级。

表 7-21　尺寸偏差和外观

项　目				指　标	
				合格品(A)	合格品(B)
尺寸允许偏差/mm		长度	L	±3	±4
		宽度	B	±1	±2
		高度	H	±1	±2
缺棱掉角	最小尺寸不得大于/mm			0	30
	最大尺寸不得大于/mm			0	70
	大于以上尺寸的缺棱掉角个数,不多于/个			0	2
裂纹长度	贯穿一棱二面的裂纹长度不得大于裂纹所在面的裂纹方向尺寸总和的			0	1/3
	任一面上的裂纹长度不得大于裂纹方向尺寸的			0	1/2
	大于以上尺寸的裂纹条数,不多于/条			0	2
爆裂、黏膜和损坏深度不得大于/mm				10	30
平面弯曲				不允许	
表面疏松、层裂				不允许	
表面油污				不允许	

（二）应用

加气混凝土砌块的质量只有黏土砖的 1/3，所以其质量轻、高温隔热性能好、易于加工、施工方便快捷。B03、B04、B05 级别的砌块通常用于非承重结构的维护和填充墙，也可用于屋面保温，B06、B07、B08 级别的砌块可用于 6 层及以下建筑的承重墙。

在处于表面温度高于 80℃或长期受干湿循环或酸碱侵蚀的环境中，或者在标高线±0 以下且有长期浸水条件的环境中，不允许使用蒸压加气混凝土砌块。加气混凝土砌块在出蒸压釜以后的初期一段时间内，收缩值比较大，如果很快应用于建筑中，很容易产生墙体的裂纹、裂缝，所以在其出厂前应有足够的陈化期，以保证其充分的体积稳定性。

（三）砌筑工程

砌筑前应先浇水润湿，采用切锯工具而不得用刀砍斧凿方式切砖，墙上不得留手脚印，底层靠近地面至少 200mm 以内宜采用耐水性好的烧结普通砖或多孔砖等代替加气混凝土砌块，除此以外，不得与其他类型或不同密度、强度等级的砖、砌块混砌；与承重墙衔接处应在承重墙中预埋拉结钢筋，临时间断处应留斜槎。

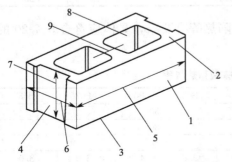

图 7-3　混凝土小型空心砌块各部位名称

1—条面；2—坐浆面（肋厚较小的面）；
3—铺浆面（肋厚较大的面）；4—顶面；
5—长度；6—宽度；7—高度；
8—壁；9—肋

四、普通混凝土小型空心砌块

混凝土小型空心砌块是以普通水泥、砂石为原料，加水搅拌、振动加压成型，经养护而成，并且有一定空心率的砌块。其主规格尺寸为 390mm × 190mm×190mm，其孔数有单排孔、双排孔。最小外壁厚应不小于 30mm，最小肋厚应不小于 25mm。其空心率为 25%～50%。砌块各部位名称见图 7-3。

混凝土小型空心砌块按其强度等级分为：MU3.5、MU5.0、MU7.5、MU10.0、MU15.0、MU20.0 六个强度等级。按其尺寸偏差、外观质量分为：优等品（A）、一等品（B）及合格品（C）。

混凝土小型空心砌块按产品名称（代号 NHB）、强度等级、外观质量等级和标准编号的顺序进行标记。例如，强度等级为 MU7.5，外观质量为优等品（A）的砌块，其标记为：NHB MU7.5A GB 8239。

（一）普通混凝土小型空心砌块的技术要求

1. 强度等级

普通混凝土小型空心砌块的抗压强度应符合《普通混凝土小型空心砌块》（GB 8239—1997）的规定，如表 7-22 所示。

表 7-22　强度等级　　　　　　　　　　　　　　　　MPa

强度等级	砌块抗压强度		强度等级	砌块抗压强度	
	平均值不小于	单块最小值不小于		平均值不小于	单块最小值不小于
MU3.5	3.5	2.8	MU10.0	10.0	8.0
MU5.0	5.0	4.0	MU15.0	15.0	12.0
MU7.5	7.5	6.0	MU20.0	20.0	16.0

2. 相对含水率

普通混凝土小型空心砌块的相对含水率应符合表 7-23 的规定。

表 7-23　相对含水率　　　　　　　　　　　　　　　　%

使用地区	潮湿	中等	干燥
相对含水率	45	40	35

注：潮湿系指平均相对湿度大于 75% 的地区；中等系指平均相对湿度 50%～75% 的地区；干燥系指平均相对湿度小于 50% 的地区。

3. 抗渗性

对用于清水墙的砌块，其抗渗性应满足表 7-24 的规定。

表 7-24 抗渗性

项目名称	指标
水面下降高度	三块中任一块不大于 10

4. 抗冻性

普通混凝土小型空心砌块的抗冻性应符合表 7-25 的规定。

表 7-25 抗冻性

使用环境条件		抗冻标号	指标
非采暖地区		不规定	—
采暖地区	一般环境	D15	强度损失≤25%
	干湿交替环境	D25	质量损失≤5%

注：非采暖地区指最冷月份平均气温高于−5℃的地区；采暖地区指最冷月份平均气温低于或等于−5℃的地区。

（二）普通混凝土小型空心砌块的应用

普通混凝土小型空心砌块具有强度较高、自重较轻、耐久性好、外表尺寸规整等优点，部分类型的混凝土砌块还具有美观的饰面以及良好的保温隔热性能，适用于建造各种居住、公共、工业、教育、国防和安全性质的建筑，包括高层与大跨度的建筑，以及围墙、挡土墙、桥梁、花坛等市政设施，应用范围十分广泛。混凝土砌块施工方法与普通烧结砖相近，在产品生产方面还具有原材料来源广泛、不毁坏良田、能利用工业废渣、生产能耗较低、对环境的污染程较小、产品质量容易控制等优点。

混凝土砌块在 19 世纪末起源于美国，经历了手工成型、机械成型、自动振动成型等阶段。混凝土砌块有空心和实心之分，有多种块型，在世界各国得到广泛应用，许多发达国家已经普及了砌块建筑。我国从 20 世纪 60 年代开始对混凝土砌块的生产和应用进行探索。1974 年，原国家建材局开始把混凝土砌块列为积极推广的一种新型建筑材料。20 世纪 80 年代，我国开始研制和生产各种砌块生产设备，有关混凝土砌块的技术立法工作也不断取得进展，并在此基础上建造了许多建筑。在 20 多年的时间中，我国混凝土砌块的生产和应用虽然取得了一些成绩，但仍然存在许多问题，例如，空心砌块存在强度不高、块体较重、易产生收缩变形、保温性能差、易破损、不便砍削加工等缺点，这些问题亟待解决。

五、轻集料混凝土小型空心砌块

轻集料混凝土小型空心砌块是以陶粒、膨胀珍珠岩、浮石、火山渣、煤渣以及炉渣等各种轻粗细集料和水泥按一定比例混合，经搅拌成型、养护而成的空心率大于 25%、体积密度小于 1400kg/m³ 的轻质混凝土小砌块。

根据国家标准《轻集料混凝土小型空心砌块》（GB/T 15229—2011）的规定，按孔的排数分为四类：单排孔、双排孔、三排孔和四排孔；按其密度等级分为 700、800、900、1000、1100、1200、1300、1400 八个等级，砌块强度等级分为 MU2.5、MU3.5、MU5.0、MU7.5、MU10.0 五个等级。砌块主规格尺寸长×宽×高为 390mm×190mm×190mm；其他规格尺寸可由供需方商定。

（一）轻集料混凝土小型空心砌块的主要技术指标

1. 密度等级

砌块的密度等级应符合表 7-26 的规定。

表 7-26　轻集料混凝土小型空心砌块密度等级

密度等级	干表观密度范围/(kg/m³)	密度等级	干表观密度范围/(kg/m³)
700	≥610,≤700	1100	≥1010,≤1100
800	≥710,≤800	1200	≥1110,≤1200
900	≥810,≤900	1300	≥1210,≤1300
1000	≥910,≤1000	1400	≥1310,≤1400

2. 强度等级

砌块的强度等级应符合表 7-27 的规定；同一强度等级砌块的抗压强度和密度等级范围应同时满足表 7-27 的要求。

表 7-27　轻集料混凝土小型空心砌块强度等级

强度等级	抗压强度/MPa		密度等级范围 /(kg/m³)
	平均值	最小值	
MU2.5	≥2.5	≥2.0	≤800
MU3.5	≥3.5	≥2.8	≤1000
MU5.0	≥5.0	≥4.0	≤1200
MU7.5	≥7.5	≥6.0	≤1200① ≤1300②
MU10.0	≥10.0	≥8.0	≤1200① ≤1400②

① 除自燃煤矸石掺量不小于砌块质量 35% 以外的其他砌块。

② 自燃煤矸石掺量不小于砌块质量 35% 的砌块。

注：当砌块的抗压强度同时满足 2 个强度等级或 2 个以上强度等级要求时，应以满足要求的最高强度等级为准。

3. 砌块的吸水率、干缩率和相对含水率

轻集料混凝土小型空心砌块的吸水率应不大于 18%；干燥收缩率应不大于 0.065%；相对含水率应符合表 7-28 的规定。

表 7-28　相对含水率

干燥收缩率/%	相对含水率/%		
	潮湿地区	中等强度地区	干燥地区
<0.03	≤45	≤40	≤35
≥0.03,≤0.045	≤40	≤35	≤30
>0.045,≤0.065	≤35	≤30	≤25

注：1. 相对含水率为砌块出厂含水率与吸水率之比。

2. 使用地区的湿度条件同表 7-23。

4. 抗冻性

砌块的抗冻性应符合表 7-29 的规定。

表 7-29　抗冻指标

环 境 条 件	抗冻标号	质量损失/%	强度损失/%
温和与夏热冬暖地区	D15		
夏热冬冷地区	D25	≤5	≤25
寒冷地区	D35		
严寒地区	D50		

注：环境条件应符合《民用建筑热工设计规范》(GB 50176)。

5. 放射性核素限量

砌块的放射性核素限量应符合《建筑材料放射性核素限量》（GB 6566—2010）的规定要求。

6. 碳化系数和软化系数

碳化系数应不小于 0.8；软化系数应不小于 0.8。

（二）轻集料混凝土小型空心砌块的应用

轻集料混凝土小型空心砌块具有质轻、高强、热工性能好、抗震性能好、利用废旧物等特点，被广泛应用于建筑结构的内外墙体材料，尤其是热工性能要求较高的维护结构上。

轻集料混凝土小型空心砌块龄期达到 28d 之前，自身收缩速度较快，其后收缩速度减慢，且强度趋于稳定。为有效控制砌体收缩裂缝和保证砌体强度，规定砌体施工时所用的小砌块龄期不应小于 28d。

为提高小砌块与砂浆间的黏结力与施工性能，施工时所用的砂浆宜选用《混凝土小型空心砌块和混凝土砖砌筑砂浆》（JC 860—2008）规定的专用砌筑砂浆。小砌块砌筑时，在天气干燥炎热的情况下，可提前浇水润湿。小砌块表面有浮水时，不得施工。

为了提高砌块的耐久性，预防或延缓冻害，以及减轻地下水中有害物质对砌体的侵蚀，底层室内地面以下或防潮层以下的砌体，应采用强度等级不低于 C20 的混凝土灌实小砌块的空洞。

六、石膏砌块

石膏砌块以建筑石膏为原料，经料浆拌和、浇筑成型、自然干燥或烘干制成，产品标准为《石膏砌块》（JC/T 698—2010）。

石膏砌块外形一般为长方体，通常在纵横边缘设有企口，按照规格形状可分为标准、非标准及异形石膏，标准长度和高度分为 666mm 和 500mm，标准厚度分为 80mm、100 mm、120 mm、150 mm；按照原料可分为天然石膏砌块（T）和工业副产品石膏（或称化学石膏）砌块（H）；按照结构特征可分为实心石膏（S）砌块和空心石膏砌块（K）；按照其防潮性能可分为普通石膏砌块和（P）和防潮石膏砌块（F）。

实心石膏砌块的表观密度不应大于 1100kg/m³，空心石膏砌块的表观密度则不应大于 800kg/m³；石膏砌块的断裂荷载需大于 2.0kN，软化系数不应低于 0.6。

石膏制品历史悠久、应用成熟，具有保温、隔声、防火、调节湿度、体积稳定性好、可回收利用等许多优点，是典型的绿色建材，至今仍被发达国家大量应用，目前欧洲国家的产量约为：德国 470×10⁴ m³，比利时 450×10⁴ m³，法国 2500×10⁴ m³，西班牙 250×10⁴ m³。我国最早有生产和应用，但始终发展较慢，主要是受工艺、原材料和其他墙材的价格冲击等因素的制约，近年来，国内大力发展利用化学石膏生产砌块。其生产成型工艺一般有 2 种，采用液压顶出成型工艺生产实心砌块，采用固定轴抽芯工艺生产空心砌块。

石膏砌块不得露天堆放以免淋雨受潮，堆放不得超过 5 层以免破损，砌筑时长度超过 6m 时应增设加固柱，竖向高度超过 4m 时应增设加固梁，与其他墙体连接时应采用铁钉和胶黏剂等加固。

第三节 墙 用 板 材

我国目前可用于墙体的板材种类较多，各种板材都有其特色。板的形式分为薄板类、条板类和轻型复合板类。

一、薄板类墙用板材

薄板类墙用板材有纸面石膏板、GRC平板、蒸压硅酸钙板、水泥刨花板、水泥木屑板等。

（一）纸面石膏板

纸面石膏板是以建筑石膏为胶凝材料，并掺入适量添加剂和纤维作为板芯，以特制的护面纸作为面层的一种轻质板材。纸面石膏板具有质量轻、隔声、隔热、加工性能强、施工方法简便的特点。根据用途不同可分为普通纸面石膏板、防火纸面石膏板和防水纸面石膏板三个品种。根据形状不同，纸面石膏板的板边有矩形（PJ）、45°倒角形（PD）、楔形（PC）、半圆形（PB）和圆形（PY）五种。

普通纸面石膏板适用于建筑物的围护墙、内隔墙和吊顶。在厨房、厕所以及空气相对湿度经常大于70%的潮湿环境使用时，必须采用相应的防潮措施。

防水纸面石膏板的纸面经过防水处理，而且石膏芯材也含有防水成分，因而适用于湿度较大的房间墙面。由于它有石膏外墙衬板、耐水石膏衬板两种，可用于卫生间、厨房、浴室等贴瓷砖、金属板、塑料面砖墙的衬板。

耐火纸面石膏板主要用于对防火有较高要求的房屋建筑中。

（二）GRC平板

GRC平板全名为玻璃纤维增强低碱度水泥轻质板，由耐碱玻璃纤维、低碱度水泥、轻集料与水为主要原料制成。GRC平板具有密度低、韧性好、耐水、不燃、隔声、易加工等特点。

GRC平板分为多孔结构及蜂巢结构，适用于工业与民用建筑非承重结构内隔断墙。主要用于民用建筑及框架结构的非承重内隔墙，如高层框架结构建筑、公共建筑及居住建筑的非承重内隔墙、浴室、厨房、阳台、栏板等。

（三）条板类墙用板

条板类墙用板材是长度为2500~3000mm、宽度为600mm、厚度在50mm以上的一类轻质板材，轻质板材可独立用作内隔墙。主要有蒸压加气混凝土条板、轻质陶粒混凝土条板、石膏空心条板等。

蒸压加气混凝土板条是以水泥石灰和硅质材料为基本原料，以铝粉为发气剂，配以钢筋网片，经过配料、搅拌成型和蒸压养护等工艺制成的轻质板材。

蒸压加气混凝土板条具有密度小，防火和保温性能好，可钉、可锯、容易加工等特点。主要适用于工业与民用建筑的外墙和内隔墙。

二、轻型复合板类墙用板材

钢丝网架水泥夹芯板是由三维空间焊接的钢丝网骨架和聚苯乙烯泡沫塑料板或半硬质岩棉板构成网架芯板，两面再喷抹水泥砂浆面层后形成的一种复合式墙板。钢丝网架水泥夹芯板在墙体中有三种应用方法：非承重内隔墙、钢筋混凝土框架的围护墙、绝热复合外墙。钢丝网架水泥夹芯板近年来得到了迅速发展，该板具有强度高、质量轻、不碎裂、隔热、隔声、防火、抗震、防潮和抗冻等优良性能。

钢丝网架水泥夹芯板有集合式和整体式两种。两种形式均是用连接钢筋把两层钢丝网焊接成一个稳定的、性能优越的空间网架体系。

按照结构形式的不同及所采用保温材料的不同，可将钢丝网架水泥夹芯板分为以下种类。

　　① 泰柏板：泛指采用聚苯乙烯泡沫板作为保温芯板的钢丝网架水泥夹芯板。

　　② GY 板：GY 板是指钢丝网架中起保温作用的芯板是岩棉半硬板。岩棉半硬板具有导热率小、不燃、价格低廉（原材料可采用工业废渣）等许多优点。

思考题与习题

1. 为何要限制烧结黏土砖，发展新型墙体材料？
2. 焙烧温度对砖质量有何影响？如何鉴别欠火砖和过火砖？
3. 多孔砖与空心砖有何异同点？
4. 轻质墙板有哪些品种？它们的公共特点是什么？

第八章 建筑钢材

>>> 内容提要

　　本章介绍了钢材的分类、冷加工、技术性能指标、化学成分及防腐防锈等。为了向国际标准看齐，也为了节约钢材，我国正在大力推广使用 HRB400 和 HRB500 高强度钢筋、预应力钢丝和钢绞线等，希望通过本章的学习，使大家对钢材有更好的了解，能够正确合理的选用钢材。

第一节　钢材的基本知识

一、钢材的冶炼

　　铁元素在自然界中一般以化合物的形式存于铁矿石中。将铁矿石、焦炭、石灰石（助熔剂）在高炉中加热使焦炭与矿石中的氧化铁发生还原反应和造渣反应而使得铁和氧分离的过程称为炼铁。这种方法得到的铁中含有大量的碳和其他如硫、磷等杂质，其中碳的含量为 $2.06\% \sim 6.67\%$，因而使铁的性能较为脆硬，没有塑性，不能进行加工和使用。炼钢实质上就是将铁在足够的氧气中进一步熔炼，通过高温氧化作用除去大部分碳和杂质而得到含碳量低于 2.06% 的铁碳合金的过程。钢在强度、韧性等方面都优于铁，因此得到了广泛的应用。

　　按冶炼设备不同，炼钢的方法基本分为三种：平炉炼钢法、氧气转炉炼钢法和电炉炼钢法。目前较为普遍和常用的炼钢法是氧气炼钢法，因为具有冶炼速度快、生产效率高、成本低、钢质量好等优点。电炉法由于具有流程短、容积小、能耗低、投资少、控制严格、钢质量好、对环境污染小以及利用废旧物等优点，因此具有较大的发展空间。而平炉炼钢由于其成本高、投资大、冶炼时间长等缺点基本被淘汰。

二、钢材的分类

1. 按化学成分分类

（1）**碳素钢**　碳素钢是指含碳量在 $0.02\% \sim 2.06\%$ 的钢。其化学成分主要是铁，其次是碳，还有少量的硅、锰、硫、磷等微量元素。按照含碳量的多少，又把碳素钢分为低碳钢（含碳量低于 0.25%）、中碳钢（含碳量 $0.25\% \sim 0.60\%$）、高碳钢（含碳量高于 0.60%）和超高碳钢（含碳量超过 1.0%）。低碳钢在工程中应用较多。

（2）**合金钢**　合金钢是指在炼钢的过程中加入了一定量的合金元素使钢材的某些性能发生改变。常用的合金元素有锰、钒、铌、铬等。这些合金元素的加入大大地改善了钢材的使用、加工等性能。按照合金元素总量的不同，又将合金钢分为低合金钢（合金元素总含量小于 5%）、中合金钢（合金元素总含量在 $5\% \sim 10\%$）和高合金钢（合金元素总含量大于 10%）。

2. 按脱氧程度分类

（1）**镇静钢**　用硅、铝等脱氧时，脱氧完全，同时还能去除硫的作用，钢液注入锭模时能平静充满整个模具，基本无 CO 气泡产生，故称为镇静钢。这种钢均匀密实、性能稳定，质量较好，但其成本较高，因而一般用于承受冲击荷载或重要的结构中。

（2）沸腾钢　用锰铁脱氧时，脱氧不完全，在钢液浇注后，冷却过程中氧化亚铁与碳化合生成 CO 气体，引起钢渣呈沸腾状，因而称为沸腾钢。由于沸腾钢内部有大量气泡和杂质，使得成分分布不均、密实度差、强度低、韧性差、质量差，但其成本低、产量高，因而又被广泛应用于一般建筑结构中。

（3）半镇静钢　指脱氧程度和性能都介于镇静钢和沸腾钢之间的钢。

3. 按杂质含量分类

根据钢中杂质的多少又可以把钢分为以下几类。

（1）普通钢　含磷量不大于 0.045%；含硫量不大于 0.050%。

（2）优质钢　含磷量不大于 0.035%；含硫量不大于 0.035%。

（3）高级优质钢　含磷量不大于 0.025%；含硫量不大于 0.025%。

（4）特级优质钢　含磷量不大于 0.025%；含硫量不大于 0.015%。

另外按功能和用途又可分为结构钢、工具钢、特殊钢。

第二节　钢材的主要技术性质

钢材技术性质包括力学性能和工艺性能。力学性能指钢材拉伸性能、冲击性能、耐疲劳性能、硬度等。工艺性能指钢材在制造过程中加工成形的适应能力，如钢材的冷弯性能、可焊接性能、可锻造性能及热处理、切削加工等性能。

一、力学性能

（一）拉伸性能

拉伸性能是钢材最重要的使用性能。钢材在受拉时，在产生应力的同时也会相应地产生应变。应力和应变的关系能反映出钢材的主要力学特征。低碳钢受拉时的应力-应变曲线（见图 8-1）可以清楚地显示出钢材在拉伸过程中经历了四个阶段。

1. 弹性阶段（OA 段）

从图 8-1 中可以看出，在此阶段，应力较小，应力与应变呈正比例关系增加。若此时卸去荷载，试件将能完全恢复到原来的状态，无残余变形，所以这一阶段称为弹性

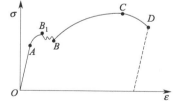

图 8-1　低碳钢受拉时的应力-应变图

阶段。最高点 A 对应的应力称为弹性极限 σ_p。在 OA 段内，应力与应变的比值为常数，称为弹性模量，用 E 表示，即 $E=\sigma/\varepsilon$。弹性模量是指产生单位弹性应变时所需的应力的大小。它能够反映钢材的抗变形性能，即刚度。它是钢材在受力条件下计算结构变形的重要指标。一般土木工程中常用的低碳钢的弹性模量 E 为 $(2.0\sim2.1)\times10^5\,\mathrm{MPa}$。

2. 屈服阶段（AB 段）

当应力超过比例极限后，应变的增长速度会超过应力的增长速度，应力-应变不再呈现出比例关系，此时，试件不但产生弹性变形，而且开始产生塑性变形。当应力达到 B_1 点后，塑性变形迅速增加，应力-应变曲线出现一个波动的小平台，这时称为屈服阶段。B_1 是这一段应力的最高点，称为上屈服点，而 B 是这一段应力的最低点，称为下屈服点。因为下屈

服点较为稳定容易测得，所以取下屈服点为钢材的屈服强度 σ_s。

钢材受力达屈服点后，变形会迅速增长，尽管其还没有断裂，但已不能满足使用要求，故结构设计中以屈服强度作容许应力取值的依据。

3. 强化阶段（BC 段）

当钢材屈服到一定程度后，由于试件内部组织即晶格扭曲、晶粒破碎等原因，抵抗变形能力又重新提高，故称为强化阶段。从图 8-1 中可以看到，随着变形的增大，应力也在不断地增加。对应于最高点 C 的应力称为极限抗拉强度 σ_b，它是钢材所能承受的最大的拉应力。

抗拉极限强度不能作为钢材最大拉力来进行设计，但是抗拉强度与屈服强度之比（强屈比）σ_b/σ_s，却是反映钢材的利用率和结构安全可靠的程度指标。强屈比越小，钢材的可靠性越大，结构安全性越大。但强屈比太大，钢材强度的利用率偏低，浪费材料。因而要合理地选用强屈比，在保证安全可靠的前提下，尽量提高钢材的利用率。钢材的强屈比一般不低于 1.2，用于抗震结构的普通钢筋实测的强屈比不应低于 1.25。

4. 颈缩阶段（CD 段）

图 8-1 中 CD 段为颈缩阶段。试件受力达到最高点 C 以后，其抵抗变形能力明显降低，试件薄弱处的断面显著减小，塑性变形急剧增加，试件被拉长，直到断裂。

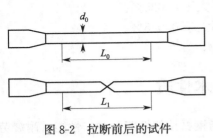

图 8-2　拉断前后的试件

拉断后的试件在断裂处对接到一起，尽量使其轴心线位于同一条直线上，如图 8-2 所示，测量断后标距 L_1，标距的伸长值与原始标距 L_0 的百分率称为钢材的伸长率，以 δ 表示。

$$\delta=\frac{L_1-L_0}{L_0}\times100\% \tag{8-1}$$

式中，L_0 为试件原始标距长度，mm；L_1 为断裂拼合后标距长度，mm。

伸长率是衡量钢材塑性的重要技术指标，伸长率越大，说明钢材的拉伸性能越好，塑性越大。由于钢材在拉伸过程中塑性变形的不均匀性，使得颈缩处的变形较大，因此原始标距与原直径比值越大，颈缩处的伸长值占总伸长值的比例越小，计算得出的伸长率 δ 也就越小。一般钢材取原标距长度 L_0 为 $5d_0$ 或 $10d_0$，其伸长率分别为 δ_5 和 δ_{10}，对于同一钢材而言 δ_5 要大于 δ_{10}。

钢材的塑性变形还可以用断面收缩率 ψ 来表示。

$$\psi=\frac{A_0-A_1}{A_0}\times100\% \tag{8-2}$$

式中，A_0 为试件原始截面面积，mm^2；A_1 为试件断后颈缩处截面面积，mm^2。

伸长率和断面收缩率均表示钢材断裂前经受塑性变形的能力。但伸长率越大或断面收缩率越高，说明钢材的塑性越大。钢材塑性大，不仅便于进行各种加工，而且能保证钢材在建筑上的安全使用。因为钢材的塑性变形能调整局部高峰应力，使之趋于平缓，以免引起建筑结构的局部破坏及其所导致的整个结构的破坏；钢材在塑性破坏前，有很明显的变形和较长的变形持续时间，便于人们及早发现和采取补救措施。

（二）冲击韧性

冲击韧性是指钢材抵抗冲击荷载的能力，冲击韧性值 α_k 用标准试件以摆锤从一定高度自由落下冲断"V"形试件时单位面积所消耗的功来表示（见图 8-3）。

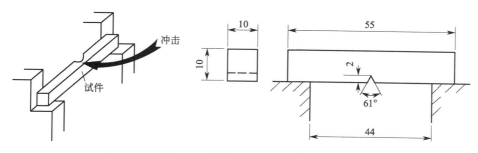

图 8-3　冲击韧性试验示意图

$$\alpha_k = \frac{W}{A} \qquad (8\text{-}3)$$

式中，W 为冲击试件所消耗的功，J；A 为试件在缺口处的横截面积，cm^2。

α_k 越大，钢材的冲击韧性越好，抵抗冲击作用的能力越强，受脆性破坏的危险性越小。钢材冲击韧性 α_k 的影响因素很多，如化学成分、冶炼轧制质量、内部组织状态、温度等。钢材中硫、磷含量高，含有非金属夹杂物，焊接中有微裂纹等都会使 α_k 降低。温度对钢材的冲击韧性 α_k 影响较大。钢材的冲击韧性会随着温度的降低而下降，这种下降不是平缓的，如图 8-4 所示。从图 8-4 上可以看出，温度在降至某一温度之前，钢材的冲击韧性 α_k 随温度的降低下降不大，但当温度降超过这一温度后，冲击韧性 α_k 会急剧降低而呈现出脆性，这种现象称为钢材的冷脆性，这时的临界温度称为脆性转变温度。脆性转变温度越低，

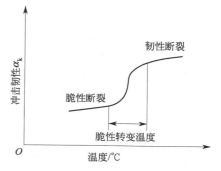

图 8-4　钢材的冲击韧性与温度的关系

钢材的低温冲击韧性越好。因此在负温下使用的结构，应选用脆性转变温度低于使用温度的钢材，并满足相应规范的规定。

（三）硬度

钢材的硬度是指钢材抵抗外物压入其表面的能力。它既可理解为是钢材抵抗弹性变形、塑性变形或破坏的能力，也可表述为其抵抗残余变形和反破坏的能力。硬度不是一个简单的物理概念，而是材料弹性、塑性、强度和韧性等力学性能的综合表述性指标。钢材硬度的测定方法有布氏法、洛氏法和维氏法三种。常用的是布氏法和洛氏法。它们的硬度指标分别为布氏硬度（HB）和洛氏硬度（HR）。洛氏法一般测定的是硬度较高的钢材；布氏法一般测定未经淬火的钢材、铸铁、有色金属及质软的轴承合金材料；而维氏法一般用来测定铝、铝合金及薄板金属材的硬度。

布氏硬度是用一定直径 $D(mm)$ 的钢球或硬质合金球，以规定的试验力 $F(N)$ 压入试样表面，经规定保持时间后，卸除试验力，测试试件表面压痕直径 $d(mm)$，如图 8-5 所示。以试验力除以压痕球表面积所得的应力值即为布氏硬度值 HB，此值无单位。硬度的大小反映了钢材的软硬程度。布氏硬度用于测定退火件、正火件、调质件以及铸件和锻件的硬度，对于成品件不宜采用。洛氏硬度同布氏硬度一样，都是压痕试验方法，但洛氏硬度测定的是压痕的深度。这种方法简单，且弥补了布氏硬度的不足，可测定由极软到极硬的金属批量成品件及半成品件的硬度，但其准确度要低于布氏硬度。维氏硬度法虽然具有布氏硬度和洛氏

硬度法的优点，但由于其操作麻烦，且主要测定小件、薄件硬度，所以在钢材中很少应用。

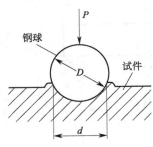

图 8-5　布氏硬度试验示意图

钢材的布氏硬度与其力学性能之间有着较好的相关性，可以近似地估计钢材的抗拉强度。例如，对于 HB<175 的碳素钢，其抗拉强度 $\sigma_b \approx 3.6HB$；对于 HB>175 碳素钢，其抗拉强度 $\sigma_b \approx 3.5HB$。由此，当已知钢材的硬度时，可估算出钢材的抗拉强度。

（四）耐疲劳性

钢材在方向、大小周期性变化的荷载即交变荷载长期作用下，在局部高应力区形成微小裂纹，再由微小裂纹逐渐扩展以致发生突然的脆性断裂的现象，称为疲劳破坏。可以看出，疲劳破坏发生的主要原因是材料内部结构并不均匀，从而造成应力传递的不平衡，在薄弱部位产生应力集中，进而产生微裂纹，不断累加扩大而最终导致钢材突然断裂。由于疲劳破坏在时间上是突发性的，位置是局部的，应力是较低的，环境和缺陷敏感度是较小的，故疲劳破坏不易被及时发现，因而常常会造成灾难性的事故。钢材疲劳破坏的指标以疲劳强度来表示，它是指疲劳试验时试件在交变应力作用下，在规定的周期基数内不发生断裂所能承受的最大应力。设计承受反复荷载且需要进行疲劳验算的结构时，影响钢材疲劳性能的因素主要有加工工艺、载荷性质、结构和材质等。为了减小或消除这种危害，可以通过在金属材料中添加各种"维生素"来提高金属的抗疲劳性。例如，在金属中加进万分之几或千万分之几的稀土元素，就可以大大提高金属抗疲劳性，延长金属的使用寿命；也可以采用"金属免疫疗法"、减少金属薄弱环节、增加金属表面光洁度等措施来改善。

二、工艺性能

钢材对各种加工工艺方法所表现出来的适应性称为工艺性能。良好的工艺性能是钢制品或构件的质量保证。

（一）冷弯性能

冷弯性能是指钢材在常温下承受弯曲变形的能力，是钢材的重要工艺性能。它以弯曲角度（α）和弯心直径（d）与材料厚度（a）的比值 d/a 来表示，α 越大或 d/a 越小，则钢材的冷弯性能越好。钢材的冷弯试验是将钢材按规定弯曲角度与弯心直径进行弯曲后检查受弯部位的外表面，肉眼观察无裂纹、起层或断裂即为合格，如图 8-6 所示。

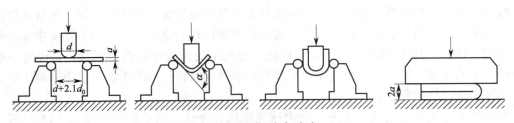

图 8-6　钢材冷弯试验

建筑结构或构件在加工和制造过程中，常要把钢材弯曲到一定的形状，这就要求钢材要具有较好的冷弯性能。冷弯是钢材处于不利变形条件下的塑性变形，这种变形在一定程度上比在均匀变形下的伸长率更能反映钢材内部组织的不均匀、内应力、微裂纹及夹杂物等的缺陷。一般来说，钢材的塑性愈大，其冷弯性能愈好。冷弯试验对焊接质量是也是一种检验，它能反映出焊件接口处的未熔合、夹杂物等缺陷。

（二）焊接性能

焊接性能是指两块钢材在局部快速加热条件下使结合部位迅速熔化或半熔化，从而牢固地结合成为一个整体的性能。在土木工程中，钢材间的连接大多数还是采用焊接方式来完成的，这就要求钢材要具有良好的焊接性能。可焊性好的钢材，焊缝处性质与钢材基本相同，焊接牢固可靠。在焊接中，由于高温和焊接后急剧冷却作用，焊缝及附近的过热区将发生晶体组织及结构变化，产生局部变形及内应力，使焊缝周围的钢材产生硬脆倾向，降低了焊接的质量。钢材的化学成分可影响其焊接性能。含碳量越高，可焊性越低。含碳量小于 0.25% 的碳素钢具有良好的可焊性，但含碳量超过 0.3% 时钢材的可焊性就会较差。另外，钢材中硫、磷以及加入合金元素都会降低其可焊性。

（三）切削和锻铸性能

切削性能反映出用切削工具对钢材进行切削加工的难易程度。可锻性指钢材在锻压加工中能承受塑性变形而不破裂的性能，它反映了钢材在加工过程中成型的难易程度。由于锻压加工变形方式不同，所以可锻性的表示指标也不同。镦粗以压缩率表示，延伸以延伸率、截面缩小率表示，扭转以扭角表示。影响可锻性的因素很多，如钢材自身的化学成分、相组成、晶粒大小和温度、变形方式、速度、材料表面状况、周围环境介质等外部因素。一般情况下，材料内部组织均匀、杂质少、材料表面光洁，可锻性高；而合金元素的增加会提高钢材的抗变形能力，降低钢材的塑性，使可锻性降低。可铸性是反映钢材熔化浇铸成为铸件的难易程度，表现为熔化状态时的流动性、吸气性、氧化性、熔点，铸件显微组织的均匀性、致密性，以及冷缩率等。

第三节　钢材的组织、化学成分及其对钢材性能的影响

钢材的性能不仅与钢材的化学成分有关，同时也与钢材的内部组织有关。

一、钢材的组织及其对钢材性能的影响

（一）钢材晶体结构的特点

为了解钢材的组织及其对性能的影响，我们必须先从晶体结构讲起。钢材是铁-碳合金晶体，它的晶格有体心立方晶格和面心立方晶格。体心立方晶格的立方体的中心和八个顶点各有一个铁原子，面心立方晶格的立方体的八个顶点和六个面的中心各有一个铁原子。如图8-7所示。各原子之间是以金属键相互结合在一起的，这种键既没有方向性又没有饱和性，成键的电子可以在金属中自由流动，所以使得钢材具有良好的导电性；同时外界温度升高使得自由电子和离子的振幅增大，钢材具有很好的导热性；由于自由电子间有胶合作用，当钢

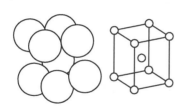
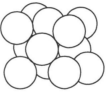
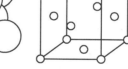

(a) 体心立方晶格　　　　　　　(b) 面心立方晶格

图 8-7　钢材晶体结构

材晶体受外力作用时，阳离子与原子间产生滑动，因此钢材可以加工成薄片或拉成细丝，表现出良好的延展性。钢材的这种金属键的结构就决定了钢材具有较高的强度和较好的塑性。

铁属于立方晶格，随着温度的变化，铁可以由一种晶格转变为另一种晶格。纯铁在常温下是体心立方晶格（称为 α-Fe）；当温度升高到 910℃ 时，纯铁的晶格由体心立方晶格转变为面心立方晶格（称为 γ-Fe），体积收缩；再升温到 1390℃ 时，面心立方晶格又重新转变为体心立方晶格（称为 δ-Fe），体积产生膨胀，然后一直保持到纯铁的熔化温度。正是由于纯铁的这种独特的性质，所以钢材能通过各种热处理方法改变内部组织从而改善自身性能。

（二）晶体结构中的缺陷

通过研究发现，钢材的晶格往往不是完美无缺的规则排列，而是存在较多的排列缺陷，它们严重地影响了钢材的性能，造成了钢材实验强度远低于理论强度。其主要的缺陷有三种：点缺陷、线缺陷和面缺陷。

1. 点缺陷

常见的点缺陷有三种：空位、间隙原子和置换原子。晶体中由于热振动等原因的影响，个别能量高的原子克服了邻近原子的束缚，离开原来的平衡位置而跑到另一个结点或结点间不平衡位置造成空位，导致晶格畸变。同时，某些杂质原子的嵌入，又会形成间隙原子，也导致了晶格的畸变。晶格组分以外的原子进入晶格中，取代原来平衡位置的原子，称为置换原子。这构成了晶格点缺陷，如图 8-8 所示。空位减弱了原子间的结合力，使钢材强度有所降低；间隙原子使钢材强度增加，但塑性降低。

2. 线缺陷

在金属晶体中某晶面间原子排列数目不相等，在晶格中形成缺列，这种缺陷称为"位错"，即线缺陷，如图 8-8 所示。它可分为刃型位错和螺型位错。刃型位错是使金属晶体成为不完全弹性体的主要原因之一，它使杂质易于扩散。

3. 面缺陷

晶界处原子的排列规律受到严重干扰，使排列紊乱，引起使晶格畸变，畸变区又构成面，这些面之间相互交叉形成三维网状结构，这就是面缺陷，如图 8-8 所示。面缺陷使钢材强度提高，塑性降低。

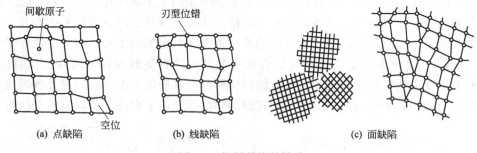

间歇原子　刃型位错

(a) 点缺陷　　　(b) 线缺陷　　　(c) 面缺陷

空位

图 8-8　钢材晶格的缺陷

（三）钢材的基本组织

钢是以铁和碳为主的合金，碳含量很少，但却对钢材有着决定性的作用。它们之间的结合方式有三种：固溶体 C、化合物 Fe_3C 和它们的机械混合物。在一定条件下由此又能形成一定形态的聚合体，称为钢材的组织。

1. 铁素体

指 C 溶于 α-Fe 的固溶体，由于 α-Fe 是体心立方晶体结构，故溶 C 能力很差（小于 0.02%），所以它使钢材表现出较好的延伸性、塑性和韧性，但强度、硬度都较低。

2. 渗碳体

指 C 与 Fe 形成的化合物 Fe_3C，含碳量较高（小于 6.67%），晶体结构较为复杂，钢材硬脆、塑性差、抗拉强度低。

3. 珠光体

指铁素体与渗碳体的机械混合物，含碳量较低（小于 0.8%），属层状结构，故塑性和韧性较好，强度较高，其性能介于铁素体和渗碳体之间。

建筑工程中所用的钢材含碳量均小于 0.8 %，所以其组织是铁素体和珠光体，因此建筑所用钢材都具有较高的强度、硬度和较好的塑性、韧性，以满足工程技术的要求。

二、钢材的化学成分及其对钢材性能的影响

钢材中所含元素很多，除 Fe 之外，还含有 C、Si、Mn、P、S、O、N、Ti、V、Nb、Cr 等元素，这些元素虽然含量较低，但它们对钢材的性能和质量有很大的影响。

（一）C

C 是决定钢材性能的重要元素，因为 C 含量的多少直接影响钢材的晶体组织。在含 C 低于 0.8%时，常温下钢材的基本组织为铁素体和珠光体，随着 C 含量的增加，珠光体相对含量增大，铁素体相应减少，所以钢材强度和硬度增大，塑性和韧性减小。但当 C 含量超过 1.0%时，随 C 含量的增加，呈网状分布于珠光体表面的渗碳体使钢材变脆，钢材表现出强度、塑性和韧性降低，耐蚀性和可焊性也变差，冷脆性和时效敏感性增大。

（二）Si

Si 是在炼钢过程中作为脱氧剂被加入而残留下来的，大部分溶于铁素体中，它是一种有益的元素，因为当钢材中含 Si 的量在低于 1%时，Si 的加入，能够显著地提高钢材的机械强度，且对钢材的塑性、韧性、无明显影响。故 Si 是我国钢筋用钢材的主加合金元素。

（三）Mn

Mn 也是在炼钢过程中作为脱氧剂和脱硫剂被加入的，Mn 溶于铁素体中，同 Si 元素一样，也是一种有益元素。它能消减由硫和氧引起的钢材的热脆性。Mn 是钢材的重要的元素，它有助于生成纹理结构，增加钢材的坚固性、强度及耐磨损性能。其含量在 1%～2% 范围时，它溶于铁素体中使其强化，并将珠光体细化增强。当 Mn 的含量在 11%～14% 时，称为高锰钢，具有较高的耐磨性。

（四）Ti、V、Nb、Cr

Ti、V、Nb、Cr 都是炼钢时的强脱氧剂，能细化晶粒，提高钢材的性能。Ti 与 N 有非常强的亲和力，两者相结合可以形成 TIN，这种物质能够固定住钢材中的氮元素，并在钢材中以细小的质点均匀分布来控制晶粒的大小，故能够有效地提高钢的强度，改善钢的韧性、可焊性，但会稍降低塑性。V 能增强钢的抗磨损性能和延展性。Nb 的加入能降低钢的过热敏感性及回火脆性，提高强度，但塑性和韧性有所下降。Cr 在结构钢和工具钢中，能显著提高钢的强度、硬度和耐磨性，同时又能提高钢的抗氧化性和耐腐蚀性，因而是不锈钢、耐热钢的重要合金元素。

（五）P

P 是钢中有害杂质之一，它是原料中带入的，溶于铁素体中起强化作用。由于 P 的偏析

倾向较严重，所以含磷较多的钢，在室温或更低的温度下使用时，容易脆裂，称为冷脆。钢中含碳越高，由磷引起的脆性越严重。在一般情况下，P能增加钢的冷脆性、降低钢的焊接性、塑性及冷弯性。因此钢中P的含量要求低于0.045%，优质钢中含量要求更少。

（六）S

S是有害元素，它是原料中带入的，多以FeS的形式存在。由于其熔点低，低温时易使钢产生热脆性，同时降低钢的延展性、韧性和耐腐蚀性，在锻造和轧制时形成裂纹，对焊接性能也造成不利影响。所以建筑钢材中S的含量要求小于0.045%。

（七）N、O

N、O都是有害元素，都会严重降低钢材的塑性、韧性和可焊性，增加时效敏感性，所以要控制它们在钢材中的含量。通常要求钢中O含量不能大于0.03%，N含量不能超过0.008%。

第四节　钢材的冷加工与热处理

一、钢材的冷加工与时效处理

（一）冷加工强化

将钢材在常温下进行冷拉、冷拔和冷轧，使其产生塑性变形，从而提高其屈服强度、降低塑性韧性的过程称为钢材的冷加工强化。

1. 冷拉

冷拉是指在常温条件下，用冷拉设备以超过原来钢筋屈服强度的拉应力强行对钢筋进行拉伸，使其产生塑性变形以达到提高钢筋屈服强度和节约钢材的目的。将热轧钢筋用冷拉设备加力进行张拉，经冷拉时效后可使屈服强度提高20%～25%，可节约钢材10%～20%。

2. 冷拔

冷拔是指将光圆钢筋通过拔丝模孔强行拉拔。此工艺比纯冷拉作用更为强烈，钢筋不仅受拉，同时还受到挤压。经过一次或多次冷拔后得到的冷拔低碳钢丝屈服强度可提高40%～60%，但塑性降低、脆性增大。

3. 冷轧

冷轧是以热轧钢卷为原料，经酸洗去除氧化层后经过冷连轧后轧成断面形状规则的钢筋。这样不仅提高了钢筋自身的强度，而且也提高了其与混凝土之间的黏结力。

冷加工是依靠机械使钢筋在塑性变形时位错交互作用增强、位错密度提高和变形抗力增大，这些方面相互促进而导致钢材强度和硬度都提高。在建筑工程中常使用大量的冷加工强化钢筋，以达到节约钢材的经济目的，但由于其安全贮备小，尤其是冷拔钢丝，在强调安全性的重要建筑物施工现场中，已越来越难见到钢筋的冷加工车间了。

（二）时效处理

经过冷加工强化处理后的钢筋，在常温下存放15～20d或加热到100～200℃并保持2～3h后，其屈服强度、抗拉强度及硬度都进一步提高，塑性及韧性继续降低，弹性模量基本恢复的这个过程称为时效处理。前者称为自然时效，后者称为人工时效。对在低温或动载荷条件下的钢材构件，为了避免脆性破坏对其进行时效处理，以消除残余应力，稳定钢材组织和尺寸，改善机械性能，尤为重要。

钢材的冷拉时效前后性能变化可由拉伸试验的应力-应变图中看出，如图8-9所示。将钢材以大于其屈服强度的拉力对其进行冷拉后卸载，使钢材产生一定的塑性变形即得到了冷拉钢筋。钢材的屈服强度会由原来的 σ_s 提高到 σ_c，这说明了冷加工对钢材的屈服强度产生了影响。如果卸载后立即再拉伸，钢材的极限强度不会有所变化，但如果卸载后经过一段时间再对钢材进行拉伸，钢材的屈服强度 σ_c 会再次提高至 σ_c'，同时极限抗拉强度也会由原来的 σ_b 提高至 σ_b'，这表明经过时效后钢材的屈服强度和抗拉强度都会增强。

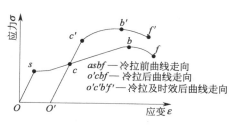

图 8-9 钢材冷拉时效前后应力-应变变化

二、热处理

热处理是指将固态下的钢材以一定的方式，在一定的介质内进行加热、保温，然后采取合适的方式进行冷却，通过改变材料表面或内部的组织结构得到所需要的性能的一种工艺。热处理是机械制造中的重要工艺之一，与其他加工工艺相比，热处理一般不改变原有形状和整体的化学成分，而是通过改变其内部显微组织或表面化学成分而改善其使用性能。这种改善是内在质量的改善，一般肉眼是看不到的。钢材的显微组织复杂，可以通过热处理予以控制，以改善钢材使用性能和工艺性能。

（一）退火

退火是指将钢材加热到发生相变或部分相变的温度并保持一段时间后使其随炉慢慢冷却的一种热处理工艺。退火是为了改善组织，消除缺陷，细化晶粒，使成分均匀化，提高钢材的力学性能，减少残余应力，防止变形开裂。在钢筋冷拔过程中经常需要退火来提高其塑性和韧性。

（二）正火

正火是将钢材加热到临界点以上的适当温度，保持一定时间后在空气中自然冷却的热处理方法。正火是退火的一种特例，仅是在冷却的速度上有所不同。正火能消除网状渗碳体结构，细化晶格，提高钢材的综合力学性能，对要求不高的零件采用正火代替退火是较为经济的。

（三）淬火

淬火是将钢加热到临界温度以上，保温一段时间后迅速将其置入淬火剂中，使其温度突然降低以达到急速冷却的热处理方法。淬火能增加钢的强度和硬度，降低塑性和韧性。淬火中常用的淬火剂有水、油、碱水和盐溶液等。

（四）回火

回火是将经过淬火的钢材加热到临界点后再用符合要求的方法对其进行冷却，以获得所需要的组织和性能的热处理工艺。回火的目的是为了消除淬火产生的内应力，降低硬度和脆性，以取得预期的力学性能。回火一般与淬火、正火配合使用。

第五节 常用钢材的标准与选用

土木工程中常用的钢材可以分为钢结构用钢和钢筋混凝土用钢两大类。钢结构用钢一般指型钢和钢板，而钢筋混凝土用钢一般指钢筋和钢丝。

一、钢结构用钢材

(一) 普通碳素结构钢

普通碳素结构钢又称为普通碳素钢，其含碳量小于 0.38%，属于低碳钢，是由氧气转炉、平炉或电炉冶炼，一般热轧成钢板、钢带、型材和棒材。

1. 牌号

按照《碳素结构钢》(GB/T 700—2006) 的规定，碳素结构钢的牌号由代表屈服强度的字母 (Q)、屈服强度数值、质量等级符号 (A、B、C、D)、脱氧方法符号 (F 沸腾钢、Z 镇静钢、TZ 特殊镇静钢) 4 个部分按顺序组成。有牌号表示时 Z 和 TZ 可以省略。例如，Q215BF 表示屈服强度为 215MPa 的 B 级沸腾钢。按屈服强度的大小可以将其分为 Q195、Q215、Q235、Q275 四个牌号。

2. 技术指标

根据《碳素结构钢》(GB/T 700—2006) 规范，碳素结构钢的化学成分、力学性能及冷弯性能应分别符合表 8-1～表 8-3 的规定。

表 8-1 碳素结构钢的牌号和化学成分

牌号	等级	厚度(或直径)/mm	脱氧方法	化学成分(质量分数)/% 不大于				
				C	Si	Mn	P	S
Q195	—	—	F、Z	0.12	0.30	0.50	0.035	0.040
Q215	A	—	F、Z	0.15	0.35	1.20	0.045	0.050
	B	—	F、Z					0.045
Q235	A	—	F、Z	0.22	0.35	1.40	0.045	0.050
	B	—	F、Z	0.20				0.045
	C	—	Z	0.17			0.040	0.040
	D	—	TZ				0.035	0.035
Q275	A	—	F、Z	0.24	0.35	1.50	0.045	0.050
	B	≤40	Z	0.21			0.045	0.045
		>40		0.22				
	C	—	Z	0.20			0.040	0.040
	D	—	TZ				0.035	0.035

表 8-2 碳素结构钢的力学性能

牌号	等级	屈服强度[1] R_{eH}/(N/mm²) 不小于						抗拉强度[2] R_M/(N/mm²)	断后伸长率 A/% 不小于					冲击试验 (V 形缺口)	
		厚度(或直径)/mm							厚度(或直径)/mm					温度/℃	冲击吸收功(纵向)/J,≥
		≤16	>16~40	>40~60	>60~100	>100~150	>150~200		≤40	>40~60	>60~100	>100~150	>150~200		
Q195	—	195	185	—	—	—	—	315~430	33	—	—	—	—	—	—
Q215	A	215	205	195	185	175	165	335~430	31	30	29	27	26	—	—
	B													+20	27
Q235	A	235	225	215	215	195	185	315~430	26	25	24	22	21	—	—
	B													+20	27[3]
	C													0	
	D													-20	
Q275	A	275	265	255	245	225	215	315~430	22	21	20	18	17	—	—
	B													+20	27
	C													0	
	D													-20	

① Q195 的屈服强度值仅供参考，不作交货条件。

② 厚度大于 100mm 的钢材，抗拉强度下限允许降低 20N/mm²。宽带钢 (包括剪切钢板) 抗拉强度上限不作交货条件。

③ 厚度小于 25 mm 的 Q235B 级钢材，如供方能保证冲击吸收功值合格，经需方同意，可不做检验。

表 8-3 碳素结构钢的弯曲性能

牌 号	试样方向	冷弯试验180° B＝2a①	
		钢材厚度（或直径）②/mm	
		≤60	＞60～100
		弯芯直径 d	
Q195	纵	0	—
	横	0.5a	
Q215	纵	0.5a	1.5a
	横	a	2a
Q235	纵	a	2a
	横	1.5a	2.5a
Q275	纵	1.5a	2.5a
	横	2a	3a

① B 为试样宽度，a 为试样厚度（或直径）。

② 钢材厚度（或直径）大于100mm时，弯曲试验由双方协商确定。

3. **牌号的选用**

碳素结构钢牌号越大，含碳量越高，其强度也越大，塑性和韧性也就较低。Q195、Q215 钢材由于其强度低，塑性和韧性好，易于加工，因此广泛用于制作低碳钢丝、钢丝网、屋面板、焊接钢管、地脚螺栓和铆钉等。Q235 钢材具有较好的强度，并具有良好的塑性和韧性，而且易于成型和焊接，所以这种钢材多用作钢筋和钢结构件，也用于作铆钉、铁路道钉和各种机械零件，如螺栓、拉杆、连杆等。强度较高的 Q275 钢材因其强度高，塑性、韧性和可焊性差，不易冷加工，故常用于制作各种农业机械，也可用作钢筋和铁路鱼尾板。受动荷载作用以及在低温下工作的结构和构件，都不能选用 A、B 质量等级钢和沸腾钢。

（二）优质碳素结构钢

优质碳素结构钢是含碳小于 0.8% 的碳素钢，这种钢中所含的硫、磷及非金属夹杂物比碳素结构钢少，机械性能较为优良。在工程中一般用于生产预应力混凝土用钢丝、钢绞线、锚具，以及高强度螺栓、重要结构的钢铸件等。

依据《优质碳素结构钢》（GB/T 699—1999）国家标准，优质碳素结构钢按冶金质量等级可分为优质钢、高级优质钢 A 和铁级优质钢 E。按使用加工方法可以分为两类：压力加工用钢 UP 和切削加工用钢 UC。按含碳量的不同可分为三类：低碳钢（C≤0.25%）、中碳钢（C 为 0.25%～0.60%）和高碳钢（C＞0.60%）。

优质碳素钢共有 31 个牌号，其牌号由代表平均碳含量万分数的数字和代表锰含量、冶金质量等级、脱氧程度的字母组成。含锰量较高时，在钢号后要加注"Mn"；在优质碳素钢中，有三个钢号属于沸腾钢，应在钢号后加"F"进行标注，其余均为镇静钢。例如，25Mn，表示平均含碳量为 0.25% 的较高含锰量的镇静钢。

优质碳素结构钢产量大，用途广，不同牌号钢作用也不同。如 20 号钢常用来制造螺钉、螺母、垫圈、小轴以及冲压件、焊接件，有时也用于制造渗碳件。45 号钢强度高、硬度大、塑性和韧性良好，故在机械结构中用途最广，常用来制造轴、丝杠、齿轮、连杆、套筒、键、重要螺钉和螺母等。60Mn 号钢强度较高，多用于制造各种扁圆弹簧、弹簧环和片以及冷拔钢丝和发条等。65～80 号钢用于生产预应力混凝土用钢丝和钢绞线等。

(三) 低合金高强度结构钢

低合金高强度结构钢是在低碳钢中添加总量小于 5% 的合金化元素使轧制态或正火态的屈服强度超过 275MPa 的低合金工程结构钢。常用的合金元素有锰（Mn）、硅（Si）、钒（V）、铌（Nb）、钛（Ti）、铬（Cr）、铝（Al）、钼（Mo）、氮（N）和稀土（RE）等。其含碳量一般小于 0.25%，它比普通碳素结构钢屈服强度高、焊接性好、抗大气海水等的腐蚀性好。

1. 牌号

根据《低合金高强度结构钢》（GB/T 1591—2008）国家标准，按化学成分和性能要求规定了低合金高强度钢的牌号。钢的牌号由代表屈服强度的汉语拼音字母（Q）、屈服强度数值、质量等级（A、B、C、D、E）三个部分组成。例如，Q450D 表示屈服强度为 450MPa 的 D 级低合金高强度结构钢。如需方要求钢具有厚度方向性能时，则在上述规定的牌号后加上代表厚度方向（Z 向）性能级别的符号，如 Q345DZ15。

2. 技术指标

依据《低合金高强度结构钢》（GB/T 1591—2008）国家标准的规定，低合金高强度结构钢的化学成分与拉伸性能及夏比（V 型）冲击试验的试验温度和冲击吸收能量需分别满足表 8-4～表 8-6 的规定。

表 8-4 低合金高强度结构钢的牌号和化学成分

牌号	质量等级	化学成分①,②（质量分数）/%													
		C	Si	Mn	P	S	Nb	V	Ti	Cr	Ni	Cu	N	Mo	B	Als
		不大于														不小于
Q345	A	≤0.20	≤0.50	≤1.7	0.035	0.035	0.07	0.15	0.20	0.30	0.50	0.30	0.012	0.10	—	—
	B				0.035	0.035										—
	C				0.030	0.030										0.015
	D	≤0.18			0.030	0.025										0.015
	E				0.025	0.020										0.015
Q390	A	≤0.20	≤0.50	≤1.7	0.035	0.035	0.07	0.20	0.20	0.30	0.50	0.30	0.015	0.10	—	—
	B				0.035	0.035										—
	C				0.030	0.030										0.015
	D				0.030	0.025										0.015
	E				0.025	0.020										0.015
Q420	A	≤0.20	≤0.50	≤1.7	0.035	0.035	0.07	0.20	0.20	0.30	0.80	0.30	0.015	0.20	—	—
	B				0.035	0.035										—
	C				0.030	0.030										0.015
	D				0.030	0.025										0.015
	E				0.025	0.020										0.015
Q460	C	≤0.20	≤0.60	≤1.8	0.030	0.030	0.11	0.20	0.20	0.30	0.55		0.015	0.20	0.004	0.015
	D				0.030	0.025										0.015
	E				0.025	0.020										0.015
Q500	C	≤0.18	≤0.60	≤1.8	0.030	0.030	0.11	0.12	0.20	0.60	0.80	0.55	0.015	0.20	0.004	0.015
	D				0.030	0.025										0.015
	E				0.025	0.020										0.015

① 型材及棒材 P、S 含量可提高 0.005%，其中 A 级钢上限为 0.045%。

② 当细化晶粒元素组合加入时，20(Nb＋V＋Ti)≤0.22%，20(Mo＋Cr)≤0.30%。

表 8-5　低合金高强度结构钢的拉伸性能①②③

牌号	质量等级	拉伸试验①②③ 下屈服强度 (R_{eL})/MPa									抗拉强度 (R_m)/MPa							断后伸长率 (A)/%					
		以下公称厚度（直径、边长）									以下公称厚度（直径、边长）							以下公称厚度（直径、边长）					
		≤16mm	>16~40mm	>40~63mm	>63~80mm	>80~100mm	>100~150mm	>150~200mm	>200~250mm	>250~400mm	≤40mm	>40~63mm	>63~80mm	>80~100mm	>100~150mm	>150~250mm	>250~400mm	≤40mm	>40~63mm	>63~100mm	>100~150mm	>150~250mm	>250~400mm
Q345	A, B, C, D, E	≥345	≥335	≥325	≥315	≥305	≥285	≥275	≥265	≥265	470~630	470~630	470~630	470~630	450~600	450~600	470~630	≥20	≥19	≥19	≥18	≥17	—
Q390	A, B, C, D, E	≥390	≥370	≥350	≥330	≥330	≥310	—	—	—	490~650	490~650	490~650	490~650	470~620	—	—	≥21	≥20	≥20	≥19	≥18	≥17
Q420	A, B, C, D, E	≥420	≥400	≥380	≥360	≥360	≥340	—	—	—	520~680	520~680	520~680	520~680	500~650	—	—	≥20	≥19	≥19	≥18	—	—
Q460	C, D, E	≥460	≥440	≥420	≥400	≥400	≥380	—	—	—	550~720	550~720	550~720	550~720	530~700	—	—	≥19	≥18	≥18	≥16	—	—
Q500	C, D, E	≥500	≥480	≥470	≥450	≥440	—	—	—	—	610~770	600~760	590~750	540~730	—	—	—	≥17	≥16	≥17	—	—	—
Q550	C, D, E	≥550	≥530	≥520	≥500	≥490	—	—	—	—	670~830	620~810	600~790	590~780	—	—	—	≥16	≥16	≥16	—	—	—
Q620	C, D, E	≥620	≥600	≥590	≥570	—	—	—	—	—	710~880	690~880	670~860	—	—	—	—	≥15	≥15	≥15	—	—	—
Q690	C, D, E	≥690	≥670	≥660	≥640	—	—	—	—	—	770~940	750~920	720~900	—	—	—	—	≥14	≥14	≥14	—	—	—

① 当屈服不明显时，可测量 $R_{p0.2}$ 代替下屈服强度。

② 宽度不小于 600mm 扁平材，拉伸试验取横向试样；宽度小于 600mm 的扁平材、型材及棒材取纵向试样，断后伸长率最小值相应提高 1%（绝对值）。

③ 厚度 >250~400mm 的数值适用于扁平材。

表 8-6　低合金高强度结构钢夏比（V 型）冲击试验的试验温度和冲击吸收能量

牌　　号	质量等级	试验温度/℃	冲击吸收能量(KV₂)①/J		
			公称厚度(直径、边长)		
			12~150mm	>150~250mm	>250~400mm
Q345	B	20	≥34	≥27	—
	C	0			
	D	−20			27
	E	−40			
Q390	B	20	≥34	—	—
	C	0			
	D	−20			
	E	−40			
Q420	B	20	≥34	—	—
	C	0			
	D	−20			
	E	−40			
Q460	C	0	≥34	—	—
	D	−20			
	E	−40			
Q500、Q550 Q620、Q690	C	0	≥55	—	—
	D	−20	≥47		
	E	−40	≥31		

① 冲击试验取纵向试样。

3. 性能与应用

低合金高强度结构钢不但强度高、韧性和抗冲击性好，而且其可焊性、耐蚀性、耐低温性都较好。因此，它是综合性能较好的建筑钢材。可轧制成板材、型材、无缝钢管等，在建筑工程中被广泛用于桥梁、工业与民用建筑结构和构件中，尤其是大跨度、受动荷载或冲击荷载的结构物中。

二、钢筋混凝土结构用钢材

（一）钢筋混凝土用热轧钢筋

热轧钢筋是经热轧成型并自然冷却的成品钢筋，是土木建筑工程中使用量最大的钢材品种之一。按外形可分为光圆钢筋和带肋钢筋，带肋钢筋的肋分有纵肋、无纵肋、等高肋、月牙肋（螺旋形、人字纹、月牙形）等。钢筋在混凝土中主要承受拉应力。带肋钢筋由于有肋的作用，因而与混凝土有较大的黏结能力，能更好地承受外力的作用。钢筋广泛用于各种建筑结构，特别是大型、重型、轻型薄壁和高层建筑结构中。

1. 热轧光圆钢筋

经热轧成型，横截面通常为圆形，表面光滑的成品钢筋称为热轧光圆钢筋。

（1）牌号　热轧光圆钢筋（hot rolled plain bars）的牌号由英文缩写 HPB 和其屈服强度特征值构成，可分为 HPB235 和 HPB300 两个牌号。目前，低强度的 HPB235 正在淘汰，以 HPB300 来逐步代替。

（2）技术指标　依据《钢筋混凝土用钢 第 1 部分：热轧光圆钢筋》（GB 1499.1—2008）标准，热轧光圆钢筋牌号及化学成分、力学性能及工艺性能应分别符合表 8-7、表 8-8 的规定。

表 8-7　热轧光圆钢筋的牌号及化学成分

牌　号	化学成分(质量分数)/%　不大于				
	C	Si	Mn	P	S
HPB235	0.22	0.30	0.65	0.045	0.050
HPB300	0.25	0.55	1.50		

表 8-8　热轧光圆钢筋力学性能及工艺性能

牌　号	屈服强度 R_{el}/MPa	抗拉强度 R_m/MPa	断后伸长率 A/%	最大力总伸长率 A_{gt}/%	冷弯试验 180° d 为弯芯直径，a 为钢筋公称直径
	不小于				
HPB235	235	370	25.0	10.0	$d=a$
HPB300	300	420			

钢筋按表 8-8 弯曲后受弯部位表面不产生裂纹，这样才算冷弯性能合格。

（3）性能与应用　热轧光圆钢筋属于低强度钢筋，它具有塑性好，伸长率高，易于弯折、焊接等特点。它的应用范围较广，不但可用作构件的箍筋，钢、木等结构的拉杆，而且也可作为中、小型钢筋混凝土结构的主要受力钢筋。圆盘条钢筋还可作为冷拔低碳钢丝和双钢筋的原料。

2. 热轧带肋钢筋

热轧带肋钢筋是经热轧成型，横截面通常为圆形，且表面带肋的混凝土结构用钢材。它分为普通热轧钢筋和细晶粒热轧钢筋两种。

（1）牌号　热轧带肋钢筋（hot rolled ribbed bars）的牌号由英文缩写 HRB（HRBF）和其屈服强度特征值构成，牌号带 F（Fine）的为细晶粒热轧钢筋，一般用在主要结构构件的纵筋、箍筋等。对于有较高抗震要求的结构构件，其牌号是在原有钢筋牌号后加 E（如 HRBF400E、HRB500E）。

（2）技术指标　依据《钢筋混凝土用钢　第 2 部分：热轧带肋钢筋》（GB 1499.2—2007）标准，热轧带肋钢筋的牌号及其化学成分、力学及弯曲性能分别应符合表 8-9 和表 8-10 的规定。

表 8-9　热轧带肋钢筋的牌号及其化学成分

牌　号	化学成分(质量分数)/%　不大于					
	C	Si	Mn	P	S	Ceq
HRB335 HRBF335						0.52
HRB400 HRBF400	0.25	0.80	1.60	0.045	0.045	0.54
HRB500 HRBF500						0.55

注：碳当量 C_{eq}＝C＋Mn/6＋(Cr＋V＋Mo)/5＋(Cu＋Ni)/15。

钢筋按表 8-10 规定的弯芯直径弯曲 180°后，钢筋弯曲部位表面不得产生裂纹。

（3）性能与应用　随着国内高层建筑的不断增加，为了确保建筑物的安全，在结构设计中对钢筋的要求不断提高。HRB335 钢筋能耗高、性能低、浪费钢材，所以国家提倡使用 HRB400 钢筋代替 HRB335 钢筋。HRB400、HRB500 钢筋性能稳定、黏结性好、强度高、塑性和可焊性好、工艺性能优良，因而被广泛应用于房屋建筑、桥梁、铁路、公路等诸多土建工程建设领域。HRB400、HRB500 钢筋在一般气候条件下可裸露使用，即使在 600℃时，其屈服强度下降也不大于规定室温强度标准的 1/3，在工程上应用这种钢筋，可减少污染、缩短工期、降低成本、减少甚至不必进行防腐维护等。HRB500 钢筋强度高，塑性和韧性稍差，主要用作预应力钢筋。

表 8-10　热轧带肋钢筋力学性能及弯曲性能

牌　号	公称直径 d/mm	屈服强度 R_{el}/MPa	抗拉强度 R_m/MPa	断后伸长率 A/%	最大力总伸长率 A_{gt}/%	冷弯 180°，弯芯直径
				不小于		
HRB335 HRBF335	6～25	335	455	17	7.5	3d
	28～40					4d
	>40～50					5d
HRB400 HRBF400	6～25	400	540	16		4d
	28～40					5d
	>40～50					6d
HRB500 HRBF500	6～25	500	630	15		6d
	28～40					7d
	>40～50					8d

注：对于直径 28～40mm 各牌号钢筋的断后伸长率 A 可降低 1%；直径大于 40mm 各牌号钢筋的断后伸长率 A 可降低 2%。

对于牌号后带 E 的钢筋，除应满足上述性能外，还应满足以下要求：

1. 钢筋实测抗拉强度与实测屈服强度之比 R_m^o/R_{el}^o 不小于 1.25。
2. 钢筋实测屈服强度与本表中规定的屈服强度特征值之比 R_{el}^o/R_{el} 不大于 1.30。
3. 钢筋的最大力总伸长率 A_{gt} 不小于 9%。

（二）冷加工钢筋

1. 冷拔低碳钢丝

冷拔低碳钢丝是由低碳钢热轧圆盘条或热轧光圆钢筋经一次或多次冷拔制成的光圆钢丝。冷拔低碳钢丝的牌号定名为 CDW（cold-drawn wire），如 CDW550，即冷拔低碳钢丝强度标准值为 550MPa。依据《冷拔低碳钢丝应用技术规程》（JGJ 19—2010），冷拔低碳钢丝的力学及弯曲性能应符合表 8-11 的规定。

表 8-11　冷拔低碳钢丝拉伸、反复弯曲性能

钢丝直径/mm	抗拉强度 R_m 不小于/(N/mm²)	伸长率 A 不小于/%	180°反复弯曲次数不小于	弯曲半径/mm
3	550	2.0	4	7.5
4		2.5		10
5		3.0		15
6				15
7				20
8				20

注：1. 抗拉强度试样应取未经机械调直的冷拔低碳钢丝。

2. 冷拔低碳钢丝伸长率测量标距对直径 3～6mm 的钢丝为 100mm，对直径 7mm、8mm 的钢丝为 150mm。

由于冷拔低碳钢丝具有宜于取材、加工方便、焊接质量易保证、性价比高等优点，结合工程实际情况，在条件允许的情况下因地制宜地采用冷拔低碳钢丝可获得较好的经济效果。目前，冷拔低碳钢丝在混凝土结构、砌体结构中有较多的应用，如混凝土结构中混凝土保护层厚度较大时配置的构造网片、配筋砌体中的受力网片、墙体圈梁及构造柱的箍筋、混凝土小型空心砌墙体中的网片拉结筋、建筑保温和防水层中的构造网片、混凝土结构及砌体结构加固中的受力及构造网片、基坑支护边坡中喷射混凝土面层的构造网片等。单根的冷拔低碳钢丝由于表面光滑、锚固性能差，不推荐作为受力钢筋使用。作为箍筋使用时，冷拔低碳钢丝的直径不宜小于 5mm，间距不应大于 200mm，构造应符合国家现行相关标准的有关规定。采用冷拔低碳钢丝的混凝土构件，混凝土强度等级不应低于 C20。钢丝的混凝土保护层厚度不应小于 15mm。作为砌体结构中夹心墙、叶墙间的拉结钢筋或拉结网片使用时，冷拔低碳钢丝应进行防腐处理。

2. 冷轧带肋钢筋

冷轧带肋钢筋指热轧圆盘条经冷轧后，在其表面带有沿长度方向均匀分布的三面或两面横肋的钢筋。高延性冷轧带肋钢筋指经回火处理后，具有较高伸长率的冷轧带肋钢筋。冷轧带肋钢筋的牌号由 CRB（cold rolled ribbed bar）和钢筋的抗拉强度最小值构成。冷轧带肋钢筋有 CRB550、CRB600H、CRB650、CRB650H、CRB800、CRB800H 和 CRB970 几个牌号。带 H 的为高延性冷轧带肋钢筋。依据《冷轧带肋钢筋混凝土结构技术规程》（JGJ 95—2011）、《冷轧带肋钢筋》（GB 13788—2008）标准，冷轧带肋钢筋力学性能和工艺性能应符合表 8-12、表 8-13 的规定。

表 8-12 冷轧带肋钢筋力学性能和工艺性能

牌 号	$R_{P0.2}$/MPa 不小于	抗拉强度 R_m/MPa 不小于	伸长率/% 不小于		弯曲试验 180°	反复弯曲次数	应力松弛初始应力应相当于公称抗拉强度的 70%
			$A_{11.3}$	A_{100}			1000h 松弛率/% 不大于
CRB550	500	550	8.0	—	$D=3d$	—	—
CRB650	585	650	—	4	—	3	8
CRB800	720	800	—	4	—	3	8
CRB970	875	970	—	4	—	3	8

注：表中 D 为弯心直径，d 为钢筋公称直径。

表 8-13 高延性二面肋钢筋的力学性能和工艺性能

牌号	直径 /mm	f_{yk} /MPa	f_{ptk} /MPa	δ_5 /%	δ_{100} /%	δ_{gt} /%	弯曲试验 180°	反复弯曲次数	应力松弛初始应力应相当于公称抗拉强度的 70%
				不小于					1000h 松弛率/% 不大于
CRB600H	5～12	520	600	14.0	—	—	5.0	$D=3d$	—
CRB650H	5～6	585	650	—	—	7.0	4.0	—	4
CRB800H	5～6	720	800	—	—	7.0	4.0	—	4

注：1. f_{yk} 为钢筋混凝土用冷轧带肋钢筋强度标准值；f_{ptk} 为预应力混凝土用冷轧带肋钢筋强度标准值。

2. 表中 D 为弯芯直径，d 为钢筋公称直径；反复弯曲试验的弯曲半径为 15mm。

3. 表中 δ_5、δ_{100}、δ_{gt} 分别相当于相关冶金产品标准中的 A_5、A_{100}、A_{gt}。

CRB550、CRB600H 钢筋宜用作钢筋混凝土结构中的受力钢筋、钢筋焊接网、箍筋、构造钢筋以及预应力混凝土结构构件中的非预应力筋。CRB650、CRB650H、CRB800、CRB800H 和 CRB970 钢筋宜用作预应力混凝土结构构件中的预应力筋。冷轧带肋钢筋除应用于钢筋混凝土结构和预应力混凝土构件外，在水管、电线杆等混凝土制品中也得到较多应用。冷轧带肋钢筋制成焊接网和焊接骨架在高速铁路预制箱梁顶部的铺装层、双块式轨枕及轨道板底座的配筋中已经得到应用。冷轧带肋钢筋在砌体结构中也可作为拉结筋、拉结网片使用。

3. 冷扎扭钢筋

冷轧扭钢筋指低碳钢热轧圆盘条经专用钢筋冷轧扭机调直、冷轧并冷扭（或冷滚）一次成型，具有规定截面形式和相应节距的连续螺旋状钢筋。冷轧扭钢筋的牌号由 CTB（cold-rolled and twisted bars）和钢筋的抗拉强度最小值构成，如 CTB550、CTB650。依据《冷轧扭钢筋混凝土构件技术规程》（JGJ 115—2006），冷轧扭钢筋的力学性能应符合表 8-14 的规定。

表 8-14　冷轧扭钢筋性能指标

强度级别	型　号	标志直径/mm	抗拉强度 f_{yk}/(N/mm²)	伸长率 A/%	180°弯曲（弯心直径＝3d）
CTB550	I	6.5	$\geqslant$550	$A_{11.3}\geqslant$4.5	
		8			
		10			
		12			
	II	6.5	$\geqslant$550	$A\geqslant$10	受弯曲部位钢筋表面不得产生裂纹
		8			
		10			
		12			
	III	6.5	$\geqslant$550	$A\geqslant$12	
		8			
		10			
CTB650	预应力 III	6.5	$\geqslant$650	$A_{100}\geqslant$4	
		8			
		10			

注：1. d 为冷轧扭钢筋标志直径。

2. A、$A_{11.3}$ 分别表示以标距 $5.65\sqrt{S_0}$ 或 $11.3\sqrt{S}$（S_0 为试样原始截面面积）的试样拉断伸长率，A_{100} 表示标距为 100mm 的试样拉断伸长率。

冷轧扭钢筋具有良好的塑性和较高的抗拉强度，其螺旋状外形又大大提高了它与混凝土的握裹力，改善了构件受力性能，从而使得混凝土构件具有承载力高、刚度好等特点，同时由于冷轧扭钢筋的生产与加工合二为一，因此与 I 级钢相比又可节约钢材 30%～40%。冷轧扭钢筋可用于制作现浇和预制楼板、次梁、楼梯、基础及其他构造钢筋，II、III 型冷轧扭钢筋还可用于梁、柱箍筋、墙体分布筋和其他构造钢筋的制作。预制构件的吊环严禁采用冷轧扭钢筋制作。

4. 预应力混凝土用钢绞线

预应力混凝土用钢绞线是由圆形断面钢丝捻成的做预应力混凝土结构、岩土锚固等用途的钢绞线。它可以分为三种：标准型钢绞线、刻痕钢绞线和模拔型钢绞线。标准型钢绞线（standard strand）指由冷拉光圆钢丝捻制成的钢绞线。刻痕钢绞线（indented strand）指由刻痕钢丝捻制成的钢绞线。模拔型钢绞线（compact strand）指捻制后再经冷拔成的钢绞线。钢绞线按结构分为五类：用两根钢丝捻制的钢绞线（代号 1×2）；用三根钢丝捻制的钢绞线（代号 1×3）；用三根刻痕钢丝捻制的钢绞线（代号 1×3 I）；用七根钢丝捻制的标准型钢绞线（代号 1×7）；用七根钢丝捻制又经模拔的钢绞线［代号(1×7)C］。钢绞线标记应包含：预应力钢绞线、结构代号、公称直径、强度级别、标准号。例如，预应力钢绞线 1×3 I-8.74-1 670-GB/T 5224—2003，表示公称直径为 8.74mm，强度级别为 1670 MPa 的三根刻痕钢丝捻制的钢绞线。

依据《预应力混凝土用钢绞线》（GB/T 5244—2003）及其 2008 年 5 月 1 日实施的第 1 号修改单，预应力混凝土用钢绞线力学性能应符合表 8-15～表 8-17 的规定。

表 8-15　1×2 结构钢绞线力学性能

钢绞线结构	钢绞线公称直径 D_n/mm	抗拉强度 R_m/MPa 不小于	整根钢绞线的最大力 F_m/kN 不小于	规定非比例延伸力，$F_{p0.2}$/kN 不小于	最大力总伸长率 $L_0 \geq 400mm$, A_{gt}/% 不小于	应力松弛性能	
						初始负荷相当于公称最大力的百分数/%	1000h 后应力松弛率 r/% 不大于
1×2	5.00	1570	15.4	13.9	3.5		
		1720	16.9	15.2			
		1860	18.3	16.5			
		1960	19.2	17.3			
	5.80	1570	20.7	18.6		60	1.0
		1720	22.7	20.4			
		1860	24.6	22.1			
		1960	25.9	23.3			
	8.00	1470	36.9	33.2			
		1570	39.4	35.5			
		1720	43.2	38.9		70	2.5
		1860	46.7	42.0			
		1960	49.2	44.3			
	10.00	1470	57.8	52.0			
		1570	61.7	55.5			
		1720	67.6	60.8		80	4.5
		1860	73.1	65.8			
		1960	77.0	69.3			
	12.00	1570	83.1	74.8			
		1720	88.7	79.8			
		1860	97.2	87.5			
		1960	105	94.5			

注：规定非比例延伸力 $F_{p0.2}$ 值不小于整根钢绞线公称最大力 F_m 的 90%。

表 8-16　1×3 结构钢绞线力学性能

钢绞线结构	钢绞线公称直径 D_n/mm	抗拉强度 R_m/MPa 不小于	整根钢绞线的最大力 F_m/kN 不小于	规定非比例延伸力，$F_{p0.2}$/kN 不小于	最大力总伸长率 $L_0 \geq 400mm$, A_{gt}/% 不小于	应力松弛性能	
						初始负荷相当于公称最大力的百分数/%	1000h 后应力松弛率 r/% 不大于
1×3	6.20	1570	31.1	28.0	3.5		
		1720	34.1	30.7			
		1860	36.8	33.1			
		1960	38.8	34.9			
	6.50	1570	33.3	30.0		60	1.0
		1720	36.5	32.9			
		1860	39.4	35.5			
		1960	41.6	37.4			
	8.60	1470	55.4	49.9		70	2.5
		1570	59.2	53.3			
		1720	64.8	58.3			
		1860	70.1	63.1		80	4.5
		1960	73.9	66.5			
	8.74	1570	60.6	54.5			
		1670	64.5	58.1			
		1860	71.8	64.6			

钢绞线结构	钢绞线公称直径 D_n/mm	抗拉强度 R_m/MPa 不小于	整根钢绞线的最大力 F_m/kN 不小于	规定非比例延伸力,$F_{p0.2}$/kN 不小于	最大力总伸长率 $L_0 \geqslant 400$mm,A_{gt}/% 不小于	应力松弛性能	
						初始负荷相当于公称最大力的百分数/%	1000h 后应力松弛率 r/% 不大于
1×3	10.80	1470	86.6	77.9		60	1.0
		1570	92.5	83.3			
		1720	101	90.9			
		1860	110	99.0			
		1960	115	104	3.5		
	12.90	1470	125	113		70	2.5
		1570	133	120			
		1720	146	131			
		1860	158	142			
		1960	166	149			
1×3 I	8.74	1570	60.6	54.5		80	4.5
		1670	64.5	58.1			
		1860	71.8	64.6			

注：规定非比例延伸力 $F_{p0.2}$ 值不小于整根钢绞线公称最大力 F_m 的 90%。

表 8-17　1×7 结构钢绞线力学性能

钢绞线结构	钢绞线公称直径 D_n/mm	抗拉强度 R_m/MPa 不小于	整根钢绞线的最大力 F_m/kN 不小于	规定非比例延伸力,$F_{p0.2}$/kN 不小于	最大力总伸长率 $L_0 \geqslant 400$mm,A_{gt}/% 不小于	应力松弛性能	
						初始负荷相当于公称最大力的百分数/%	1000h 后应力松弛率 r/% 不大于
1×7	9.50	1720	94.3	84.8		60	1.0
		1860	102	91.8			
		1960	107	96.3			
	11.10	1720	128	115			
		1860	138	124			
		1960	145	131			
	12.70	1720	170	153			
		1860	184	166			
		1960	193	174			
	15.20	1470	206	185	3.5	70	2.5
		1570	220	198			
		1670	234	211			
		1720	241	217			
		1860	260	234			
		1960	274	247			
	15.70	1770	266	239			
		1860	279	251			
	17.80	1720	327	294		80	4.5
		1860	353	318			
	21.60	1770	504	454			
		1860	530	477			
(1×7)C	12.70	1860	208	187			
	15.20	1820	300	270			
	18.00	1720	384	346			

注：规定非比例延伸力 $F_{p0.2}$ 值不小于整根钢绞线公称最大力 F_m 的 90%。

　　预应力混凝土用钢绞线主要应用在大跨度、大负荷的钢筋混凝土结构中，特别是公用大跨度建筑梁、柱、屋架等。它可以大幅度减小梁的挠度，同时运用无黏结预应力工艺，还可省去灌浆的麻烦，因此在土木工程中得到了广泛的应用。

第六节　钢材的锈蚀与防止

一、钢材的锈蚀

钢材的锈蚀是指钢材的表面与周围介质如潮湿的空气、土壤、工业废气等发生化学反应或电化学反应而遭到侵蚀破坏的过程。依据《涂覆涂料前钢材表面处理　表面清洁度的目视评定　第1部分：未涂覆过的钢材表面和全面清除原有涂层后的钢材表面的锈蚀等级和处理等级》（GB 8923.1—2011）标准，将钢材表面锈蚀分为A、B、C和D四个等级。A级是指全面地覆盖着氧化皮而几乎没有铁锈的钢材表面。B级是指已发生锈蚀，并且部分氧化皮已经剥落的钢材表面。C级是指氧化皮已因锈蚀而剥落，或者可以刮除，并且有少量点蚀的钢材表面。D级是指氧化皮已因锈蚀而全面剥离，并且已普遍发生点蚀的钢材表面。当钢材的锈蚀达到B级以上时，不仅使钢材有效截面积减小，性能降低，而且会形成程度不等的锈坑、锈斑，从而使结构或构件因应力集中而加速其破坏。

根据锈蚀作用的机理，钢材的锈蚀可分为化学锈蚀和电化学锈蚀两类。

1. 化学锈蚀

化学锈蚀是指钢材直接与周围介质发生化学反应而产生的锈蚀。这种锈蚀通常是由氧化反应引起的，即周围介质直接同钢材表面的铁原子相互作用形成疏松氧化铁。在常温下，钢材表面能形成一薄层氧化保护膜，能有效防止钢材的锈蚀。因此，在干燥环境下，钢材的锈蚀进展很慢，但在高温和潮湿的环境条件下，锈蚀会大大加快。

2. 电化学锈蚀

电化学锈蚀是指钢材在存放和使用过程中与潮湿气体或电解质溶液发生电化学作用而产生的锈蚀。在潮湿空气中，钢材表面被一层电解质水膜覆盖。钢材中含有铁、碳等多种成分，这些成分的电极电位不同，因而在钢材表面会形成许多个以铁为阳极、碳化铁为阴极的微电池，使钢材不断地被锈蚀。

在钢材表面，微电池的两极反应如下。

阴极反应：　　　　　　　　　　$Fe-2e^- \longrightarrow Fe^{2+}$

阳极反应：　　　　　　　　　　$2H^+ + 2e^- \longrightarrow H^2$

从电极反应中所逸出的离子在水膜中的反应如下：

$$Fe + 2H^+ \longrightarrow Fe^{2+} + H_2 \uparrow$$

$$Fe^{2+} + 2OH^- \longrightarrow Fe(OH)_2$$

$Fe(OH)_2$又与水中溶解的氧发生下列反应：

$$4Fe(OH)_2 + O_2 + 2H_2O \longrightarrow 4Fe(OH)_3$$

从钢材锈蚀的作用机理可以看出，不管是化学腐蚀还是电化学腐蚀，其实质都是铁原子被氧化成铁离子的过程。电化学锈蚀是建筑钢材在存放和使用中发生锈蚀的主要形式。

二、防止钢材锈蚀的措施

钢材防锈蚀的方法很多，主要有隔离介质、改善环境、电化学保护、改善钢材本质等。

1. 喷、涂保护层法

在钢材表面喷或涂上保护层使其与周围介质隔离从而达到防锈蚀的目的。这种方法最常用的就是在钢材表面喷或涂刷底涂料和面涂料。对于薄壁型钢材可采用热浸镀锌等措施。对于一些特殊行业用的高温设备用钢材还可采用硅氧化合结构的耐高温防腐涂料。这种方法效果最好，但价格较高。

2. 电化学保护法

电化学保护法是根据电化学原理，在钢材上采取措施使之成为锈蚀微电池中的阴极，从而防止钢材锈蚀的方法。这种方法主要用于不易或不能覆盖保护层的位置。一般用于海船外壳、海水中的金属设备、巨型设备以及石油管道等的防护。

3. 改善环境

改善环境能减少和有效防止钢材的锈蚀。例如，减少周围介质的浓度、除去介质中的氧、降低环境温湿度等。同时也可以采用在介质中添加阻锈剂等来防止钢材的锈蚀。

4. 在钢材中添加合金元素

钢材的组织及化学成分是引起钢材锈蚀的内因，因此，通过添加铬、钛、铜、镍等合金元素来提高钢材的耐蚀性也是防止或减缓钢材锈蚀的一种方法。

根据不同的条件采用不同的措施对钢材进行防锈是非常必要的。一般来说，埋在混凝土中的钢筋，因其在碱性环境中会形成碱性保护膜，故不易被锈蚀。但由于一些外加剂中含有氯离子，它会破坏保护膜，从而使钢材受到腐蚀。另外，由于混凝土不密实、养护不当、保护层厚度不够以及在荷载作用下混凝土产生裂缝等都会引起混凝土内部钢筋的锈蚀。因此要根据钢筋混凝土结构的性质和所处环境条件等减少或防止钢筋的锈蚀。尤其是预应力钢筋，由于其含碳量高，又经变形加工，因而其对锈蚀破坏更为敏感，国家规范规定，重要的预应力承重结构不但不能掺用氯盐，同时还要对原材料进行严格检验和控制。

思考题与习题

1. 钢材在拉伸过程中经历了哪些阶段？不同阶段所表现的特征是什么？
2. 什么是钢材的冲击韧性？如何表示？影响钢材冲击韧性的因素是什么？
3. 简述钢材的晶体结构有哪些特点？
4. 钢材的化学成分中有害元素对钢材产生哪些影响？
5. 什么是钢材的冷拉时效？它的作用是什么？
6. 钢筋混凝土结构用钢材有哪些？其特点如何？
7. 简述钢材的锈蚀机理与防止措施。

第九章 建筑高分子材料

>>>> **内容提要**

　　本章主要介绍高分子材料的基本概念、命名、分类、特点等基础知识，介绍影响高分子材料性能的因素；重点介绍建筑塑料、胶黏剂、涂料的基本组成、类型、选用及常见的品种；要求通过对比不同种类高分子材料的性能，根据工程实际正确选用合适的高分子材料。

第一节 建筑高分子材料的概述

一、高分子的相对分子质量

　　通常低分子的相对分子质量是在 1000 以下，而高分子的相对分子质量是在 5000 以上。因此，相对分子质量很大是高分子化合物的特征，是高分子同低分子最根本的区别；亦是高分子物质具有各种独特性能，如密度小、强度大、高弹性和可塑性等的基本原因。一般来说，高分子化合物具有较好的强度和弹性。

　　高分子的相对分子质量虽然很大，但其化学组成一般都比较简单，常由许多相同的链节以共价键重复结合而成高分子链。例如，聚氯乙烯是由许多氯乙烯分子聚合而成的，像氯乙烯这样聚合成高分子化合物的低分子化合物称为单体。组成高分子链的重复结构单位（如—CH_2—$CHCl$—）称为链节。高分子链中链节数目称为聚合度（n）。因此，高分子的相对分子质量＝聚合度×链节相对分子质量。

　　目前，合成高分子化合物实际上是相对分子质量大小不同的同系混合物。我们讲的高分子化合物的相对分子质量指的是平均相对分子质量，聚合度也是平均聚合度。相对分子质量大小不等的现象称为高分子的多分散性（即不均一性）。多分散性对高分子化合物的性能有很大的影响。一般来说，分散性越大，性能越差。相对分子质量和分散性问题都是合成高分子时必须注意控制的一个问题。

二、高分子的合成

　　合成高分子化合物最基本的反应有两类：一类叫缩合聚合反应（简称缩聚反应），另一类叫加成聚合反应（简称加聚反应）。这两类合成反应的单体结构、聚合机理和具体实施方法都不同。

　　缩聚反应指具有两个或两个以上官能团的单体，相互缩合并产生小分子副产物（水、醇、氨、卤化氢等）而生成高分子化合物的聚合反应。例如，对苯二甲酸和乙二醇各有两个官能团，生成大分子时，向两个方向延伸，得到的是线型高分子。苯酚和甲醛虽然是单官能团化合物，但它们反应的初步产物是多官能团的，这些多官能团分子缩聚成线型或体型的高聚物，即酚醛树脂。

　　加聚反应是指由一种或两种以上单体化合成高聚物的反应，在反应过程中没有低分子物质生成，生成的高聚物与原料物质具有相同的化学组成，其相对分子质量为原单体相对分子质量的整数倍。加聚反应根据反应活性中心的不同可以分为自由基加聚反应和离子型加聚反应两大类。仅由一种单体发生的加聚反应称为均聚反应，如氯乙烯合成聚氯乙烯；由两种以上单体共同聚合称为共聚反应，如苯乙烯与甲基丙烯酸甲酯共聚。共聚产物称为共聚物，其性能往往优于均聚物。因此，通过共聚方法可以改善产品性能。

加聚反应具有如下两个特点。

① 加聚反应所用的单体是带有双键或叁键的不饱和化合物。例如，乙烯、丙烯、氯乙烯、苯乙烯、丙烯腈、甲基丙烯酸甲酯等，加聚反应发生在不饱和键上。

② 加聚反应是通过一连串的单体分子间的互相加成反应来完成的，而且反应一旦发生，便以连锁反应方式很快进行下去得到高分子化合物（通常称为加聚物）。相对分子质量增长几乎与时间无关，但单体转化率则随时间而增大。

上述两个特点就是加聚反应和缩聚反应最基本的区别。

三、高分子化合物的特点

高分子同低分子比较，具有如下几个特点。

① 组成：高分子的相对分子质量很大，具有多分散性。大多数高分子都是由一种或几种单体聚合而成。

② 分子结构：高分子的分子结构基本上只有两种，一种是线型结构，另一种是体型结构。线型结构的特征是分子中的原子以共价键互相连结成一条很长的卷曲状态的"链"（叫分子链）。体型结构的特征是分子链与分子链之间还有许多共价键交联起来，形成三维空间的网络结构。这两种不同的结构，性能上有很大的差异。

③ 性能：高分子由于其相对分子质量很大，通常都处于固体或凝胶状态，有较好的机械强度；又由于其分子是由共价键结合而成的，故较好的绝缘性和耐腐蚀性能；由于其分子链很长，分子的长度与直径之比大于1000，故有较好的可塑性和高弹性。高弹性是高聚物独有的性能。此外，在溶解性、熔融性、溶液的行为和结晶性等方面和低分子也有很大的差别。

四、高分子的结构和性能的关系

高分子化合物分子的大小对化学性质影响很小，一个官能团，不管它在小分子中或大分子中，都会起反应。大分子与小分子的不同，主要在于它的物理性质，而高分子之所以能用作材料，也正是由于这些物理性质。下面简要讨论高分子的结构与物理性能的关系。

（一）高分子的两种基本结构及其性能特点

线型结构（包括支链结构）高聚物由于有独立的分子存在，故具有弹性、可塑性，在溶剂中能溶解，加热能熔融，硬度和脆性较小的特点。体型结构高聚物由于没有独立大分子存在，故没有弹性和可塑性，不能溶解和熔融，只能溶胀，硬度和脆性较大。因此从结构上看，橡胶只能是线型结构或交联很少的网状结构的高分子，纤维也只能是线型的高分子，而塑料则两种结构的都有。

（二）高分子化合物的聚集状态

高聚物的性能不仅与高分子的相对分子质量和分子结构有关，也和分子间的互相关系，即聚集状态有关。同属线型结构的高聚物，有的具有高弹性（如天然橡胶），有的则表现为很坚硬（如聚苯乙烯），就是由于它们的聚集状态不同的缘故。即使是同一种高聚物由于聚集状态不同，性能也会有很大的差别。例如，化学纤维在制造过程中必须经过拉伸，就是为了改变高聚物内部分子的聚集状态，使其分子链排列得整齐一些，从而提高分子间的吸引力，使制品强度更好。所以研究高聚物的聚集状态是了解高聚物结构与性能关系的又一个重要方面。

1. 晶相高聚物和非晶相高聚物

从结晶状态来看，线型结构的高聚物有晶相的和非晶相的。晶相高聚物由于其内部分子排列很有规律，分子间的作用力较大，故其耐热性和机械强度都比非晶相高，熔限较窄。非晶相高聚物没有一定的熔点，耐热性能和机械强度都比晶相高聚物低。由于高分子的分子链很长，要使分子链间的每一部分都做有序排列是很困难的，因此高聚物都属于非晶相或部分结晶的。部分结晶高聚物的结晶性区域称为微晶；微晶的多少称为结晶度。例如，常见的聚氯乙烯、天然橡胶、聚酯纤维等高聚物都是属于线型非晶相的高聚物。只有少数高聚物，如聚乙烯、聚苯乙烯等是部分晶相的高聚物，是由晶相的微晶部分镶嵌于无定形部分中而形成的。

体型结构的高聚物，如酚醛塑料、环氧树脂等，由于分子链间大量交联，分子链不可能产生有序排列，因而都是非晶相的；对于少量交联的网状高聚物，因其交联少，链段间也可能产生局部的有序排列。

2. 线型非晶相高聚物的聚集状态

线型非晶相高聚物具有三种不同的物理状态：玻璃态、高弹态和黏流态，犹如低分子物质具有三态（固态、液态和气态）一样，但是高聚物的三态和低分子的三态本质是不同的。橡胶和聚氯乙烯等塑料都是线型非晶相高聚物，但橡胶具有很好的弹性，而塑料则表现为良好的硬度，其原因就是由于它们在室温下所处的状态不同的缘故。塑料所处的状态是玻璃态，橡胶所处的状态是高弹态，高聚物加热熔融时所处的状态就是黏流态。玻璃态的特征是形变很困难，硬度大；高弹态的特征是形变很容易，具有高弹性；黏流态的特征是形变能任意发生，具有流动性。这三种物理状态，随着温度的变化可互相转化。

这就是说，随着温度的变化，材料所处的状态和性能也会发生改变。塑料加热到一定温度时，就会从玻璃态过渡到高弹态，失去塑料原有的性能，而出现橡胶高弹性能。温度继续升高到一定程度时，又会从高弹态进一步过渡到黏流态。对橡胶来说，如果把温度降低到足够低时，它就会从高弹态过渡到玻璃态，失去橡胶的弹性，而变得像塑料一样坚硬。例如，聚氯乙烯塑料只能在 75℃ 以下使用，高于 75℃ 便会失去其应有的强度，表现出一定的弹性，温度再高时（175℃）便熔融。又如天然橡胶在 −73～122℃ 的温度范围内有高弹性，低于 −73℃ 时，会失去弹性变得像塑料一样坚硬，高于 122℃ 时便可能发生熔融。

线型结构的塑料、纤维、橡胶之间并没有绝对的界限，温度改变时三态可以相互转化。线型结构的塑料与纤维之间更没有本质上的区别。例如，尼龙-6 加工成板材或管材等结构材料就是塑料，拉成丝就是纤维。

体型结构的高聚物，因分子链间有大量交联，因此只有一种聚集状态——玻璃态，加热到足够高温时，便发生分解。

综上所述，要了解高聚物的基本性能（高弹性、可塑性和机械强度、硬度等），必须从高聚物的组成、相对分子质量、分子结构和聚集状态几个方面去分析。塑料之所以形变困难、有较好的机械强度，是因为它是线型或体型结构的高聚物，并且在室温下分子链和链段都不能发生运动的缘故。橡胶之所以有很好的弹性，是因为它是线型或交联很少的高聚物，并且在室温下分子链不能运动，而链段运动容易发生的缘故。

五、高分子化合物的分类和命名

（一）高分子化合物的分类

1. 按来源分类

可把高分子分成天然高分子和合成高分子两大类。

2. 按材料的性能分类

可把高分子分成塑料、橡胶和纤维三大类。

塑料按其热熔性能又可分为热塑性塑料（如聚乙烯、聚氯乙烯等）和热固性塑料（如酚醛树脂、环氧树脂等）两大类。前者可以反复多次塑化成型，次品和废品可以回收利用，再加工成产品。后者固化成型，不能再加热软化，不能反复加工成型。

纤维又可分为天然纤维和化学纤维。后者又可分为人造纤维（如黏胶纤维、醋酸纤维等）和合成纤维（如尼龙、涤纶等）。人造纤维是用天然高分子（如短棉绒、竹、木、毛发等）经化学加工处理、抽丝而成的。合成纤维是以合成高分子为原料抽丝成型。

橡胶包括天然胶和合成橡胶。橡胶的特点是具有良好的高弹性能，作弹性材料使用。

3. 按用途分类

可分为通用高分子，工程材料高分子，功能高分子，仿生高分子等。

塑料中的"四烯"（聚乙烯、聚丙烯、聚氯乙烯和聚苯乙烯），纤维中的"四纶"（锦纶、涤纶、腈纶和维纶），橡胶中的"四胶"（丁苯橡胶、顺丁橡胶、异戊橡胶和乙丙橡胶）都是用途很广的高分子材料，为通用高分子。

工程塑料是指具有特种性能（如耐高温、耐辐射等）的高分子材料。如聚甲醛、聚碳酸酯、聚砜、聚酰亚胺、聚芳醚和含氟高分子、含硼高分子等都是较成熟的品种，已广泛用作工程材料。

离子交换树脂、感光性高分子、高分子试剂和高分子催化剂等都属功能高分子。医用高分子、药用高分子在医药上和生理卫生上都有特殊要求，也可以视为是功能高分子。

4. 按高分子主链结构分类

可分为碳链高分子、杂链高分子、元素有机高分子和无机高分子四大类。

碳链高分子的主链是由碳原子联结而成的。

杂链高分子的主链除碳原子外，还含有氧、氮、硫等其他元素，如聚酯、聚酰胺、纤维素等。

元素有机高分子主链由碳和氧、氮、硫等以外其他元素的原子组成，如硅、氧、铝、钛、硼等元素，但侧基是有机基团，如聚硅氧烷等。

无机高分子是主链和侧链基团均由无机元素或基团构成的。天然无机高分子，如云母、水晶等；合成无机高分子，如玻璃。

（二）高分子化合物的命名

高分子化合物的系统命名比较复杂，实际上很少使用，习惯上天然高分子常用俗名。合成高分子则通常按制备方法及原料名称来命名。如用加聚反应制得的高聚物，往往是在原料名称前面加个"聚"字来命名。例如，氯乙烯的聚合物称为聚氯乙烯，苯乙烯的聚合物称为聚苯乙烯等。如用缩聚反应制得的高聚物，则大多数是在简化后的原料名称后面加上"树脂"二字来命名。例如，酚醛树脂、环氧树脂等。此外，在商业上常给高分子物质以商品名称。例如，聚己内酰胺纤维称为尼龙-6，聚对苯二甲酸乙二酯纤维称为"的确良"，聚丙烯腈纤维称为腈纶等。

第二节　建筑塑料

目前，塑料成为继金属材料、木材等之后的重要建筑及装饰材料，广泛应用于建筑与装饰工程中，有着非常广阔的发展前景。塑料可用作装修装饰材料制成塑料门窗、塑料装饰板、塑料地板等；可制成塑料管道、卫生设备以及绝热、隔声材料，如聚苯乙烯泡沫塑料等。

一、建筑塑料的特点

（一）建筑塑料的优点

建筑塑料与传统的建筑及装饰材料相比，具有以下一些优良的特性。

1. 优良的加工性能

塑料可采用比较简单的方法制成各种形状的产品，如薄板、薄膜、管材、异形材料等，并可采用机械化的大规模生产。

2. 质量轻、比强度高

塑料的密度大约为 $0.8\sim2.2g/cm^3$ 之间，是钢材的1/5，混凝土的1/3，铝的1/2，与木材相近。塑料的比强度（强度与表观密度的比值）较高，已接近或超过钢材，约为混凝土的 $5\sim15$ 倍，是一种优良的轻质高强材料。因此，塑料及其制品不仅应用于建筑装饰工程中，而且也广泛应用于工业、农业、交通、航空航天等领域。

3. 绝热性好，吸声、隔声性好

塑料制品的热导率小，其导热能力约为金属的 $1/500\sim1/600$，混凝土的1/40，砖的1/20，泡沫塑料的热导率与空气相当，是理想的绝热材料。塑料（特别是泡沫塑料）可减小振动，降低噪声，是良好的吸声材料。

4. 装饰性好

塑料制品不仅可以着色，而且色泽鲜艳持久，图案清晰。可通过照相制版印刷，模仿天然材料的纹理达到仿真的效果。还可通过电镀、热压、烫金制成各种图案和花型，使其表面具有立体感和金属的质感。

5. 耐水性和耐水蒸气性强

塑料属憎水性材料，一般吸水率和透气性很低，可用于防水、防潮工程。

6. 耐化学腐蚀性好、电绝缘性好

塑料制品对酸、碱、盐等有较好的耐腐蚀性，特别适合作化工厂的门窗、地面、墙壁等。塑料一般是电的不良导体，电绝缘性好，可与陶瓷、橡胶媲美。

7. 功能的可设计性强

改变塑料的组成配方与生产工艺，可改变塑料的性能，生产出具有多种特殊性能的工程材料。如强度超过钢材的碳纤维复合材料；具有承重、保温、隔声功能的复合板材；柔软而富有弹性的密封、防水材料等。

8. 经济性

塑料制品是消耗能源低、使用价值高的材料。生产塑料的能耗低于传统材料，其范围为 $63\sim188kJ/m^3$，而钢材为 $316kJ/m^3$，铝材为 $617kJ/m^3$。塑料制品在安装使用过程中，施工和维修保养费用低，有些塑料产品还具有节能效果。如塑料窗保温隔热性好，可节省空调费用；塑料管内壁光滑，输水能力比铁管高 30%，节省能源十分可观。因此，广泛使用塑料及其制品有明显的经济效益和社会效益。

（二）建筑塑料的缺点

建筑塑料虽然具有以上许多优点，但也存在一些缺点，有待进一步改进。建筑塑料的缺点主要有以下几个方面。

1. 耐热性差

塑料一般受热后都会产生变形，甚至分解。一般的热塑性塑料的热变形温度仅为 $80\sim120℃$，热固性塑料的耐热性较好，但一般也不超过 $150℃$。在施工、使用和保养时，应注意这一特性。

2. 易燃烧

塑料材料是碳、氢、氧元素组成的高分子物质，遇火时很容易燃烧。因此，塑料易燃烧的这一特性应引起人们足够的重视，在设计和工程中，应选用有阻燃性能的塑料，或采取必要的消防和防范措施。

3. 刚度小、易变形

塑料的弹性模量低，只有钢材的 $1/10\sim1/20$，且在荷载的长期作用下易产生蠕变，因此，塑料用作承重材料时应慎重。但在塑料中加入纤维增强材料，可大大提高其强度，甚至可超过钢材，在航天航空结构中广泛应用。

4. 易老化

塑料制品在阳光、大气、热及周围环境中的酸、碱、盐等的作用下，各种性能将发生劣化，甚至发生脆断、破坏等现象。经改进后的建筑塑料制品，使用寿命可大大延长，如德国的塑料门窗已应用 40 年以上，仍完好无损；经改进的聚氯乙烯塑料管道，使用寿命比铸铁管还长。

近年来，随着改性添加剂和加工工艺的不断发展，塑料制品的这些缺点也得到了很大改善，如在塑料中加入阻燃剂可使它成为具有自熄性和难燃性的产品等。总之，塑料制品的优点大于缺点，并且缺点是可以改进的，它必将成为今后建筑及装饰材料发展的重要品种之一。

二、建筑塑料的种类

塑料按照受热时性能变化的不同，分为热塑性塑料和热固性塑料。常用的热塑性塑料有聚氯乙烯塑料（PVC）、聚乙烯塑料（PE）、聚丙烯塑料（PP）、聚苯乙烯塑料（PS）、有机玻璃（PMMA）等；常用的热固性塑料有酚醛树脂塑料（PF）、不饱和聚酯树脂塑料（UP）、环氧树脂塑料（EP）、有机硅树脂塑料（SI）等。常用建筑塑料的特性与用途见表

9-1。

表 9-1 常用建筑塑料的特性与用途

名 称	特 性	用 途
聚氯乙烯(PVC)	耐化学腐蚀性和电绝缘性优良,力学性能较好,难燃,但耐热性差	有硬质、软质、轻质发泡制品,可制作地板、壁纸、管道、门窗、装饰板、防水材料、保温材料等,是建筑工程中应用最广泛的一种塑料
聚乙烯(PE)	柔韧性好,耐化学腐蚀性好,成型工艺好,但刚性差,易燃烧	主要用于防水材料、给排水管道、绝缘材料等
聚丙烯(PP)	耐化学腐蚀性好,力学性能和刚性超过聚乙烯,但收缩率大,低温脆性大	管道、容器、卫生洁具、耐腐蚀衬板等
聚苯乙烯(PS)	透明度高,机械强度高,电绝缘性好,但脆性大,耐冲击性和耐热性差	主要用来制作泡沫隔热材料,也可用来制造灯具平顶板等
共聚苯乙烯-丁二烯-丙烯腈(ABS)	具有韧、硬、刚相均衡的力学性能,电绝缘性和耐化学腐蚀性好,尺寸稳定,但耐热性、耐候性较差	主要用于生产建筑五金和各种管材、模板、异形板等
有机玻璃(PMMA)	有较好的弹性、韧性、耐老化性,耐低温性好,透明度高,易燃	主要用作采光材料,可代替玻璃但性能优于玻璃
酚醛树脂(PF)	绝缘性和力学性能良好,耐水性、耐酸性好,坚固耐用,尺寸稳定,不易变形	生产各种层压板、玻璃钢制品、涂料和胶黏剂
不饱和聚酯树脂(UP)	可在低温下固化成型,耐化学腐蚀性和电绝缘性好,但固化收缩率较大	主要用于生产玻璃钢、涂料和聚酯装饰板等
环氧树脂(EP)	黏结性和力学性能优良,电绝缘性好,固化收缩率低,可在室温下固化成型	主要用于生产玻璃钢、涂料和胶黏剂等产品
有机硅树脂(SI)	耐高温、低温,耐腐蚀,稳定性好,绝缘性好	用于高级绝缘材料或防水材料
玻璃纤维增强塑料(又名玻璃钢,GRP)	强度特别高,质轻,成型工艺简单,除刚度不如钢材外,各种性能均很好	在建筑工程中应用广泛,可用作屋面材料、墙体材料、排水管、卫生器具等

三、塑料常用助剂

1. 增塑剂

增塑剂的主要作用是提高塑料加工时的可塑性和流动性,使其在较低的温度和压力下成型,提高塑料的弹性和韧性,改善低温脆性,但会降低塑料制品的物理力学性能和耐热性。对增塑剂的要求是不易挥发,与合成树脂的相溶性好、稳定性好,其性能的变化不得影响塑料的性质。增塑剂一般采用不易挥发、高沸点的液体有机溶剂,或者是低熔点的固体,常用的增塑剂有邻苯二甲酸二丁酯、邻苯二甲酸二辛酯、磷酸三甲酚酯、樟脑等。

2. 稳定剂

塑料在成型和加工使用过程中,因受热、光或氧的作用,随时间的增长会出现降解、氧化断链、交联等现象,造成塑料性能降低。加入稳定剂能使塑料长期保持工程性质,防止塑料的老化,延长塑料制品的使用寿命。如在聚丙烯塑料的加工成型中,加入炭黑作为紫外线吸收剂,能显著改变该塑料制品的耐候性。常用的稳定剂有抗老化剂、热稳定剂等,如硬脂酸盐、铅化物等。包装食品用的塑料制品,必须选用无毒性的稳定剂。

(1)**热稳定剂** 热稳定剂是一类能防止或减少聚合物在加工使用过程中受热而发生降解或交联,延长材料使用寿命的添加剂。常用的稳定剂按照主要成分可分为盐基类、脂肪酸皂类、有机锡化合物、复合型热稳定剂及纯有机化合物类。

(2)**光稳定剂** 光稳定剂也称紫外线稳定剂,是一类用来抑制聚合物树脂的光氧降解,提高塑料制品耐候性的稳定化助剂。根据稳定机理的不同,光稳定剂可以分为光屏蔽剂、紫外线吸收剂、激发态猝灭剂和自由基捕获剂。光屏蔽剂多为炭黑、氧化锌和一些无机颜料或填料，其作用是通过屏蔽紫外线来实现的。紫外线吸收剂对紫外线具有较强的吸收作用，并通过分子内能量转移将有害的光能转变为无害的热能形式释放，从而避免聚合物树脂吸收紫外线能量而诱发光氧化反应。紫外线吸收剂所涉及的化合物类型较多，主要包括二苯甲酮类化合物、苯并三唑类化合物、水杨酸酯类化合物、取代丙烯腈类化合物和三嗪类化合物等。激发态猝灭剂意在猝灭受激聚合物分子上的能量，使之恢复到基态，防止其进一步导致聚合物链的断裂。激发态猝灭剂多为一些镍的络合物。自由基捕获剂以受阻胺为官能团，其相应的氮氧自由基是捕获聚合物自由基的根本，而且由于这种氮氧自由基在稳定化过程中具有再生性，因此光稳定效果非常突出，迄今已经发展成为品种最多、产耗量最大的光稳定剂类别。当然，受阻胺光稳定剂的作用并不仅仅局限在捕获自由基方面，研究表明，受阻胺光稳定剂往往同时兼备分解氢过氧化物、猝灭单线态氧等作用。

（3）抗氧剂 以抑制聚合物树脂热氧化降解为主要功能的助剂，属于抗氧剂的范畴。抗氧剂是塑料稳定化助剂最主要的类型，几乎所有的聚合物树脂都涉及抗氧剂的应用。按照作用机理，传统的抗氧剂体系一般包括主抗氧剂、辅助抗氧剂和重金属离子钝化剂等。主抗氧剂以捕获聚合物过氧自由基为主要功能，又有"过氧自由基捕获剂"和"链终止型抗氧剂"之称，涉及芳胺类化合物和受阻酚类化合物两大系列产品。辅助抗氧剂具有分解聚合物过氧化合物的作用，也称过氧化物分解剂，包括硫代二羧酸酯类和亚磷酸酯化合物，通常和主抗氧剂配合使用。重金属离子钝化剂俗称抗铜剂，能够络合过渡金属离子，防止其催化聚合物树脂的氧化降解反应，典型的结构如酰肼类化合物等。最近几年，随着聚合物抗氧理论研究的深入，抗氧剂的分类也发生了一定的变化，最突出的特征是引入了"碳自由基捕获剂"的概念。这种自由基捕获剂有别于传统意义上的主抗氧剂，它们能够捕获聚合物烷基自由基，相当于在传统抗氧体系中增设了一道防线。此类稳定化助剂目前见诸报道的主要包括芳基苯并呋喃酮类化合物、双酚单丙烯酸酯类化合物、受阻胺类化合物和羟胺类化合物等，它们和主抗氧剂、辅助抗氧剂配合构成的三元抗氧体系能够显著提高塑料制品的抗氧稳定效果。应当指出，胺类抗氧剂具有着色污染性，多用于橡胶制品，而酚类抗氧剂及其与辅助抗氧剂、碳自由基捕获剂构成的复合抗氧体系则主要用于塑料及橡胶制品。

3. 阻燃剂

塑料制品多数具有易燃性，这对其制品的应用安全带来了诸多隐患。准确地讲，阻燃剂称为难燃剂更为恰当，因为"难燃"包含着阻燃和抑烟两层含义，较阻燃剂的概念更为广泛。然而，长期以来，人们已经习惯使用阻燃剂这一概念，所以目前文献中所指的阻燃剂实际上是阻燃作用和抑烟功能助剂的总称。阻燃剂依其使用方式可以分为添加型阻燃剂和反应型阻燃剂。添加型阻燃剂通常以添加的方式配合到基础树脂中，它们与树脂之间仅仅是简单的物理混合；反应型阻燃剂一般为分子内包含阻燃元素和反应性基团的单体，如卤代酸酐、卤代双酚和含磷多元醇等，由于具有反应性，可以化学键合到树脂的分子链上，成为塑料树脂的一部分，多数反应型阻燃剂结构还是合成添加型阻燃剂的单体。按照化学组成的不同，阻燃剂还可分为无机阻燃剂和有机阻燃剂。无机阻燃剂包括氢氧化铝、氢氧化镁、氧化锑、硼酸锌和赤磷等，有机阻燃剂多为卤代烃、有机溴化物、有机氯化物、磷酸酯、卤代磷酸酯、氮系阻燃剂和氮磷膨胀型阻燃剂等。抑烟剂的作用在于降低阻燃材料的发烟量和有毒有害气体的释放量，多为钼类化合物、锡类化合物和铁类化合物等。尽管氧化锑和硼酸锌亦有抑烟性，但常常作为阻燃协效剂使用，因此归为阻燃剂体系。

4. 抗冲击改性剂

广义地讲，凡能提高硬质聚合物制品抗冲击性能的助剂统称为抗冲击改性剂。传统意义上的抗冲击改性剂基本建立在弹性增韧理论的基础上，所涉及的化合物也几乎无一例外地属于各种具有弹性增韧作用的共聚物和其他的聚合物。以硬质 PVC 制品为例，目前应用市场广泛使用的品种主要包括氯化聚乙烯（CPE）、丙烯酸酯共聚物（ACR）、甲基丙烯酸酯-丁二烯-苯乙烯共聚物（MBS）、乙烯-乙烯基醋酸酯共聚物（EVA）和丙烯腈-丁二烯-苯乙烯共聚物（ABS）等。聚丙烯增韧改性中使用的三元乙丙橡胶（EPDM）亦属橡胶增韧的范围。20 世纪 80 年代以后，一种无机刚性粒子增韧聚合物的理论应运而生，加上近年来纳米技术的飞速发展，赋予了塑料增韧改性和抗冲击改性剂新的含义。

5. 偶联剂

改善合成树脂与无机填充剂或增强材料的界面性能的一种塑料添加剂，又称表面改性剂。它在塑料加工过程中可降低合成树脂熔体的黏度，改善填充剂的分散度以提高加工性能，进而使制品获得良好的表面质量及机械、热和电性能。偶联剂一般由两部分组成：一部分是亲无机基团，可与无机填充剂或增强材料作用；另一部分是亲有机基团，可与合成树脂作用。

（1）有机酸氯化铬络合物类　常用的甲基丙烯酸氯化铬的络合物，又称沃蓝。其作用机理见图 9-1。

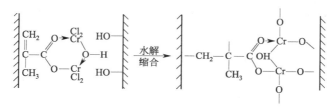

图 9-1　沃蓝偶联机理示意图

（2）有机硅烷类　硅烷偶联剂的通式为 $RSiX_3$，式中 R 代表氨基、巯基、乙烯基、环氧基、氰基及甲基丙烯酰氧基等基团，这些基团和不同的基体树脂均具有较强的反应能力，X 代表能够水解的烷氧基（如甲氧基、乙氧基等）。硅烷偶联剂在国内有 KH550、KH560、KH570、KH792、DL602、DL171 这几种型号。

（3）钛酸酯类　用于热塑性塑料中添加干燥填料的偶联效果较好，并与硅烷类偶联剂有协同作用。

（4）锆类　它不仅可以促进不同物质之间的黏合，而且可以改善复合材料体系的性能，特别是流变性能。该类偶联剂既适用于多种热固性树脂，也适用于多种热塑性树脂。

6. 润滑剂

润滑剂可分为外润滑剂和内润滑剂，外润滑剂的作用是改善聚合物熔体与加工设备的热金属表面的摩擦。它与聚合物相容性较差，易从熔体内往外迁移，能在塑料熔体与金属的交界面形成润滑的薄层。内润滑剂与聚合物有良好的相容性，它在聚合物内部起到降低聚合物分子间内聚力的作用，从而改善塑料熔体的内摩擦生热和熔体的流动性。常用的润滑剂有硬脂酸、硬脂酸丁酯、油酰胺、1,2-亚乙基双硬脂酰胺等。

7. 填充料

填充料又称填料、填充剂，主要是一些化学性质不太活泼的粉状、块状或纤维状的无机化合物。填充料是塑料中不可缺少的原料，通常占塑料组成材料的 40%～70%。填充料的主要作用是提高塑料的强度、硬度、耐热性等性能，同时节约树脂，降低塑料的成本。如加入玻璃纤维填充料可提高塑料的强度，加入石棉填充料可增加塑料的耐热性，加入云母填充料可增加塑料的电绝缘性，加入石墨可增加塑料的耐磨性等。常用的填充料有玻璃纤维、云母、石棉、木粉、滑石粉、石墨粉、石灰石粉、碳酸钙、陶土等。

8. 着色剂

加入着色剂的目的是使塑料制品具有特定的颜色和光泽。要求光稳定性好，在阳光作用下不易褪色；热稳定性好，分解温度要高于塑料的加工和使用温度；在树脂中易分散，不易被油、水抽提；色泽鲜艳，着色力强；没有毒性，不污染产品；不影响塑料制品的物理和力学性能。

此外，为使塑料制品获得某种特殊性能，还可加入其他添加剂，如交联剂、分散剂、抗静电剂、发泡剂、防霉剂等。

四、常用建筑塑料制品

(一) 塑料管材与管件

塑料材料被大量用来生产各种塑料管道及配件，在建筑电气安装、水暖安装工程中广泛使用。

1. 塑料管材的特点

(1) 主要优点　塑料管道与传统的铸铁管、石棉水泥管和钢管相比，具有以下主要优点。

① 质量轻：塑料管的质量轻，故施工时可大大减轻劳动强度。

② 耐腐蚀性好：塑料管道不锈蚀，耐腐蚀性好，可用来输送各种腐蚀性液体，如在硝酸吸收塔中使用硬质 PVC 管已使用 20 年无损坏迹象。

③ 液体的阻力小：塑料管内壁光滑，不易结垢和生苔；在相同压力下，塑料管的流量比铸铁管高 30%，且不易阻塞。

④ 安装方便：塑料管的连接方法简单，如用溶剂粘接、承插连接、焊接等，安装简便迅速。

⑤ 装饰效果好：塑料管可以任意着色，且外表光滑，不易沾污，装饰效果好。

⑥ 维修费用低。

(2) 缺点

① 塑料管道所用的通用塑料，耐热性较差，因此不能用作热水供水管道，否则会造成管道变形、泄漏等问题。

② 有些塑料管道，如硬质 PVC 管道的抗冲击性能等机械性能不及铸铁管，因此在安装使用中应尽量避免敲击或搭挂重物。

③ 塑料管的冷热变形比较大，在管道系统的设计中要充分考虑这一点。

2. 塑料管材的种类

目前，生产塑料管道的塑料材料主要有聚氯乙烯、聚乙烯、聚丙烯、酚醛树脂等，生产出来的管道可分为硬质、软质和半软质三种。在各种塑料管材中，聚氯乙烯管的产量最大，用途也最广泛，其产量约占整个塑料管材的 80%。

另外，近年来在塑料管道的基础上，还发展了新型复合铝塑管，这种管材具有安装方便、防腐蚀、抗压强度高、可自由弯曲等特点，在室内装修工程中被广泛应用，可用于供暖管道和上、下水管道的安装。

3. 建筑管材的应用

塑料管道及配件可在电气安装工程中用于各种电线的敷设套管、各种电器配件（如开关、线盒、插座等）及各种电线的绝缘套等。在水暖安装工程中，上、下水管道的安装主要以硬质管材为主，其配件也为塑料制品；供暖管道的安装主要以新型复合铝塑管为主，多配以专用的金属配件（如不锈钢、铜等）进行安装。

① 硬质聚氯乙烯（PVC-U）管：PVC-U 管具有较高的抗冲击性能和耐化学性能，用于城市供水、城市排水、建筑给水和建筑排水管道。

② PVC 塑料波纹管：具有刚柔兼备、耐化学腐蚀性强、使用温度宽、阻燃等特点，主要用于通信电缆护管、建筑排气管、农用排水管。

③ 氯化聚氯乙烯管（CPVC）：具有耐热、耐老化、耐腐蚀、优良的抗拉及抗压强度等特点，主要用于建筑空调系统、饮用水管道系统、地下水排入管道。

④ 聚氯乙烯芯层发泡复合管（PSP）：具有隔声、隔热、防震、抗冲击、价廉等特点，用于工业排水管、工业防护、输送液体。

⑤ 聚乙烯（PE）管：质量轻、柔韧性好、无毒、耐腐蚀、可盘绕、低温性能好、抗机械振动，主要分为高密度聚乙烯管（HDPE）、中密度聚乙烯（MDPE）和低密度聚乙烯管（LDPE）；HDPE 管和 MDPE 管主要用作城市燃气管道。

⑥ 交联聚乙烯（PEX）管材：将聚乙烯加入交联剂硅烷改性，分子呈三维网络结构，耐热（－70～110℃）、耐压（6MPa）、耐化学腐蚀、绝缘好（击穿电压 60kV）、使用寿命长（50 年），用于建筑室内冷热水供应和地面辐射采暖、中央空调管道系统、太阳能热水器配管。

⑦ 聚丙烯管（PP-R）：具有较好抗冲击性能（5MPa）、耐高温（95℃）和抗蠕变性能、无毒卫生、耐热保温、不生锈不结垢、连接方式简单可靠、防冻裂，但是低温脆性、易变形，用于建筑室内冷热水供应和地面辐射采暖。

⑧ 铝塑复合（PAP）管：铝合金层增加管道耐压和抗拉强度，使管道容易弯曲而不反弹，外塑料层（MDPE 或 PEX）可保护管道不受外界腐蚀。内塑料层采用 MDPE 时可作饮水管，无毒、无味、无污染，符合国家饮用水标准；内塑料层采用 PEX 则可耐高温耐高压，适用于采暖及高压用管。

⑨ ABS 管：具有密度小、质量轻、优良的韧性、坚固性、保温性能、耐腐蚀、表面光滑、优良的抗沉积性等特点，用于卫生洁具系统的下水、排污、放空用管。

⑩ 聚丁烯管（PB）：具有卫生、不发生化学反应、微生物不能渗透、较长时间内贮存其中的水不变质、独特的耐热蠕变性等特点，用于各种热水管、消防用水龙头、采矿、化工、发电行业输送腐蚀性热物质。

（二）塑料门窗

塑料门窗是 20 世纪 50 年代末由前联邦德国开发研制的新型建材产品，问世 60 多年来经过不断研究和开发，解决了原料配方、窗型设计、设备、组装工艺及五金配件等一系列技术问题，在各类建筑中得到成功应用。塑钢门窗具有许多优良的性能，成为继木、钢、铝合金之后崛起的新一代建筑门窗。

塑料门窗分为全塑门窗及复合塑料门窗两类，全塑门窗多用改性聚氯乙烯树脂制造；复合塑料门窗主要是塑钢门窗，是在塑料门窗框内部嵌入金属型材制成。塑料门窗具有耐水、耐腐蚀、气密性、水密性、绝热性、尺寸稳定性、装饰性好等优点，常用的高分子材料主要是聚氯乙烯、不饱和聚酯树脂玻璃钢。

塑料门窗有以下特点。

① 密封性能好：塑钢门窗的气密性、水密性、隔声性均好。

② 保温隔热性好：由于塑料型材为多腔式结构，其传热系数特小，仅为钢材的 1/357，铝材的 1/1250，且有可靠的嵌缝材料密封，故其保温隔热性远比其他类型门窗好得多。

③ 耐候性、耐腐蚀性好：塑料型材采用特殊配方，塑钢窗可长期使用于温差较大的环境中，烈日暴晒、潮湿都不会使塑钢门窗出现老化、脆化、变质等现象，使用寿命可达 30 年以上。

④ 防火性好：塑钢门窗不自燃、不助燃、能自熄且安全可靠，这一性能更扩大了塑钢门窗的使用范围。

⑤ 强度高、刚度好、坚固耐用：由于在塑钢门窗的型材空腔内添加钢衬，增加了型材的强度和刚度，故塑钢门窗能承受较大荷载，且不易变形，尺寸稳定，坚固耐用。

⑥ 装饰性好：由于塑钢门窗尺寸工整、缝线规则、色彩艳丽丰富，同时经久不褪色，且耐污染，因而具有较好的装饰效果。

⑦ 使用维修方便：塑钢门窗不锈蚀，不褪色，表面不需要喷涂，同时玻璃安装不用油灰腻子，不必考虑腻子干裂问题，所以塑钢门窗在使用过程中基本上不需要维修。

（三）塑料地板

1. 塑料地板的特点

一般将用于地面装饰的各种塑料块板和铺地卷材通称为塑料地板，目前常用的塑料地板主要是聚氯乙烯（PVC）塑料地板。PVC 塑料地板具有较好的耐燃性和自熄性，色彩丰富，装饰效果好，脚感舒适，弹性好，耐磨、易清洁，尺寸稳定，施工方便，价格较低，是发展最早、最快的建筑装饰塑料制品，广泛应用于各类建筑的地面装饰。

2. 塑料地板的分类

塑料地板按其使用状态可分为块材（或地板砖）和卷材（或地板革）两种。按其材质可分为硬质、半硬质和软质（弹性）三种。按其基本原料可分为聚氯乙烯（PVC）塑料、聚乙烯（PE）塑料和聚丙烯（PP）塑料等数种。

3. 常用 PVC 塑料地板的类型

PVC 塑料地板按其组成和结构主要有以下几种。

（1）半硬质单色 PVC 地砖　半硬质单色 PVC 地砖属于块材地板，是最早生产的一种 PVC 塑料地板。单色 PVC 地砖分为素色和杂色拉花两种。杂色拉花是在单色的底色上拉直条的其他颜色的花纹，有的外观类似大理石花纹。杂色拉花不仅增加表面的花纹，同时对表面划伤有遮掩作用。

半硬质单色 PVC 地砖表面比较硬，有一定的柔性，脚感好，不翘曲，耐凹陷性和耐沾污性好，但耐刻画性较差，机械强度较低。

（2）花 PVC 地砖

① 印花贴膜 PVC 地砖　它由面层、印刷层和底层组成。面层为透明的 PVC 膜，厚度一般为 0.2mm 左右，起保护印刷图案的作用；中间层为一层印花的 PVC 色膜，印刷图案有单色和多色，表面一般是平的，也有的压上橘皮纹或其他花纹，起消光作用；底层为加填

料的 PVC，也可以使用回收的旧塑料。

② 印花压花 PVC 地砖　它的表面没有透明 PVC 膜，印刷图案是凹下去的，通常是线条、粗点等，在使用时不易清理干净油墨。印花压花 PVC 地砖除了有印花压花图案外，其他均与半硬质单色 PVC 地砖相同，应用范围也基本相同。

③ 碎粒花纹地砖　它是由许多不同颜色的 PVC 碎粒互相结合，碎粒的粒度一般为 3～5mm，地砖整个厚度上都有花纹。碎粒花纹地砖的性能基本与单色 PVC 地砖相同，其主要特点是装饰性好，碎粒花纹不会因磨耗而丧失，也不怕烟头的危害。

（3）软质单色 PVC 卷材地板　软质单色 PVC 卷材地板通常是匀质的，底层、面层组成材料完全相同。地板表面有光滑的，也有压花的，如直线条、菱形花等，可起到防滑作用。软质单色 PVC 卷材地板主要有以下特点：质地软，有一定的弹性和柔性；耐烟头性、耐沾污性和耐凹陷性中等，不及半硬质 PVC 地砖；材质均匀，比较平伏，不会发生翘曲现象；机械强度较高，不易破损。

（4）印花不发泡 PVC 卷材地板　印花不发泡 PVC 卷材地板结构与印花 PVC 地砖相同，也由三层组成。面层为透明的 PVC 膜，用来保护印刷图案；中间层为一层印花的 PVC 色膜；底层为填料较多的 PVC，有的产品以回收料为底料，可降低生产成本。表面一般有橘皮、圆点等压纹，以降低表面的反光，但仍有一定的光泽。

印花不发泡 PVC 卷材地板的性能基本与软质单色 PVC 卷材地板接近，但要求有一定的层间剥离强度，印刷图案的套色精度误差小于 1mm，并不允许有严重翘曲。印花不发泡 PVC 卷材地板适用于通行密度不高，保养条件较好的公共及民用建筑。

（5）印花发泡 PVC 卷材地板　印花发泡 PVC 卷材地板的基本结构与不发泡 PVC 卷材地板接近，但它的底层是发泡的。一般的印花发泡 PVC 卷材地板由三层组成，面层为透明的 PVC 膜，中间层为发泡的 PVC 层，底层通常为矿棉纸、化学纤维无纺布等；还有一种是底布采用玻璃纤维布，在玻璃纤维布的上下均加一层 PVC 底层，可提高平整度，防止玻璃纤维外露，这类地板又称增强型印花发泡 PVC 卷材地板。

（四）泡沫塑料

泡沫塑料轻质多孔，是优良的绝热和吸声材料，产品有板状、块状或特制的形状。建筑中常用的有聚氨酯泡沫塑料、聚苯乙烯泡沫塑料与酚醛泡沫塑料。

（五）塑料壁纸和贴面板

聚氯乙烯塑料壁纸是装饰室内墙壁的优质饰面材料，可制成多种印花、压花或发泡的立体图案，具有一定的透气性、难燃性和耐污染性。用三聚氰胺甲醛树脂液浸渍的透明纸，与表面印有木纹或其他花纹的书皮纸叠合，经热压可制成硬质塑料贴面板。

塑料与水泥、钢铁、木材一起被列入四大建筑材料。由于塑料制品的节能效果突出，又可降低工程成本，减轻建筑物自重，加快施工进度，提高建筑功能与质量，改善居住条件，因此，塑料制品在土木工程中应用会越来越广泛。

第三节　建筑胶黏剂

通过黏合作用，能使被黏物结合在一起的物质，称为胶黏剂（adhesive），又叫做胶结剂、黏合剂。建筑胶黏剂（building adhesive）是能将相同或不同品种的建筑材料相互黏合并赋予胶层一定机械强度的物质，广泛用于墙面、地面、玻璃密封、防水、防腐、结构加固修补以及其他新型建筑材料等方面。

一、胶黏剂的组成和分类

（一）胶黏剂的组成

胶黏剂通常由基料和添加剂等组成。基料是在胶黏剂中起黏合作用并赋予胶层机械强度的物质，如树脂、橡胶、沥青等合成或天然高分子材料以及水泥、水玻璃等无机材料；添加剂是用以强化和完善基料性能而加入的物质，包括固化剂、助剂和填料等。

（二）胶黏剂的分类

胶黏剂的分类方法很多，若按胶黏剂的主要成分可分成无机类和有机类，具体结果见表9-2。按黏结强度可分成结构型、次结构型和非结构型三种。

表 9-2　胶黏剂的分类

无机类		硅酸盐类、硼酸盐、磷酸盐、硫酸盐、金属氧化物
有机类	天然类	淀粉系：淀粉、糊精
		蛋白质系：大豆蛋白、鱼胶、骨胶、虫胶
		天然树脂：松香、阿拉伯树胶、木质素
		天然橡胶：胶乳、天然橡胶溶液
		沥青：地沥青、石油沥青
	合成类	热塑型：聚醋酸乙烯酯、乙烯-醋酸乙烯酯、聚乙烯醇、聚丙烯酸酯
		热固型：环氧树脂、酚醛树脂、脲醛树脂、聚氨酯
		橡胶型：氯丁橡胶、丁腈橡胶、丁苯橡胶、硅酮胶
		混合型：酚醛-环氧、酚醛-丁腈、环氧-尼龙、环氧-聚酰胺、环氧-氯丁

结构型：该种胶黏剂有足够的黏结强度，能长期承受较大的载荷，且具有良好的耐油性、耐热性和耐候性。如酚醛-缩醛、酚醛-丁腈、环氧-尼龙、环氧-丁腈等。

次结构型：能承受中等程度载荷的胶黏剂。

非结构型：不承受较大荷载，只起定位作用。主要有聚丙烯酸酯、聚醋酸乙烯酯、橡胶类、热熔胶类等。

二、胶黏剂的胶结机理

胶黏剂能够将材料牢固黏结在一起，是因为胶黏剂与材料间存在有黏结力。黏结力主要包括机械黏结力、物理吸附力和化学键力等。

胶黏剂涂敷在材料的表面后，能渗入材料表面的凹陷处和表面的孔隙内，胶黏剂在固化后如同镶嵌在材料内部。这种机械锚固力称为机械黏结力。胶黏剂分子和材料分子间还存在物理吸附力，即范德华力将材料黏结在一起。此外，某些胶黏剂分子与材料分子间可能发生化学反应，即在胶黏剂与材料间存在化学键力，化学键力将材料黏结为一个整体。

对不同的胶黏剂和被黏材料，黏结力的主要来源不同，当机械黏结力、物理吸附力和化学键力共同作用时，可获得很高的黏结强度。因此，在土木建筑工程中所用的胶黏剂应满足下列基本要求：要有足够的流动性和对被黏物表面的浸润性，保证被黏物表面能被完全浸润；固化速度和黏度容易调整，且易于控制；胶黏剂的膨胀与收缩变形要小；不易老化；黏结强度要高。

三、选用胶黏剂的基本原则

首先，根据被黏材料的性质选用胶黏剂，如脆性与硬度高材料，应选用强度高、硬度大和不易变形的热固性树脂胶黏剂；弹性变形大，质地柔软，应选用弹性好、有一定韧性的橡胶类胶黏剂等。其次，根据黏结材料的使用要求选用胶黏剂，如黏结受力构件必须选用结构型胶黏剂；再次，根据黏结施工工艺来选择。在土木工程中，在施工现场进行黏结操作，一般应选用室温、非压力型胶黏剂。

四、常用的建筑胶黏剂

1. 建筑装修用胶黏剂

该胶黏剂主要用于粘贴建筑饰面砖板，大大降低了饰面砖板脱落率及抹灰砂浆空鼓率。常用建筑胶黏剂品种有聚醋酸乙烯酯、乙烯-醋酸乙烯酯、环氧树脂、聚乙烯醇缩甲醛、聚丙烯酸酯等。

2. 建筑密封胶

主要用于玻璃与金属、金属与金属、金属与混凝土、混凝土与混凝土之间的密封，要求黏结力牢固、弹性、防水及耐老化性能好。较早使用的建筑密封胶是蓖麻油、桐油为主体的油灰膏、聚氯乙烯胶泥及焦油聚氯乙烯胶泥等。目前的主要品种有聚硫、丙烯酸、硅酮、聚氨酯等密封胶。

3. 建筑结构及化学灌浆用胶黏剂

建筑结构胶黏剂可分为黏钢板加固用胶，植钢筋及锚固用胶，碳纤维等复合材加固用胶，灌浆材料、修补公路、桥梁用胶和结构装修用胶等。结构胶的主料主要是环氧树脂及改性环氧树脂（如环氧树脂-丁腈、环氧树脂-聚硫、环氧树脂-不饱和聚酯等）。钢板粘贴用钢筋锚固胶除采用环氧树脂外，还有不饱和聚酯、丙烯酸酯等胶黏剂。

化学灌浆用胶黏剂主要是无溶剂或低收缩低稠度环氧树脂，利用低压注入及毛细管吸附原理，将树脂通过自动压力灌浆器注入混凝土裂缝中，还可根据裂缝的性质采用不同的弹性环氧灌浆树脂。自动压力灌浆技术的出现在微细裂缝方面替代了压缩空气机及手压泵等笨重的灌浆机具。

4. 建筑防腐用胶黏剂

建筑防腐用胶黏剂主要用于防腐隔离层及玻璃钢、耐酸砖板的砌筑及各种耐酸、碱、盐腐蚀的设备、贮罐及管道。常用的胶黏剂有环氧树脂、不饱和聚酯树脂、酚醛树脂、呋喃树脂等。

第四节　建　筑　涂　料

一、建筑涂料的组成及功能

建筑涂料是由基料、颜填料、助剂和稀释剂等多种物质组成的混合物，并能与构件材料表面很好地黏结，形成完整的保护膜。

1. 主要成膜物质

建筑涂料中的主要成膜物质常常又称为基料。它的作用是将涂料中的其他组分黏结成一体，附着在被涂基层表面，干燥固化形成均匀连续而坚韧的保护膜。基料对涂膜的硬度、柔性、耐磨性、耐冲击性、耐水性、耐候性及其他物理化学性能起到决定性的作用。涂料的状态及涂膜固化方式也由基料性质决定。现代基料一般为高分子化合物，如合成树脂等。

2. 颜填料

（1）颜料　颜料是一种不溶于水、溶剂或涂料基料的微细粉末状的有色物质，分散在涂料介质中，涂于物体表面而形成色层。颜料具有一定的遮盖能力，增加涂层色彩，增强涂膜本身的强度，防止紫外线穿透的作用，可以提高涂层的耐老化及耐候性。颜料按其化学组成可分为有机颜料和无机颜料两大类；按其来源可分为天然颜料和合成颜料。有些颜料还可以起防腐蚀、防锈作用，这类颜料在涂料工业中又称为防锈颜料。

（2）填料　填料又称为体质颜料，通常是一些白色固体粉末物质，加入到基料后不显颜色和不具备着色力，但使用它可改变涂料的某些性能，如可增加涂膜厚度、提高涂膜耐磨和耐久性等。常用品种有重晶石粉、沉淀硫酸钡、轻质碳酸钙、滑石粉、瓷土、云母粉、石棉粉、石英粉等。

另外还有一类粒径在 2mm 以下、大小不等的填料叫集料，本身带有不同的颜色，用天然石材加工或人工烧结而成，又称为彩砂，在建筑涂料中用作粗集料，可以起到增加色感及质感的作用，是近代发展起来的砂壁状建筑涂料的主要原材料之一。在配制涂料时，着色颜料和体质颜料都很少单独使用，一般都是复合使用。

3. 助剂

建筑涂料使用的助剂品种繁多，分别在涂料生产、贮存、涂装和成膜等不同阶段发挥作用。一般掺量很少，但作用显著，对涂料和涂膜性能有极大的影响，能有效地改善涂料的贮存、施工性能，已成为涂料不可缺少的组成部分。常用的有以下几种类型：催干剂、固化剂、增塑剂、润湿剂和分散剂、增稠剂、成膜助剂、防冻剂、流变剂、消泡剂、防霉剂、防锈剂等。

4. 稀释剂

溶剂或水是液态建筑涂料的重要成分。涂料涂刷到基层上后，溶剂或水蒸发，涂料逐渐干燥硬化，最终形成均匀、连续的涂膜。配制溶剂型合成树脂涂料时，首先应考虑有机溶剂对基料树脂的溶解力；此外，还应考虑有机溶剂本身的挥发性、易燃性和毒性等对配制涂料的适应性。涂膜的干燥是靠溶剂的挥发来完成的，溶剂挥发的速率与涂膜干燥快慢、涂膜的外观及质量有极大的关系。如果溶剂挥发率太小，则涂膜干燥慢，不但影响膜质量、施工进度，而且涂膜在没有干燥硬化之前易被雨水冲掉或表面沾污；若所用溶剂挥发率太大，则涂膜会很快干燥，影响涂膜的流平性、光泽等指标，表面会产生结皮状泛白现象。这是因为溶剂挥发太快，使涂膜迅速冷却，在尚未干燥的涂膜上出现结露之故。因此，应按涂料不同的施工方法，选择挥发速度与之相适应的溶剂或混合溶剂，以改善涂膜性能。

建筑涂料中经常使用的溶剂主要有：醇类（乙醇、丁醇等）、醚类（丙二醇甲醚、丙二醇丁醚等）、酯类（醋酸乙酯、醋酸丁酯等）、酮类（丙酮、丁酮、环己酮等）。

水是建筑涂料中应用最广泛的溶剂。它具有无毒、无味、不燃、来源广泛、价格低廉的优点，在水溶性涂料、水乳性涂料中使用。

二、建筑涂料的分类、品种和用途

（一）建筑涂料的分类

涂料品种很多，分类方法亦有多种形式，我国依据《涂料产品分类和命名》（GB/T 2705—2003）进行分类。建筑涂料是近十几年发展起来的一类涂料，通常采用习惯分类方法，主要有以下几种。

① 按建筑物的使用部位分类：可分为外墙涂料、内墙涂料、地面涂料、顶棚涂料、屋面涂料等。

② 按涂料的状态分类：按其性质可分为溶剂型涂料（如溶剂型丙烯酸酯涂料）、水溶性涂料（如聚乙烯醇水玻璃内墙涂料）、乳液型涂料（如苯丙乳胶涂料）和粉末涂料等。

③ 按特殊性能分类：可分为防火涂料、防水涂料、防霉涂料、杀虫涂料等。

④ 按主要成膜物质性质分类：按其主要成膜物质性质可分为有机系涂料（如丙烯酸酯外墙涂料）、无机系涂料（如水玻璃外墙涂料）、有机无机复合涂料（如硅溶胶-苯丙外墙涂料）等。

⑤ 按涂料膜层状态分类：可分为薄涂层涂料（如苯丙乳胶涂料）、厚质涂层涂料（如乙丙厚质外墙涂料）、砂壁状涂层涂料（如苯丙彩砂外墙涂料）、彩色复层凹凸花纹外墙涂料等。

（二）建筑涂料的品种和用途

下面按涂料的使用部位分别介绍外墙涂料、内墙涂料、地面涂料和一些特种建筑涂料。

1. 外墙涂料

外墙涂料主要功能是装饰和保护建筑物的外墙面，使建筑物外貌整洁美观，从而达到美化城市环境的目的。同时能够起到保护建筑物外墙的作用，延长其使用时间。为了获得良好的装饰与保护效果，外墙涂料一般应具有以下特点。

① 装饰性好　要求外墙涂料色彩丰富多样，保色性好，能较长时间保持良好的装饰性能。

② 耐水性好　外墙面暴露在大气中，要经常受到雨水的冲刷，因而作为外墙涂料应具有很好的耐水性能。某些防水型外墙涂料其抗水性能更佳，当基层墙面发生小裂缝时，涂层仍有防水的功能。

③ 耐沾污性能好　大气中的灰尘及其他物质沾污涂层后，涂层会失去装饰效能，因而要求外墙装饰层不易被这些物质沾污或沾污后容易清除。

④ 耐候性好　暴露在大气中的涂层，要经受日光、雨水、风沙、冷热变化等作用。在这些因素反复作用下，一般的涂层会发生开裂、剥落、脱粉、变色等现象，使涂层失去原有的装饰和保护功能。因此作为外墙装饰的涂层要求在规定的年限内不发生上述现象，即有良好的耐候性。此外，外墙涂料还应有施工及维修方便、价格合理等特点。目前常用的外墙涂料有苯丙乳胶涂料、纯丙乳胶涂料、溶剂型丙烯酸酯涂料、聚氨酯涂料等。近年来发展起来的有机硅改性丙烯酸酯乳液型、溶剂型外墙涂料等，性能较好。

2. 内墙涂料

内墙涂料的主要功能是装饰及保护室内墙面，使其美观整洁，让人们处于舒适的居住环境中。为了获得良好的装饰效果，内墙涂料应具有以下特点。

① 色彩丰富，细腻，柔和。

② 耐碱性、耐水性良好，又具有一定的透气性。

③ 施工容易，价格低廉。

石灰浆、大白粉和可赛银等是我国传统的内墙装饰材料。石灰浆又称石灰水，具有刷白作用，是一种最简便的内墙涂料，其主要缺点是颜色单调，容易泛黄及脱粉。大白粉亦称为白垩粉、老粉或白土等，为具有一定细度的碳酸钙粉，在配制浆料时应加入胶黏剂，以防止脱粉。大白粉遮盖力较高，价格便宜，施工及维修方便，是一种常用的低档内墙涂料。可赛银是以碳酸钙和滑石粉等为填料，以酪素为胶黏剂，掺入颜料混合而制成的一种粉末状材料，也称酪素涂料。由于酪素资源短缺，目前这种涂料的用量已逐渐减少。常用建筑内墙乳胶涂料一般为平光涂料。早期主要产品为醋酸乙烯乳胶涂料，近年来则以丙烯酸酯内墙乳胶涂料为主。

3. 地面涂料

地面涂料的主要功能是装饰功能与保护室内地面，使地面清洁美观，与其他装饰材料一同创造优雅的室内环境。为了获得良好的装饰效果，地面涂料应具有以下特点：耐碱性好、黏结力强、耐水性好、耐磨性好、抗冲击力强、涂刷施工方便及价格合理等。地面涂料的主要品种有过氯乙烯水泥地面涂料、环氧树脂地面涂料、聚氨酯地面涂料、氯化橡胶地面涂料等。

4. 特种建筑涂料

常见特种建涂有防水涂料、防火涂料、防霉涂料、防结露涂料、防虫涂料、防辐射涂料、隔热涂料、隔声涂料、耐油涂料等。

三、建筑涂料技术性能指标

1. 容器中状态

涂料在容器中的性质状态，如是否分层、沉淀、结块、凝胶等现象以及经搅拌后是否能混合成均匀状态，是最直观的判断外观质量的方法，体现了涂料的开罐性。

2. 施工性

施工性是指涂料施工的难易程度，用于检查涂料施工是否产生流挂、缩孔、拉丝、涂刷困难等现象。

3. 干燥时间

涂料从流体层到形成固体涂膜这段时间称干燥时间，分为表干时间及实干时间。前者是指在规定的干燥条件下，一定厚度的湿涂膜，表面从液态变为固态，但其下仍为液态，所需要的时间。后者是指在规定的干燥条件下，从涂好的一定厚度的液态涂膜到形成干燥涂膜所需要的时间。涂料的干燥时间的长短与涂料施工的间隔时间有很大关系，因此施工间隔时间由涂料干燥时间来决定。

4. 遮盖力与对比率

遮盖力是涂膜遮盖底材的能力。它以恰好达到完全遮盖底材的涂布率（g/m^2）来表示。涂料的遮盖力有干遮盖力和湿遮盖力之分。一般所指的遮盖力是湿遮盖力。对比率也是反映涂膜遮盖底材的能力，但它是在给定湿膜厚度或给定涂布率的条件下，采用反射率测定仪测定标准黑板和白板上干涂膜反射率之比。该比值称为对比率，它反映的是干遮盖力。而用户最终使用的是干膜，所以对比率比湿遮盖力更符合实际。

5. 固体含量

涂料所含有的不挥发物质的量，一般用不挥发物的质量百分数表示。

6. 耐水性

涂膜对水作用的抵抗能力，即在规定的条件下，将涂料试板浸泡在蒸馏水中，观察其有无发白、失光、起泡、脱落等现象，以及恢复原状态的难易程度。

7. 耐碱性

涂膜对碱侵蚀的抵抗能力。即在规定的条件下，将涂料试板浸泡在一定浓度的碱液中，观察其有无发白、失光、起泡、脱落等现象。

8. 耐洗刷性

涂膜在特定的条件下，经反复擦洗最终完全消失时，被擦洗的次数。国家标准中具体检验方法为：制作规定尺寸与厚度的试板，放入标准的耐洗刷试验仪，滴入洗涤介质，来回往复地擦洗，同时仪器自动记录洗刷次数，当涂膜完全被擦洗掉时，仪器上的数据即为耐洗刷次数。

9. 贮存稳定性

涂料产品在正常的包装状态及贮存条件下，经过一定的贮存期限后，产品的物理及化学性能仍能达到原规定的使用性能。包括：常温贮存稳定性，热贮存稳定性（50℃或60℃），低温［（-5±2)℃］贮存稳定性等。

10. 涂层耐温变性

涂层经受冷热交替的温度变化而保持原性能的能力。涂层经过冻融循环后，观察涂层表面有无粉化、起泡、开裂、剥落等现象。

11. 耐候性

涂膜抵抗阳光、雨露、风、霜气候条件的破坏作用而保持原性能的能力。可用自然老化和人工老化技术指标来衡量。

12. 耐酸碱性

将实干的涂装样板，浸入酸或者碱的溶液中，按国家标准规定的时间从溶剂中取出，观察涂膜被破坏的情况。

四、建筑乳胶涂料

（一）乳胶涂料的概念

认识乳胶涂料，首先要了解水性涂料，水性涂料包括水溶性涂料、水乳化涂料和水分散性涂料。乳胶涂料是合成树脂乳液涂料的俗称，属于水分散性涂料。乳胶涂料是以合成树脂乳液为基料，并把颜料、填料经过研磨分散后加入各种助剂配制而成的涂料。乳胶涂料是目前中、高档建筑涂料的代表，已经占据了相当大的市场，已经成为建筑涂料的主流。

（二）乳胶涂料的特点

乳胶涂料的大致特点有以下几点。

① 干燥后平整，可制成无光、半光、有光甚至高光涂膜，色彩明快柔和，涂膜较硬，附着力强；

② 具有良好透气性，施工后墙面的水分仍可通过涂膜的微孔挥发出来；

③ 涂膜耐碱性好，涂于含碱性的新抹灰墙面及混凝土墙上不变色；

④ 干燥迅速：25℃时0.5～2h，表面可干燥；

⑤ 调制方便，易于施工；

⑥ 无毒环保等。

（三）乳胶涂料的分类

（1）丁苯乳胶涂料　它是应用最早的乳胶涂料，是由丁二烯和苯乙烯进行聚合获得的乳胶制成的。但由于其涂膜易变黄变脆、对墙面附着力不好等缺点，现已用量减少。

（2）聚醋酸乙烯乳胶涂料　它是应用最广泛的乳胶涂料，由醋酸乙烯聚合得到的乳胶制成。它作为室内灰面墙涂料，比丁苯乳胶涂料有较好的保色性和附着力。它还有适合室外使用的一定程度的耐候性，为了使涂料膜不开裂粉化，用顺丁烯酸二丁酯作为增韧剂，可提高涂膜的柔韧性。这种涂料对木面和旧涂膜也有一定的附着力。

（3）丙烯酸乳胶涂料　它是由一些丙烯酸酯共聚物制成的。由于丙烯酸酯共聚物的品种不同，可得到不同品种的乳胶涂料。由于丙烯酸乳胶涂料具有涂膜柔软，耐水、耐碱、户外耐候性好，与被涂物黏结力大等特点，因此常作为室外建筑用涂料。

（4）油基乳化涂料　它是由干性植物油、松香甘油酯、乳化剂、催干剂加入适量的水与氨水组成的。它具有一定的耐油性、绝缘性，可作为绝缘涂料。由于贮存稳定性不好，一般都做成漆基，使用时再乳化。还有一种粉末乳胶涂料，有贮存期长、运输使用方便等优点。

（四）乳胶涂料的组成

乳胶涂料基本组成：基料（乳胶）、颜料及填料、助剂三大部分。乳胶涂料的特性由乳液的特性所决定，而助剂、溶剂则改进乳胶涂料的某些性能和施工操作性。

1. 基料（成膜物）

合成树脂乳液（苯丙乳液、醋丙乳液、纯丙乳液、硅丙乳液等）。乳液主要由树脂、乳化剂和保护胶、pH 值调节剂、消泡剂和增韧剂组成。乳液为黏结材料，能将颜料、填料黏合在一起并附着在物面上成膜。涂料的档次高低和性能优劣主要由成膜物来决定。

2. 颜料

白色颜料有钛白、氧化锌、锌钡白等；红色颜料有铁红、钼铬红、大红、甲苯胺紫红、酞菁红；黄色颜料有柠檬黄、铬黄、铁黄、镉黄；黑色颜料有炭黑、铁黑；绿色颜料有酞菁绿、氧化铬绿；蓝色颜料有酞菁蓝、群青、铁蓝；金属颜料有铝粉、铜粉等；体质颜料有滑石粉、云母粉、碳酸钙、沉淀硫酸钡等。绝大多数的乳胶涂料是白色和浅色的，一般以遮盖力强的钛白粉为主要着色颜料，并使用适当数量的体质颜料以控制成品的流动性，同时提高涂料的耐水性、耐磨性等性能。

3. 填料

轻质碳酸钙、重质碳酸钙、滑石粉、高岭土等，是一种体质颜料且大多不具有遮盖力和着色力的白色粉末，可以增加涂膜的厚度，提高涂膜的耐久性、耐磨性及其他机械强度，同时可降低涂料成本。

4. 溶剂

能溶解于稀释涂料成膜物，也可以降低涂料的黏度。

5. 助剂

分散剂、润湿剂、增稠剂、成膜助剂、防霉剂等。其作用是提高涂料的加工性能、施工性能、贮存性能和涂膜性能。

① 分散剂、润湿剂：利于颜料和填料的分散。

② 成膜助剂：降低成膜温度，利于在稍冷的天气成膜，提高涂膜性能。

③ 消泡剂：加工过程和施工过程中的消泡。

④ 防霉剂：防止涂料本身发臭和涂膜在潮湿的环境下发霉。

⑤ 增稠剂：增稠剂是一种流变助剂，不仅可以使涂料增稠，防止施工中出现流挂现象，而且能赋予涂料优异的机械性能和贮存稳定性。对于黏度较低的水性涂料来说，是非常重要的一类助剂。

（五）乳胶涂料的制作工艺

乳胶涂料在生产过程中，由于基料主要是乳液，乳液本身是一个多相悬浮的亚稳定体系，在强烈的机械力作用下，容易引起稳定体系的破坏而出现破乳，因此首先将颜料、填料和水及其助剂进行高速分散制成色浆，然后再在调漆釜中加入乳液成膜物质，并根据相关要求加入其他助剂，最终制成乳胶涂料。

乳胶涂料的制备一般分为两个步骤。第一步是将颜填料、分散剂等助剂和适量的水等加入分散机中，分散成适当细度的颜料浆。第二步是将颜料浆与乳胶在调和机中调和成涂料，其他辅助材料也在调涂料时适时加入。大致的制作工艺如图 9-2 所示。

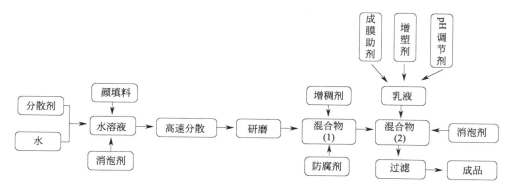

图 9-2　乳胶涂料的制备工艺

（六）乳胶涂料的技术要求

我国目前执行的标准《合成树脂乳液内墙涂料》（GB/T 9756—2009）、《合成树脂乳液外墙涂料》（GB/T 9755—2001），其技术指标见表 9-3。

表 9-3　建筑内外墙乳液涂料技术指标

序号	项目	内墙指标			外墙指标		
		优等品	一等品	合格品	优等品	一等品	合格品
1	容器中状态	无硬块、搅拌后呈均匀状态			无硬块、搅拌后呈均匀状态		
2	施工性	刷涂二道无障碍			刷涂二道无障碍		
3	低温稳定性	不变质			不变质		
4	干燥时间（表干）/h≤	2			2		
5	涂膜外观	正常			正常		
6	对比率（白色和浅色）≥	0.95	0.93	0.90	0.93	0.90	0.87
7	耐碱性	24 小时无异常			48 小时无异常		
8	耐洗刷性/次≥	5000	1000	300	2000	1000	500
9	耐水性	—			96 小时无异常		
10	涂层耐温度性（5 次循环）	—			无异常		
11	耐沾污性≤	—			10	15	20

（七）乳胶涂料的施工

乳胶涂料可以采用刷、滚和喷涂等方法涂装，但大部分还是采用长绒辊筒滚涂和刷涂相结合的方法涂装，这个方法完全是针对乳胶涂料的涂装特点而进行的，具有高效、快速的特点。

1. 涂装工序

① 基层处理：清除浮灰、油污，内、外墙或使用部位不同选用不同腻子。

② 涂装前的准备：通常按一底二面计算使用量；喷涂时使用空气压缩机及喷枪；滚涂时，则需长毛绒辊筒。

③ 涂装：一般从浅色到深色，从上至下，从简至繁，分格或分片施工。要注意上下涂料层的搭接处颜色一致，厚度要均匀，且要防止漏喷与流淌。

2. 涂装的质量控制与检验

乳胶涂料的涂装质量，应符合表9-4有关规定。

表 9-4　涂装的质量指标

项　次	项　　目	中级涂装工程	高级涂装工程
1	掉粉、起皮	不允许	不允许
2	漏刷、透底	不允许	不允许
3	反碱、咬色	允许轻微少量	不允许
4	流坠、疙瘩	允许轻微少量	不允许
5	颜色、刷痕	颜色一致，允许有轻微少量砂眼，刷痕通顺	颜色一致，无砂眼，无刷痕
6	装饰线、分色线平直(拉5m线检查，不足5m拉通线检查)	偏差不大于2mm	偏差不大于1mm
7	门窗、灯具等	洁净	洁净

3. 乳胶涂料涂膜常见病例、原因及对策

在施工过程中可能存在很多问题，常见病例如表9-5所示。

表 9-5　乳胶涂料常见病例

编　号	病　态	原　　因	对　　策
1	起泡	水分渗入涂层，使之失去附着力	施工现场应保持通风干燥
		涂膜未干透，遇到雨水	不要在阴雨天气施工
		底层未经封闭，有气孔存在	涂面漆前就预选打底，填平
		施工前强力搅拌，空气混入涂层	不要进行强力搅拌
2	发花	施工前，涂料未搅拌均匀	施工前应搅拌均匀
		底材干燥不彻底(有的干，有的湿)	待墙体完全干燥后再施工
		涂层厚薄不均	底材就处理平整，均匀涂刷
		底材处理不当，粗糙度不同	对底材进行除酸除碱处理，粗细均一
3	剥落	底材不坚固	底材应坚实，平整
		底材有油污、化学物品	底材应除干净
		在已开裂的旧涂层上施工	旧涂层应除干净
		底材过分光滑、附着力太低	底材应预先砂磨
		涂料树脂量过低	增加乳液含量
4	粉化	低温施工，成膜不良	应在规定的最低施工温度之上施工
		内用涂料外用	外墙应选用耐候性好的涂料
		涂层太薄	不要将涂料过分兑稀
		与其他涂料混用	应事先向厂家咨询
5	失光	底材多孔，并不均匀	底材应进行表面处理
		涂层厚薄不均	应均匀涂刷
		气温低，湿度大	晴天施工
6	流挂	一次涂刷太厚	调整涂刷量
		涂料施工黏度过低	不应过分兑稀加水
		底材过分光滑	底材应预先打磨
		空气湿度过大	晴天施工

思考题与习题

1. 高分子材料的结构特点有哪些？

2. 塑料的主要组成有哪些？其作用如何？

3. 热固性与热塑性塑料的主要不同点有哪些？

4. 塑料的主要特性有哪些？

5. 橡胶有哪几种？各有何特性？

6. 建筑胶黏剂的种类有哪些？

7. 对胶黏剂有哪些基本要求？

8. 在黏结结构材料或修补建筑结构（如混凝土、混凝土结构）时，一般宜选用哪类合成树脂胶黏剂？为什么？

9. 现在建筑工程上倾向于使用塑料管代替镀锌管，请比较塑料管与镀锌管的优缺点。

10. 试根据你在日常生活中所见所闻，写出 5 种建筑塑料制品的名称。

11. 热塑性树脂与热固性树脂中哪类宜作结构材料，哪类宜作防水卷材、密封材料？

12. 某住宅使用 Ⅰ 型硬质聚氯乙烯（UPVC）塑料管作热水管。使用一段时间后，管道变形漏水，请分析原因。

第十章 沥青材料

>>> **内容提要**

　　沥青是有机胶凝材料之一，因其具有良好的防水性能及其他优越的物理力学性能，而广泛应用于具有防水、防潮要求的工程及公路桥梁、水利等工程。沥青混合料是由矿料与沥青拌合而成的混合料，因其具有良好的弹-塑-黏性、力学性能、温度稳定性、施工方便及经济耐久性能等，是高等公路最主要的路面材料。

　　本章重点介绍石油沥青的组成、结构、技术性质及技术标准，同时介绍了沥青改性及常用的沥青基制品，简要介绍了其他沥青，沥青混合料当中重点介绍了热拌沥青混合料的技术性质及技术标准、配合比设计，简要介绍了其他沥青混合料。

第一节　沥青基本知识

　　沥青是一种有机胶凝材料，在常温下呈固体、半固体或黏稠液体，由天然或人工制造而得，主要为高分子烃类所组成，颜色为黑色或黑褐色，具有良好的黏结性、塑性、憎水性、耐腐蚀性和电绝缘性。在土木工程中广泛应用于防潮、防水、防渗材料，以及铺筑路面、木材防腐、金属防锈等表面防腐工程。

　　沥青的种类很多，按其在自然界中的获得方式可分为地沥青和焦油沥青两大类（见表 10-1）。

表 10-1　沥青的分类

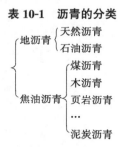

　　地沥青是天然存在的或由石油精制加工得到的沥青材料，按其产源可分为天然沥青和石油沥青。天然沥青是石油在自然因素的作用下，经过轻质油分蒸发、氧化和缩聚作用最后形成的天然产物，多存在于山石的缝隙或以沥青湖的形式存在。石油沥青是石油原油经蒸馏提炼出各种轻质油（如汽油、煤油、柴油）及润滑油以后的残留物，或将残留物经吹氧、调和等工艺进一步加工得到的产品。

　　焦油沥青是利用各种有机物（煤、泥炭、木材等）干馏加工得到的焦油，经再加工得到的沥青类物质。焦油沥青按其加工的有机物名称来命名，如煤干馏所得的煤焦油，经再加工得到的沥青称为煤沥青（俗称柏油）。其他还有木沥青、泥炭沥青、页岩沥青等。

　　工程上使用的沥青材料主要为石油沥青和煤沥青，石油沥青的技术性质优于煤沥青，故应用最广。

一、石油沥青的组成及结构

(一) 石油沥青的组成

石油沥青是由多种高分子碳氢化合物及其非金属（氧、氮、硫）衍生物组成的混合物，它是石油中分子量最大、组成和结构最为复杂的部分。沥青的元素组成主要是碳（80%～87%）和氢（10%～15%），其次是非烃元素，如氧、硫、氮等非金属元素（<3%）。此外，还有一些微量的金属元素，如镍、钒、铁、锰、钙、镁、钠等，质量分数约为百万分之几至百万分之几十。由于沥青化学成分极为复杂，对其进行化学成分分析十分困难，同时化学成分并不能突出反映沥青的性质，因此，一般不作沥青的化学成分分析，而是从工程使用角度出发，将沥青分离为化学成分和物理性质相近，并与沥青技术性质又有一定联系的几个组，这些组即称为"组分"。根据《公路工程沥青及沥青混合料试验规程》（JTG E20—2011）的规定，石油沥青的化学组分有三组分和四组分两种分析法。

1. 三组分分析法

石油沥青的三组分分析法是将石油沥青划分为油分、树脂和沥青质三个组分。三个组分可利用沥青在不同有机溶剂中的选择性溶解分离出来，各组分的含量与性质见表10-2。

表 10-2　石油沥青三组分分析法的各组分性质

组分	外观特征	密度/(g/cm³)	平均分子量	碳氢比	含量/%	物化特征
油分	淡黄至红褐色油状液体	0.7～1.0	300～500	0.5～0.7	45～60	几乎溶于大部分有机溶剂,具有光学活性,常发现荧光,相对密度约0.7～1.0
树脂	黄色至黑褐色黏稠状半固体	1.0～1.1	600～1000	0.7～0.8	15～30	温度敏感性高,熔点低于100℃,相对密度大于1.0～1.1
沥青质	深褐色至黑色无定形固体粉末	1.1～1.5	1000～6000	0.8～1.0	5～30	加热不熔化而碳化,相对密度1.1～1.5

(1) 油分　油分为淡黄色至黑褐色油状液体，是沥青中分子量最小和密度最小的组分，密度介于 0.7～1.0g/cm³ 之间。在 170℃ 下较长时间加热，油分可以挥发。油分能溶于石油醚、二硫化碳、三氯甲烷和丙酮等有机溶剂，但不溶于酒精。油分赋予沥青以流动性。

(2) 树脂（沥青脂胶）　树脂为黄色至黑褐色黏稠状物质（半固体），分子量比油分大（600～1000），密度为 1.0～1.1g/cm³。沥青脂胶中绝大部分属于中性树脂。中性树脂能溶于三氯甲烷、汽油和苯等有机溶剂，但在酒精和丙酮中难溶解或溶解度很低，它赋予沥青以良好的黏结性、塑性和可流动性。中性树脂含量增加，石油沥青的延度和黏结力等品质愈好。另外，沥青树脂中还含有少量的酸性树脂，即地沥青酸和地沥青酸酐，是沥青中的表面活性物质。它改善了石油沥青对矿物材料的浸润性，特别是提高了对碳酸盐类岩石的黏附性，并有利于石油沥青的可乳化性。沥青脂胶使石油沥青具有良好的塑性和黏结性。

(3) 沥青质（地沥青质）　沥青质为深褐色至黑色固态无定形物质（固体粉末），分子量比树脂大，密度为 1.1～1.5 g/cm³，不溶于酒精、正戊烷，但溶于三氯甲烷和二硫化碳，染色力强，对光敏感性强，感光后就不溶解。沥青质是决定石油沥青温度敏感性、黏性的重要组成部分，其含量越多，则软化点愈高，黏性愈大，即愈硬脆。

2. 四组分分析法

L. W. 科尔贝特首先提出将沥青分离为饱和分、环烷-芳香分、极性-芳香分和沥青质的色层分析方法。后来也有将上述 4 个组分称为：饱和分、芳香分、胶质和沥青质，这一方法亦称 SARA 法。我国现行四组分分析法是将沥青试样先用正庚烷沉淀沥青质（A_t），再将可溶分（即软沥青质）吸附于氧化铝谱柱上，先用正庚烷冲洗，所得的组分称为饱和分（S）；继续用甲苯冲洗，所得的组分称为芳香分（A）；最后用甲苯-乙醇、甲苯、乙醇冲洗，所得组分称为胶质（R）。对于含蜡沥青，可将所分离得的饱和分与芳香分，以丁醇-苯为脱蜡溶剂，在-20℃下冷冻分离固态烃烷，确定含蜡量。

石油沥青按照四组分分析法所得各组分的性质见表 10-3。

表 10-3　石油沥青四组分分析法的各组分性状

组分	外观特征	相对密度 ρ_4^{20}（平均）	平均分子量 M_w	芳烃指数 f_a	环数/分子（平均）		化学结构	在沥青中的主要作用
					纯烷烃	芳香烃		
饱和分	无色液体	0.89	625	0.00	3.0	0.0	（纯链烷烃）+（纯烷烃）+（混合链烷-环烷烃）	降低稠度
芳香分	黄色至红色液体	0.99	730	0.25	3.5	2.0	（混合链烷-环烷-芳香烃）+（芳香烃）+（含 S 化合物）	降低稠度、增大塑性
胶质	棕色黏稠液体	1.09	970	0.42	3.6	7.4	（链烷-环烷-芳香烃）多环结构+（含 S,O,N 化合物）	增加黏附力、黏度、塑性
沥青质	深棕色至黑色固体	1.15	3400	0.50	—	—	（链烷-环烷-芳香烃）缩合环结构+（含 S,O,N 化合物）	提高黏度、降低感温性

石油沥青除含有上述组分外，还有沥青碳和似碳物、蜡。

沥青碳和似碳物是由于沥青受高温的影响脱氢而生成的，一般只是在高温裂化或加热及深度氧化过程中产生。多为深黑色固态粉末状微粒，是石油沥青中相对分子质量最高的组分。在沥青中的含量不多，一般在 2%～3%以下，能够降低沥青的黏结力。

蜡属于晶体物质，在常温下呈白色结晶状态存于沥青中。当温度达到 45℃左右时，会由固态转变为液态。当蜡含量增加时，会增大沥青的温度敏感性，使沥青在高温下容易发软、流淌，使沥青的胶体结构遭到破坏，降低沥青的延度和高温稳定性。同样，蜡在低温时会使沥青变得脆硬，导致沥青低温抗裂性降低。此外，蜡会使沥青与混凝土材料、石料的黏附性降低。所以，蜡是石油沥青的有害成分。

由于测定方法不同，各国对蜡的限定值也不一致。我国《公路沥青路面施工技术规范》（JTG F40—2004）规定，蒸馏法测得的含蜡量应不大于 3%。

（二）石油沥青的胶体结构

1. 胶体结构的形成

大多数沥青属于胶体体系，它是由相对分子量很大、芳香性很高的沥青质分散在分子质量较低的可溶性介质中形成的。沥青中不含沥青质，只有单纯的可溶质时，则只具有黏性液体的特征而不成为胶体体系。沥青质分子由于对极性强大的胶质具有很强的吸附力，因而形成了以沥青质为中心的胶团核心，而极性相当的胶质吸附在沥青质周围形成中间相。由于胶团的胶溶作用，而使胶团弥散和溶解于分子量较低、极性较弱的芳香分和饱和分组成的分散介质中，形成了稳固的胶体。

2. 胶体结构分类

根据沥青中各组分的化学组成和相对含量的不同，可以形成不同的胶体结构。沥青的胶体结构，可分为 3 个类型。

（1）溶胶型结构　当沥青中沥青质分子量较低，并且含量很少（如在 10%以下），同时有一定数量的芳香度较高的胶质时，胶团能够完全胶溶而分散在芳香分和饱和分的介质中。在此情况下，胶团相距较远，它们之间吸引力很小（甚至没有吸引力），胶团可以在分散介质黏度许可范围之内自由运动，这种胶体结构的沥青，称为溶胶型沥青［见图 10-1(a)］。溶胶型沥青的特点是流动性和塑性较好，开裂后自行愈合能力较强，而对温度敏感性强，即对温度的稳定性较差，温度过高会流淌。通常，大部分直馏沥青都属于溶胶型沥青。

（2）溶-凝胶型结构　沥青中沥青质含量适当（如在 15%～25% 之间），并有较多数量芳香度较高的胶质。这样形成的胶团数量增多，胶体中胶团的浓度增加，胶团距离相对靠近［见图 10-2(b)］，它们之间有一定的吸引力。这是一种介乎溶胶与凝胶之间的结构，称为溶-凝胶结构。这种结构的沥青，称为溶-凝胶型沥青。修筑现代高等级沥青路用的沥青，都属于这类胶体结构类型。通常，环烷基稠油的直馏沥青或半氧化沥青，以及按要求组分重（新）组（配）的溶剂沥青等，往往能符合这类胶体结构特征。这类沥青的工程性能，在高温时具有较低的感温性，低温时又具有较好的形变能力。

（3）凝胶型结构　沥青中沥青质含量很高（如大于 30%），并有相当数量芳香度很高的胶质来形成胶团。这样，沥青中胶团浓度有很大程度的增加，它们之间的相互吸引力增强，使胶团靠得很近，形成空间网络结构。此时，液态的芳香分和饱和分在胶团的网络中成为分散相，连续的胶团成为分散介质［见图 10-1(c)］。这种胶体结构的沥青，称为凝胶型沥青，这类沥青的特点是，弹性和黏性较高，温度敏感性较小，开裂后自行愈合能力较差，流动性和塑性较低。在工程性能上，虽具有较好的温度稳定性，但低温变形能力较差。

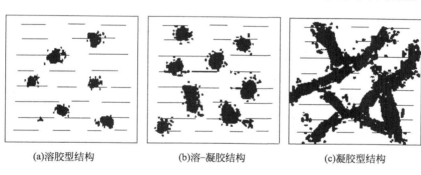

(a)溶胶型结构　　　　　　(b)溶-凝胶结构　　　　　　(c)凝胶型结构

图 10-1　沥青胶体结构

3. 胶体结构类型的判定

随着对石油沥青研究的深入发展，有些学者已开始摒弃石油沥青胶体结构观点，而认为它是一种高分子溶液。高分子溶液学说理论认为，沥青是以高分子量的沥青质为溶质，以低分子量的软沥青质（树脂和油分）为溶剂的高分子溶液。当沥青质含量很小，沥青质与软沥青质溶解度参数很小时能够形成稳定的真溶液。这种高分子溶液的特点是对电解质稳定性较大，而且是可逆的，也就是说，在沥青高分子溶液中，加入电解质并不能破坏沥青的结构。当软沥青质减少，沥青质增加时，为浓溶液，即凝胶型沥青；如果沥青质减少，软沥青质增加时则为稀溶液，溶胶型沥青即可视为稀溶液。介乎二者之间的即溶-凝胶型沥青。

二、石油沥青的技术性质

（一）物理特征常数

1. 密度

沥青密度是指在规定温度条件下，单位体积的质量，单位为 kg/m³ 或 g/cm³。我国现行试验规程规定温度为 15℃。也可用相对密度表示，相对密度是指在规定温度下，沥青质量与同体积水质量之比。

沥青的密度与其化学组成有密切的关系，通过沥青的密度测定，可以概括地了解沥青的化学组成。通常黏稠沥青的相对密度波动在 0.96～1.04 范围。我国富产石蜡基沥青，其特征为含硫量低、含蜡量高、沥青质含量少，所以相对密度常在 1.00 以下。

2. 热胀系数

沥青在温度上升 1℃时的长度或体积的变化，分别称为线胀系数和体胀系数，统称热胀系数。

沥青路面的开裂，与沥青混合料的温缩系数有关。沥青混合料的温缩系数，主要取决于沥青的热学性质，特别是含蜡沥青，当温度降低时，蜡由液态转变为固态，比容突然增大，沥青的温缩系数发生突变，因而易导致路面开裂。

3. 介电常数

沥青的介电常数与沥青使用的耐久性有关。现代交通的发展，要求沥青路面具有高的抗滑性。英国道路研究所研究认为，沥青的介电常数与沥青路面抗滑性也有很好的相关性。

（二）黏滞性（黏性）

石油沥青的黏滞性是反映沥青材料内部阻碍其相对流动的一种特性，也可以说它反映了沥青软硬、稀稠的程度，一般以绝对黏度表示，是沥青性质的重要指标之一。

各种石油沥青的黏滞性变化范围很大，黏滞性的大小与组分及温度有关。沥青质含量较高，同时又有适量树脂，而油分含量较少时，则黏滞性较大。在一定温度范围内，当温度升高时，则黏滞性随之降低，反之则随之增大。绝对黏度的测定方法因材而异，并且较为复杂，工程上常用相对黏度（条件黏度）来表示。

测定沥青相对黏度的主要方法是用标准黏度计和针入度仪。黏稠石油沥青的相对黏度是用针入度仪测定的针入度来表示的，如图 10-2 所示。它反映石油沥青抵抗剪切变形的能力。针入度值越小，表明黏度越大。黏稠石油沥青的针入度是在规定温度 25℃条件下，以规定质量 100g 的标准针，经历规定时间 5s 贯入试样中的深度，以 1/10mm 为单位表示，符号为 $P_{(25℃,100g,5s)}$。

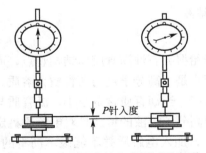 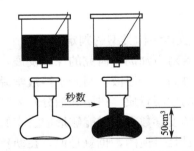

图 10-2　黏稠沥青针入度测试示意图　　　　图 10-3　液体沥青标准黏度测定示意图

液体石油沥青或较稀的石油沥青的相对黏度，可用标准黏度计测定的标准黏度表示，如图 10-3 所示。标准黏度是在规定温度（20℃、25℃、30℃或 60℃）、规定直径（3mm、5mm 或 10mm）的孔口流出 50mL 沥青所需的时间秒数，常用符号"C_d^T"表示，d 为流孔直径，t 为试样温度，T 为流出时间。显然，试验温度越高，流孔直径越大，流出时间越长，则沥青黏度越大。

（三）温度敏感性

温度敏感性是指石油沥青的黏滞性和塑形随温度升降而变化的性能。

沥青是一种高分子非晶态热塑性物质，没有一定的熔点。当温度升高时，沥青由固态或半固态逐渐软化，使沥青分子之间发生相对滑动，此时沥青就像液体一样发生了黏性流动，称为黏流态。与此相反，当温度降低时，沥青又逐渐由黏流态凝固为固态（或称高弹态），甚至变硬变脆（像玻璃一样脆硬，称作玻璃态）。此过程反映了沥青随温度升降其黏滞性和塑性的变化。

在相同的温度变化间隔里，各种沥青黏滞性及塑性变化幅度不会相同，工程要求沥青随温度变化而产生的黏滞性及塑性变化幅度应较小，即温度敏感性应较小。所以温度敏感性是沥青性质的重要指标之一。

通常石油沥青中沥青质含量多，在一定程度上能够减小其温度敏感性。在工程使用时往往加入滑石粉、石灰石粉或其他矿物填料来减小其温度敏感性。沥青中含蜡量较多时，则会增大温度敏感性。多蜡沥青不能用于直接暴露于阳光和空气中的土木工程，就是因为该沥青温度敏感性大，当温度不太高（60℃左右）时就发生流淌，在温度较低时又易变硬开裂。评价温度敏感性的指标很多，常用的是软化点和针入度指数。

1. 软化点

沥青软化点是反映沥青温度敏感性的重要指标。由于沥青材料从固态至液态有一定的变态间隔，故规定其中某一状态作为从固态转到黏流态（或某一规定状态）的起点，相应的温度称为沥青软化点。

软化点的数值随采用的仪器不同而异，我国现行的实验规程是采用环球软化点。该法（见图10-4）是将黏稠沥青试样注入内径为 18.9mm 的铜环中，环上置一重 3.5g 的钢球，在规定的加热速度（5℃/min）下进行加热，沥青试样逐渐软化，直至在钢球荷重作用下，使沥青下坠 25.4mm 时的温度称为软化点，符号为 $T_{R\&B}$。

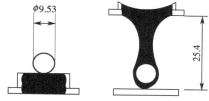

图 10-4 沥青软化点测定
示意图（单位：mm）

根据已有研究认为：沥青在软化点时的黏度约为 1200Pa·s，或相当于针入度值 800（1/10mm）。据此，可以认为软化点是一种人为的"等黏温度"。

2. 针入度指数

软化点是沥青性质随温度变化过程中重要的标志点，在软化点之前，沥青主要表现为黏弹态，而在软化点之后主要表现为黏流态。软化点越低，表明沥青在高温下的体积稳定性和承受荷载的能力越差。但仅凭软化点这一指标来反映沥青性质随温度变化的规律，并不全面。目前，还采用针入度指数（PI）作为沥青温度敏感性的指标。

根据大量实验结果，沥青针入度值的对数（lgP）与温度（T）具有线性关系：

$$\lg P = AT + K \tag{10-1}$$

式中，A 为直线斜率；K 为截距，常数。

A 表征沥青针入度（lgP）随温度（T）的变化率。A 越大，表明温度变化时，沥青的针入度变化越大，也即沥青的温度敏感性大。因此，可用斜率 $A = \mathrm{d}(\lg P)/\mathrm{d}T$ 来表征沥青的温度敏感性，故称 A 为针入度-温度感应系数。

为了计算 A 值，可由已知的 25℃ 的针入度值 $P_{(25℃,100g,5s)}$（1/10mm）和软化点 $T_{R\&B}$

（℃），并假设软化点时的针入度为 800（1/10mm），建立针入度-温度感应系数 A 的基本计算式为：

$$A = \frac{\lg 800 - \lg P_{(25℃,100g,5s)}}{T_{R\&B} - 25} \tag{10-2}$$

按式（10-2）计算的 A 值均为小数，为使用方便起见，进行一些处理，改用针入度指数（PI）表示：

$$PI = \frac{30}{1 + 50A} - 10 = \frac{30}{1 + 50\left[\dfrac{\lg 800 - \lg P_{(25℃,100g,5s)}}{T_{R\&B} - 25}\right]} - 10 \tag{10-3}$$

由式（10-3）可知，沥青的针入度指数范围是 $-10 \sim -20$；针入度指数是根据一定温度变化范围内，沥青性能的变化计算出的，因此利用针入度指数来反映沥青性能随温度的变化规律更为准确；针入度指数（PI）值愈大，表示沥青的感温性愈低。现行标准《公路工程沥青及沥青混合料试验规程》（JTJ 052—2000）中规定，针入度指数是利用 15℃、25℃ 和 30℃ 的针入度回归得到的。

针入度指数不仅可以用来评价沥青的温度敏感性，同时也可以用来判断沥青的胶体结构；当 PI<-2 时，沥青属于溶胶结构，感温性大；当 PI>2 时，沥青属于凝结结构，感温性低；介于期间的属于溶-凝胶结构。

不同针入度指数的沥青，其胶体结构和工程性能完全不同。相应的，不同的工程条件也对沥青有不同的 PI 要求：一般路用沥青要求 PI>-2；沥青用作灌封材料时，要求 $-3<$PI<1；如用作胶黏剂，要求 $-2<$PI<2；用作涂料时，要求 $-2<$PI<5。

（四）塑性

塑性是指石油沥青在外力作用下产生变形而不破坏（裂缝或断开），除去外力后仍保持变形后的形状不变的性质，它反映的是沥青受力时所能承受的塑性变形的能力。

石油沥青的塑性与其组分有关，石油沥青中树脂含量较多，且其他组分含量又适当时，则塑性较大。影响沥青塑性的因素有温度和沥青膜层厚度。温度升高，则塑性增大，膜层愈厚，则塑性愈高。反之，膜层越薄，则塑性越差，当膜层薄至 1μm 时，塑性近于消失，即接近于弹性。

在常温下，塑性较好的沥青在产生裂缝时，也可能由于其特有的黏塑性而自行愈合。故塑性还反映了沥青开裂后的自愈能力。沥青之所以能用来制造出性能良好的柔性防水材料，很大程度上决定于沥青的塑性。沥青的塑性对冲击荷载有一定的吸收能力，并能减少摩擦时的噪声，故沥青是一种优良的路面材料。

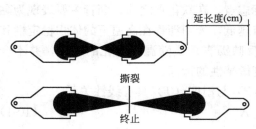

图 10-5 沥青延度测试示意图

石油沥青的塑性用延度表示。延度试验方法是，将沥青试样制成"∞"字形标准试件（最小断面积 1cm³），在规定拉伸速度和规定温度下拉断时的长度（以 cm 计）称为延度，如图 10-5 所示。常用的实验温度有 25℃ 和 15℃。

以上所论及的黏滞性、温度敏感性和塑性是评价黏稠石油沥青工程性能最常用的经验指标，所以统称"三大指标"。

（五）大气稳定性

大气稳定性即为沥青的耐久性，是指石油沥青热施工时受高温的作用，以及在使用时在热、阳光、氧气和潮湿等因素的长期综合作用下抵抗老化的性能。

在阳光、空气和热的综合作用下，沥青各组分会不断递变。低分子化合物将逐步转变成高分子物质，即油分和树脂逐渐减少，而沥青质逐渐增多。试验发现，树脂转变为沥青质比油分转变为树脂的速度快得多（约50%）。因此，石油沥青随着时间的进展，流动性和塑性逐渐减小，硬脆性逐渐增大，直至脆裂，这个过程称为石油沥青的老化。所以沥青的大气稳定性可以用抗老化性能来说明。

我国现行标准《公路工程沥青及沥青混合料试验规程》（JTJ 052—2000）规定，石油沥青的老化性能是以沥青试样在加热蒸发前后的质量损失百分率、针入度比和老化后的延度来评定的。其测定方法是：先测定沥青试样的质量及其针入度，然后将试样置于烘箱中，在163℃下加热蒸发5h，待冷却后再测定其质量和针入度。计算出蒸发损失质量占原质量的百分数，称为蒸发损失百分率；测得老化后针入度与原针入度的比值，称为针入度比，同时测定老化后的延度。沥青经老化后，质量损失百分率愈小、针入度比和延度愈大，则表示沥青的大气稳定性愈好，即老化愈慢。

$$蒸发损失百分率=\frac{蒸发前沥青质量-蒸发后残留物质量}{蒸发前沥青质量}\times100\%$$

$$针入度比=\frac{蒸发后残留物针入度}{蒸发前沥青针入度}\times100\%$$

（六）施工安全性

黏稠沥青在使用时必须加热，当加热至一定温度时，沥青材料中挥发的油分蒸气与周围空气组成混合气体，此混合气体遇火焰则易发生闪火。若继续加热，油分蒸气和饱和度增加。由于此种蒸气与空气组成的混合气体遇火焰极易燃烧，引发火灾，为此，必须测定沥青加热闪火和燃烧的温度，即闪点和燃点。

闪点是指加热沥青至挥发，挥发出的可燃气体和空气的混合物在规定条件下与火焰接触，初次闪火（有蓝色闪光）时的沥青温度（℃）。

燃点是指加热沥青产生的气体和空气的混合物，与火焰接触能持续燃烧5s以上时，此时沥青的温度即为燃点（℃）。燃点温度通常比闪点温度约高10℃。沥青质含量越多，闪点和燃点相差愈大，液体沥青由于轻质成分较多，闪点和燃点的温度相差很小。

闪点和燃点的高低表明沥青引起火灾或爆炸可能性的大小，它关系到运输、贮存和加热使用等方面的安全性。石油沥青在熬制时，一般温度为150～200℃，因此通常控制沥青的闪点应大于230℃。但为安全起见，沥青加热时还应与火隔离。

（七）溶解度

沥青溶解度是指沥青在三氯乙烯中溶解的百分率（即有效物质含量）。那些不溶解的物质为有害物质（沥青碳、似碳物），会降低沥青的性能，应加以限制。

三、石油沥青的技术标准与选用

我国现行石油沥青标准，将黏稠石油沥青分为道路石油沥青、建筑石油沥青和普通石油沥青三大类，在土木工程中常用的主要是道路石油沥青和建筑石油沥青。道路石油沥青和建筑石油沥青依据针入度大小将其划分为若干牌号，每个牌号还应保证相应的延度和软化点，以及其他指标。现将其质量指标列于表10-4及表10-5中。

表 10-4　道路石油沥青和建筑石油沥青技术标准

质量指标	道路石油沥青(SH 0522—2000)							建筑石油沥青(GB 494—1998)		
	A-200	A-180	A-140	A-100甲	A-100乙	A-60甲	A-60乙	40号	30号	10号
针入度(25℃,100g)/(1/10mm)	201~300	161~200	121~160	91~120	81~120	51~80	41~80	26~50	26~35	10~25
延度(25℃)/cm≥	—	100	100	90	60	70	40	3.5	2.5	1.5
软化点(环球法)/℃	30~45	35~45	38~48	42~52	42~52	45~55	45~55	>60	>75	>95
溶解度(三氯乙烯、四氯化碳或苯)/%≥	99	99	99	99	99	99	99	99.5	99.5	99.5
蒸发损失(160℃,5h)/%≤	1	1	1	1	1	1	1	1	1	1
蒸发后针入度比/%≥	50	60	60	65	65	70	70	65	65	65
闪点(开口)/℃≥	180	200	230	230	230	230	230	230	230	230

表 10-5　重交通量道路石油沥青的技术标准

质量指标		重交通量道路石油沥青				
		AH-130	AH-110	AH-90	AH-70	AH-50
针入度(25℃,100g,5s)/(1/10mm)		121~140	101~120	80~100	60~80	40~60
延度(15℃,15cm/min)/cm≥		100	100	100	100	100
软化点(环球法)/℃		40~50	41~51	42~52	44~54	45~55
溶解度(三氯乙烯)/%≥		99.0				
含蜡量(蒸馏法)/%≤		3				
薄膜烘箱加热实验(160℃,5h)	质量损失/%≤	1.3	1.2	1.0	0.8	0.6
	针入度比/%≥	45	48	50	55	58
	延度(25℃)/cm≥	75	75	75	50	40
	延度(15℃)/cm≥	实测记录				
闪点(开口)/℃≥		230				

（一）道路石油沥青

按道路的交通量，道路石油沥青分为中、轻交通石油沥青和重交通石油沥青。

中、轻交通道路石油沥青共有 5 个牌号，按石油化工行业标准《道路石油沥青》（NB/SH/T 0522—2010），道路石油沥青分为 5 个牌号，其中 A-100 和 A-60 又按延度的不同分为甲、乙两个副牌号。由表 10-3 可知，牌号越大，沥青的黏滞性越小（针入度越大），塑性越好（延度越大），温度稳定性越差（软化点越低）。

中、轻交通道路石油沥青主要用作一般道路路面、车间地面等工程。常配制沥青混凝土、沥青混合料和沥青砂浆。选用道路石油沥青时，要按照工程要求、施工方法以及气候条件等选用不同牌号的沥青。此外，还可用作密封材料、黏结剂和沥青涂料等。

重交通道路石油沥青主要用于高速公路、一级公路路面、机场道面以及重要的城市道路路面等工程。按国家标准《重交通道路石油沥青》（GB/T 15180—2010），重交通道路石油沥青分为 AH-50、AH-70、AH-90、AH-110 和 AH-130 5 个牌号，各牌号的技术要求见表 10-4。除石油沥青规定的有关指标外，延度的温度为 15℃，大气稳定性采用薄膜烘箱试验，并规定了含蜡量的要求。

（二）建筑石油沥青

建筑石油沥青的特点是黏性较大（针入度较小），温度稳定性较好（软化点较高），但塑性较差（延度较小）。建筑石油沥青应符合《建筑石油沥青》（GB/T 494—2010）的规定。

常用其制作油纸、油毡、防水涂料及沥青胶等，并用于屋面及地下防水、沟槽防水、防蚀以及管道防腐等工程。

需要注意的是，使用建筑石油沥青制成的沥青膜层较厚，黑色沥青表面又是好的吸热体，故在同一地区的沥青屋面（或其他工程表面）的表面温度比其他材料高。据测定高温季节沥青层面的表面温度比当地最高气温高 25～30℃。为避免夏季屋面沥青流淌，一般屋面用沥青材料的软化点应比当地气温高 20℃。但软化点也不宜选得太高，以免冬季低温时变得硬脆，甚至开裂。

（三）普通石油沥青

普通石油沥青因含有较多的蜡（一般含量大于 5％，多者达 20％以上），故又称多蜡沥青。由于蜡的熔点较低，所以多蜡沥青达到液态时的温度与其软化点相差无几。与软化点相同的建筑石油沥青相比，其黏滞性较低，塑性较差，故在土木工程中不宜直接使用。

（四）沥青的掺配

施工中，若采用某一牌号的沥青不能满足工程要求的软化点或针入度时，可用不同牌号的沥青按一定比例互相掺配，掺配后制得的沥青称为混合沥青。为保证不使掺配后的沥青胶体结构遭到破坏，一般掺配时要注意遵循同产源原则，即同属石油沥青或同属煤沥青（或煤焦油）的才可掺配。

两种沥青掺配的比例可用式（10-4）与式（10-5）估算：

$$Q_1 = \frac{T_2 - T}{T_2 - T_1} \times 100\% \tag{10-4}$$

$$Q_2 = 1 - Q_1 \tag{10-5}$$

式中，Q_1 为牌号较软沥青的用量，％；Q_2 为牌号较硬沥青的用量，％；T 为掺配后沥青的软化点，％；T_1 为牌号较软沥青的软化点，℃；T_2 为牌号较硬沥青的软化点，℃。

以估算的掺配比例和其邻近的比例（5％～10％）进行试配（混合熬制均匀），测定掺配后沥青的软化点，然后绘制"掺配比-软化点"关系曲线，即可从曲线上确定出所要求的掺配比例。

【例】　某工程需要用软化点为 85℃的石油沥青，现有 10 号及 60 号两种，10 号石油沥青软化点为 95℃，60 号石油沥青软化点为 45℃，应如何掺配以满足工程需要？

$$Q_1 = \frac{T_2 - T}{T_2 - T_1} \times 100\% = \frac{95 - 85}{95 - 45} \times 100\% = 20\%$$

$$Q_2 = 1 - 20\% = 80\%$$

四、改性沥青

建筑上使用的沥青必须具有一定的物理性质和黏附性。低温条件下应有弹性和塑性，高温条件下应有足够的强度和稳定性，加工和使用条件下具有抗老化能力，使用时应与各种矿料和结构表面有较强的黏附力，以及对构件变形的适应性和耐疲劳性。通常石油加工厂制备的沥青不一定能满足这些要求，尤其我国大多数用大庆油田的原油加工出来的沥青，如单一控制其温度稳定性，其他方面就很难达到要求，致使目前沥青防水屋面渗漏现象严重，使用寿命短。为此，常用橡胶、树脂和矿物填料等改性。橡胶、树脂和矿物填料等通称为石油沥青的改性材料。

（一）氧化改性

氧化也称吹制，是在 250～300℃高温下向残留沥青或渣油吹入空气，通过氧化作用和聚合作用，使沥青分子量变大，提高沥青的黏性和温度稳定性，从而改善沥青的性能。工程上使用的道路石油沥青、建筑石油沥青和普通石油沥青均为氧化沥青。

（二）矿物填充材料改性

1. 矿物填充料的种类

矿物填充料是由矿物质材料经过粉碎加工而成的细微颗粒，因所用矿物岩石的品种不同而不同。按其形状不同可分为粉状和纤维状；按其化学组成不同可分为含硅化合物类及碳酸盐类等。常用的有以下几种。

① 滑石粉。由滑石经粉碎、筛选而制得，主要化学成分为含水硅酸镁（$3MgO \cdot 4SiO_2 \cdot H_2O$），亲油性好，易被沥青浸润，可提高沥青的机械强度和抗老化性能。

② 石灰石粉。由天然石灰石粉碎、筛选而制成，主要成分为碳酸钙，属亲水性的碱性岩石，但亲水性较弱，与沥青有较强的物理吸附和化学吸附性，是较好的矿物填充料。

③ 云母粉。由天然云母矿经粉碎、筛选而成，具有优良的耐热性、耐酸、耐碱性和电绝缘性，多覆于沥青材料表面，用于屋面防护层时有反射作用，可降低表面温度，反射紫外线防老化，延长沥青使用寿命。

④ 石棉粉。一般由低级石棉经加工而成，主要成分是钠、钙、镁、铁的硅酸盐，呈纤维状，富有弹性，具有耐酸、耐碱和耐热性，是热和电的不良导体，内部有很多微孔，吸油（沥青）量大，掺入沥青后可提高其抗拉强度和温度稳定性，但应注意环保要求。

此外，可用作沥青矿物填充料的还有白云石粉、磨细砂、粉煤灰、水泥、砖粉、硅藻土等。

2. 矿物填充料的作用机理

矿物填充料之所以能对沥青进行改性，是由于沥青对矿物填充料的润湿和吸附作用。一般由共价键或分子键结合的矿物属憎水性即亲油性，如滑石粉等，此种矿物颗粒表面能被沥青所润湿而不会被水所剥离。由离子键结合的矿物（如碳酸盐、硅酸盐、云母等）属亲水物，对水亲和力大于对油的亲和力，即有憎油性。但是，因沥青中含有酸性树脂，它是一种表面活性物质，能够与矿物颗粒表面产生较强的物理吸附作用，如石灰石颗粒表面的钙离子和碳酸根离子，对树脂的活性基团有较大的吸附力，还能与沥青酸或环烷酸发生化学反应，形成不溶于水的沥青酸钙或环烷酸钙，产生了化学吸附力，故石灰石粉与沥青也可形成稳定的混合物。在矿物填充料被沥青润湿和吸附后，沥青呈单分子状态排列在矿物颗粒（或纤维）表面，形成结合力牢固的沥青薄膜（如图 10-6 所示）。这部分沥青称为"结构沥青"。具有较高的黏性和耐热性等。为形成恰当的结构沥青膜层，掺入的矿物填充料数量要适当。

矿物填充料的种类、细度和掺入量对沥青的改性作用具有重要影响。如石油沥青中掺入35%的滑石粉或云母粉，用于屋面防水，大气稳定性可提高 1～1.5 倍，但掺量小于 15% 时，则不会提高。一般矿物填充料掺量为 20%～40%。矿物填充料的颗粒愈细，颗粒表面积愈大，物理吸附和化学吸附作用愈强，形成的结构沥青愈多，并可避免从沥青中沉积。但颗粒过细，填充料容易黏结成团，不易与沥青搅匀，而不能发挥结构沥青的作用。

（三）聚合物改性沥青

聚合物（包括橡胶和树脂）同石油沥青具有较好的相溶性，可赋予石油沥青某些橡胶的特性，从而改善石油沥青的性能。聚合物改性的机理复杂，一般认为聚合物改变了体系的胶体结构，当聚合物的掺量达到一定的限度，便形成聚合物的网络结构，将沥青胶团包裹。目前，用于改善沥青性能的聚合物主要有树脂类、橡胶类和树脂-橡胶共聚物三类，各类常用

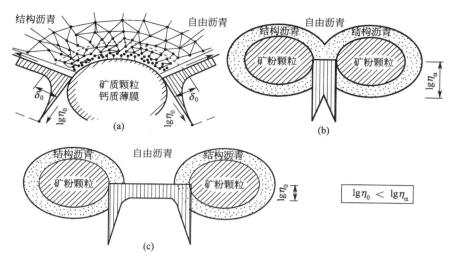

图 10-6　沥青与矿粉相互作用的结构示意图

聚合物的名称如表 10-6 所示。

表 10-6　改性沥青常用聚合物

树脂类	橡胶类	树脂-橡胶共聚物
聚乙烯(PE)、聚丙烯(PP)、聚氯乙烯(PVC)、聚苯乙烯(PS)、乙烯-醋酸乙烯酯共聚物(EVA)	丁苯橡胶(SBR)、氯丁橡胶(CR)、丁腈橡胶(NBR)、苯乙烯-异戊二烯橡胶(SIR)、乙苯橡胶(EPDR)	苯乙烯-丁二烯-苯乙烯嵌段共聚物(SBS)、苯乙烯-异戊二烯-苯乙烯嵌段共聚物(SIS)、苯乙烯-聚乙烯/丁基-聚苯乙烯嵌段共聚物(SE/BS)

1. **热塑性树脂类改性沥青**

用作沥青改性的树脂，主要是热塑性树脂，最常用的是聚乙烯（PE）和聚丙烯（PP），其作用主要是提高沥青的黏度，改善高温抗流动性，同时可增大沥青的韧性，所以它们对改善沥青高温性能是肯定的，但对低温性能的改善有时并不明显。

聚乙烯的特点是强度较高，延伸率较大，耐寒性好（玻璃化温度可达 $-150 \sim -120℃$），并与沥青的相溶性很好，故聚乙烯是较好的沥青改性剂。低密度聚乙烯（LDPE）比高密度聚乙烯（HDPE）的强度低，但低密度聚乙烯具有较大的伸长率和较好的耐寒性，故改性沥青中多选用低密度聚乙烯。近年来的研究认为：价格低廉和耐寒性好的低密度聚乙烯（LDPE）与其他高聚物组成合金，可以得到优良的改性沥青。

聚丙烯根据—CH_3 的不同排列，分为无规聚丙烯、等规聚丙烯和间规聚丙烯三种。用作沥青改性的主要为无规聚丙烯（APP），其—CH_3 无规则地分布在主链两侧。

无规聚丙烯是生产等规聚丙烯的副产品，在常温下呈乳白色至浅棕色橡胶状物质，抗拉强度较低，但延伸率高，耐寒性尚好（玻璃化温度在 $-18 \sim -20℃$）。无明显熔点，加热到 150℃后才开始变软，在 250℃左右熔化，并可以与石油沥青均匀混合。研究表明，在改性沥青中，APP 形成了网络结构。APP 改性沥青与石油沥青相比，其软化点高，延度大，冷脆点降低，黏度增大，具有优异的耐热性和抗老化性，尤其适合气温较高的地区使用。APP 常用来作为沥青防水卷材和道路石油沥青的改性剂。

2. **橡胶类改性沥青**

橡胶类改性沥青的性能，主要取决于沥青的性能、橡胶的种类和制备工艺等因素。当前，合成橡胶类改性沥青中，通常认为改善效果较好的是丁苯橡胶（SBR）。

丁苯橡胶是丁二烯与苯乙烯共聚所得的共聚物。按苯乙烯占总量的比例，分为丁苯-10、丁苯-30、丁苯-50 等牌号。随着苯乙烯含量增加，硬度增大，弹性降低。丁苯橡胶综合性能较好，强度较高，延伸率大，抗磨性和耐寒性亦较好。丁苯橡胶改性沥青的性能主要表现为以下几个方面。

① 在常规指标上，针入度值减小，软化点升高，常温（25℃）延度稍有增加，特别是低温（5℃）延度有较明显的增加；

② 不同温度下的黏度均有所增加，随着温度降低，黏度差逐渐增大；

③ 热流动性降低，热稳定性明显提高；

④ 韧度明显提高；

⑤ 黏附性亦有所提高。

SBR 改性沥青的最大特点是低温性能得到改善，但其在老化试验后，延度严重降低，所以主要适宜在寒冷气候条件下使用。

3. 热塑性弹性体改性沥青

热塑性弹性体亦即热塑性橡胶，主要是苯乙烯类嵌段共聚物，如苯乙烯-丁二烯-苯乙烯（SBS）、苯乙烯-异戊二烯-苯乙烯（SIS）、苯乙烯-聚乙烯/丁基-聚乙烯（SE/BS）等嵌段共聚物。热塑性弹性体由于兼具橡胶和树脂的结构与性质，常温下具有橡胶的弹性，高温下又能像橡胶那样流动，称为可塑性材料，所以它对沥青性能的改善优于树脂和橡胶改性沥青，故也称为橡胶树脂类改性沥青。SBS 由于具有良好的弹性（变形的自恢复性及裂缝的自愈性），故已成为目前世界上最为普遍使用的沥青改性剂，主要用途是 SBS 改性道路沥青和 SBS 改性沥青防水卷材。

SBS 对沥青的改性十分明显。它在沥青内部形成一个高分子量的凝胶网络，大大提高了沥青的性能。SBS 改性沥青的最大特点是高温稳定性和低温变形能力都好，且具有良好的弹性恢复性能和抗老化性能。SBS 使软化点提高至最大，使 5℃延度大幅度增大，冷脆点降低，且薄膜加热后的针入度比保留 90% 以上。

五、其他沥青

（一）煤沥青

煤沥青是焦油沥青的一种，在烟煤炼焦或制煤气时，从干馏所挥发的物质中冷凝出煤焦油，再将煤焦油继续蒸馏得轻油、中油、重油和蒽油后所剩的残渣即为煤沥青。大部分用于制作建筑防水材料。根据煤干馏时的温度不同，煤焦油分为高温煤焦油和低温煤焦油。高温煤焦油是炼焦或制造煤气时得到的副产品，所含大分子量的组分较多，故具有较大的密度，技术性质优于低温煤焦油。生产煤沥青和配制各种防水材料多采用高温煤焦油。

根据煤焦油蒸馏深度的不同，又分为软煤沥青和硬煤沥青两类。软煤沥青是从煤焦油中蒸馏出轻油和中油后的产品。若将重油和蒽油也基本上蒸馏出，则得到硬脆的硬煤沥青。硬煤沥青不能直接用于工程，需用重油、蒽油掺配使用。经掺配而成的煤沥青称为回配煤沥青。掺配比例应根据工程需要通过试验确定。

煤沥青与石油沥青相比，温度稳定性较差、塑性较差、大气稳定性差，但具有很好的防腐能力、良好的黏结能力，因此可用于配置防腐涂料、胶黏剂、防水涂料、油膏以及制作油毡等。

将煤沥青和石油沥青按适当比例混合可形成一种稳定胶体，称为混合沥青。混合沥青综合了两种沥青的优点，使得黏性、温度稳定性、塑性均有显著改善，特别适用于铺筑路面、停车场等。

国家标准《沥青路面施工及验收规范》（GB 50092—1996）规定，道路用煤沥青按黏度等技术指标分为 9 个标号，其技术标准见表 10-7，建筑工程中以 T-7、T-8、T-9 三个标号应用较广。

表 10-7 软煤沥青技术指标

项目		T-1	T-2	T-3	T-4	T-5	T-6	T-7	T-8	T-9
						标　号				
黏度/s	$C_{30,5}$	5~25	26~70							
	$C_{30,10}$			5~20	21~50	51~120	121~200			
	$C_{50,10}$							10~75	76~200	
	$C_{60,10}$									35~65
蒸馏试验馏出量/%	170℃前	<3	<3	<3	<3	<1.5	<1.5	<1.0	<1.0	<1.0
	270℃前	<20	<20	<20	<15	<15	<15	<10	<10	<10
	300℃前	15~35	15~35	<30	<30	<25	<25	<20	<20	<15
300℃蒸馏残渣软化点（环球法）/℃		30~45	30~45	35~65	35~65	35~65	35~65	40~70	40~70	40~70
水分/%		<1.0	<1.0	<1.0	<1.0	<1.0	<0.5	<0.5	<0.5	<0.5
甲苯不溶物/%		<20	<20	<20	<20	<20	<20	<20	<20	<20
含萘量/%		<5	<5	<5	<4	<4	<3.5	<3	<2	<2
焦油酸含量/%		<4	<4	<3	<3	<2.5	<2.5	<1.5	<1.5	<1.5

（二）乳化沥青

乳化沥青是沥青以微粒（粒径 1μm 左右）分散在有乳化剂的水中而成的乳胶体。配制时，首先在水中加入少量乳化剂，再将沥青热熔后缓缓倒入，同时高速搅拌，使沥青分散成微小颗粒，均匀分布在溶有乳化剂的水中。由于乳化剂分子一端强烈吸附在沥青微小颗粒表面，另一端则与水分子很好地结合，产生有益的桥梁作用，使乳液获得稳定。

乳化剂是乳化沥青形成和保持稳定的关键组成，它能使互不相溶的两相物质（沥青和水）形成均匀稳定的分散体系，它的性能在很大程度上影响着乳化沥青的性能。乳化剂是一种表面活性剂。工程中所用的阴离子乳化剂有钠皂或肥皂、洗衣粉等。阳离子乳化剂有双甲基十八烷溴胺和三甲基十六烷溴胺等。非离子乳化剂有聚乙烯醇，平平加（烷基苯酚环氧乙烷缩合物）等。矿物胶体乳化剂有石灰膏及膨润土等。

乳化沥青涂刷于材料表面或与集料拌合成型后，水分逐渐散失，沥青微粒靠拢将乳化剂薄膜挤裂，相互团聚而黏结。这个过程叫乳化沥青成膜。成膜需要时间，主要取决于所处环境的气温及通风情况。现场施工时，还可根据需要加入一定量破乳剂，调整沥青成膜时间。

乳化沥青可涂刷或喷涂在材料表面作为防潮或防水层，也可粘贴玻璃纤维毡片（或布）作屋面防水层，或用于拌制冷用沥青砂浆和沥青混凝土。乳化沥青一般由工厂配制，其贮存期一般不宜超过 6 个月，贮存时间过长容易引起凝聚分层。一般不宜在 0℃以下贮存，不宜在 −5℃以下施工，以免水分结冰而破坏防水层。

六、沥青防水材料

（一）冷底子油

冷底子油是用有机溶剂（汽油、柴油、煤油、苯等）与沥青溶合制得的一种液体沥青。它黏度小，流动性好，将它涂刷在混凝土、砂浆或木材等基面上，能很快渗入材料的毛细孔隙中，待溶剂挥发后，便与基面牢固结合。这一方面使基材具有一定的憎水性，另一方面为黏结同类防水材料创造了有利条件。因它多在常温下用作防水工程的打底材料，故名冷底子油。

冷底子油形成的涂膜较厚，一般不单独作防水材料使用，只作为某些防水材料的配套材料，以增强底层与其他防水材料的黏结强度。施工时在基层上先涂一道冷底子油，再刷沥青防水材料或铺油毡。

冷底子油按其凝固速度的快慢分为：快凝、中凝和慢凝三种。一般可参考下列配合比（质量比）。

① 快凝液体沥青用沸点低的汽油作稀释剂，石油沥青∶汽油＝30∶70；

② 慢凝液体沥青用沸点高的煤油或轻柴油作稀释剂，石油沥青∶轻柴油＝40∶60；

③ 中凝液体沥青用沸点介于汽油和柴油之间的煤油作稀释剂，石油沥青∶煤油＝40∶60。

建筑工地使用的冷底子油，常随配随用。冷底子油配置方法有热配法和冷配法两种。热配法是先将沥青加热至180～200℃熔化脱水后，待冷却至一定温度（70℃）时再缓慢加入溶剂，搅拌均匀即成。冷配法是将沥青打碎成小块后，按质量比加入溶剂中，不停搅拌至沥青全部溶解形成均匀体系为止。

（二）沥青胶（玛瑞脂）

沥青胶又称沥青玛瑞脂，它是在熔化的沥青中加入粉状或纤维状的填充料经均匀混合而成的。填充料粉状的如滑石粉、石灰石粉、白云石粉等，纤维状的如石棉屑、木纤维等。沥青胶的常用配合比为沥青70％～90％，矿粉10％～30％。如采用的沥青黏性较低，矿粉可多掺一些。一般矿粉越多，沥青胶的耐热性越好，黏结力越大，但柔韧性降低，施工流动性也变差。

沥青胶有热用和冷用的两种，一般工地施工是热用。配制热用沥青胶时，先将矿粉加热到100～110℃，然后慢慢地加入已熔化的沥青中，继续加热并搅拌均匀即成。热用沥青胶用于黏结和涂抹石油沥青油毡。冷用时需加入稀释剂将其稀释后于常温下施工应用，它可以涂刷成均匀的薄层。

（三）沥青基防水卷材

防水卷材是建筑工程防水材料的重要品种之一。主要包括沥青防水卷材、高聚物改性沥青防水卷材和合成高分子卷材三大类。因沥青具有良好的防水性能，而且资源丰富、价格低廉，所以我国仍大量使用。但沥青材料的低温柔性差，温度敏感性大，在大气作用下易老化，防水耐用年限较短，因而属低档防水卷材。共聚物改性沥青防水卷材和合成高分子卷材由于其优异的性能，应用日益广泛，是防水卷材的发展方向。具体分类如表10-8所示。

表 10-8　沥青基防水卷材的分类

防水卷材	沥青防水卷材	纸胎沥青油毡
		玻璃布沥青油毡
		玻纤沥青油毡
		黄麻织物沥青油毡
		铝箔胎沥青油毡
	高聚物改性沥青防水卷材	SBS改性沥青防水卷材
		APP沥青防水卷材
		再生胶改性沥青防水卷材
		PVC改性沥青防水卷材
		废橡胶粉改性沥青防水卷材
		其他改性沥青防水卷材
	合成高分子防水卷材	橡胶类
		树脂类
		共聚物类

防水卷材的品种较多、性能各异，但其均必须具备以下性能。

（1）耐水性　耐水性是指要满足建筑防水工程的要求，在水的作用和被水浸润后性能基本不变，在压力水作用下具有不透水性，常用不透水性、吸水性等指标表示。

（2）温度稳定性　指在高温下不流淌、不起泡、不滑动，低温下不脆裂的性能。即在一定温度变化下保持原有性能的能力，常用耐热度、耐热性等指标表示。

（3）机械强度、延伸性和抗断裂性　指承受一定荷载、应力或在一定变形条件下不断裂的性能，常用拉力、拉伸强度和断裂伸长率等指标表示。

（4）柔韧性　指在低温条件下保持柔韧性的性能。它对保证施工性能是很重要的，常用低温弯折性等指标表示。

（5）大气稳定性　指在阳光、热、臭氧及其他化学侵蚀介质等因素的长期综合作用下抵抗侵蚀的能力，用耐老化性、热老化保持率等指标表示。

各类防水卷材的选用应充分考虑建筑物的特点、地区环境条件、使用条件等多种因素，结合材料的特性和性能指标来选择。

1. 石油沥青防水卷材

石油沥青防水卷材系用低软化点石油沥青浸渍或涂盖胎体材料而成的一种防水卷材。广泛应用于地下、水工、工业及其他建筑物的防水工程，特别是屋面工程中。其特点及使用见表 10-9。

表 10-9　石油沥青防水卷材的特点及应用

卷材种类	特　点	使用范围	施工工艺
石油沥青纸胎油毡	是我国传统的防水材料，目前在屋面工程中仍占主导地位；其低温柔性差，防水层耐用年限较短，但价格较低	三毡四油、二毡三油叠层铺设的屋面工程	热玛琋脂、冷玛琋脂粘贴施工
玻璃布沥青油毡	抗拉强度高，胎体不易腐烂，材料柔韧性好，耐久性比纸胎油毡提高一倍以上	多用作纸胎油毡的增强附加层和突出部位的防水层	
黄麻胎沥青油毡	抗拉强度高，耐水性好，但胎体材料易腐烂	常用作屋面增强附加层	
铝箔胎沥青油毡	有很高的阻隔蒸汽渗透的能力，防水性能好，且具有一定的抗拉强度	与带孔玻纤毡配合或单独使用，宜用于隔气层	热玛琋脂粘贴

不同规格、标号、品种、等级的产品不得混放；卷材应保管在规定温度下，粉毡和玻璃毡不高于 45℃，片毡不高于 50℃。纸胎油毡和玻纤毡需立放，高度不超过两层，所有搭接边的一端必须朝上面；玻璃布油毡可以同一方向平放堆置成三角形，最高码放 10 层，并应存放在远离火源、通风、干燥的室内，防止日晒、雨淋和受潮；用轮船和铁路运输时，卷材必须立放，高度不得超过两层，短途运输可平放，不宜超过 4 层，不得倾斜或横压，必要时加盖苫布；人工搬运要轻拿轻放，避免出现不必要的损伤；产品质量保证期为一年。

2. 聚合物改性沥青防水卷材

聚合物改性沥青防水卷材是以合成高分子聚合物改性沥青为涂盖层，纤维织物或纤维毡为胎体，粉状、粒状、片状或薄膜材料为覆面材料制成的防水卷材。其特点和使用见表 10-10。

表 10-10　常见共聚物改性沥青防水卷材的特点和使用

卷材种类	特　点	使用范围	施工工艺
SBS 改性沥青防水卷材	耐高、低温性能有明显提高,卷材的弹性和耐疲劳性能明显改善	单层铺设的屋面防水工程或复合使用,适用于寒冷地区和结构变形较大的结构	冷施工铺贴或热熔铺贴
APP 改性沥青防水卷材	具有良好的强度、延伸性、耐热性、耐紫外线及耐老化性能	单层铺设,适用于紫外线辐射强烈及炎热地区	热熔法或冷粘铺设
PVC 改性沥青防水卷材	有良好的耐热及耐低温性能,最低开卷温度为－18℃	有利于在冬季负温度下施工	可热作业,也可冷施工
再生胶改性沥青防水卷材	有一定的延伸性和防腐蚀能力,且低温柔性较好,价格低廉	变形较大或档次较低的防水工程	热沥青粘贴
废橡胶粉改性沥青防水卷材	比普通石油沥青纸胎油毡的抗拉强度、低温柔性均有明显改善	叠层使用于一般屋面防水工程,宜在寒冷地区使用	

3. 合成高分子防水卷材

合成高分子防水卷材是以合成橡胶、合成树脂或它们两者的共混体为基料,加入适量的化学助剂和填充料等,经提炼、压延或挤出等工序加工而制成的可卷曲的片状防水材料。其中又分为加筋增强型与非加筋增强型两种。

合成高分子防水卷材具有拉伸强度和抗撕裂强度高、断裂伸长率大、耐热性和低温柔性好、耐腐蚀、耐老化等一系列优异的性能,但价格较高,是新型高档防水卷材。常见的有三元乙苯橡胶防水卷材、聚氯乙烯防水卷材、氯化聚乙烯防水卷材、氯化聚乙烯-橡胶共混防水卷材等。此类卷材厚度分别为 1mm、1.2mm、1.5mm、2.0mm 等规格,一般单层铺设,可采用冷粘法或自粘法施工。

第二节　沥青混合料

根据我国现代沥青路面的铺筑工艺,沥青与不同组成的矿物集料可以修建成不同结构的沥青路面。最常用的沥青路面包括:沥青表面处理、沥青贯入式、沥青碎石和沥青混凝土四种。沥青路面具有优良的力学性能,良好的耐久性和抗滑性等特点,并便于分期修筑及再生利用,且修成的路面具有晴天少尘、雨天不泞、减振吸声、行车舒适等多方面的优点。

一、沥青混合料的定义

根据我国现行标准《沥青路面施工及验收规范》(GB 50092—1996),将沥青混合料的定义和分类如下。

沥青混合料是矿物(包括碎石、石屑、砂)和填料与沥青经混合拌制而成的混合料的总称。其中矿料起骨架作用,沥青与填料起胶结填充作用。沥青混合料经摊铺、压实成型后就成为沥青路面。包括沥青混凝土混合料和沥青碎石混合料。

① 沥青混凝土混合料(以 AC 表示,采用圆孔筛时用 LH 表示)。它是由适当比例的粗集料、细集料及填料与沥青在严格控制条件下拌合的沥青混合料。其压实后的剩余空隙率小于 10%。

② 沥青碎石混合料(以 AM 表示,采用圆孔筛时用 LS 表示)。它是由适当比例的粗集

料、细集料及少量填料（或不加填料）与沥青拌合而成的半开放式沥青混合料。其压实后的剩余空隙率大于10%。

二、沥青混合料的分类

根据不同的分类方法，沥青混合料可分成五个不同的大类。

（一）按沥青类型分类

（1）石油沥青混合料　　以石油沥青为结合料的沥青混合料。

（2）焦油沥青混合料　　以煤焦油为结合料的沥青混合料。

（二）按施工温度分类

（1）热拌热铺沥青混合料　　沥青与矿料经加热后拌合，并在一定温度下完成摊铺和碾压施工过程的混合料。

（2）常温沥青混合料　　以乳化沥青或液体沥青在常温下与矿料拌合，并在常温下完成摊铺碾压过程的混合料。

（三）按矿质集料级配类型分类

（1）连续级配沥青混合料　　沥青混合料中的矿料是按级配原则，从大到小各级粒径都有，按比例互相搭配组成的连续级配混合料，典型代表是密级配沥青混凝土，以 AC 表示。

（2）间断级配沥青混合料　　矿料级配中缺少若干粒级所形成的沥青混合料，典型代表是沥青玛瑞脂碎石混合料，以 SMA 表示。

（四）按混合料密实度分类

（1）连续密级配沥青混凝土混合料　　采用连续密级配原理设计组成的矿料与沥青拌合而成。其中包括以下两类。

① 密实型沥青混凝土混合料：设计空隙率在 3%～6%（重载交通道路 4%～6%，行人道路 2%～5%），以 DAC 表示。

② 密级配沥青稳定碎石：设计空隙率仍为 3%～6%，以 ATB 表示。

这两种密实型沥青混合料的区别为：特粗型以下的是 DAC 型（公称最大粒径 26.5mm），特粗型属 ATB，公称最大粒径达到 37.5mm。

（2）连续半开级配沥青混合料　　又称为沥青稳定碎石，由适当比例的粗集料、细集料及少量填料（或不加填料）与沥青结合料拌合而成，压实后剩余空隙率在 6%～12%，用 AM 表示。

（3）开级配沥青混合料　　矿料主要由粗集料组成，细集料和填料较少，采用高黏度沥青结合料黏结形成，压实后空隙率在 18% 以上。代表类型有排水式沥青磨耗层混合料，以 OGFC 表示；另有排水式沥青温度碎石基层，以 ATPB 表示。

（4）间断级配沥青混合料　　矿料级配中缺少 1 个或几个粒级而形成的级配不连续的沥青混合料，空隙率控制在 3%～4%，典型代表是沥青玛瑞脂碎石混合料，以 SMA 表示。

（五）按矿料的最大粒径分类

① 特粗式沥青混合料：矿料的最大粒径为 37.5mm。

② 粗粒式沥青混合料：矿料的最大粒径分别为 26.5mm 或 37.5mm。

③ 中粒式沥青混合料：矿料的最大粒径分别为 16mm 或 19mm。

④ 细粒式沥青混合料：矿料的最大粒径分别为 9.5mm 或 13.2mm。

⑤ 砂粒式沥青混合料：矿料的最大粒径不大于 4.75mm。

这些沥青混合料类型汇总于表 10-11。

表 10-11 热拌沥青混合料类型

| 沥青混合料类型 | 公称最大粒径/mm | 最大粒径/mm | 密级配 | | | 半开级配 | 开级配 | | 间断级配 |
			传统 AC-I 型沥青混凝土	沥青混凝土	沥青稳定碎石	沥青碎石混合料	排水式沥青磨耗层	排水式沥青稳定碎石	沥青碎石玛琋脂混合料
砂粒式	4.75	9.5	AC-5I	DAC-5	—	AM-5			
细粒式	9.5	13.2	AC-10I	DAC-10	—	AM-10	OGFC-10	—	SMA-10
	13.2	16	AC-13I	DAC-13	—	AM-13	OGFC-13	—	SMA-13
中粒式	16	19	AC-16I	DAC-16	—	AM-16	OGFC-16		SMA-16
	19	26.5	AC-20I	DAC-20	—	AM-20			SMA-20
粗粒式	26.5	31.5	AC-25I	DAC-25	ATB-25	—	—	ATPB-25	—
	31.5	37.5	—	—	ATB-30	—	—	ATPB-30	—
特粗式	37.5	53.0	—	—	ATB-40	—	—	ATPB-40	—
设计空隙率/%			3～6	3～6	3～6	6～12	>18	>18	3～4

目前，我国在沥青路面中采用最多的类型是以石油沥青作为结合料，采用连续级配的密实式热拌热铺型沥青混凝土。

三、沥青混合料的强度理论和组成结构

沥青混合料是一种复合材料。由于各组成材料质量和数量的差异，所组成的沥青混合料可形成不同的结构，因而也表现出不同的物理力学性能。

（一）沥青混合料的强度理论

研究人员通过对沥青混合料的结构和强度的深入研究，提出了各种不同的强度理论。目前比较好的是表面理论和胶浆理论。

1.表面理论

沥青混合料是由粗集料、细集料和填料经人工组配成密实的级配矿质骨架，此矿质骨架由稠度较稀的沥青混合料分布其表面，而将它们胶结成为一个具有强度的整体，如表 10-12 所示。

表 10-12 沥青混合料的表面理论

$$
\text{沥青混合料} \begin{cases} \text{矿质骨架} \begin{cases} \text{粗集料} \\ \text{细集料} \\ \text{填料} \end{cases} \\ \text{结合料——沥青} \end{cases}
$$

2.胶浆理论

沥青混合料是一种多级分散空间网状结构的分散系。它是以粗集料为分散相而分散在沥青砂浆介质中的一种粗分散系；砂浆是以细集料为分散相而分散在沥青胶浆介质中的一种细分散系；而胶浆又是以填料为分散相而分散在高稠沥青介质中的一种微分散系，如表 10-13 所示。

表 10-13 沥青混合料的胶浆理论

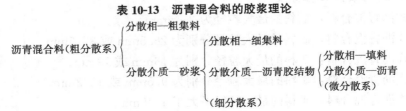

　　两种理论的主要差别在于：表面理论强调矿质集料的骨架作用，认为强度的关键首先是矿质集料的强度与密实度；胶浆理论则重视沥青胶浆在混合料中的作用，突出沥青与填料之间的交互作用和关系。两种理论的侧重面不同，实际上矿料和胶浆在混合料中起着不同的作用而又互为补充。

　　（二）沥青混合料的结构类型（见图 10-7）

　　1. 悬浮密实结构

　　在采用连续密级配矿料配置的沥青混合料中，一方面矿料的颗粒由大到小连续分布，并通过沥青胶结作用形成密实结构。另一方面较大一级的颗粒只有留出充足的空间才能容纳下一级较小的颗粒，这样粒径较大的颗粒就往往被较小一级的颗粒挤开，造成粗颗粒之间不能直接接触，也就不能相互支撑形成嵌挤骨架结构，而是彼此分离悬浮于较小颗粒和沥青胶浆中间，这样就形成了所谓悬浮密实结构的沥青混合料，工程中常用的 DAC 型沥青混凝土就是这种结构的典型代表。

　　2. 骨架空隙结构

　　当采用连续开级配矿料与沥青组成沥青混合料时，由于矿料大多集中在较粗的粒径上，所以粗粒径的颗粒可以相互接触，彼此相互支撑，形成嵌挤的骨架。但因很少含有细颗粒，粗颗粒形成的骨架空隙无法填充，从而压实后在混合料中留下较多的空隙，形成所谓空架空隙结构。工程实践中使用的沥青碎石混合料（AM）和排水沥青混合料（OGFC）是典型的骨架空隙结构。

　　3. 骨架密实结构

　　当采用间断型密级配集料与沥青组成沥青混合料时，由于矿料颗粒集中在级配范围的两端，缺少中间颗粒，所以一端的粗颗粒相互支撑嵌挤形成骨架，另一端较细的颗粒填充于骨架留下的空隙中间，使整个矿料结构呈现密实状态，形成所谓骨架密实结构。沥青碎石玛琋脂混合料（SMA）是一种典型的骨架密实型结构。

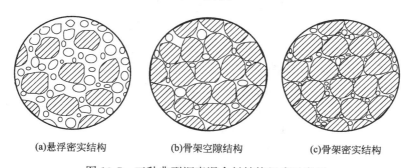

(a)悬浮密实结构　　　　(b)骨架空隙结构　　　　(c)骨架密实结构

图 10-7　三种典型沥青混合料结构组成示意图

　　三种不同结构特点的沥青混合料，在路用性能上呈现不同的特点。悬浮密实结构的沥青混合料密实程度高，空隙率低，从而能够有效地阻止使用期间水的侵入，降低不利环境因素的直接影响。因此悬浮密实结构的沥青混合料具有水稳定性好、低温抗裂性和耐久性好的特点。但由于该结构是一种悬浮状态，整个混合料缺少粗集料颗粒的骨架支撑作用，所以在高温使用条件下，因沥青结合料黏度的降低而导致沥青混合料产生过多的变形，形成车辙，造成高温稳定性的下降。

　　而骨架空隙结构的特点与悬浮密实结构的特点正好相反。在骨架空隙结构中，粗集料之间形成的骨架结构对沥青混合料的强度和稳定性（特别是高温稳定性）起着重要作用。依靠粗集料的骨架结构，能够有效地防止高温季节沥青混合料的变形，以减缓沥青路面车辙的形成，因而具有较好的高温稳定性。但由于整个混合料缺少细颗粒部分，压实后留有较多的空隙，在使用过程中，水易于进入混合料中引起沥青和矿料黏结性变差，不利的环境因素也会直接作用于混合料，引起沥青老化或将沥青从集料表面剥离，使沥青混合料的耐久性下降。

当采用间断密级配矿料形成骨架密实结构时，在沥青混合料中既有足够数量的粗集料形成骨架，对夏季高温防止沥青混合料变形、减缓车辙的形成起到积极的作用；同时又因具有数量合适的细集料以及沥青胶浆填充骨架空隙，形成高密实度的内部结构，不仅很好地提高了沥青混合料的抗老化性，而且在一定程度上还能减缓沥青混合料在冬季低温时的开裂现象。因而这种结构兼具了上述两种结构的优点，是一种优良的路用结构类型。

四、沥青混合料的技术性质和技术标准

（一）沥青混合料的技术性质

沥青混合料作为沥青路面的面层材料，承受车辆行驶反复荷载和气候因素的作用，而其胶结材料沥青具有黏-弹-塑性的特点，因此沥青混合料应具有足够的高温稳定性、低温抗裂性、水稳定性、抗老化性、抗滑性等技术性质，以保证沥青路面优良的路用性能，经久耐用。

1. 高温稳定性

沥青混合料是一种典型的黏-弹-塑性材料，它的承载能力随温度的变化而改变，温度升高，承载力下降。特别是在高温条件下或长时间承受荷载作用时会产生明显的变形，变形中的一些不可恢复的部分累积成为车辙，或以波浪和拥包的形式表现在路面上。所以沥青混合料的高温稳定性是指在高温条件下，沥青混合料能够抵抗车辆反复作用，不会产生显著永久变形，保证沥青路面平整的特性。

对于沥青混合料的高温稳定性，实际工作中通过马歇尔稳定度试验方法和车辙试验法进行测定和评价。

（1）马歇尔稳定度试验　该试验用来测定沥青混合料试样在一定条件下承受破坏荷载能力的大小和承载时变形量的多少。稳定度是指试件受压至破坏时所能承受的最大荷载（kN），而流值（0.1mm）则是达到最大荷载时试件的垂直变形。

（2）车辙试验　用来模拟车辆轮胎在路面上行驶时所形成的车辙深度的多少，是对沥青混合料高温稳定性进行评价的一种试验方法。试验采用标准方法成型沥青混合料板型试件，在规定的试验温度和轮碾条件下，沿试件表面同一轨迹反复碾压行走，测定试件表面在试验过程中形成的车辙深度。以每产生1mm车辙变形所需要的碾压次数（称之为动稳定度）作为评价沥青混合料抗车辙能力大小的指标。显然动稳定度值愈大，相应沥青混合料高温稳定性愈好。

影响沥青混合料高温稳定性的主要因素有沥青的用量、沥青的黏度、矿料的级配、矿料的尺寸、形状等。过量沥青，不仅降低了沥青混合料的内摩阻力，而且在夏季容易产生泛油现象，因此，适当减少沥青用量，可以使矿料颗粒更多地以结构沥青的形式相连接，增加混合料黏聚力和内摩阻力，提高沥青的黏度，增加沥青混合料抗剪变形的能力。由合理矿料级配组成的沥青混合料，可以形成骨架密实结构，这种混合料的黏聚力和内摩阻力都比较大。在矿料的选择上，应挑选粒径大的、有棱角的矿料颗粒，提高混合料的内摩擦力。另外，还可以加入一些外加剂，来改善沥青混合料的性能。所有这些措施，都是为了提高沥青混合料的抗剪强度和减少塑性变形，从而增强沥青混合料的高温稳定性。

2. 低温抗裂性

与高温变形相对应，冬季低温时沥青混合料将产生体积收缩，但在周围材料的约束下，沥青混合料不能自由收缩，从而在结构层内部产生温度应力。由于沥青材料具有一定的应力松弛能力，当降温速率较为缓慢时，所产生的温度应力会随时间逐渐松弛减小，不会对沥青路面产生明显的消极影响。但当气温骤降时，产生的温度应力就来不及松弛，当温度应力超过沥青混合料允许应力值时，沥青混合料被拉裂，导致沥青路面出现裂缝，造成路面的破坏。因此要求沥青混合料应具备一定的低温抗裂性能，即要求沥青混合料具有较高的低温强度或较大的低温变形能力。

目前用于研究和评价沥青混合料低温性能的方法可以分为三类：预估沥青混合料的开裂温度、评价沥青混合料的低温变形能力或应力松弛能力和评价沥青混合料断裂能力。

3. 耐久性

耐久性是指沥青混合料在使用过程中抵抗不利因素的能力及承受行车荷载反复作用的能力，主要包括沥青混合料的抗老化性、水稳定性、抗疲劳性等几个方面。

沥青混合料的老化主要是受到空气中氧、水、紫外线等因素的作用，引发沥青材料多种复杂的物理化学变化，逐渐使沥青变硬、发脆，最终导致沥青老化，产生裂纹或裂缝等与老化有关的病害。水稳定性问题是因为水的影响，促使沥青从集料表面剥离而降低沥青混合料的黏结强度，最终造成混合料松散被车轮带走，形成大小不等的坑槽等水损害现象。

影响沥青混合料耐久性的因素很多，一个很重要的因素是沥青混合料的空隙率。空隙率的大小取决于矿料的级配、沥青材料的用量以及压实程度等多个方面。沥青混合料中的空隙率小，环境中易造成老化的因素介入的机会就少，所以从耐久性考虑，希望沥青混合料空隙率尽可能地小一些。但沥青混合料中还必须留有一定的空隙，以备夏季沥青材料的膨胀变形之用。另一方面，沥青含量的多少也是影响沥青混合料耐久性的一个重要因素。当沥青用量较正常用量减少时，沥青膜变薄，则混合料的延伸能力降低，脆性增加；同时因沥青用量偏少，混合料空隙率增大，沥青暴露于不利环境因素的可能性加大，加速老化，同时还增加了水侵入的机会，造成水损害。综上所述，我国现行规范采用空隙率、饱和度和残留稳定度等指标来表征沥青混合料的耐久性。

4. 抗滑性

抗滑性是保障公路交通安全的一个很重要因素，特别是行驶速度很高的高速公路，确保沥青路面的抗滑性要求显得尤为重要。

沥青路面的抗滑性主要取决于矿料自身或级配形成的表面构造深度、颗粒形状与尺寸、抗磨光性等方面。因此，用于沥青路面表层的粗集料应选用表面粗糙、坚硬、耐冲击性好、磨光值大的碎石或破碎的碎砾石集料。同时，沥青用量对抗滑性也有非常大的影响，沥青用量超过最佳用量的 5% 时，就会使沥青路面的抗滑性指标有明显的降低，所以对沥青路面表层的沥青用量要严格控制。

5. 施工和易性

沥青混合料应具备良好的施工和易性，要求在整个施工的各个工序中，尽可能使沥青混合料的集料颗粒以设计级配要求的状态分布，集料表面被沥青膜完整覆盖，并能被压实到规定的密度，这是保证沥青混合料实现上述路用性能的必要条件。

影响沥青混合料施工和易性的因素首先是材料组成。例如，当组成材料确定后，矿料级配和沥青用量都会对和易性产生一定的影响。如采用间断级配的矿料，当粗细集料颗粒尺寸相差过大，缺乏中间尺寸颗粒时，沥青混合料容易离析。又比如当沥青用量过少时，则混合料疏松不易压实；但当沥青用量过多时，则容易使混合料黏结成团，不宜摊铺。另一个影响和易性的因素是施工条件，如施工时的温度控制。如温度不够，沥青混合料就难以拌合充分，而且不易达到所需的压实度；但温度偏高，则会引起沥青老化，严重时将会明显影响沥青混合料的路用性能。

（二）沥青混合料的技术标准

随着公路建设的不断发展和对沥青混合料及沥青路面认识的不断加深，现行技术规范《公路沥青路面施工技术规范》（JTG F40—2004）对沥青混合料相关标准进行了修订。

1. 沥青路面使用性能气候分区（见表 10-14）

表 10-14　沥青路面使用性能气候分区

气候分区指标		气候分区			
按照高温指标	高温气候区	1	2	3	
	气候区名称	夏炎热区	夏热区	夏凉区	
	最热月平均最高气温/℃	>30	20～30	<20	
按照低温指标	低温气候区	1	2	3	4
	气候区名称	冬严寒区	冬寒区	冬冷区	冬温区
	极端最低气温/℃	<−37.0	−37.0～−21.5	−21.5～−9.0	>−9.0
按照雨量指标	雨量气候区	1	2	3	4
	气候区名称	潮湿区	湿润区	半干区	干旱区
	年降雨量/mm	>1000	1000～500	500～250	<250

2. 密集配沥青混凝土混合料马歇尔试验技术标准（见表 10-15）

表 10-15　密级配沥青混凝土混合料马歇尔试验技术标准

试验指标		密级配热拌沥青混合料(DAC)					
		高速公路、一级公路、城市快速路、主干路				其他等级公路	行人道路
		中轻交通	重交通	中轻交通	重交通		
		夏炎热区		夏热区及夏凉区			
击实次数(双面)		75				50	50
试件尺寸/mm		ϕ101.6mm×63.5mm					
空隙率/%	深 90mm 以内	3～5	4～6	2～4	3～5	3～6	2～4
	深 90mm 以下	3～6		2～4	3～6	3～6	—
稳定度/kN ≥		8				5	3
流值/mm		2～4	1.5～4	2～4.5	2～4	2～4.5	2～5
矿料间隙率 VMA/% ≥	设计空隙率/%	相应于以下公称最大粒径(mm)的最小 VMA 及 VFA 技术要求					
		26.5	19	16	13.2	9.5	4.75
	2	10	11	11.5	12	13	15
	3	11	12	12.5	13	14	16
	4	12	13	13.5	14	15	17
	5	13	14	14.5	15	16	18
	6	14	15	15.5	16	17	19
沥青饱和度 VFA/%		55～70		65～75		70～85	

3. 沥青混合料的高温稳定性指标

对用于高速公路、一级公路和城市快速路、主干路沥青路面上面层和中面层的沥青混合料进行配合比设计时，应进行车辙试验检验。

沥青混合料的动稳定度应符合表 10-16 的要求。对于交通量特别大，超载车辆特别多的运煤专线、厂矿道路，可以通过提高气候分区等级来提高对动稳定性的要求。对于轻型交通为主的旅游区道路，可以根据情况适当降低要求。

表 10-16 沥青混合料车辙试验动稳定度技术要求

气候条件与技术指标	相应下列气候分区所要求的动稳定度 DS/(次/mm)								
七月平均最高温度(℃)及气候分区	>30(夏炎热区)				20~30(夏热区)				<20(夏凉区)
	1-1	1-2	1-3	1-4	2-1	2-2	2-3	2-4	3-2
普通沥青混合料≥	800		1000		600		800		600
改性沥青混合料≥	2400		2800		2000		2400		1800

4. 沥青混合料的低温抗裂性指标

为了提高沥青路面的低温抗裂性，应对沥青混合料进行低温弯曲试验，试验温度为－10℃，加载速度为 50mm/min。沥青混合料的破坏应变应满足表 10-17 的要求。

表 10-17 沥青混合料低温弯曲试验破坏应变技术要求

气候条件与技术指标	相应下列气候分区所要求的破坏应变/μm								
年极端最低温度(℃)及气候分区	<－37.0(冬严寒区)		－37.0~－21.5(冬寒区)			－21.5~－9.0(冬冷区)		>－9.0(冬温区)	
	1-1	2-1	1-2	2-2	3-2	1-3	2-3	1-4	2-4
普通沥青混合料≥	2600		2300			2000			
改性沥青混合料≥	3000		2800			2500			

5. 沥青混合料的水稳定性指标

沥青混合料应具有良好的水稳定性，在进行沥青混合料配合比设计及性能评价时，除了对沥青与石料的黏附性等级进行检验外，还应在规定条件下进行沥青混合料的浸水马歇尔试验和冻融劈裂试验。残留稳定性和冻融劈裂残留强度应满足表 10-18 的要求。

表 10-18 沥青混合料水稳定性技术要求

年降雨量(mm)及气候分区		>1000(潮湿区)	1000~500(湿润区)	500~250(半干区)	<250(干旱区)
浸水马歇尔试验的残留稳定度/% ≥	普通沥青混合料	80		75	
	改性沥青混合料	85		80	
冻融劈裂试验的残留强度比/% ≥	普通沥青混合料	75		70	
	改性沥青混合料	80		75	

第三节 沥青混合料配合比设计

沥青混合料配合比设计的任务就是通过确定粗集料、细集料、填料和沥青之间的比例关系，使沥青混合料的各项指标达到工程要求。

一、矿质混合料的配合比组成设计

矿质混合料配合比组成设计的目的是选配一个具有足够密实度并且有较高内摩阻力的矿质混合料，可以根据级配理论，计算出需要的矿质混合料的级配范围。但是为了应用已有的研究成果和实践经验，通常是采用规范推荐的矿质混合料级配范围来确定。宜采用表 10-19 规定，通过对条件大体相当的工程使用情况进行调查研究后调整确定，必要时允许超出规定级配范围。密级配沥青稳定碎石混合料可以直接以表 10-20 规定的级配范围作工程设计级配范围使用。

表 10-19 沥青混合料矿料级配范围

级配类型		通过下列筛孔（方孔筛，mm）的质量百分率/%														
		53.0	37.5	31.5	26.5	19.0	16.0	13.2	9.5	4.75	2.36	1.18	0.6	0.3	0.15	0.075
密级配沥青混凝土混合料 DAC																
粗粒式	DAC-25		100	90~100	75~90	65~83	57~76	45~65	24~52	16~42	12~33	8~24	5~17	4~13	3~7	
粗粒式	DAC-20			100	90~100	78~92	62~80	50~72	26~56	16~44	12~33	8~24	5~17	4~13	3~7	
中粒式	DAC-16				100	90~100	76~92	60~80	34~62	20~48	13~36	9~26	7~18	5~14	4~8	
中粒式	DAC-13					100	90~100	68~85	38~68	24~50	15~38	10~28	7~20	5~15	4~8	
细粒式	DAC-10						100	90~100	45~75	30~58	20~44	13~32	9~23	6~16	4~8	
砂粒式	DAC-5							100	90~100	55~75	35~55	20~40	12~28	7~18	5~10	
密级配沥青稳定碎石 ATB																
特粗	ATB-40	100	90~100	75~92	65~85	49~71	43~63	37~57	30~50	20~40	15~32	10~25	8~18	5~14	3~10	2~6
粗粒式	ATB-30		100	90~100	70~90	53~72	44~66	39~60	31~51	20~40	15~32	10~25	8~18	5~14	3~10	2~6
粗粒式	ATB-25			100	90~100	70~80	48~68	42~62	32~52	20~40	15~32	10~25	8~18	5~14	3~10	2~6

表 10-20 （传统型）沥青混合料矿料级配及沥青用量范围（方孔筛）

级配类型		通过下列筛孔（方孔筛，mm）的质量百分率/%															沥青用量
		53.0	37.5	31.5	26.5	19.0	16.0	13.2	9.5	4.75	2.36	1.18	0.6	0.3	0.15	0.075	
沥青混凝土 粗粒	AC-30 Ⅰ		100	90~100	79~92	66~82	59~77	52~72	43~63	32~52	25~42	18~32	13~25	8~18	5~13	3~7	4.0~6.0
	Ⅱ		100	90~100	65~85	52~70	45~65	35~58	30~50	18~38	12~28	8~20	4~14	3~11	2~7	1~5	3.0~5.0
	AC-25 Ⅰ			100	95~100	75~90	62~80	53~73	43~63	32~52	25~42	18~32	13~25	8~18	5~13	3~7	4.0~6.0
	Ⅱ			100	95~100	65~85	52~70	42~62	32~52	20~40	13~30	6~16	4~12	3~8	3~8	2~5	3.0~5.0
中粒	AC-20 Ⅰ				100	95~100	75~90	62~80	52~72	38~58	28~46	20~34	15~27	10~20	4~14	4~8	4.0~6.0
	Ⅱ				100	90~100	65~85	52~70	40~76	26~45	16~33	11~25	7~18	4~13	3~9	2~5	3.5~5.5
	AC-16 Ⅰ					100	95~100	75~90	58~78	42~63	32~50	22~37	16~28	11~21	7~15	4~8	4.0~6.0
	Ⅱ					100	90~100	65~85	50~70	32~50	18~35	12~26	7~19	4~14	3~9	2~5	3.5~5.5
细粒	AC-13 Ⅰ						100	95~100	70~88	48~68	36~53	24~41	18~30	12~22	8~16	4~8	4.5~6.5
	Ⅱ						100	95~100	60~80	34~52	22~38	14~28	8~20	5~14	3~10	2~6	4.0~6.0
	AC-10 Ⅰ							100	95~100	55~75	38~58	26~43	17~33	10~24	6~16	4~9	5.0~7.0
	Ⅱ							100	90~100	40~60	24~42	15~30	9~22	6~15	4~10	2~6	4.5~6.5
砂粒	AC-5 Ⅰ								100	95~100	55~75	35~55	20~40	12~28	7~18	5~10	6.0~8.0

（一）确定沥青混合料类型

沥青混合料类型根据道路等级、路面类型、所处的结构层位，按表 10-21 选定。

表 10-21 沥青混合料类型

结构层次	高速公路、一级公路、城市快速路、主干路		其他等级公路		一般城市道路及其他道路工程	
	三层式沥青混凝土路面	两层式沥青混凝土路面	沥青混凝土路面	沥青碎石路面	沥青混凝土路面	沥青碎石路面
上面层	DAC-13	DAC-13	DAC-13		DAC-5	AM-5
	DAC-16	DAC-16	DAC-16		DAC-13	AM-10
	DAC-20			AM-13		
中面层	DAC-20	—	—	—	—	—
	DAC-25	—	—	—	—	—
下面层	DAC-25	DAC-20	DAC-20	AM-25	DAC-20	AM-25
	DAC-30	DAC-25	DAC-25	AM-30	AM-25	AM-30
		DAC-30	DAC-30		AM-30	AM-40
			AM-25			
			AM-30			

（二）沥青混合料与结构层厚度关系

各国对沥青混合料的最大粒径（D）同路面结构层最小厚度（h）的关系均有规定，我国研究表明：随着 h/D 增大，耐疲劳性提高，但车辙量增大。相反 h/D 减小，耐久性下降，特别是在 $h/D < 2$ 时，耐疲劳性、耐久性急剧下降。《公路沥青路面施工技术规范》（JTG F40—2004）中提出，对热拌沥青混合料，沥青层每层的压实厚度不宜小于集料公称最大粒径的 2.5～3 倍，对 SMA 和 OGFC 等嵌挤型混合料不宜小于公称最大粒径的 2～2.5 倍。

所以，实际设计中考虑矿料最大粒径和路面结构层厚度之间的匹配关系，针对道路等级、路面结构层位，根据设计要求的路面结构层厚度选择适宜的矿料类型，再根据表 10-19 确定相应的混合料的矿料级配范围，经技术经济论证后确定。

（三）调整配合比

（1）组成材料的原始数据测定　根据现场取样，对粗集料、细集料和矿粉进行筛析试验。同时测出各组成材料的相对密度，以供计算物理常数备用。

（2）计算组成材料的配合比　根据各组成材料的筛析试验资料，采用图解法或电算法，计算符合要求级配范围的各组成材料用量比例。

（3）调整配合比　计算得的合成级配应根据下列要求作必要的配合比调整。

① 通常情况下，合成级配曲线宜尽量接近级配中限，尤其应使 0.075mm、2.36mm 和 4.75mm 筛孔的通过量尽量接近级配范围中限。

② 对高速公路、一级公路、城市快速路、主干路等交通量大、轴载重的道路，宜偏向级配范围的下（粗）限。对一般道路、中小交通量或行人道路等宜偏向级配范围的上（细）限。

③ 合成的级配曲线应接近连续或有合理的间断级配，不得有过多的犬牙交错，且在 0.3～0.6mm 范围内不出现"驼峰"。当经过再三调整，仍有两个以上的筛孔超过级配范围时，必须对原材料进行调整或更换原材料重新设计。

二、通过马歇尔试验确定沥青混合料的最佳沥青用量

沥青混合料的最佳沥青用量（简称 OAC）可以通过各种理论计算的方法求得。但是由于实际材料的差异，按理论公式计算得到的最佳沥青用量仍然要通过试验方法修正，因此理论方法只能得到一个供试验参考的数据。采用试验方法确定沥青最佳用量目前最常用的是维姆法和马歇尔法。下面主要讲述马歇尔法。

（一）制备试样

① 按确定的矿质混合料配合比计算各种矿质材料的用量。

② 根据经验确定沥青大致用量或依据表 10-20 推荐的沥青用量范围，在改用量范围内制备一批沥青用量不同、且沥青用量等差变化的若干组（通常为 5 组）马歇尔试件，并要求每组试件数量不少于 4 个。

按已确定的矿质混合料类型，计算某个沥青用量条件下一个马歇尔试件或一组试件中各种规格集料的用量（实践中一个标准马歇尔试件矿料总量大多为 1200g 左右）。

确定一个或一组马歇尔试件的沥青用量（通常采用油石比），按要求将沥青和矿料制成沥青混合料，并按规范的击实次数和操作方法成型马歇尔试件。

（二）测定物理、力学指标

首先，测定沥青混合料试件的密度，并计算试件理论最大密度、空隙率、沥青饱和度、矿料间隙率等参数。在测试沥青混合料密度时，应根据沥青混合料类型及密实程度选择测试方法。在工程中，吸水率小于 0.5% 的密实型沥青混合料试件应采用水中重法测定；较密实的沥青混合料试件应采用表干法测定；吸水率大于 2% 的沥青混合料、沥青碎石等不能用表干法测定时应采用蜡封法测定；空隙率较大的沥青碎石混合料、开级配沥青混合料可采取体积法测定。

1. 沥青混合料试件的实测密度

对于密实的沥青混凝土试件，其集料的吸水率不大时，采用水中重法测定，如式(10-6)：

$$\rho_s = \frac{m_a}{m_a - m_w} \times \rho_w \tag{10-6}$$

式中，ρ_s 为试件实测密度，g/cm³；m_a 为干燥试件在空气中的质量，g；m_w 为试件在水中的质量，g；ρ_w 为常温水的密度，$\rho_w \approx 1g/cm^3$。

对于表面较粗但较密实的沥青混凝土试件，其吸水率小于 2% 时，采用表干法测定如式(10-7)：

$$\rho_s = \frac{m_a}{m_f - m_w} \times \rho_w \tag{10-7}$$

式中，m_f 为试件的表干质量，g。

对于吸水率大于 2% 的沥青混凝土试件，采用蜡封法测定如式(10-8)：

$$\rho_s = \frac{m_a}{m_p - m_c - \frac{(m_p - m_a)}{\gamma_p}} \times \rho_w \tag{10-8}$$

式中，m_p 为蜡封试件在空气中的质量，g；m_c 为蜡封试件在水中的质量，g；γ_p 为常温下石蜡与水的相对密度。

2. 沥青混合料试件的理论密度

假定沥青混合料压至绝对密实，而不考虑其内部空隙时试件的密度为理论密度。

① 采用油石比（沥青与矿料的质量比）计算时，试件理论密度如式（10-9）：

$$\rho_t = \frac{100 + p_a}{\frac{p_1}{\gamma_1} + \frac{p_2}{\gamma_2} + \cdots + \frac{p_n}{\gamma_n} + \frac{p_b}{\gamma_b}} \times \rho_w \qquad (10\text{-}9)$$

式中，ρ_t 为理论密度，g/cm^3；p_1，$\cdots$，p_n 为各种矿料的配合比，%，矿料总和为 $\sum_{i=1}^{n} p_i = 100$；γ_1，$\cdots$，γ_n 为各种矿料相对密度；p_a 为油石比，%；p_b 为沥青含量，%；γ_b 为沥青的相对密度；ρ_w 为常温水的密度，g/cm^3。

② 采用沥青含量（沥青质量占沥青混合料总质量的百分率）计算时，试件理论密度为式（10-10）：

$$\rho_t = \frac{100}{\frac{p_1'}{\gamma_1} + \frac{p_2'}{\gamma_2} + \cdots + \frac{p_n'}{\gamma_n} + \frac{p_b}{\gamma_b}} \times \rho_w \qquad (10\text{-}10)$$

式中，p_1'，$\cdots$，p_n' 为各种矿料的配合比，%，矿料与沥青之和为 $\sum_{i=1}^{n} p_i' + p_b = 100$。

③ 沥青混合料试件空隙率，如式（10-11）：

$$VV = \left(1 - \frac{\rho_s}{\rho_t}\right) \times 100 \qquad (10\text{-}11)$$

式中，VV 为试件的空隙率，%；ρ_t 为试件的理论密度，g/cm^3；ρ_s 为试件实测密度，g/cm^3。

④ 沥青混合料试件的饱和度　沥青混合料试件的饱和度也称沥青填隙率，即沥青体积占矿料以外体积的百分率。饱和度过小，沥青难以充分裹覆矿料，影响沥青混合料的黏聚性，降低沥青混凝土耐久性；饱和度过大，减少了沥青混凝土的空隙率，妨碍夏季沥青体积膨胀，引起路面泛油，降低沥青混凝土的高温稳定性，因此，沥青混合料要有适当的饱和度，如式（10-12）与式（10-13）：

$$VFA = \frac{VA}{VMA} \times 100 \qquad (10\text{-}12)$$

$$VMA = VA + VV \qquad (10\text{-}13)$$

式中，VFA 为试件的沥青饱和度，%；VMA 为矿料间隙率，%；VA 为试件的沥青体积百分率，%；VV 为试件空隙率，%。

沥青体积百分率是指沥青体积占试件体积的百分率。

当试件采用沥青含量计算时，沥青体积百分率如式（10-14）：

$$VA = \frac{100 p_a \rho_s}{(100 + p_a)\gamma_b \rho_w} \qquad (10\text{-}14)$$

当试件采用沥青含量计算时，沥青体积百分率如式（10-15）：

$$VA = \frac{p_b \rho_s}{\gamma_b \rho_w} \qquad (10\text{-}15)$$

随后，在马歇尔试验仪上，按照标准方法测定沥青混合料试件的马歇尔稳定度和流值。

（三）马歇尔试验结果分析

1. 以油石比或沥青用量为横坐标，以马歇尔试验的各项指标为纵坐标，将试验结果绘制成沥青用量与各项指标的关系曲线，如图 10-8 所示，确定均符合本规定的沥青混合料技术标准的沥青用量范围 $OAC_{min} \sim OAC_{max}$。

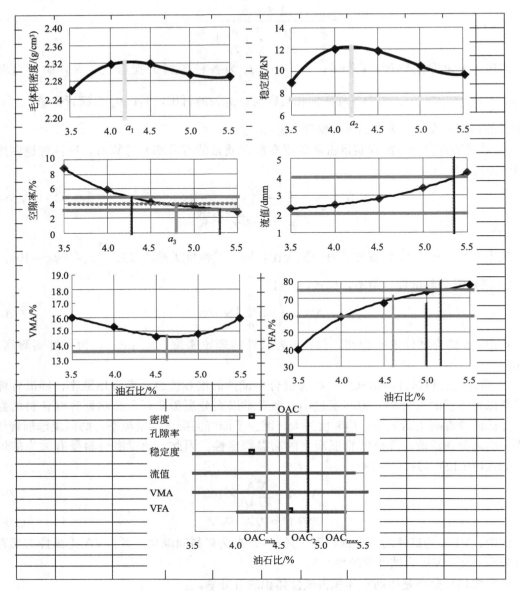

图 10-8 沥青用量与各项指标关系曲线图示例

2. 根据试验曲线的走势，按下列方法确定沥青混合料的最佳沥青用量 OAC_1。

① 在曲线图上求取相应于密度最大值、稳定度最大值、目标空隙率（或中值）、沥青饱和度范围中的沥青用量 a_1、a_2、a_3、a_4。按式（10-16）取平均值作为 OAC_1。

$$OAC_1 = \frac{a_1 + a_2 + a_3 + a_4}{4} \quad (10\text{-}16)$$

② 如果在所选择的沥青用量范围未能涵盖沥青饱和度的要求范围，按式（10-17）求取三者的平均值作为 OAC_1。

$$OAC_1 = \frac{a_1 + a_2 + a_3}{3} \quad (10\text{-}17)$$

以各项指标均符合技术标准（不含 VMA）的沥青用量范围 $OAC_{min} \sim OAC_{max}$ 的中值作为 OAC_2，如式（10-18）：

$$OAC_2 = \frac{OAC_{min} + OAC_{max}}{2} \tag{10-18}$$

通常情况下取 OAC_1 及 OAC_2 的中值作为计算的最佳沥青用量 OAC，如式（10-19）：

$$OAC = \frac{OAC_1 + OAC_2}{2} \tag{10-19}$$

按计算的最佳油石比 OAC，从图 10-8 中得出所对应的空隙率和 VMA 值，检验是否能满足表 10-15 关于最小 VMA 值的要求。

检查图 10-8 中相应于此 OAC 的各项指标是否均符合马歇尔试验技术标准。

（四）根据实践经验和公路等级、气候条件、交通情况，调整确定最佳沥青用量 OAC

① 调查当地各项条件相接近的工程的沥青用量及使用效果，论证适宜的最佳沥青用量。检查计算得到的最佳沥青用量是否接近，如相差甚远，应查明原因，必要时重新调整级配，进行配合比设计。

② 对炎热地区公路以及车辆渠化交通的高速公路、一级公路的重载交通路段、山区公路的长大坡度路段，预计有可能产生较大车辙时，可以在中限值 OAC_2 与下限值 OAC_{min} 的范围内决定最佳沥青用量，但一般不宜小于 $OAC_2 - 0.5\%$。

③ 对寒区公路、旅游公路、交通量很少的公路，最佳沥青用量可以在中限值 OAC_2 与上限值 OAC_{max} 范围内决定，但一般不宜大于 $OAC_2 + 0.3\%$。

三、沥青混合料的性能检验

通过马歇尔试验和结果分析，得到的最佳沥青用量 OAC（必要时应包括 OAC_1 和 OAC_2）还需进一步的试验检验，以验证沥青混合料的关键性能是否满足路用技术要求。

1. 沥青混合料的水稳定性检验

按最佳沥青用量 OAC 制作马歇尔试件进行浸水马歇尔试验或冻融劈裂试验，检验其残留稳定度或冻融劈裂强度是否满足表 10-18 要求。如不符合要求，应重新进行配合比设计，或者采用掺配抗剥剂的方法来提高水稳定性。

2. 沥青混合料的高温稳定性检验

按最佳沥青用量 OAC 制作车辙试验试件，采用规定的方法进行车辙试验，检验设计的沥青混合料的高温抗车辙能力是否达到规定的动稳定度指标（见表 10-16）。当动稳定度不符合要求时，应对矿料级配或沥青用量进行调整，重新进行配合比设计。

如果试验中除了 OAC 以外，还要对 OAC_1 和 OAC_2 同时进行相应的试验检测，则要通过试验结果综合判断在何种沥青用量条件下，沥青混合料具有更好的性能表现，或能更好地满足特定路用要求，以此决定最终的最佳沥青用量。

第四节　沥青混合料的选用

沥青混合料的性质与质量，与其组成材料的性质和质量有密切关系。为保证沥青混合料具有良好的性质和质量，必须正确选择符合质量要求的组成材料。

一、沥青材料

沥青材料是沥青混合料中的结合料，其品种和标号的选择随交通性质、沥青混合料的类型、施工条件以及当地气候条件而不同。通常气温较高、交通量大时，采用细粒式或微粒式混合料；当矿料较粗时，宜选用稠度较高的沥青。寒冷地区、交通量较小时，应选用稠度较小、延度大的沥青。在其他条件相同时，稠度较高的沥青配置沥青混合料具有较高的力学强度和稳定性。但稠度过高，混合料的低温变形能力较差，沥青路面容易产生裂缝。使用稠度较低的沥青配置的沥青混合料，虽然有较好的低温变形能力，但在夏季高温时往往因稳定性不足而导致路面产生推挤现象。因此，在选用沥青时要考虑以上两个因素的影响，应满足规范《公路沥青路面施工技术规范》（JTG F40—2004）的要求。

二、粗集料

粗集料一般是由各种岩石经过轧制而成的碎石组成。在石料紧缺的情况下，也可利用卵石经轧制破碎而成；或利用某些冶金矿渣，如碱性高炉矿渣等，但应确认其对沥青混凝土无害，方可使用。

沥青混合料的粗集料要求洁净、干燥、无风化、无杂质，并且具有足够的强度和耐磨性，其各项质量要求符合表 10-22 的要求。对路面抗滑表层的粗集料应选用坚硬、耐磨、抗冲击性好的碎石或破碎砾石，不可使用筛选砾石、矿渣及软质集料。高速公路、一级公路沥青路面的表面层（或磨耗层）的磨光值应符合表 10-23 的要求，当使用不符合要求的粗集料时，可采用下列剥离措施，使其对沥青黏附性符合要求。

粗集料的粒径规格应满足表 10-24 的要求，如粗集料不符合表 10-24 规格，但确认与其他材料配合后的级配符合各类沥青混合料矿料级配表 10-19 的要求时，可以使用。

表 10-22　沥青混合料用粗集料质量技术要求

指　　标	高速公路及一级公路		其他等级公路	
	表面层	其他层次	表面层	其他层次
石料压碎值/%　不大于	26	28	30	
洛杉矶磨耗损失/%　不大于	28	30	35	
表观相对密度　不小于	2.60	2.50	2.45	
吸水率/%　不大于	2.0	3.0	3.0	
坚固性/%　不大于	12	12	—	
针、片状颗粒含量（混合料）/%　不大于	15	18	20	
其中粒径大于 9.5mm,不大于	12	15	—	
其中粒径小于 9.5mm,不大于	18	20	—	
水洗法<0.075mm 颗粒含量/%　不大于	1	1	1	
软石含量/%　不大于	3	5	5	
破碎面颗粒含量/%　不小于　1 个破碎面	100	90	80	70
2 个或 2 个以上破碎面	90	80	60	50

注：1. 坚固性试验根据需要进行。

2. 用于高速公路、一级公路、城市快速路、主干路时，多孔玄武岩的视密度限度可放宽至 2.45t/m³，吸水率可放宽至 3%，但必须得到主管部门的批准。

3. 对 S14 即 3～5 规格的粗集料，针、片状颗粒含量可不予要求，<0.075mm 含量可放宽至 3%。

表 10-23　与沥青的黏附性、磨光值的技术要求

雨量气候区	1(潮湿区)	2(湿润区)	3(半干区)	4(干旱区)
年降雨量/mm	>1000	1000～500	500～250	<250
粗集料的磨光值 PSV,不小于高速公路、一级公路表面层	42	40	38	36
粗集料与沥青的黏附性,不小于高速公路、一级公路表面层	5	4	4	3
高速公路、一级公路的其他层次及其他等级公路的各个层次	4	4	3	3

表 10-24　沥青面层的粗集料规格

规格	公称粒径/mm	通过下列筛孔(方孔筛)的质量百分率/%								
		37.5	31.5	26.5	19	13.2	9.5	4.75	2.36	0.6
S6	15～30	100	90～100	—	—	0～15	—	0～5		
S7	10～30	100	90～100	—	—	—	0～15	0～5		
S8	15～25		100	90～100	—	0～15	—	0～5		
S9	10～20			100	90～100	—	0～15	0～5		
S10	10～15				100	90～100	0～15	0～5		
S11	5～15				100	90～100	40～70	0～15	0～5	
S12	5～10					100	90～100	0～15	0～5	
S13	3～10					100	90～100	40～70	0～15	0～5
S14	3～5						100	90～100	0～25	0～3

三、细集料

细集料一般采用天然砂或机制砂，在缺少砂的地区，也可以用石屑代替。

将石屑全部或部分代替砂拌制沥青混合料的做法在我国甚为普遍，这样可以节省造价，充分利用采石场下脚料。但应注意，石屑与人工砂有本质区别，石屑大部分为石料破碎过程中表面剥落或撞下的棱角，强度很低且扁片含量及碎土比例很大，用于沥青混合料时势必影响质量，在使用过程中也易进一步压碎细粒化，因此对于高等级公路的面层或抗滑表层，石屑的用量不宜超过砂的用量。细集料同样应洁净、干燥、无风化、无杂质，并且与沥青具有良好的黏结力。细集料的技术要求见表 10-25。

表 10-25　沥青混合料用细集料质量技术要求

指　　标	高速公路、一级公路	其他等级公路
表观相对密度　不小于	2.50	2.45
坚固性(＞0.3mm 部分)/%　不大于	12	—
砂当量/%　不小于	60	50
含泥量(小于 0.075mm 的含量)/%　不大于	3	5
亚甲蓝值/(g/kg)　不大于	25	—
棱角性(流动时间)/s　不小于	30	—

注：坚固性试验根据需要进行。

细集料的级配，天然砂宜按表 10-26 中的粗砂、中砂或细砂的规格选用，石屑宜按表 10-27 的规格选用。但细集料的级配在沥青混合料中的适用性，应以其与粗集料和填料配制成矿质混合料后，判定其是否符合表 10-19 矿质混合料的级配要求来决定。当一种细集料不能满足级配要求时，可采用两种或两种以上的细集料掺和使用。

表 10-26　沥青面层的天然砂规格

分　　类		粗砂	中砂	细砂
	筛孔尺寸/mm			
	9.5	100	100	100
	4.75	90～100	90～100	90～100
	2.36	65～95	75～90	85～100
通过各筛孔的	1.18	35～65	50～90	75～100
质量百分率/%	0.6	15～30	30～60	60～84
	0.3	5～20	8～30	15～45
	0.15	0～10	0～10	0～10
	0.075	0～5	0～5	0～5
细度模数 M_x		3.7～3.1	3.0～2.3	2.2～1.6

表 10-27 沥青面层的石屑规格表

规格	公称粒径 /mm	通过下列筛孔(方孔筛)的质量百分率/%							
		9.5	4.75	2.36	1.18	0.6	0.3	0.15	0.075
S15	0~5	100	90~100	60~90	40~75	20~55	7~40	2~20	1~10
S16	0~3		100	80~100	50~80	25~60	8~45	0~25	0~15

四、填料

填料是指在沥青混合料中起填充作用的粒径小于 0.075mm 的矿质粉末。

沥青混合料的填料宜采用石灰岩或岩浆岩中的强基性(憎水性)岩石磨制而成,也可以由石灰、水泥、粉煤灰代替,但用这些物质作填料时,其用量不宜超过矿料总量的 2%。其中粉煤灰的用量不宜超过填料总量的 50%。粉煤灰的烧失量应小于 12%,塑性指数应小于 4%,其余质量要求与矿粉相同。高速公路、一级公路的沥青面层不宜采用粉煤灰做填料。在工程中,还可以利用拌合机中的粉尘回收来做矿粉使用,其量不得超过填料总量的 50%,并且要求粉尘干燥,掺有粉尘的填料的塑性指数不得大于 4%。

矿粉要求洁净、干燥,并且与沥青具有较好的黏结性。为提高矿粉的憎水性,可加入 1.5%~2.5%的矿粉活化剂。矿粉的其他质量要求应符合表 10-28。对粉煤灰、粉尘等作同样的要求。

表 10-28 沥青混合料用矿粉质量技术要求

指 标	高速公路、一级公路	其他等级公路
表观密度/(t/m³) 不小于	2.50	2.45
含水量/% 不大于	1	1
粒度范围<0.6mm/%	100	100
<0.15mm/%	90~100	90~100
<0.075mm/%	75~100	10~100
外观	无团粒结块	
亲水系数	<1	
塑性指数	<4	
加热安定性	实测记录	

思考题与习题

1. 石油沥青按三组分划分的主要组分是什么?它们各自对沥青的性质有何影响?

2. 石油沥青的牌号如何划分?牌号大小与石油沥青主要技术性质之间的关系如何?

3. 石油沥青的老化与组分有何关系?在老化过程中,沥青的性质发生了哪些变化?

4. 某工地需要使用软化点为 85℃的石油沥青 5t,现有 10 号石油沥青、60-乙号石油沥青,已知 10 号、60-乙号石油沥青的软化点分别为 95℃和 55℃。试通过计算确定出两种牌号沥青各需用多少。

5. 为什么要对沥青进行改性?改性沥青的种类及特点有哪些?

6. 论述沥青混合料的主要技术性质。

7. 简述热拌沥青混合料配合比设计的步骤。

第十一章　木　　材

>>> **内容提要**

　　本章重点介绍木材的基本知识，包括木材的来源、木材的构造和分类、木材的主要物理力学性质，简单介绍常用木材和制品、木材干燥、防腐及防火措施。

　　木材应用于建筑，历史悠久，我国在木材建筑技术和木材装饰艺术上都有很高的水平和独特的风格，如世界闻名的天坛祈年殿完全由木材构造，而全由木材构造的山西佛光寺正殿保存至今已达千年之久。过去木材是重要的结构用材，而现在则主要用于室内装饰和装修。

　　木材作为建筑和装饰材料具有以下优点。

　　① 比强度大，具有轻质高强的特点；

　　② 弹性韧性好，能承受冲击和振动作用；

　　③ 导热性低，具有较好的隔热、保温性能；

　　④ 在适当的保养条件下，有较好的耐久性；

　　⑤ 纹理美观、色调温和、风格典雅，极富装饰性；

　　⑥ 易于加工，可制成各种形状的产品；

　　⑦ 绝缘性好、无毒性；

　　⑧ 木材的弹性、绝热性和暖色调的结合，给人以温暖和亲切感。

　　木材的组成和构造是由树木生长的需要决定的，因此人们在使用时必然会受到木材自然属性的限制，主要有以下几个方面。

　　① 构造不均匀，各向异性；

　　② 湿胀干缩大，处理不当易翘曲和开裂；

　　③ 天然缺陷较多，降低了材质和利用率；

　　④ 耐火性差，易着火燃烧；

　　⑤ 使用不当易腐蚀、虫蛀。

第一节　木材的基本知识

一、木材的分类

　　土木工程中使用的木材是由树木加工而成的，树木的种类不同，木材的性质及应用也不同，因此必须了解木材的种类，才能合理地选用木材。树木分为针叶树和阔叶树两大类。

　　1. 针叶树

　　针叶树树叶细长呈针状，多为四季常青树。树干高大通直，纹理顺直，材质均匀，木质较软，易于加工，故通常又称为软木。针叶树木材强度较高，密度和胀缩变形较小，耐腐性较强，因此被广泛地用于各个构件和装饰构件中。针叶树木材在建筑工程中常用来制作承重构件和门窗等，如松、杉、柏等木材。

2. 阔叶树

阔叶树树叶宽大，叶脉呈网状，树干通直部分较短，材质坚硬而较难加工，故又称为硬木材。阔叶树木密度一般较大，强度高，胀缩和翘曲变形大，易开裂，在建筑中常用来制作尺寸较小的构件。

二、木材的构造

木材的构造分为宏观构造和显微构造。木材的宏观构造是指在肉眼或扩大镜下所能看到的构造，它与木材的颜色、气味、光泽、纹理等构成区别于其他材料的显著特征。显微构造是指用显微镜观察到的木材构造，而用电子显微镜观察到的木材构造称为超微构造。

1. 木材的宏观构造

木材是由无数不同形态、不同大小、不同排列方式细胞所组成的。要全面地了解木材构造，必须在横切面、径切面和弦切面三个切面上进行观察，如图 11-1 所示。

① 横切面是指与树干主轴或木纹相垂直的切面。可以观察到各种轴向分子的横断面和木射线的宽度。

② 径切面是指顺着树干轴线、通过髓心与木射线平行的切面。在径切面上，可以观察到轴向细胞的长度和宽度以及木射线的高度和长度。年轮在径切面上呈互相平行的带状。

③ 弦切面是顺着木材纹理、不通过髓心而与年轮相切的切面。在弦切面上年轮呈"V"字形。

从木材三个不同切面观察木材的宏观构造，可以看出，树干由树皮、木质部、髓心组成。一般树的树皮覆盖在木质部外面，起保护树木的作用。髓心是树木最早形成的部分，贯穿整个树木的干和枝的中心，材性低劣，易于腐朽，不适宜作结构材。土木工程使用的木材均是树木的木质部分，木质部分的颜色不均，一般接近树干中心部分，含有色素、树脂、芳香油等，材色较深，水分较少，对菌类有毒害作用，称为心材。靠近树皮部分，材色较浅，水分较多，含有菌虫生活的养料，易受腐朽和虫蛀，称为边材。

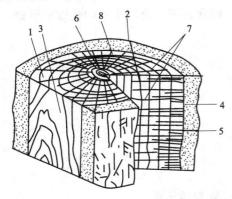

图 11-1　木材的构造

1—横切面；2—径切面；3—弦切面；4—树皮；
5—木质部；6—髓心；7—髓线；8—年轮

每个生长周期所形成的木材，在横切面上所看到的，围绕着髓心构成的同心圆称为生长轮。温带和寒带地区的树木，一年只有一度生长，故生长轮又可称为年轮。但在有干湿季节之分的热带地区，一年中也只生一圆环。在同一年轮内，生长季节早期所形成的木材，胞壁较薄、形体较大、颜色较浅、材质较松软称为早材（春材）。到秋季形成的木材，胞壁较厚、组织致密、颜色较深、材质较硬称为晚材（秋材）。在热带地区，树木一年四季均可生长，故无早、晚材之别。相同树种，年轮越密而均匀，材质越好；晚材部分愈多，木材强度愈高。

2. 木材的微观结构

木材的微观构造需要在显微镜下观察，如图 11-2 和图 11-3 所示，在显微镜下观察木材的切片，木材是由无数管状细胞结合而成的，它们绝大部分为纵向排列，少数为横向排列（如髓线）。每个细胞由细胞壁和细胞腔组成，细胞壁由纤维组成，纤维之间可以吸附和渗透水分。细胞壁承受力的作用，因此，木材的细胞壁越厚，细胞腔越小木材就越密实，其容重和强度也就越大，但膨胀变形也大。春木的细胞壁薄而腔大，夏木的细胞壁厚而腔小。针叶树材的显微构造较简单而规则，它由管胞、髓线、树脂道组成。阔叶树材的显微结构较为复杂，主要由导管、木纤维及髓线组成。春材中有粗大导管，沿年轮呈环状排列的称为环孔材；春材、夏材中管孔大小无显著差异，均匀或比较均匀分布的称为散孔材。阔叶树材的髓线发达，粗大而明显。导管和髓线是鉴别针叶树和阔叶树的主要标志。年轮与髓线赋予木材优良的装饰性。

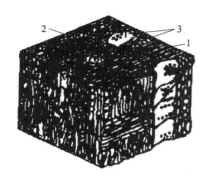

图 11-2　针叶马尾松微观结构

1—管胞；2—髓线；3—树脂道

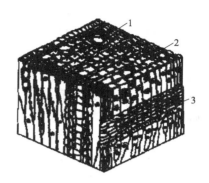

图 11-3　阔叶树柞木微观结构

1—管胞；2—髓线；3—木纤维

三、木材的物理性质

1. 密度与表观密度

木材的密度是指构成木材细胞壁物质的密度。密度具有变异性，即从髓心到树皮或早材与晚材及树根部到树梢的密度变化规律随木材种类不同有较大的不同。平均约为 1.50～1.56g/cm³，表观密度约为 0.37～0.82g/cm³。

2. 木材与水有关的性质

木材中的水分可分为三种，即自由水、吸附水和化合水。

自由水存在于组成木材的细胞间隙中，影响木材的表观密度、燃烧性、干燥性及渗透性。吸附水是指被物理吸附于细胞壁内细纤维中的水，它是影响木材强度和胀缩变形的主要因素。化合水是组成细胞化合成分的水分，对木材的性能无影响。

（1）木材含水率　木材或木制品中的水分含量通常用含水率来表示。根据基准的不同分为绝对含水率和相对含水率两种。建筑木材工业中一般采用绝对含水率（简称含水率），即水分质量占木材绝干质量的百分率。相对含水率在造纸和纸浆工业中比较常用，是水分质量占含水试材质量的百分率。绝对含水率的计算公式如下：

$$M_C = \frac{m - m_0}{m_0} \times 100\% \tag{11-1}$$

式中，M_C 为试材的绝对含水率，%；m 为含水试材的质量，g；m_0 为试材的绝干质量（绝对含水率）或试材含水时的质量（相对含水率），g。

由于绝对含水率的计算式中的分母为绝干质量，所以含水率有可能出现高于 100% 的情况。在木材的干燥生产中，广泛采用的是绝对含水率（简称含水率）。

（2）纤维饱和点　湿木材在空气中干燥时，当自由水蒸发完毕而吸附水尚处于饱和时的状态，称为纤维饱和点。此时的木材含水率称为纤维饱和点含水率，其大小随树而异，通常介于 23%～33%。纤维饱和点含水率的重要意义不在于其数值的大小，而在于它是木材许多性质在含水率影响下开始发生变化的起点。在纤维饱和点之上，含水量变化是自由水含量的变化。它对木材强度和体积影响甚微；在纤维饱和点之下，含水量变化即吸附水含量的变化将对木材强度和体积等产生较大的影响。

（3）平衡含水率　潮湿的木材会向较干燥的空气中蒸发水分，干燥的木材也会从湿空气中吸收水分。木材长时间处于一定温度和湿度的空气中，当水分的蒸发和吸收达到动态平衡时，其含水率相对稳定，这时木材的含水率称为平衡含水率。木材平衡含水率随周围空气的温度、湿度而变化，所以各地区、各季节木材的平衡含水率常不相同。事实上，各种木材的平衡含水率也有差异。

3. 湿胀与干缩

木材具有显著的湿胀干缩性。木材含水率在纤维饱和点以下时吸湿具有明显的膨胀变形现象，解吸时具有明显的收缩变形现象。

木材各个方向的干缩率不同。木材弦向干缩率最大，约 6%～12%；径向次之，约 3%～6%；纤维方向最小，约 0.1%～0.35%。髓心的干缩率较木质部大，易导致锯材翘曲。木材在干燥的过程中会产生变形、翘曲和开裂等现象。木材的干缩湿胀变形还随树种不同而异。密度大的、晚材含量多的木材，其干缩率就较大，如图 11-4、图 11-5 所示。湿胀干缩性对木材的下料有较大影响。

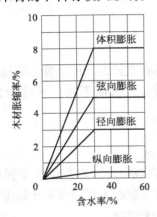

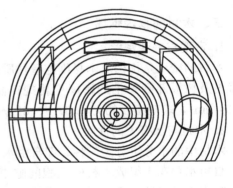

图 11-4　含水率对木材缩胀的影响　　　　图 11-5　木材干燥引起的几种截面形状变化

4. 木材的力学性质

（1）强度　木材的强度主要指木材的抗拉、抗压、抗弯和抗剪强度。

① 抗压强度　木材的抗压强度分为顺纹抗压强度和横纹抗压强度两种。

当压力方向与木材纤维方向平行时为顺纹受压，顺纹受压破坏是由于木材细胞壁失稳造成的，而非纤维的断裂。木材的顺纹抗压强度较高，且疵病对其影响较小，工程中用作柱子、斜撑等的木材均为顺纹受压构件。当压力方向与木材纤维方向垂直时为横纹受压，横纹受压破坏是由于木材细长的管状细胞被压扁，产生大量变形造成的。木材的横纹抗压强度很低。

② 抗拉强度　木材的抗拉强度也分为顺纹抗拉强度和横纹抗拉强度两种。

当拉力方向与木材纤维方向平行时为顺纹受拉。木材单纤维的抗拉强度很高。理论上顺纹抗拉强度是木材所有强度中最高的，但在实际使用中，木材的各种缺陷（木节、裂缝、斜纹、虫蛀等）对顺纹抗拉强度的影响很大。当拉力方向与木材纤维方向垂直时为横纹受拉，横纹受拉破坏是将木材纤维横向撕裂，由于木材纤维之间的横向连接比较薄弱，所以木材的横纹抗拉强度很低。

③ 抗弯强度 木材受弯时，上部为顺纹受压，下部为顺纹受拉，而在水平面中还存在剪切力。破坏时，首先是受压区达到强度极限，但并不立即破坏，随着外力的增大，将产生大量塑性变形，而当受拉区内许多纤维达到强度极限时，则因纤维本身及纤维间连接的断裂而破坏。所以，木材的抗弯强度较高，实际工程中常用作受弯构件，如梁、桁架、地板等。但在实际使用中，木材的各种缺陷对其抗弯强度影响也很大。

④ 抗剪强度 木材的剪切分为顺纹剪切、横纹剪切和横纹切断三种（见图11-6）。

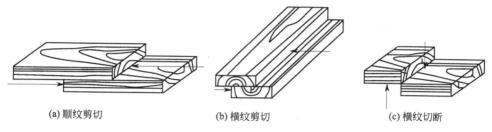

(a) 顺纹剪切　　　　　(b) 横纹剪切　　　　　(c) 横纹切断

图 11-6　木材的剪切

当剪切力方向与木材纤维方向平行时为顺纹剪切，这种剪切破坏只是剪切面内纤维间的连接被破坏，绝大部分纤维本身并不破坏，所以木材的顺纹抗剪强度很小。当剪切力方向与木材纤维方向垂直，且剪切面与木材纤维方向平行时为横纹剪切，这种剪切破坏，破坏的是剪切面中纤维的横向连接，所以木材的横纹抗剪强度更低。当剪切力与木材纤维方向垂直，且剪切面也与木材纤维方向垂直时为横纹切断，这种剪切破坏是将木纤维切断，所以，木材的横纹切断强度较大。

木材的各种强度值见表 11-1。

表 11-1　木材的各种强度值

抗压强度/MPa		抗拉强度/MPa	
顺纹	横纹	顺纹	横纹
100	10～20	200～300	6～20
抗弯强度/MPa		抗剪强度	
		顺纹	横纹
150～200		15～20	50～100

（2）影响强度的因素 影响木材强度的主要因素如下。

① 含水率。木材的含水率在纤维饱和点以内变化时，含水量增加使细胞壁中的木纤维之间的联结力减弱、细胞壁软化，故强度降低；当水分减少使细胞壁比较紧密时，强度增高。

含水率的变化对各强度的影响是不一样的。对顺纹抗压强度和抗弯强度的影响较大，对顺纹抗拉强度和顺纹抗剪强度影响较小。

② 环境温度。木材随环境温度升高会降低。当温度由 25℃升到 50℃时，针叶树抗拉强度降低 10%～15%，抗压强度降低 20%～24%。当木材长期处于 60～100℃温度下时，会引起水分和所含挥发物蒸发，而呈暗褐色，强度下降，变形增大。温度超过 140℃时，木材

中的纤维素发生热裂解，颜色逐渐变黑，强度明显下降。因此，长期处于高温的建筑物，不宜采用木结构。

③ 负荷时间。木材的长期承载能力远低于暂时承载能力。这是因为在长期承载情况下，木材会发生纤维等速蠕滑，累积后产生较大变形而降低了承载能力。木材在长期荷载作用下不致引起破坏的最大强度，称为持久强度。木材的持久强度比其极限强度小得多，一般为极限强度的 50%～60%。一切木结构都处于某一种负荷的长期作用下，因此在设计木结构时，应考虑负荷时间对木材强度的影响。

④ 木材的缺陷。也称疵病，可分为三大类。

a. 天然缺陷。如木节、斜纹理以及因生长应力或自然损伤而形成的缺陷。木节是树木生长时被包在木质部中的树枝部分。原木的斜纹理常称为扭纹，对锯材则称为斜纹。这些疵病将影响木材的力学性质，但同一疵病对木材不同强度的影响不尽相同。木节使木材顺纹抗拉强度显著降低，对顺纹抗压影响最小。斜纹木材对顺纹抗拉强度影响最大，抗弯次之，对顺纹抗压强度影响较小。

b. 生物为害的缺陷。主要有腐朽、变色和虫蛀等。

c. 干燥及机械加工引起的缺陷。如干裂、翘曲、锯口伤等。

裂纹、腐朽、虫害等疵病，会造成木材构造的不连续性或组织被破坏，因此严重影响木材的力学性质，有时甚至能使木材完全失去使用价值。为了合理使用木材，通常按不同用途的要求，限制木材允许缺陷的种类、大小和数量，将木材划分等级使用。腐朽和虫蛀的木材不允许用于结构构件。

第二节　常用木材及制品

一、常用木材

木材按供应形式可分为原条、原木、板材和方材。

原条是指已经除去皮、根、树梢的木料，但尚未按一定尺寸加工成规定木料。原木是原条按一定尺寸加工而成的规定直径和长度的木料，可直接在建筑中作木桩、搁栅、楼梯和木柱等。板材和方材是原木经锯解加工而成的木材，宽度为厚度的 3 倍和 3 倍以上的为板材，宽度不足厚度的 3 倍者为方材。按用途可分为结构材料、装饰材料、隔热材料、电绝缘材料。木材在土木工程中可被用作屋架、桁架、梁、柱、桩、门窗、地板、脚手架、混凝土模板以及其他一些装饰、装修等。

二、木质材料制品

木质材料制品包括改性木材、木质人造材料和木质复合材料。

改性木材是木材经过各种物理、化学方法进行特殊处理的产品。改性木材克服或减少了木材的吸湿性、胀缩性、变形性、腐朽、易燃、低强度、不耐磨和构造的非匀质性，是木材改性后的特殊材料。在处理过程中不破坏木材原有的完整性。如化学药剂的浸注，在加热与压力下密实化，或浸注与热压的联合等。浸注的目的就是使药剂沉积在显微镜下可见的空隙结构中或细胞壁内，或者使药剂与细胞壁组分起反应而不破坏木材组织。提高木材的比强度，提高木材的耐腐性和阻燃性，只需将毒性药剂或阻燃药剂沉积在空隙结构内即可。当化学药剂沉积在细胞壁内或与胞壁组分起化学反应时，能使木材具有持久的尺寸稳定性。

木质人造材料是用木材或木材废料为主要原料，经过机械加工和物理化学处理制成的一类再构成材料。按其几何形状可分类为木质人造方材、木质人造板材和木质模压制品等。木质人造方材是用薄木板或厚单板顺纹胶合压制成的一种结构材料。胶合木是用较厚的零碎木板胶合成大型木构件。胶合木可以使小材大用，短材长用，并可使优劣不等的木材放在要求不同的部位，也可克服木材缺陷的影响，用于承重结构。木质人造板材是用各种不同形状的结构单元、组坯或铺装成不同结构形式的板坯胶合而成的板状材料，如胶合板、刨花板和纤维板等。胶合板是将一组单板按相邻层木纹方向互相垂直组坯胶合而成的板材。刨花板是利用施加或未施加胶料的木质刨花或木质纤维材料（如木片、锯屑和亚麻等）压制的板材。

人造板材是木质材料中品种最多、用途最广的一类材料。具有结构的对称性、纵横强度的均齐性以及材质的均匀性。由于性能差异甚大，可分别作为结构材料、装饰材料和绝缘材料使用。各类人造板及其制品是室内装饰装修的最主要的材料之一。室内装饰装修用人造板大多数存在游离甲醛释放问题。游离甲醛是室内环境的主要污染物，对人体危害很大，已引起全社会的关注。国家标准《室内装饰装修材料人造板及其制品中甲醛释放限量》（GB 18580－2001）规定了各类板材中甲醛释放限量值。木质模压制品也是用各种不同形状的结构单元、组坯或铺装成不同结构形式的板坯，用专门结构的模具压制成各种非平面状的制品。

木质复合材料是以木质材料为主，复合其他材料而构成具有微观结构和特殊性能的新型材料。它克服了木材和其他木质材料的许多缺点，扬构成组分之长。由于材料协同作用和界面效应，使木质复合材料具有优良的综合性能，以满足现代社会对复合材料越来越高的要求。木质复合材料研究的深度、应用的广度及其生产发展的速度已成为衡量一个国家木材工业技术水平先进程度的重要标志之一。以木质材料为主的复合材料因其固有的优越性而得到了广泛的使用，却又因其本性上固有弱点极大地限制了它的应用范围。

第三节 木材在工程中的应用

木材被广泛地应用于建筑工程中，一般有木地板、木饰面板和仿木三类。

一、木地板

木地板是由硬木树种和软木树种经加工处理而制成的木板面层。木地板可分为实木地板、强化木地板、实木复合地板和软木地板。

1. 实木地板

实木地板是用天然木材经锯解、干燥后直接加工成不同几何单元的地板，其特点是断面结构为单层，充分保留了木材的天然性质。近些年来，虽然有不同类别的地板大量涌入市场，但实木地板以它不可替代的优良性能稳定地占领着一定的市场份额。

2. 强化木地板

强化木地板是多层结构地板，由表面耐磨层、装饰层、缓冲层、人造板基材、平衡层组成。

强化木地板的底层是为了使板材在结构上对称以避免变形而采用的与表面装饰层平衡的纸张，此外在安装后也起到一定的防潮作用。平衡纸为漂白或不漂白的牛皮纸，具有一定的厚度和机械强度。平衡纸浸渍酚醛树脂，含量一般为80％以上，具有较高的防湿防潮能力。

强化木地板有以下特点。

① 优良的物理力学性能。强化木地板首先是具有很高的耐磨性，表面耐磨耗为普通涂料木地板的 10～30 倍。其次是产品的内结合强度、表面胶合强度和冲击韧性等力学性能都较好。根据检测，强化木地板的表面电阻小于 1011 Ω，有良好的抗静电性能，可用作机房地板。此外，强化木地板有良好的耐污染腐蚀、抗紫外线光、耐香烟灼烧等性能。

② 有较大的规格尺寸且尺寸稳定性好，安装简便，维护保养简单。

3. 复合地板

由于天然林的逐渐减少，特别是装饰用优质木材的日渐枯竭，木材的合理利用已越来越受到人们的重视，多层结构的复合地板就是这种情况下的产物之一。多层复合地板实际上是利用珍贵木材或木材中的优质部分以及其他装饰性强的材料作表层，材质较差或质地较差部分的竹、木材料作中层或底层，经高温高压制成的多层结构的地板。这种地板不仅充分利用了优质材料，提高了制品的装饰性，而且所采用的加工工艺也不同程度地提高了产品的物理力学性能。

二、木饰面板

用木材装饰室内墙面，按主要原料不同可分为两类：一类是薄木装饰板，此类板材主要由原木加工而成，经选材干燥处理后用于装饰工程中；另一类是人工合成木制品，它主要由木材加工过程中的下脚料或废料经过机械处理，生产出人造材料。

1. 胶合板

胶合板是用原木旋切成薄片，再用胶黏剂按奇数层数，以各层纤维互相垂直的方向黏合热压而成的人造板材。按胶合板的层数，可分为三夹板、五夹板、七夹板和九夹板，前两种最常用。

胶合板板材幅面大，易于加工；板材的横向和纵向的抗拉、抗剪强度均匀，适应性强；板面平整，收缩性小，不翘不裂；板面具有美丽的花纹，是装饰工程中使用最频繁、数量最大的板材；既可以做饰面板的基材，又可以直接用于装饰面板，能获得天然木材的质感。胶合板广泛用于建筑室内的墙面装饰，也用来做家具。胶合板面上可涂成各种类型的漆面，可裱贴各种墙纸、墙布，可粘贴各种塑料装饰板，也可以进行涂料的喷涂处理。

2. 细木工板

细木工板由于其材性类似于天然木材，在家具和室内装饰装修中得到越来越广泛的应用，成为人造板中最大的板种之一。细木工板有许多品种，内部芯条或其他材料密集排列的为实心细木工板，内部芯条或其他材料间断排列的为空心细木工板。用胶黏剂将内部芯条或其他材料粘接在一起的称胶拼板芯细木工板，板芯材料之间的连接不采用胶黏剂粘接的称不胶拼细木工板。在家具和室内装修中应用较多的是实心细木工板，内部板芯材料胶拼或不胶拼的则都有采用，板芯胶拼细木工板多用于家具和高档装修中，板芯不胶拼细木工板多用于一般装修中。

细木工板按结构不同，可分为芯板不胶拼和芯板胶拼两种；按表面加工状况可分为一面砂光、两面砂光和不砂光三种；按所使用的胶合剂不同，可分为 Ⅰ 类胶细木工板、Ⅱ 类胶细木工板两种；按面板的材质和加工工艺质量不同，可分为一、二、三等三个等级。

3. 纤维板

纤维板是以木质纤维或其他植物纤维材料为主要原料，经破碎、浸泡、研磨成木浆，再加入一定的胶料，经热压成型、干燥等工序制成的一种人造板材。按纤维板的体积密度不同可分为硬质纤维板、中密度纤维板、软质纤维板三种；按表面分为一面光板和两面光板两种；按原料不同分为木材纤维板和非木材纤维板。硬质纤维板的强度高，耐磨、不易变形，可用于墙壁、门板、地面、家具等。硬质纤维板按其物理力学性能和外观质量分为特级、一级、二级、三级四个等级。

中密度纤维板品种很多，按产品的公称密度《中密度纤维板》（GB/T 11718—2009）可分为80型板、70型板和60型板。中密度纤维板按产品的技术指标《中密度纤维板》（GB/T 1178—2009）可分为优等品、一等品、合格品。按所用胶合剂分脲醛树脂中密度纤维板、酚醛树脂中密度纤维板、异氰酸酯中密度纤维板。按用途可分为室内用板、室外用板、特种用途板。

软质纤维板的结构松散，强度低，但吸声性和保温性好，主要用于吊顶等。

4. 刨花板

刨花板是利用施加胶料和辅助料或未施加胶料和辅助料的木材或非木材植物制成的刨花材料压制成的板材。刨花板按原料不同分为木材刨花板、甘蔗渣刨花板、亚麻屑刨花板、棉秆刨花板、竹材刨花板、水泥刨花板、石膏刨花板；按表面分为未饰面刨花板和饰面刨花板；按用途分为家具、室内装饰等一般用途的刨花板和非结构建筑用刨花板。

刨花板属于中低档装饰材料，且强度较低，一般用作绝热、吸声材料，用于地板的基层，还可以用于吊顶、隔墙、家具等。

三、木材发展方向

随着木材的减少和木材使用性能要求的提高，原始木材的天然特性难以满足需要。将木材加工成木板、木条、单板、刨花或纤维等组元，利用现代技术将木材组元重组为新型木房材料是发展趋势。

现代复合木质材料具有原始木材所不具备的几何性能、同一性、均匀性和曲面成形性。木质复合材料经过各种复合制得后，比原始木材具有更多优良性能，可按照人们的意愿和用途，改良天然木材固有的缺点或赋予木材新的功能。提高木材使用价值，实现低质材的优化利用。因此在人类面临资源和环境挑战的今天，研制开发多种新型的木质复合材料，对高效利用木材资源，保护生态环境和促进社会持续发展均有重要意义。

1. 复合材料中的人造板

木基复合材料研究的另一个前沿是木质材料的功能化，大致可分为填充、混杂、复合和表面覆盖等方法，如将导电性填料填充到木材中，将导电性短纤维与木材纤维或木粉混杂和复合。还可将导电性纤维与木纤维混杂成功能纸，使纸张的全部、外表面或内部成为连续相平面选择性导电材料。将小木片镀镍后模压，可制成曲面选择性导电材料，电磁波屏蔽效果可达 $40\sim70$ dB。以对频率 1.5GHz 电磁波的屏蔽效能 20dB 为例，可将电磁波干扰或污染强度衰减 90%，体积电阻率可达 $0.15\sim5.9\ \Omega\cdot cm$（实体木材一般为 $10^8\sim10^{11}$ 数量级）。研究开发木质屏蔽功能复合材料，在 9kHz$\sim$1.5GHz 的范围内减少室内电磁污染，有利于实现其环境认证（如 ISO 14000）和安全认证（如 CE 标记），增加木质板材产品的附加值，在室内装修、办公用家具、公共场所等应用领域有广阔的前景。人造板工业作为现代工业的一个分支已有近百年的历史，未来将如何发展是研究人员普遍关注的问题。以往人造地板有胶合板、纤维板和刨花板三大板之分，现在定向刨花板也有三大板之分。人造板已从以往的普通人造板产品发展到结构人造板产品。结构人造板主要考虑板材的工程性能，它包括力学性能和尺寸稳定性及其他相关性能。结构人造板板种的不断更新，实际上就是复合材料复合理论的体现。

2. 木质陶瓷

用木质材料与热固性树脂制成的复合材料在高温绝氧条件下烧结而成的多孔性碳素材料，具有新的功能。木材陶瓷的烧结温度和温升速度与其力学性质有关，木材陶瓷材料的静曲强度达到 27MPa（木材为 29～183MPa），弹性模量达到 7.5GPa（木材为 4～21GPa）。木材陶瓷材料随着烧结温度的提高，从绝缘体过渡到导体，相对密度为 0.7～1.0（木材为 0.24～1.13），可取代传统的铁氧体电磁屏蔽材料，也可作为远红外发热材料和吸收材料（波长为 4.0～22.0μm，放射能为黑体的 80%），还可作为无润滑滑动部件（摩擦系数为 0.1～0.15，布氏硬度可达 60MPa），并具有易加工制造，高强、优良的摩擦和磨耗特性，以及自含润滑油、耐腐蚀和低密度（为钢的 1/9～1/13）特性等。

3. 无机复合材料

利用双重扩散法使两种可溶性无机化合物注入木材中，通过化学反应形成不溶性的无机物，沉积在木材的细胞腔中或细胞壁上，便成为一种含有无机物的新型复合木材。其加工性能与普通木材相同，对层积、胶合、涂饰无不利影响；其力学强度除韧性有所下降外，弯曲强度、刚性有所增加，硬度、耐磨性提高；具有优良的阻燃性和天然的耐久性；能最大限度地保留原木的视觉特性。

4. 金属复合材料

金属复合用熔融的合金和金属元素注入木材可制得木材-金属复合材料（或金属化木材）。木材-金属复合材的密度明显提高，其抗压强度、硬度、热导率、耐磨性、冲击韧性大幅度增加，耐久性、尺寸稳定性明显改善。

5. 木塑复合材料

木塑复合材料是一种木材与塑料树脂的复合物，它是将不饱和烯烃类单体或预聚物浸注到实体木材之中，并通过高能射线辐射或化学引发剂的作用，使其在木材内部与木材组分产生接枝共聚而形成的一种天然木材与塑料树脂合成一体的复合材料。这种木塑复合物既保持有天然木材的纹理结构，又具有强度高、尺寸稳定性好、耐水、耐腐、耐磨等许多优良性能，因而具有很高的利用价值。木塑复合物可以用于一些特殊的场合，如运动器材、乐器用材、雕刻用材、军工用材或高档地板和台面等。

6. 酰化复合材料

酰化复合用酰化剂（如酸酐、有机酸等）处理木材，在木材分子中引入酰基，改善木材的拒水性为木材酰化。其抗水性、尺寸稳定性、抗拉强度、弹性模量大幅度提高，广泛应用于木材和碎料的处理。

7. 其他木质复合材料

① 木材与金属的复合。木材与金属复合材料的木材可以是实体木材，也可以是木纤维。在实体木材表面喷镀一层金属可以提高木材的耐温性、耐磨性及强度。金属丝与木纤维混合后压制成的整体复合材料具有较高的耐温性和强度，并同时具有金属材料的韧性。混有金属纤维或复合有金属孔板的木纤维复合材料可以模压制成各种制品，如防火、防盗功能的模压门制品等。

② 木材与玻璃纤维的复合。由于此种复合材料掺入大量木纤维，可以降低制品的质量。利用轻质木材为芯材，外侧复合上玻璃纤维树脂所形成的复合材料具有较高的强度/质量比，可以用作结构材料及风力发电机桨叶。利用玻璃纤维增加木材的强度及刚度是一个经济上可行的技术方案。玻璃纤维的加入可增加复合材料的抗弯、抗拉强度，降低其吸水厚度膨胀率。

第四节　木材的腐蚀与防止

一、木材腐蚀的原因

木材易腐蚀是它的最大缺点。侵害木材的真菌常见的是腐朽菌。腐朽菌在木材中生存和繁殖的原因有三：适宜的水分、空气和温度。当含水率在35%～50%，温度在25～30℃，又有足够的空气时，腐朽菌最宜繁殖，木材也最易腐朽。当含水率在20%以下，温度高于60℃，腐朽菌将不能生存和繁殖。因此，若木材能长期保持干燥，就不会腐朽；木材完全浸入水中或深埋地下，由于空气不足，也不会腐朽。

二、防腐措施

木材防腐通常采纳木材本身的天然耐腐性、物理保管和化学保管等方法。木材的物理保管主要通过控制木材的含水率来提高木材的耐腐性，通常有干存法、湿存法、水存法等。物理保管常用的是干存法，即将木材干燥，使含水率小于20%，使用时注意通风和除湿。而木材化学保管是采用有毒的化学药剂（防腐剂）对木材进行处理，以达到毒杀迫害木材的菌类和虫类的目标，据测算，经过防腐处理的木材比未处理木材的使用寿命要延长5～10倍。因此，在木材防腐上采用化学保管这一防腐措施最为常见。

木材上应用的防腐剂应具备如下条件：对真菌具高毒性；易浸注木材；持久性强，不易挥发、流失；对容器、工具无腐化性；对人、畜无害；不增加木材燃烧性；无色、无臭，便于喷涂；对木材胀缩影响小；药源充沛，价格低廉。

（一）常用防腐剂

目前应用的木材防腐剂主要有三类，即油质防腐剂、有机溶剂防腐剂和水性防腐剂。

1. 油质防腐剂

油质防腐剂是指具有足够毒性和防腐性能的油类。目前主要应用的油质防腐剂是煤杂酚油（克里苏油，又称木材防腐油），以及煤杂酚油和煤焦油或石油的混杂油。

油质防腐剂具有防腐效果好、耐天气性强、抗雨水或海水冲洗、对金属腐化性低、来源广、价格低等优点，但气味辛辣，刺激皮肤，处理后木材呈黑色，不便喷涂，温度升高时易出现溢油现象。

2. 有机溶剂防腐剂

有机溶剂防腐剂是溶解于有机溶剂的杀菌、杀虫毒性药剂。常用的毒性药剂有五氯苯酚、氯化苯、环烷酸铜、8-羟基喹啉酮和有机锡化合物等。

有机溶剂防腐剂具有毒性强，易被木材吸收，可用涂刷、喷雾、浸渍等方法处理，持久性好，应用后木材形变小，表面洁净，可进行喷涂、胶合，不腐化金属等优点，但成本较高，防火要求高，不适于食品工业用材的防腐。

3. 水性防腐剂

水性防腐剂主要指能溶于水的，对破坏木材的生物有毒性的物质。其特点是水溶性好，不含重金属成分，不降低木材的强度，不改变木材的原有颜色，木材在使用中对环境和人体无毒性。常用的有氟化物、硼化物、砷化物、铜化物、五氯酚钠单盐防腐剂，铜铬砷氧化物、季铵铜、铜铬硼等复合防腐剂。

（二）处理方法

各种木材应用的环境不同，对防腐效能的要求不同，对防腐剂的吸收量也不同。木材防腐的处理可分为下列两类。

1. 常压法

常压法有涂刷法、浸泡法、扩散法、热冷槽法和树液置换法等。上述方法的处理均属于表层处理，防腐剂保存时间短。但对浸注性好的木材而言，经济实用，如用于门窗料、新锯板方材、木质人造板和生材的防腐处理等。

① 门窗料的处理。对浸透性好的木材，用 5% 的五氯苯酚将干燥的门窗料冷浸 3～5 min，即可满足要求；但五氯苯酚对人有害，可应用三丁基氧化锡石油溶剂处理门窗料，其防腐效果和喷涂性能均良好。

② 新锯板方材的处理。一般采用油溶性防腐剂低量喷涂法处理。

③ 木质人造板的处理。可在单板、刨花和碎料阶段用硼化物喷淋或二甲基硼化物蒸气处理单板，防止板材变色。

2. 真空加压法

真空加压法是先将处理罐抽真空，随后注入防腐剂，再施以不同压力，将防腐剂注入木材内部的处理方法。此法适用于易腐烂难浸注木材的防腐处理，如云杉、鱼鳞云杉、落叶松等；也适用于易注入木材的防腐处理，如处理永久性的木建筑、枕木、坑木和海中桩柱等。其防腐效果和时间均优于常压法。常用真空加压法有下列几种。

① 满细胞法。其又称完浸注法、贝塞尔法。此法处理后，防腐剂充溢了细胞壁、细胞腔和细胞间隙。此法包含以下工序：木材入罐；将处理罐抽真空，抽除木材细胞腔内的气体；维持真空状态下注入防腐剂；施加压力，使防腐剂浸入木材内部、达到规定的吸收量后，解除压力，回收剩余防腐剂；抽真空，抽出部分细胞中的防腐剂和木材表面过剩的防腐剂；木材出罐。

② 空细胞法。其又称定量浸注法、吕宾法。此法处理后，防腐剂只充溢细胞壁，而细胞腔及间隙不保存或少保存药剂。此法包含以下工序：木材入罐；将处理罐抽真空，抽去木材细胞腔内的气体；维持真空状态下注入防腐剂；进入空气，大气压下使防腐剂浸入木材内部；排出剩余防腐剂，此时细胞腔中仍有防腐剂；二次真空抽出细胞腔中部分剩余防腐剂，此时仅细胞壁内存有防腐剂；通入空气，木材表面近乎干燥；木材出罐。

该法的特性是处理前后木材的大小、含水率和外观无变化，且处理后即可装配、胶黏、喷涂。

上述处理方法防腐效果的强弱，主要取决于所用防腐剂的毒性大小，毒性越大防腐效果越佳。然而，这些毒性药剂对人类和环境也相应地产生很多不利影响。因此，近年来世界上广泛开发了数种高效低毒的木材防腐剂。如烷基铵化合物就是一种极具潜力的新型木材防腐剂，具有水溶性好、致死生物效率高、领域广、抗流失性强、维持木材本质、不影响喷涂、对人体无毒害、对环境无污染等特性。

思考题与习题

1. 木材的边材与芯材有何差别？

2. 南方某潮湿多雨的林场木材加工场所制作的木家具手工精细、款式新颖，在当地享有盛誉，但运至西北后出现较大裂纹。请分析原因。

3. 木材含水率的变化对木材性质有何影响？

4. 试说明木材腐朽的原因。有哪些方法可防止木材腐朽？并说明其原理。

5. 影响木材强度的主要因素有哪些？怎样影响？

第十二章 建筑功能材料

▶▶▶ 内容提要

本章主要介绍材料绝热的基本原理、影响因素、主要绝热材料的种类及应用范围；建筑装饰材料的基本要求、主要种类、应用范围及选用原则；各种有代表性的建筑防水材料的性能、组成、种类及选用原则；各种建筑防火材料的防火机理、性质及其分类；建筑光学材料的性质与种类；以及材料吸声原理、特性、主要种类、应用范围及选用原则。

建筑物除承受荷载外，还有如绝热、吸声、隔声、防水、装饰、防火等特殊要求，这些特殊要求难以用建筑结构材料来实现，需要采用特殊的功能性材料来满足人们对建筑物使用功能多样化的需求。建筑功能材料是指能够满足建筑物的特殊使用要求的材料的总称，它们赋予建筑物保温、隔热、防水、防火、采光、隔声、装饰等功能，决定着建筑物的使用功能与建筑品质。

第一节 保温隔热材料

建筑上主要起到保温、隔热作用，且热导率不大于 $0.23W/(m \cdot K)$ 的材料称为保温隔热材料，工程上习惯称为绝热材料。绝热材料主要用于屋面、墙体、地面、管道等的隔热与保温，以减少建筑物的采暖和空调能耗，并保证室内的温度适宜于人们工作、学习和生活。

一、保温隔热材料的性质和特点

（一）保温隔热材料的保温隔热机理

1. 传热方式

导热是指物体各部分直接接触的物质质点（分子、原子、自由电子）作热运动而引起的热能传递过程。

对流是指较热的液体或气体因热膨胀使密度减小而上升，冷的液体或气体补充过来，形成分子的循环流动，这样，热量就从高温的地方通过分子的相对位移传向低温的地方。

热辐射是指一种靠电磁波来传递能量的过程。

在每一实际的传热过程中，往往都同时存在两种或三种传热方式。例如，通过实体结构本身的透热过程，主要是靠导热，但一般建筑材料内部或多或少有些空隙，在空隙内除存在气体的导热外，同时还有对流和热辐射的存在。

2. 热阻和热导率

当材料的两表面间出现了温度差，热量就会自动地从高温的一面向低温一面传导。在稳定状态下，通过测量热流量、材料两表面的温度及其有效传热面积，可以计算材料的热阻：

$$R = \frac{A(T_1 - T_2)}{Q} \tag{12-1}$$

式中，R 为热阻，$(m^2 \cdot K)/W$；Q 为平均热流量，W；T_1 为试件热面温度平均值，K；

T_2 为试件冷面温度平均值，K；A 为试件的有效传热面积，m^2。

如果热阻与温度呈线性关系，且试件能代表整体材料，试件具有足够的厚度，则材料的热导率可用式（12-2）计算：

$$\lambda = \frac{d}{R} = \frac{Qd}{A(T_1 - T_2)}\qquad(12\text{-}2)$$

式中，λ 为热导率，W/（m·K）；d 为试件平均厚度，m。

材料热导率的物理意义是，厚度为 1m 的材料，当温度差为 1K 时，在 1s 内通过 $1m^2$ 面积的热量。材料热导率愈小，表示其绝热性越好。

3. 绝热材料的隔热机理

（1）多孔型　多孔型绝热材料绝热作用的机理如图 12-1 所示。当热量从高温面向低温面传递时，在未碰到气孔之前，传递过程为固相中的导热，在碰到气孔后，一条线路仍然是通过固相传递，但其传热方向发生变化，总的传热路线大大增加，从而使传递速度减缓。另一条路线是通过气孔内气体的传热，其中包括高温固体表面对气体的辐射与对流传热、气体自身的对流传热、气体的导热、热气体对低温固体表面

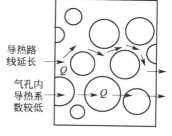

图 12-1　多孔材料传热过程

的辐射及对流传热、热固体表面和冷固体表面之间的辐射传热。由于在常温下对流和辐射传热在总的传热中所占的比例很小，故以气孔中气体的导热为主，但由于空气的热导率仅为 0.029W/（m·K），大大小于固体的热导率，故热量通过气孔传递的阻力较大，从而传热速度大大减缓。这就是含有大量气孔的材料能起绝热作用的原因。

（2）纤维型　纤维型绝热材料的绝热机理基本上和通过多孔材料的情况相似，如图12-2 所示。显然，传热方向和纤维方向垂直时的绝热性能比传热方向和纤维方向平行时要好一些。

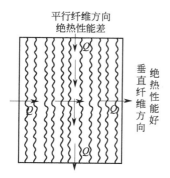

图 12-2　纤维材料传热过程

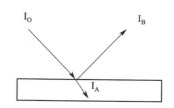

图 12-3　材料对热辐射的反射和吸收

（3）反射型　反射型绝热材料的绝热机理如图 12-3 所示。当外来的热辐射能量 I_C 投射到物体上时，通常会将其中一部分能量 I_B 反射掉，另一部分 I_A 被吸收（一般建筑材料都不能穿透热射线，故透射部分忽略不计）。根据能量守恒原理，则有式（12-3）与式（12-4）：

$$I_A + I_B = I_C\qquad(12\text{-}3)$$

$$\frac{I_A}{I_C} + \frac{I_B}{I_C} = 1\qquad(12\text{-}4)$$

式中，比值 I_A/I_C 说明材料对热辐射的吸收性能，用吸收率"A"表示，比值 I_B/I_C 说明材料的反射性能，用反射率"B"表示，即

$$A+B=1 \tag{12-5}$$

由此可以看出，凡是善于反射的材料，吸收热辐射的能力就小；反之，如果吸收能力越强，则其反射率就越小。故利用某些材料对热辐射的反射作用，如铝箔的反射率为 0.95，在需要绝热的部位表面贴上这种材料，就可以将绝大部分外来热辐射（如太阳光）反射掉，从而起到绝热作用。

（二）保温隔热材料的技术性质

1. 热导率

（1）材料的化学结构、组成和聚集状态　材料的分子结构不同，其热导率有很大的差别，通常结晶构造的材料其 λ 最大，微晶体构造的 λ 次之，玻璃体构造的 λ 最小。材料中有机组分增加，其热导率降低。

（2）材料的表观密度　由于材料中固体物质的导热能力比空气大得多，故孔隙率较高、表观密度较小的材料，其热导率也较小。材料的热导率不仅与材料的孔隙率有关，而且还与孔隙率的大小和特征有关。在孔隙率相同的条件下，孔隙尺寸越大，热导率越大。孔隙互相连通比封闭而不连通的热导率大。

（3）湿度　环境湿度大，材料含水率提高，由于水的热导率 λ［0.5812W/(m·K)］比静态空气的热导率 λ［0.02326W/(m·K)］大 20 多倍，这样必然导致材料的热导率增大。如果孔隙中的水分冻结成冰，冰的热导率 λ［2.326W/(m·K)］是水的 4 倍，材料的热导率将更大。

（4）温度　材料的热导率随温度的升高而增大，因为温度升高，材料固体分子热运动增强，同时，材料孔隙中空气的导热和孔壁间的辐射作用也有所增强。所以，材料的热导率增大。

（5）热流方向　对于各向异性材料，如木材等纤维质材料，当热流平行于纤维延伸方向时，受到的阻力小，热导率就大；而热流垂直于纤维延伸方向时，受到的阻力大，热导率小，见表 12-1。

上述各项因素，以表观密度和湿度的影响最大。

表 12-1　几种典型物质的热导率

物质	铜	钢材	花岗岩	混凝土	黏土砖	松木	冰	水	静止空气	泡沫塑料
热导率/[W/(m·K)]	370	55	2.9	1.8	0.55	0.15	2.2	0.6	0.025	0.03

2. 温度稳定性

材料在受热作用下保持其原有的性能不变的能力，称为绝热材料的温度稳定性。通常用其不致丧失绝热性能的极限温度来表示。

3. 吸湿性

绝热材料由潮湿环境吸收水分的能力称为其吸湿性。当材料的含水率增加时，热导率会增加，对绝热效果不利。

4. 强度

绝热材料的机械强度和其他建筑材料一样是用强度极限来表示的。通常采用抗压强度和抗折强度。由于绝热材料有大量孔隙，故其强度一般不大，因此不宜将绝热材料用于承受外界荷载部位。对于某些纤维材料，有时常用材料达到某一变形时的承载能力作为其强度代表值。

（三）保温隔热材料的分类

保温绝热材料，按材质可分为无机绝热材料、有机绝热材料和复合型绝热材料三大类；按形态可分为纤维状、微孔状、气泡状、膏（浆）状、粒状、复合型、板状、块状等。由于材料的复合化和功能化，更多的是以各类体系在实际工程中应用。

1. 纤维状保温隔热材料

按材质可分为无机质纤维材料和有机质纤维材料。无机质纤维材料包括两类，一类是天然无机质纤维材料，如石棉纤维等；另一类是人造无机质纤维材料，如棉纤维（矿渣棉、岩棉、玻璃棉、硅酸铝棉及陶瓷纤维等）。有机质纤维材料以软质纤维板为主，如木纤维板、草纤维板等。

2. 微孔状保温隔热材料

按材质可分为无机质微孔材料和有机质微孔材料。无机质微孔材料包括两类，一类是天然无机质微孔材料，如硅藻土等；另一类是人造无机质微孔材料，如硅藻钙、碳酸镁、硅酸钙、膨胀珍珠岩、膨胀蛭石、加气混凝土等。有机质微孔材料主要以软木为主。

3. 气泡状保温隔热材料

按材质可分为无机质气泡状材料和有机质气泡状材料。无机质气泡状材料主要有泡沫玻璃、火山灰微珠、泡沫黏土、发泡混凝土等。有机质气泡材料主要有聚苯乙烯泡沫塑料（EPS、XPS）、聚乙烯泡沫塑料、聚氯乙烯泡沫塑料、橡胶（塑）泡沫塑料、酚醛树脂泡沫塑料、脲醛树脂泡沫塑料、氨尿素泡沫塑料、聚氨酯泡沫塑料等。

4. 复合增强型保温隔热材料

可分为复合板（块）材料和金属与保温板复合材料。复合板（块）材料主要有水泥聚苯泡沫板（块）、玻璃纤维增强水泥板、坚壳珍珠岩板、水泥珍珠岩（膨胀蛭石）板、植物纤维复合板等。金属与保温板复合材料主要有彩钢夹芯泡沫板、彩钢夹芯纤维板、钢丝网架夹芯泡沫（岩棉、珍珠棉）板等。

5. 膏（浆）状保温隔热材料

膏（浆）状保温隔热材料主要有现浇聚苯复合材（氯氧镁胶凝）、水泥聚苯颗粒浆料、硅酸盐系复合保温膏、沥青膨胀蛭石、沥青膨胀珍珠岩等。

6. 松散状保温隔热材料

松散状保温隔热材料主要有干铺炉渣、干铺水渣、膨胀蛭石、膨胀珍珠岩等。

7. 块状保温隔热材料

块状保温隔热材料主要包括粉煤灰砌块、加气混凝土砌块、石膏砌块（板）、轻质混凝土砌块、干铺蛭石块、耐火砖等。

8. 层（片）状保温隔热材料

层（片）状保温隔热材料主要包括膜类材料、夹筋铝箔、铝箔纸、反射玻璃、低辐射玻璃等。

二、常见保温隔热材料

（一）无机纤维状保温隔热材料

无机纤维状保温隔热材料是指天然的或人造的以无机矿物为基本成分的一类纤维材料。传统的石棉与石棉制品因不能满足环保的要求，已经淡出土木工程市场。无机纤维状保温隔热材料目前主要是指岩棉、矿渣棉、玻璃棉以及硅酸铝棉等人造无机纤维状材料。

1. 岩棉、矿渣棉及其制品

岩棉是以精选的天然岩石如优质玄武岩、辉绿岩、安山岩等为基本原料，经高温熔融，采用高速离心设备或其他方法将高温熔体甩拉成非连续性纤维。矿渣棉是以工业矿渣如高炉渣、磷矿渣、粉煤灰等为主要原料，经重熔、纤维化而制成的一种无机质纤维，在棉纤维中通过加入一定量的黏结剂、防尘油、憎水剂等助剂再制成轻质保温隔热材料产品，并可根据不同的用途分别加工成岩棉板、岩棉毡、岩棉管壳、粒状棉、保温带等系列制品。

矿渣棉和岩棉（可统称为矿岩棉）制品原料易得，生产能耗低，成本低。这两类保温材料虽属同一类产品，有其共性，但从两种纤维应用来比较，矿渣棉的最高使用温度为600～650℃，且矿渣纤维较短、脆；而岩棉最高使用温度可达820～870℃，且纤维长，化学耐久性和耐水性也较矿渣棉较好。

（1）矿岩棉制品特点　绝热、绝冷性能优良；使用温度高，长期使用不会发生松弛、老化；具有不燃、耐腐、不蛀等优点；防火性能优良；具有较好的耐低温性；在潮湿情况下长期使用也不会发生潮解；对金属设备无腐蚀作用；吸声、隔声；性脆，施工时有刺痒感。

（2）矿岩棉的技术性质（见表12-2）

表12-2　岩棉、矿渣棉的技术性质

项目	指标
渣球含量(颗粒直径>0.25mm)/%	≤12.0
纤维平均直径/μm	≤7.0
密度/(kg/m³)	≤150
热导率[平均温度(70±5/2)℃,试验密度150kg/m³]/[W/(m·K)]	≤0.044
热荷重收缩温度/℃	≥650

（3）岩棉、矿渣棉的使用范围　岩棉、矿渣棉广泛应用于建筑物的填充绝热、吸声、隔声，以及工业、国防和交通等行业各类管道、贮罐、蒸馏塔、锅炉、烟道、热交换器、风机、车船以及冷库等设备的保温、隔热、隔冷和吸声。

2. 玻璃棉及其制品

玻璃棉是以石英砂、石灰石、白云石、蜡石等天然矿石为主要原料，配合一些纯碱、硼砂等化工原料熔制成玻璃，在熔融状态下借助外力拉制、吹制或甩成极细的絮状纤维材料。按化学成分可分为无碱、中碱和高碱玻璃棉。按其生产方法可分为火焰法玻璃棉、离心喷吹法玻璃棉和蒸汽（或压缩空气）立吹法玻璃棉（已逐渐淘汰）三种。

（1）玻璃棉特点　吸声、降噪和减振效果好；加工性能良好，不刺激皮肤，施工方便；耐热，不燃，不产生有毒气体；在高温和低温条件下均有良好的隔热性能，热导率低，高效节能；在潮湿条件下吸湿率低；线性膨胀系数小。

（2）玻璃棉技术性质（见表12-3）

表12-3　玻璃棉技术性质

种类	纤维平均直径/μm	渣球含量/%	热导率[平均温度(70±5/2)℃,试验密度kg/m³]/[W/(m·K)]	热荷重收缩温度/℃
1号玻璃棉	≤5.0	≤1.0	≤0.041（40）	400
2号玻璃棉	≤8.0	≤4.0(2a号) ≤3.0(2b号)	≤0.042(64)	400
3号玻璃棉	≤13.0	≤10.0	≤0.049（80）	400

（3）玻璃棉应用范围　广泛应用于热力系统、石化、工业与民用建筑、冶金、交通、制

冷设备、电力、航空等领域。它是各种管道、贮罐、锅炉、热交换器、风机和车船等工业设备、交通运输的优良保温、绝热、隔冷、吸声材料。

3. 硅酸铝纤维及其制品

硅酸铝纤维又名陶瓷纤维，也称耐火纤维，是一种纤维状的轻质耐火保温材料。该产品为长纤、超细高级硅酸铝纤维，是采用天然焦宝石为主要原料，经高温熔化，用高速离心或喷吹等工艺方法而制成的棉丝状无机纤维。

根据化学组成和使用温度，硅酸铝纤维制品主要分为低温型、普通型、高铝型、含铬型、含锆型等几大类。按结构形态分为非晶质（玻璃态）纤维和结晶质纤维两大类，以及用两种以上的纤维按一定比例配置而成的混配（纺）纤维。混配（纺）纤维既能提高使用温度（与硅酸铝纤维比），又降低了成本，可制得耐高温 1300～1400℃ 的系列制品。

（1）硅酸铝纤维制品特点　具有理化性能稳定、轻质、高强、防火、热容小、耐酸碱、耐腐蚀、耐急冷急热、耐高温、隔热防腐、施工便捷等特点。

（2）硅酸铝纤维应用范围　硅酸铝耐火纤维的生产成本较高，其制品主要应用于工业生产领域。

① 电力工业、化学工业、船舶工业、交通行业、高层建筑、防火门的防火、隔热。

② 各种工业窑炉砌体、炉门、顶盖密封。

③ 焊接件和异型金属铸件消除应力隔热等。

④ 宇航及原子能等尖端科技领域耐火、绝热、隔声。

（二）无机多孔状保温隔热材料

1. 膨胀珍珠岩及其制品

（1）膨胀珍珠岩及其制备　膨胀珍珠岩是最常见的建筑保温材料，其生产原材料来源广泛，价格低廉，加工简单。若与不同的胶结材料（如水泥、沥青、水玻璃、石膏等）配合，可分别制成不同品种和形状的制品，所以广泛地被应用在土木工程行业。

珍珠岩是一种具有珍珠结构的酸性玻璃质火山岩，一般认为由酸性岩浆喷出地表后迅速冷凝而成。珍珠岩约95%是玻璃相，其中60%～75%为无定形石英玻璃，莫氏硬度5.5～6.0，相对密度2.3～2.4，熔点1280～1360℃。

珍珠岩在约1300℃高温条件下，发生膨胀，密度减小，烧制成膨胀珍珠岩，工艺流程如下。

原料→破碎→筛分→预热→急剧加热（焙烧）（约1300℃）→冷却→膨胀珍珠岩

（2）膨胀珍珠岩的技术性能

① 表观密度一般在 40～250kg/m³ 范围内。

② 热导率在常温下随着表观密度降低而减小，在高温下随着温度的升高而增大。

③ 膨胀珍珠岩的耐火度为1280～1360℃，随着温度的升高，热导率也增大，为保证保温性能，安全使用温度一般为800℃。

④ 膨胀珍珠岩的吸水量可达自重的2～9倍，吸水速度也很快，30min内质量吸水率达400%，体积吸水率达29%～30%，因此，引起强度下降，保温性能降低。如经过处理，吸水性可大大地减小。

⑤ 吸湿率为 0.006%～0.08%。

⑥ 在 −20℃时，经15次冻融，颗粒组成不变。

⑦ 珍珠岩中含 SiO_2 多，故耐酸性好，耐碱性差。

⑧ 化学性能稳定，无毒、无味、不腐、不燃、吸声。

⑨ 微孔、高比表面积及吸附性，易与胶凝材料等保护层结合。

（3）膨胀珍珠岩制品

① 水泥膨胀珍珠岩制品　水泥膨胀珍珠岩制品是以膨胀珍珠岩为集料，以水泥为胶结材料，按一定比例混合加水后，经搅拌、成型、养护而成，该种制品容重较小、热导率低、承压能力较强、施工方便、经济耐用。其物理性能如表 12-4 所示。

表 12-4　水泥膨胀珍珠岩制品的物理性能

项　目		性能数据	备　注
密度/(kg/m³)		300～400	采用的胶结剂为 500 号硅酸盐水泥。水泥：膨胀珍珠岩＝1：10（体积比）。制品有砖、板、管等
抗压强度/MPa		0.5～1.0	
热导率/[W/(m·K)]	常温	0.058～0.087	
	低温	0.081～0.116	
	高温	0.067～0.152	
抗折强度/MPa		＞0.3	
吸湿率,24h/%		0.87～1.55	
吸水率,24h/%		110～130	

② 水玻璃膨胀珍珠岩制品　水玻璃膨胀珍珠岩制品是以膨胀珍珠岩为集料，以水玻璃为胶结材料，并加入赤泥（炼铝废渣，按一定配比混合），经搅拌、成型、干燥、烘焙而成的。该种制品具有容重小、热导率低、耐热性好、吸声性能好等特点，而且施工方便。其物理性能如表 12-5 所示。

表 12-5　水玻璃膨胀珍珠岩制品的物理性能

项　目	性　能　数　据	备　注
密度/(kg/m³)	200～300	吸湿率的实验条件:相对湿度 93%～100%
抗压强度/MPa	0.6～1.2	
热导率/[W/(m·K)]	0.056～0.065	
吸湿率,24h/%	120～180	
吸水率,24h/%	17～23	
最高使用温度/℃	650	

③ 磷酸盐膨胀珍珠岩制品　磷酸盐膨胀珍珠岩制品是以膨胀珍珠岩为集料，以磷酸铝和少量的硫酸铝、纸浆废料作胶结材料，按一定配比混合，搅拌、成型、干燥、烘焙而成的。该种制品具有耐火度高（最高使用温度 1000℃，可用作工业设备的耐高温材料），表观密度较低（200～250kg/m³），强度（抗压强度为 0.6～1.0MPa）和绝热性能好的特点。

④ 沥青膨胀珍珠岩制品

a. 石油沥青膨胀珍珠岩制品　石油沥青膨胀珍珠岩制品是以膨胀珍珠岩为集料，以石油沥青为胶结材料，按一定配比混合，加热搅拌、压至成型的。该种制品具有容重小、热导率较低、吸水率低、耐水性好等特点，常用于屋面保温层或低温设备的保冷材料。

b. 乳化沥青膨胀珍珠岩制品　乳化沥青膨胀珍珠岩制品是以膨胀珍珠岩为集料，以乳化沥青为胶结材料，在常温下按一定配比混合，经搅拌、成型、干燥而成的。该种制品具有容重较小、热导率较低、成型方便、防水性能好的特点，故多用于建筑物的墙体和屋面的保温层材料（有时也采用施工现场现浇的方法）。

⑤ 石膏膨胀珍珠岩制品　石膏膨胀珍珠岩制品是以膨胀珍珠岩为集料，以石膏为胶结

材料，按一定配比加水混合，经搅拌、成型、干燥而成的，该种制品一般为砌块、空心板条等墙体材料，其最大特点是较传统墙体材料容重小，保温性能较好，施工速度快。膨胀珍珠岩在建筑、保温隔热工程中的应用如表 12-6 所示。

表 12-6　膨胀珍珠岩在建筑、保温隔热工程中的应用

类型	材料名称	其他原材料	基本工艺	主要用途	备注
散料	散料膨胀珍珠岩		粉碎、膨胀	保温填充材料、轻集料	直接利用
	憎水型散料	憎水剂、助剂	热态时直接吸附或湿态时吸附改性	屋面防水或深加工	
	釉化膨胀珍珠岩	水玻璃、助剂	直接喷涂或煅烧改性	制作高强度制品	
	粒状(泡沫)膨胀珍珠岩	碱	细磨原料、碱处理、泡沫玻璃型膨胀	制作高强度制品	
胶结制品(板或砌块)	石膏珍珠岩制品(或纤维增强)	半水石膏、添加剂(纤维)	配料拌合、成型、养护(常规)	内外墙、保温、装饰	1. 均指非承重墙；2. 可加聚合物改性；3. 可加防水剂
	水泥珍珠岩制品(纤维)	硅酸盐水泥、石灰、纤维	常规、蒸压	内外墙、保温、装饰	
	水玻璃珍珠岩制品(纤维)	硅酸钠、黏土(赤泥)	常规、焙烧	内外墙、保温、装饰	
	沥青珍珠岩制品	乳化沥青、助剂	常规、低温干燥	保温、防水	
	氯氧镁水泥制品	菱苦土、MgCl₂、防水助剂	常规	保温、防水	
	屋面憎水珍珠岩板	PVA(聚合物)防水剂	常规、干燥或自然干燥	保温、防水	
	纤维石膏珍珠岩吸声板	石膏、矿物纤维、防水剂、阻燃剂	搅拌、聚合物、模压、固化、表面处理	内外墙、内外保温及装饰吸声	
	纤维增强聚合物珍珠岩制品	纤维、聚合物、改性助剂			
	膨润土珍珠岩胶结制品	膨润土、黏结剂、增强剂、防水剂、助剂		保温、装饰、墙体	
烧结制品	膨胀土、沸石、珍珠岩烧结制品	膨润土、硅藻土、沸石、水玻璃	常规成型、煅烧、烧结	内墙材料	
	泡沫珍珠岩玻璃体	黏结剂	烧结、玻璃化处理	内墙材料	
涂料	石膏珍珠岩涂料(干粉)	半水石膏、调节剂	混合磨粉、使用时加水	内外墙保温、装饰	喷涂或抹涂，小块黏结在表面装饰
	水泥珍珠岩涂料(干粉)	水泥、调节剂			
	聚合物珍珠岩涂料(干粉或砂浆)	聚合物、胶乳、膨润土、助剂	制成糊状产品		

2. 膨胀蛭石

蛭石是属于含水硅酸盐的云母，具有片状结构的矿石。它一般有云母的外貌，呈金黄色、银白色和褐色，密度为 2.4～2.7kg/m³，含水量大约为 5%～15%。

（1）膨胀蛭石的制备和技术性质（见表 12-7）　蛭石被急剧加热燃烧时，层间的自由水将迅速气化，在蛭石的鳞片层间产生大量蒸汽，急剧增大的蒸汽压力，迫使蛭石在垂直解理层方向产生急剧膨胀。当在 850～1000℃ 的温度燃烧时，其颗粒单片体积能膨胀 20 多倍，许多颗粒的总体积膨胀 5～7 倍。膨胀后的蛭石，细薄的叠片构成许多间隔层，层间充满空

气，因而具有很小的密度和热导率，使之成为一种良好的绝热材料。

表 12-7 膨胀蛭石的技术性质

项 目	指标或说明
表观密度/(kg/m³)	80～200(主要取决于膨胀倍数、颗粒组成和杂质含量等)
热导率/[W/(m·K)]	0.047～0.07(与其本身结构状态、密度、颗粒尺寸、所处的环境和温度以及对热流所取的方位等因素有关,同时随水分含量的增加而增加)
耐热耐冻性能	在－20～100℃温度下,本身强度和密度保持不变
电绝缘性能	不宜作为电绝缘材料
吸湿性	很大,与密度成反比,还与颗粒组成、煅烧制度及原料性质有关。膨胀蛭石在相对湿度95%～100%环境下,24h后吸湿率为1.1%
变形性	膨胀蛭石压实后,有的弹性很好,有的则被压成一团。一般好的膨胀蛭石应在3N/cm²压力下,仍有弹力恢复10%～15%,在潮湿或蒸汽养护下总变形加剧,应避免受潮
脆性	膨胀蛭石煅烧时,如超过恰当的膨胀温度,即变脆,不宜使用(必须严格控制煅烧温度,膨胀好的蛭石应迅速撤离高温)
抗菌性	膨胀蛭石为无机物,因此不受菌类侵蚀,不腐烂、变质,不易被虫蛀、鼠咬
耐腐蚀性	耐碱不耐酸,不宜用于有酸性侵蚀处

膨胀蛭石既可直接作为松散填料，用于填充和装置在建筑维护结构中，也可与水泥、水玻璃、沥青、树脂等胶结材料配置混凝土，现浇或预制成各种规格的构件或不同形状和性能的蛭石制品。

（2）膨胀蛭石制品

① 水泥膨胀蛭石制品 水泥膨胀蛭石制品是以膨胀蛭石为集料，以水泥为胶结材料，加入适量的水，搅拌均匀，经压制成型，在一定条件下养护而成的一种制品。一般包括砖、板、管壳及其他异型制品。

② 水玻璃膨胀蛭石制品 水玻璃膨胀蛭石制品是以膨胀蛭石为集料，以水玻璃为胶结材料，以氟硅酸钠为促凝剂，按一定比例配合，经搅拌、浇注、成型、焙烧而成的一种制品。配比一般为水玻璃∶膨胀蛭石∶氟硅酸钠＝1∶2∶0.065。用于维护结构、管道等需要绝热的地方。

③ 沥青膨胀蛭石制品 沥青膨胀蛭石制品是以膨胀蛭石和沥青（乳化沥青）经拌合浇注成型、压制加工而成的一种制品。按质量比，沥青胶结材料占20%～25%，膨胀蛭石占75%～80%。

（3）膨胀蛭石及其制品特点 热导率小；化学性能稳定，防火、防腐；产品无毒、无味；加工工艺简单，产品多样，价格低廉。

（4）膨胀蛭石及其制品应用

① 松散膨胀蛭石 松散膨胀蛭石能够单独使用，可以填充和装置在建筑维护结构中作为保温、隔热、隔声和保冷材料。例如，用于工业与民用建筑的墙壁、楼板、顶棚和屋面部位。也可作为热工设施、工业窑炉和冷藏设施以及绝缘层填料。

② 膨胀蛭石制品 以膨胀蛭石为主要原料，用石膏、水泥、沥青、水玻璃与合成树脂等胶结剂制成建筑保温材料，根据用途的不同，制造各种形状和规格尺寸的砖、板、管壳等。这些制品广泛用于各种工业管道的保温和绝热，也可用于建筑物的隔声、保冷。

膨胀蛭石为轻集料制作混凝土，可以现浇、预制成各种规格的构件，如墙板、楼板、屋面板。

膨胀蛭石用耐火水泥作为胶结料，制成轻质耐火混凝土，可用于工业窑炉和热工设备作为耐火、隔热材料。

膨胀蛭石与石膏、石灰和水泥等胶结材料，按一定配合比加水制成浆体，用于建筑物的内墙、顶棚等粉刷工程，以喷涂抹制形式作为室内保温层和吸声层。

3. 硅酸钙保温材料

硅酸钙（微孔硅酸钙）保温材料是以二氧化硅粉状材料（石英砂粉、硅藻土等）、氧化钙（也有用消石灰、电渣等）和增强纤维材料（如玻璃纤维、石棉等）为主要材料，再加入水、助剂等材料，经搅拌、加热、凝胶、成型、蒸压硬化、干燥等工序制作而成的。

硅酸钙制品按矿物组成和使用温度可分为托贝莫来石型（低温型）、硬硅钙石型（高温型）和混合型；按强度，也可将其分为低强型、普通型、高强型和超高强型；按表观密度，将其分为超轻型、轻型、普通型、重型和超重型。

（1）硅酸钙保温材料的特点　制品轻而有柔性，强度高，热导率低，使用温度高，质量稳定；隔声、不燃、防火、无腐蚀，高温使用不排放有毒气体；具有耐热性和热稳定性，经久耐用；耐水性良好，长期浸泡不被破坏；制品外表美观，并可以锯、刨、钻眼、拧螺丝、涂装、安装省力方便。

（2）硅酸钙保温材料使用范围　按硅酸钙各类型生产工艺的区别与物理性能的不同，有不同用途，如低表观密度的制品适宜作保温材料；中等表观密度的制品，主要用作墙壁材料和耐火覆盖材料；高密度制品，主要用作墙壁材料、地面材料或绝缘材料等。

（三）玻璃保温隔热材料

1. 泡沫玻璃

泡沫玻璃又称多孔玻璃，主要成分为 SiO_2，其主要原料为碎玻璃，发泡剂一般采用石灰石、碳化钙、焦炭或大理石等，是一种具有均匀的孔隙结构的多孔轻质玻璃制品。

泡沫玻璃是一种粗糙多孔分散体系，孔隙率高达 80%～95%，气孔直径为 0.1～5mm，热导率为 0.042～0.048W/（m·K）。由于发泡剂的化学成分差异，在泡沫玻璃的气相中所含气体可为二氧化碳、一氧化碳、水蒸气、硫化氢、氧气、氮气等。

泡沫玻璃可加工性能好；产品不变形，耐用，无毒，化学性能稳定，能耐大多数的有机酸、无机酸及碱；容重很小、强度较高、热导率低、热阻大、抗冻融性好、吸水率低、不燃；并且在低温、潮湿环境下隔热性能稳定。其缺点是脆性大，易碎、易破损。

泡沫玻璃常被用于屋面保温板、外墙保温板，有的还用作吊顶板材料，以及管道保温、冷库保冷工程，广泛地应用于建筑、冶金、电力、石油、化工等行业。

2. 中空玻璃

中空玻璃是由两片或多片平板玻璃构成，中间用隔框隔开，四周边缘部用胶接、焊接或熔接的方法加以密封，内部空间是干燥空气或充入其他气体。组成中空玻璃的厚片可以是钢化玻璃、夹层、夹丝、着色平板玻璃及压花玻璃等。两片玻璃间用的隔框一般多用薄铝材，型材为空腹，内充干燥剂。由于中空玻璃的玻璃与玻璃之间留有一定的空腔，因此有良好的保温、隔热、隔声等性能。

中空玻璃的主要特性是隔热、隔声、防结露。使用时若代替部分围护墙，并以单层窗取代双层窗还可减轻墙体质量，节省窗框材料。中空玻璃广泛应用于各类工业、民用建筑及各种交通工具的隔热、隔声、防结露而又需采光的部位，以及轻工业方面的冷柜等。

3. 热反射膜玻璃

热反射膜玻璃主要指阳光控制膜玻璃和透明反热膜玻璃等，该类玻璃具有较高的热反射性，而又能保持良好的透光性，是镀膜类建筑玻璃中的一个品种。

镀膜玻璃是利用不同的镀膜工艺在玻璃表面镀制一层薄膜，从而来改善表面性能，改善玻璃对光和热辐射的透过性能以及对光的反射性能。镀膜玻璃可分为阳光控制膜、低辐射膜、防紫外膜、导电膜和镜面膜等类型。

通常，热反射膜玻璃与吸热玻璃（低辐射玻璃）的区分可用式（12-6）表示：

$$S = \frac{A}{B} \tag{12-6}$$

式中，A 为玻璃整个光通量的吸收系数；B 为玻璃整个光通量的反射系数。

当 $S > 1$ 时为吸热玻璃，当 $S < 1$ 时为热反射玻璃。

（1）热反射膜玻璃　广泛应用于建筑玻璃幕墙、外门窗。车窗玻璃、电烤箱和微波炉的炉门等，起到单向透视和反射热的功能。

（2）透明反射膜玻璃　主要应用于冷柜、保鲜柜和冷库的透明门及高温环境下的透明隔热墙等领域。

（四）泡沫塑料

泡沫塑料是以各种高分子聚合物为主体基料，加入适量的发泡剂、催化剂、表面活性剂、阻燃剂等助剂，在一定条件下，形成内部含有无数微小泡沫的制品，可以说，泡沫塑料是以气体为填料的复合塑料。

泡沫塑料的制作按其基本发泡方式可分为三类，即机械法、物理法和化学法。

机械发泡是指通过机械方法强烈地搅动树脂的乳液、悬浮液或溶液，使产生泡沫，然后使之凝胶、稠合或固化，从而得到塑料泡沫。物理发泡法是将惰性压缩气体、可溶于树脂的低沸点液体或易升华的固体等用压力溶于树脂中，当压力下降、树脂料受热升华时，它们挥发或升华，产生大量气体，使树脂料发泡。在此过程中，发泡剂仅是物理形态发生了变化，化学组成不变。化学发泡法是将化学发泡剂（通常指具有粉状特征的热分解型化学发泡剂）均匀地分散在树脂中，成型时发泡剂遇热分解，放出大量惰性气体，从而使树脂发泡膨胀。虽然物理发泡法用的发泡剂价格低廉，但一般却需要造价比较昂贵、专门为一定用途而设计的设备，故目前大多使用化学发泡剂制造泡沫塑料。

各类泡沫制品，通过调整生产工艺、化学改性构成的泡沫配方，均可制成各种不同性能指标的系列制品。按燃烧性能划分，可分为普通型、难燃型；按泡沫结构的不同划分，可分为开孔型和闭孔型；按发泡倍率的高低划分，可分为低发泡、中发泡和高发泡；按质量划分，可分为高密度和低密度；按使用温度划分，可分为普通型和耐高温型（耐温 100℃ 以上）；按强度划分，可分为硬质、半硬质和软质型等。

泡沫塑料的成型方法有多种。目前已由注射、浇注、挤出等方法发展到模塑成型、粉末成型、中空成型以及结构泡沫连续挤出、双组分结构泡沫注射成型等多种方法。

泡沫塑料的分类方法很多，目前较为常见的是按其构成的母体材料命名，如聚氨酯泡沫塑料、聚苯乙烯泡沫塑料、聚乙烯泡沫塑料、聚氯乙烯泡沫塑料、酚醛泡沫塑料、聚异氰脲酸酯泡沫塑料等。

1. 聚苯乙烯泡沫塑料

聚苯乙烯泡沫塑料（PS）是以聚苯乙烯树脂为主体原料，加入发泡剂等辅助材料，经加热发泡制成。

聚苯乙烯泡沫塑料是由表皮层和中心层构成的蜂窝状结构。表皮层不含气孔，而中心层含大量微细封闭气孔，孔隙率可达 98％。聚苯乙烯泡沫塑料具有质轻、保温、吸声、防震、吸水性小、耐低温性能好等特点，并且有较强恢复变形能力。聚苯乙烯泡沫塑料对水、海水、弱酸、植物油、醇类都相当稳定。

按生产配方及生产工艺的不同，可生产不同类型的聚苯乙烯泡沫塑料制品，目前常用主要类型的产品有可发性聚苯乙烯树脂泡沫塑料（EPS）和挤塑型聚苯乙烯泡沫塑料（XPS）两大类。

（1）可发性聚苯乙烯树脂泡沫塑料（EPS）　含有液体发泡剂（通常为戊烷、异戊烷、丁烷或石油醚等环保性发泡剂）的可发性聚苯乙烯珠粒，经过预发泡、熟化和发泡模塑，即可制得泡沫塑料制品。

① 生产成型工艺　EPS 珠粒生产一般采用悬浮聚合，即将聚苯乙烯单体在强烈机械搅拌下分散为油状液滴，并借助于悬浮剂的分散作用悬浮于水中，在引发剂的作用下聚合为珠状固体的聚合方法。具体工艺又可分为一步法和二步法。一步法工艺简单，投资费用低，在降低消耗和节约能耗方面也优于二步法。目前，国内外生产可发性聚苯乙烯的工艺主要为一步法。

使用 EPS 珠粒制造泡沫制品的生产过程通常分为预发泡、熟化与模塑三道工序。

a. 预发泡　预发泡是指加热使珠状物膨胀到一定程度，以便模塑时制品密度获得更大的降低，并减少制品内部的密度梯度。经预发泡的物料仍为颗粒状，但其体积比原来大数十倍，通称为预胀物。

b. 熟化　预发泡后的 PS 颗粒料必须经过熟化，即在一定条件下贮放一段时间，以吸收空气，使气泡内外压力平衡，防止成型后收缩，并使所余发泡剂恢复到液体状态，使预发泡颗粒具有弹性。熟化温度为 22～26℃，熟化时间根据容重要求、珠粒形状及空气条件而定。熟化贮存过程中发泡剂也同时向外扩散，因此贮存期不能过长，一般在开口容器内在室温下放置 8～10h。

c. 模塑与制品加工　常用的方法为蒸汽加热模压法与挤出法。

蒸汽加热模压法又分为蒸缸发泡法和液压机直接蒸汽发泡法。蒸缸发泡法适宜生产小型、薄壁与形状复杂的制品。液压机直接蒸汽发泡法适宜生产厚度大的制品，如泡沫板。挤出法适宜生产泡沫片材与薄膜。

聚苯乙烯泡沫塑料的切割非常容易，可使用刀锯、电热丝等工具进行切割。为使切割面光滑平整，应采用高速无齿锯条。如采用电阻丝切割时，宜用低电压（5～12V），温度一般控制在 200～250℃。模塑聚苯乙烯泡沫塑料的技术性质如表 12-8 所示。

表 12-8　模塑聚苯乙烯泡沫塑料的技术性质

项目		单位	性能指标					
			Ⅰ	Ⅱ	Ⅲ	Ⅳ	Ⅴ	Ⅵ
表观密度		kg/m³≥	15.0	20.0	30.0	40.0	50.0	60.0
压缩强度		kPa≥	60	100	150	200	300	400
热导率		W/(m·k)≤	0.041			0.039		
尺寸稳定性		%≤	4	3	2	2	2	1
水蒸气透过系数		ng/(Pa·m·s)≤	6	4.5	4.5	4	3	2
吸水率(体积分数)		%≤	6	4	2			
熔结性	断裂弯曲负荷	N≥	15	25	35	60	90	120
	弯曲变形	mm≥	20			—		
燃烧性能	氧指数	%≥	30					
	燃烧分级		达到 B2 级					

② EPS 的特点

a. 质轻、保温、隔热、吸声、防震性好。

b. 吸水性小，耐酸碱性好，耐低温性好，自熄型在离火 1～2s 自行熄火。

c. 有一定弹性，易加工。

③ EPS 的陈化　EPS 板的尺寸变化可分为热效应和后收缩两种变化，温度变化引起的变形是可逆的。EPS 板加热成型后会产生收缩，这就是后收缩。后收缩的收缩率起初较快，以后逐渐变慢，收缩到某一个极限值后，就不再收缩。因此 EPS 板形成后需要进行自然养护和陈化 42 天以上，或者 60℃ 蒸汽养护 5 天以上，才可保证 EPS 板的稳定性，保证 EPS 板使用后不会产生后收缩。

④ EPS 的使用范围　由于 EPS 的热导率为 $0.04W/(m \cdot K)$ 左右，且原料丰富，价格便宜，是理想的轻质建筑隔热保温材料。在建筑业中，用 EPS 制成的各种夹芯板可作为非承重结构建筑的内外墙板、活动房屋的轻质板墙、各种规格冷库的保温墙板，不仅绝热隔声效果显著，而且轻便美观，使用方便。还可以与普通钢板、不锈钢板和镀锌铁板作面材料制成聚苯乙烯泡沫塑料金属夹芯板，或做成外面为装饰板，里面是金属板，或外面是低碳钢板（或不锈钢板），里面用塑料复合板（涂塑钢板）的复合夹芯板。该类板材具备极佳的保温性能和装饰效果，被广泛应用于中高档建筑的外墙材料。

在建筑物中，EPS 块料可用在增强混凝土横梁中以降低其结构物的质量；可制成混凝土制件内的空腔或注进模型中的空腔；可将黏土和预发体按一定比例混合，在高温下焙烧，EPS 预发体受热发泡，进而碳化燃烧制成呈空心结构的砖，这种砖具有较高的强度并有优良的绝热性能。另外，EPS 板材还可以降低土壤对建筑物（或路面）横向或垂直方向的压力，从而达到有效防止地面下沉的目的。

聚苯乙烯泡沫塑料制品可使用聚醋酸乙烯乳液、低温沥青、乳化沥青、聚氨酯胶黏剂、酚醛树脂胶黏剂、脲醛树脂胶黏剂等进行黏结。但在操作中应注意黏结温度不可超过 70℃，最高使用温度为 90℃，最低使用温度为 -150℃。所采用的胶黏剂中不能含有大量能溶解聚苯乙烯的溶剂。

由于普通型可发性聚苯乙烯泡沫塑料的可燃性，故在保管、运输和使用过程中，应注意严禁接近烟火，并不可猛摔、重压和用锋利物品冲击。

（2）挤塑型聚苯乙烯泡沫塑料（XPS）　挤塑型聚苯乙烯泡沫塑料（XPS）是以聚苯乙烯树脂加上其他原辅料和聚合物，在加热混合时注入发泡剂，然后挤塑成型的硬质泡沫塑料板。XPS 具有完美的闭孔蜂窝结构、极低的吸水性、低热导率、高抗压强度和抗老化性，是一种理想的绝热保温材料。

① 生产工艺　XPS 的主要原材料是聚苯乙烯树脂，平均相对分子质量范围在 170000～500000 之间，$M_w/M_n \geqslant 2.6$。辅料包括成核剂（滑石粉）、发泡剂、颜料等。绝大多数企业所采用的发泡剂不含卤代烷，而是使用与空气置换速度较快的烷烃类发泡剂，这样既避免了对臭氧层的破坏，又保证了在反应的初始阶段就大部分完成了与空气的置换，使施工后材料的热导率变化很小。除此之外，还有利用 CO_2 作发泡剂的专利技术。

② XPS 板的技术性质　XPS 板的生产过程是将熔化了的聚苯乙烯树脂或其他共聚物和少量添加剂、发泡剂在特定的挤出机中加热挤出，经压辊延展，并在真空成型区（也有的工

艺不需要真空成型)中冷却。它与 EPS 不同,由于是连续挤出成型,成型后的产品结构呈一体性,而不是由 EPS 粒子膨胀后加压成型,XPS 板具有十分完整的闭孔式结构,没有粒子间的空隙存在,因此其性能十分优异。

a. 优异的抗湿性和抗蒸汽渗透性　EPS 板的结构是一粒粒的球状分布,虽然材料本身也为排水性,但由于其结构中的珠粒间仍留有间隙,空隙能够吸水。而 XPS 板具有中心发泡、表面光滑的完全的闭孔式结构,正反面都没有缝隙,使漏水冷凝和结水、解冻循环等情况产生的湿气无法渗透,吸水性极低,即使在低温冷冻状态下也具有较高的抗湿气渗透性能,使板材的性能可达到持续发挥。能适应恶劣的潮湿环境而不影响绝热性能,所以在地下室保温、路基处理等潮湿或渗水的情况下采用 XPS 板是一种很好的选择。表 12-9 列出几种保温材料吸水率和蒸汽渗透性能比较。

表 12-9　几种保温材料吸水率和蒸汽渗透性能比较

项目	XPS	EPS	SPU(喷涂聚氨酯)	FG 泡沫玻璃
吸水率(体积)/%	0.3	2.0~4.0	5.0	0.5
水蒸气渗透率/[mg/(Pa·m²·s)]	63	115~287	144~176	0.28

b. 持久的保温隔热性能(见表 12-10)　XPS 板是以 PS 为原料、以挤塑方式生产的紧密闭孔蜂窝结构泡沫塑料,其完美的闭孔蜂窝结构能更有效地阻止热传导作用。XPS 板(带表皮)在平均温度 10℃时导热率为 0.0289W/(m²·K),而且这个数值能够在相当长的时间内保持,不会随时间延长而发生明显的变化。

XPS 板具有致密的表层及闭孔结构内层。其热导率大大低于同厚度的 EPS,因此具有较 EPS 更好的保温隔热性能。对同样的建筑物外墙,其使用厚度可小于其他类型的保温材料。

表 12-10　几种常用保温材料在相同热阻下的物性比较

保温材料	设计热阻要求/[W/(m²·K)]	热导率/[W/(m·K)]	容重/(kg/m³)	达到热阻要求的厚度/mm
水泥膨胀珍珠岩	0.893	0.16	400	143
沥青膨胀珍珠岩板	0.893	0.12	400	107
加气混凝土	0.893	0.14	500	170
水泥膨胀蛭石板	0.893	0.14	350	125
水泥聚苯板	0.893	0.09	300	80
EPS 板	0.893	0.042	20~30	38
硬质聚氨酯泡沫板	0.893	0.023	60	21
XPS 板	0.893	0.028	40~50	25

c. 高的抗压性　XPS 板的抗压强度高,通常可达 150kPa 以上,最高可达 500kPa 以上,是屋面、高速公路及停车场理想的保温、隔热、隔水材料。XPS 板与 EPS 板的压缩对比见表 12-11。

表 12-11　几种常见保温材料的压缩强度

项目	XPS	EPS	SPU(喷涂聚氨酯)	FG 泡沫玻璃
密度/(kg/m³)	21~48	12~32		107~147
压缩强度/kPa	104~690	35~173	104~414	448

d. 方便快捷的加工性　工厂生产的 XPS 板最为常见的宽度为 600~1200mm,厚度为

20～100mm。因为是连续生产，长度可按需要进行调整，基本上能满足使用需要。如有特殊需要，如墙体保温的墙角、窗角等，只需在现场切割加工即可。

③ XPS 的缺点

a. XPS 保温系统中，挤塑板与聚合物砂浆的热导率相差倍数较大，容易造成外墙表面开裂。XPS 板的热导率是 $0.028W/(m \cdot K)$，聚合物砂浆的热导率约为 $0.93W/(m \cdot K)$，二者相差约 33 倍，由于温度变形不协调，变形系数相差太大，容易造成外墙表面的开裂。

b. 透气性较差，在室内外温差较大的地区容易使水气在板的两侧结露。

c. 界面光洁度高，如果乳液聚合度不高，很难被黏结牢固。XPS 保温系统需要对界面进行找平，如果找平不好，则会影响外墙的平整度。外层的抗裂砂浆很难掩饰板缝，特别是在弧形段。

d. XPS 板强度较高，造成板材较脆、不易弯折，板上存在应力集中，容易使板材损坏开裂。

e. 尺寸稳定性差，受温度变化的影响而易变形、起鼓，导致保温层脱落。

f. 使用时间较短，国内尚无国家标准；欧美等保温技术先进国家尚未推广使用。

g. 价格与 EPS 相比较高。

④ XPS 板在建筑领域的应用

a. 复合墙体中的保温隔热材料。XPS 板作为中间的夹心层，它的作用是阻止墙体与外界的热流交换，从而起到保温隔热的作用。

b. 建筑物地下墙体基础。在寒冷地区经常出现广泛冰霜深入的情况，并导致地面冻胀，基层结构受损。XPS 板由于吸水率低，用于地下建筑有很好的防潮、防水性。将 XPS 板置于基层之下，可以令冰霜渗透和易受冰霜影响的基础出现结冰的情况减至最低，有效地控制地面冻胀。

c. 屋面内保温和外保温。XPS 板作内保温时，通常与其他材料如石膏板复合使用。作外保温时，使用专用的黏结剂和固定件将 XPS 板覆盖在墙体外层，然后进行外装饰。

d. 屋顶绝热保温。其中比较著名的做法是倒置屋顶，即首先完成屋顶防水层的施工，然后在防水层上做保温。

e. 公路、机场跑道、停车场等既需要防止路面返浆又要抗压的场所。

f. 冷库等低温贮藏设备。XPS 板在结冰、解冻周期的环境下能够保持重要的结构特征，所以适合在冻融的条件下使用。

2. 聚氨酯泡沫塑料

聚氨酯泡沫塑料是以含有羟基的聚醚树脂或聚酯树脂为基料与异氰酸酯发生反应生成的聚氨基甲酸酯为主体，以异氰酸酯与水反应生成的二氧化碳（或以低沸点碳化合物）为发泡剂制成的一类泡沫塑料。

聚氨酯泡沫塑料品种很多。按使用的原材料不同，聚氨酯泡沫塑料可分为聚酯和聚醚两大类。聚醚型泡沫塑料柔软、回弹性好，在耐水解、电学性能方面优于聚酯泡沫。而聚酯泡沫塑料拉伸强度高，耐油、耐溶剂与耐氧化性能较好，其机械性能、耐温性、耐油性优于聚醚型泡沫塑料。由于聚醚型泡沫塑料性能较好，价格较低，故目前生产仍以其为主。聚氨酯泡沫塑料按生产工艺不同可分为硬质和软质两类。

在相同表观密度下，聚氨酯泡沫塑料的硬度可以在很宽的范围内变化，可以就地发泡。

（1）聚氨酯泡沫塑料的特点

① 硬质聚氨酯泡沫塑料　硬质聚氨酯泡沫塑料中气孔绝大多数为封闭孔（90%以上），相对密度小、机械强度高、比强度高、隔声防震性能好、热导率低、耐化学腐蚀、保温隔热性能优良。喷涂或浇注施工时，能与多种材质黏结，具有良好的黏结强度，施工后表面无接缝，密封与整体性能优良。施工配方可任意调整，施工方法灵活、简便、快速。

② 软质聚氨酯泡沫塑料　具有多孔、质轻、无毒、相对不易变形、柔软、弹性好、撕力强、透气、防尘、不发霉、吸声等特性。

（2）硬质聚氨酯泡沫塑料的技术性能（见表 12-12）

表 12-12　硬质聚氨酯泡沫塑料的技术性能

项　目			指　标			
			I		II	
			A	B	A	B
表观密度/(kg/m³)　≥			30	30	30	30
压缩性能(屈服点时或形变时的压缩应力)/kPa　≥			100	100	150	150
热导率/[W/(m·k)]　≤			0.022	0.027	0.022	0.027
尺寸稳定性(70℃,48h)/%　≤			5	5	5	5
水蒸气透湿系数[(23±2)℃,0~85% RH]/[ng/(Pa·m·s)]　≤			6.5		6.5	
吸水率(V/V)/%　≤			4		4	
燃烧性	1 级	垂直燃烧法	平均燃烧时间/s　≤	30		30	
			平均燃烧高度/mm　≤	250		250	
	2 级	水平燃烧法	平均燃烧时间/s　≤	90		90	
			平均燃烧高度/mm　≤	50		50	
	3 级	非阻燃性		无要求		无要求	

（3）软质聚氨酯泡沫塑料的技术性质（见表 12-13）

表 12-13　软质聚氨酯泡沫塑料的技术性质

表观密度/(kg/m³)	热导率/[W/(m·k)]	抗拉强度/MPa	延伸率/%	压缩变形/kPa	压缩负荷(压缩50%)/kPa	回弹性/%	使用温度/℃
30~40	0.046	0.10~0.16	150~300	≤12	3~7	30~55	−50~100
32~46	0.042	0.07~0.10	100~200	10~12	1.7~4.5	30~40	80~160

（4）聚氨酯泡沫塑料应用范围

① 硬质聚氨酯泡沫塑料

用作墙体、坡屋面（包括粮库的贮粮仓、拱形彩钢屋顶）、平屋面（绝热层在防水层之下，如屋顶停车场、种植屋面、蓄水屋面）、密封（出现缝隙及冷桥部位）、冷库等方面的绝热保温，以及屋面防水、保温和隔热一体化功能型的应用。

② 低密度硬质聚氨酯泡沫塑料

主要用于包装行业，如精密仪器、工艺品、古董、医疗设备、光学仪器、军事设备及易碎品和玻璃器皿等现场的浇注包装。

③ 软质或半软质聚氨酯泡沫塑料

家具、玻璃仪器等要求防震和防磕碰的民用与工业产品的包装及交通行业等。

3. 聚氯乙烯泡沫塑料

聚氯乙烯泡沫塑料（PVC）是以聚氯乙烯树脂为主体材料，添加适量的高分子改性剂、发泡剂、热稳定剂和增塑剂等辅助材料，经过低速或高速混合机混匀，预塑造粒或压片，再采用模压发泡、挤出发泡或注塑发泡而制成的泡沫塑料。

PVC泡沫塑料，按硬度可分为软质、半硬质和硬质泡沫塑料；按泡孔结构分为闭孔泡沫和开孔塑料泡沫；按密度分为低密度泡沫塑料和高密度泡沫塑料；按是否交联，可分为交联泡沫塑料和未交联泡沫塑料；按其生产方法划分，可分为有机械发泡法和化学发泡法。

（1）聚氯乙烯泡沫塑料的基本特性（见表12-14）

表 12-14　聚氯乙烯泡沫塑料的基本特性

物理机械性能	指标	物理机械性能	指标	耐化学性能	指标
体积质量 /（kg/m³）	≤45	热导率 /［W/(m·k)］	≤0.043	耐酸性	20%盐酸中 24h无变化
抗拉强度/MPa	≥0.4	吸水率/（kg/m²）	<0.2	耐碱性	45%苛性钠中 24h无变化
抗压强度/MPa	≥0.18	耐热性/℃	80（2h不发黏）	耐油性	在1级汽油 中24h无变化
线收缩率/%	≤4	耐寒性/℃	−35（15min不龟裂）		
伸长率/%	≥10	可燃性	离开火源后10s熄		

（2）聚氯乙烯泡沫塑料的特点　聚氯乙烯泡沫塑料具有表观密度小、热导率低、吸声性能好、防震性能好、耐酸碱、耐油、不吸水、不燃烧等特点；吸水性、透水性和透气性都非常小（在所用的泡沫塑料中水蒸气透过率最低）；强度和刚度很高，耐冲击和震动。唯一的缺点是价格较高。

（3）聚氯乙烯泡沫塑料应用范围　硬质PVC可用作房屋建筑、车辆、船舶的内部装饰材料，其绝热保温、吸声、阻燃性能均优于木材；也可作为冷冻车、冷冻库、船舶和贮罐的绝热材料。闭孔泡沫主要用于防震方面。软质PVC复合材料用于管道、贮罐等绝热保温保冷材料，还可用于生活设施、医疗卫生、汽车坐垫等。

4. 聚乙烯泡沫塑料

聚乙烯泡沫塑料（PE）是以高压聚乙烯树脂为主体原料，加入交联剂、发泡剂、稳定剂等助剂加工而成的泡沫塑料。可分为交联型和非交联型，目前以交联型为主。

（1）聚乙烯泡沫塑料的技术性质（见表12-15）

表 12-15　聚乙烯泡沫塑料的技术性质

表观密度 /（kg/m³）	热导率 /［W/(m·k)］	使用温度 /℃	抗拉强度 /MPa	压缩负荷 /MPa	吸水率 /%	伸长率 /%	回弹性 /%
120～140	0.044	70～80	≥0.7	0.185	≤80%	≤80	43
≤120	0.047	<80	≥0.7	压缩率<30%	<0.8	≤80	43
≤40	0.047	<80	≥0.3	压缩率<30%	<0.6	>100	—
29～31	0.047	80	0.3	压缩率<30%	<0.6	—	—

（2）聚乙烯泡沫塑料特点　具有独立泡孔结构，质轻、柔软、富有弹性、吸水率低、隔热、吸声性好；抗蠕变、耐应力开裂、耐油、耐热、耐低温、耐老化、耐水、耐化学腐蚀；施工快速便捷、环保；添加适当阻燃剂或其他改性方法，阻燃效果较好；产品泡孔均匀，表面光滑有装饰效果。

（3）聚乙烯泡沫塑料的应用范围　广泛用于建筑基础工程、节能型建筑墙体、屋面、地铁、隧道涵洞、地下设施工程的保温、防水、防结露、伸缩缝填充及防震等。

5. 酚醛泡沫塑料

酚醛泡沫塑料（PF）是热固性（或热塑性）酚醛树脂在发泡剂的作用下发泡并在固化促进剂（或固化剂）的作用下交联、固化而成的一种硬质热固性的开口泡沫塑料。

酚醛树脂可采用机械或化学发泡法制得发泡体。机械发泡制得的酚醛泡沫塑料为连续、开口气孔，因而热导率较大，吸水率也较高；而化学发泡法制得的酚醛泡沫塑料多为封闭气孔，所以吸水率低，热导率也较小。

（1）酚醛泡沫塑料特点　难燃、防火、隔声、绝热保温；热稳定好，低温收缩性小；氧指数高，在2000℃条件下，不燃烧、不熔化、不收缩、不变形、无毒气、无浓烟；与高温明火接触时，只在表面形成炭化层，而无熔融滴落物；性质稳定，耐化学腐蚀，耐火焰穿透，抗老化，质轻，价格便宜。

（2）酚醛泡沫塑料应用范围　广泛适用于防火保温要求较高的工业建筑、高层建筑及各类车船；轻质保温、隔声墙体、防火门；住宅小区集中供热管网建设、锅炉保温；冷库等深冷工程的保冷、绝热等。

（五）反射型保温隔热材料

反射型保温隔热材料，如铝箔波形纸保温隔热板是以波形纸板作为基层，铝箔作为面层（贴在复面纸上）经加工而成的，具有保温隔热性能、防潮性能，吸声效果好，并且质量轻、成本低等特点。铝箔保温隔热板分3层铝箔波形纸板及5层铝箔波形纸板两种。

铝箔保温隔热板可以固定于钢筋混凝土屋面板下及木屋架下作保温隔热天棚使用，或设置在复合墙中（如在两层砖墙中设置一层或多层铝箔保温隔热板及空气层），作为冷藏室、恒温室及其他类似房间的保温隔热墙体使用。也可用于室内一般低温管道的保温，作外护绝热复合材料使用。其优点是质量轻，施工简便，价格便宜，但材料耐外力冲击能力差，易损坏破裂。

（六）其他保温隔热材料

1. 碳化软木板

碳化软木板是以软木橡树的外皮为原料，经适当破碎后再在模型中成型，在300℃左右热处理而成。其表观密度约在 $105\sim437kg/m^3$，热导率为 $0.044\sim0.079W/(m\cdot K)$，最高使用温度为130℃。由于其在低温下长期使用不会引起性能的显著变化，故常用作保冷材料。

2. 纤维板

采用木质纤维或稻草等木质纤维经物理化学处理后，加入水泥、石膏等胶结剂，再经过滤压而成。其表观密度约为 $210\sim1150\ kg/m^3$，热导率为 $0.058\sim0.307\ W/(m\cdot K)$。可用于墙壁、地板、棚顶等，也可用于包装箱、冷藏库等。

3. 蜂窝板

蜂窝板是由两块较薄的面板牢固地粘接一层较厚的蜂窝状芯材的两面而成的板材，亦称蜂窝夹层结构。蜂窝状芯材通常是浸渍过合成树脂（酚醛聚酯等）的牛皮纸、玻璃布和铝片，经过加工黏合成六角形空隙（蜂窝状）的整块芯材。芯材的厚度在 $1.5\sim450mm$ 范围内，空腔的尺寸在 $10mm$ 左右。常用的面板为浸渍过树脂的牛皮纸或不经树脂浸渍的胶合板、纤维板、石膏板等。面板必须用适合的胶黏剂与芯材牢固地黏合在一起，才能显示出蜂窝板的优异特性，即强度质量比大，导热性低和抗震性好等多种功能。

第二节　防　水　材　料

建筑物具有防水功能是人们对其主要使用功能的要求之一，防水材料是实现这一功能要求的物质基础。其主要作用是对建筑起到防渗漏、防潮作用，保护建筑物内部使用空间免受水分干扰等。目前使用的防水材料主要有防水卷材、防水涂料、密封堵漏材料和防水剂等。

一、防水卷材

防水卷材是建筑工程防水材料的重要品种之一，其作用是隔绝水分对建筑物的渗漏作用。其分类如表 12-16 所示，其中沥青防水卷材是一类大量普遍应用的防水材料，后两类防水卷材由于其优异的性能，代表了新型防水卷材的发展方向。

表 12-16　防水卷材的分类

沥青防水卷材		纸胎石油沥青油毡纸、玻璃布胎沥青油毡等
高聚物改性沥青防水卷材		SBS 改性沥青柔性油毡、APP 改性沥青油毡、彩砂面聚酯弹性体油毡、PVC 改性煤焦油沥青耐高低温油毡、再生胶改性沥青油毡等
合成高分子卷材	橡胶类	三元乙丙卷材、丁基橡胶卷材、再生胶卷材等
	塑料类	聚氯乙烯卷材、氯化聚乙烯卷材、聚乙烯卷材、氯碘化聚乙烯卷材
	橡塑类	氯化聚乙烯-橡胶共混卷材

1. 沥青防水卷材

沥青防水卷材是以各种沥青为基材，以原纸、纤维布等为胎基，表面施以隔离材料而制成的片状防水材料，其中最具代表性的是纸胎沥青防水卷材，简称油毡或油毛毡。它是用低软化点的石油沥青浸渍原纸，然后用高软化点的石油沥青涂盖油纸的两面，再涂撒隔离材料制成的一种防水卷材。由于沥青具有良好的防水性，而且资源丰富、价格低廉，所以沥青防水卷材的应用在我国占主导地位。但由于沥青材料的低温柔性差、温度敏感性强、耐大气老化性差，故属于低档防水卷材。

通过对油毡胎体材料加以改进、开发，最初的纸胎油毡已发展成为玻璃布胎沥青油毡等一大类沥青防水卷材，使防水卷材的性能得到了改善，广泛用于地下、水工、工业与民用建筑，尤其是屋面防水工程。

2. 高聚物改性沥青防水卷材

沥青防水卷材由于其温度稳定性差、延伸率小等，很难适应基层开裂及伸缩变形的要求。常用高聚物对传统的沥青防水卷材进行改性，则可以克服其不足，从而使改性防水卷材具有高温不流淌、低温不脆裂、拉伸强度较高、延伸较大等优异性能。如 APP 改性沥青油毡、SBS 橡胶改性沥青柔性油毡、丁苯橡胶改性沥青油毡等。

(1) SBS 改性沥青防水卷材　　SBS 改性沥青防水卷材是用 SBS 热塑性弹性体作改性剂，将改性后的石油沥青作涂布材料，浸渍聚酯纤维无纺毡或麻毛毡或玻纤毡，撒布砂、滑石粉作隔离材料或用聚乙烯薄膜作隔离层，经配料、共熔、浸渍、辊压、复合成型、检验、卷取包装等工序生产。

SBS 改性沥青防水卷材综合性能强，具有良好的耐低温性能，耐老化、施工简便，抗拉强度高、延伸率大、自重轻，施工方法简便，既可用热熔施工，又可用冷粘施工。适用于寒冷及酷热地区的工业与民用建筑屋面、地下工程、游泳池、水库、桥梁、隧道、灌溉渠等工程的防水，使用寿命 15 年。

（2）APP 改性沥青防水卷材　以玻璃毡、聚酯毡等作胎体，以 APP 改性石油沥青作浸渍涂盖层，均匀致密地浸渍在胎体两面，采用片岩彩色砂或金属箔等作面层防粘隔离材料，底面复合塑料薄膜，经一定生产工艺而加工制成的一种中、高档改性沥青防水卷材。

APP 改性沥青防水卷材分子结构稳定、老化期长，具有良好的耐热性，抗拉强度高、延伸率大，施工简便、无污染，具有良好的憎水性和黏结性，既可冷施工，又可热施工，无污染，可在混凝土板、塑料板、木板、金属板等材料上施工。适用于各式屋面、地下室、游泳池、水坝、桥梁、隧道等建筑物工程的防水防潮，也可用于各种金属容器、管道的防腐保护和船舶的防潮。

3. 合成高分子防水卷材

以合成橡胶、合成树脂或二者的共混体为基料，加入适量的助剂和填充料等，经过特定工序制成的防水卷材称为合成高分子防水卷材。

合成高分子防水卷材具有拉伸强度高、断裂伸长率大、抗撕裂强度高、耐热性能好、低温柔性好、耐腐蚀、耐老化及可以冷施工等一系列优异性能，是今后要大力发展的新型高档防水卷材。

（1）聚氯乙烯（PVC）防水卷材　聚氯乙烯防水卷材是以聚氯乙烯树脂为主要原料，掺加填充料和适量的改性剂、增塑剂、抗氧剂和紫外线吸收剂等，经过捏合、混炼、造粒、挤出压延、冷却、卷取等工序加工制成的防水卷材。

聚氯乙烯防水卷材根据基料的组成和特性分为 S 型和 P 型，前者为以煤焦油与聚氯乙烯树脂混合料为基料的防水卷材，后者为以增塑聚氯乙烯为基料的防水卷材。

聚氯乙烯防水卷材适用于新建和翻修工程的屋面防水，也适用于水池、堤坝等防水抗渗工程。

（2）三元乙丙橡胶防水卷材　三元乙丙（EPDM）橡胶防水卷材是以乙烯、丙烯及少量双环戊二烯三种单体共聚合而成的，以橡胶为主体，掺入适量的硫化剂、促进剂、软化剂、填充料等经过密炼、拉片、过滤、压延或挤出成型、硫化等工序而制成的。具有耐老化性能好、力学性能好、耐高、低温性能好等显著特点。

（3）氯化聚乙烯-橡胶共混防水卷材　氯化聚乙烯-橡胶共混防水卷材，是以氯化聚乙烯树脂和合成橡胶为主体，加入适量的硫化剂、促进剂、稳定剂、软化剂和填充料等，经过素炼、混炼、过滤、压延成型、硫化等工序而制成的防水卷材。

氯化聚乙烯-橡胶共混防水卷材兼有橡胶和塑料的特点，即不仅具有氯化聚乙烯所特有的高强度和优异的耐臭氧、耐老化性能，而且具有橡胶类材料所特有的高弹性、高延伸性以及良好的低温柔性。最适用于屋面工程作单层外露防水。

二、防水涂料

防水涂料是常温下呈黏稠液态状的物质，将其涂布在基层表面，经溶剂或水分挥发，或各组分间的化学反应，可形成具有一定弹性的连续薄膜，使基层表面与水隔绝，起到防水和防潮作用。广泛适用于工业与民用建筑的屋面、墙面防水工程、地下混凝土工程的防潮、防渗等。

防水涂料按成膜物质的主要成分可分为三大类，如表 12-17 所示，如按涂料的介质不同，又可分为溶剂型、乳液型和反应型三类。

表 12-17　防水涂料的分类

沥青涂料	乳液型	石灰膏乳化沥青、石棉乳化沥青
	溶剂型	油膏稀释防水涂料
聚合物改性防水涂料(乳液型或溶剂型)		氯丁橡胶沥青涂料、SBS橡胶沥青涂料、再生胶涂料
合成高分子防水涂料(乳液型或溶剂型)		聚氨酯类、丙烯酸类、氯丁胶类

1. 乳液型氯丁橡胶沥青防水材料

乳液型氯丁橡胶沥青防水材料是将氯丁橡胶溶于甲苯等有机溶剂中，再与石油沥青乳液相混合，稳定分散在水中而制成的一种乳液型防水涂料。

由于使用氯丁橡胶对其进行改性，与沥青基防水涂料相比，乳液型氯丁橡胶沥青防水材料无论在柔韧性、抗裂性、强度，还是耐高低温性能、使用寿命等方面都有了很大的改善，具有成膜快、强度高、耐候性好、抗裂性好、难燃、无毒等特点。

2. 聚氨酯防水涂料

聚氨酯防水涂料属双组反应型涂料。甲组分是含有异氰基酸的预聚体，乙组分是含有多羟基的固化剂与增塑剂、填充料、稀释剂等。甲、乙两组分混合后，经固化反应，即形成均匀、富有弹性的防水涂膜。

由于这类涂料是借组分间发生化学反应直接由液态转变为固态，几乎不产生体积收缩，故易于形成较厚的防水涂膜。此外，它还具有优异的耐候、耐油、抗撕裂等性能，属高档防水涂料。

三、建筑密封材料

建筑密封材料是使建筑上的各种接缝或裂缝、变形缝（沉降缝、伸缩缝、抗震缝）保持水密、气密性能，并具有一定强度，能连接构件的填充材料。具有弹性的密封材料有时亦称弹性密封胶，或简称密封胶。

建筑密封材料可分为定型和不定型两大类（见表 12-18），前者是指软质带状嵌缝条，后者是指胶泥状嵌缝油膏。

表 12-18　建筑密封材料的分类

不定型	弹性型	单组分型	非溶剂型	硅酮、聚硫化物、聚氨酯
			溶剂型	硅酮、丙烯酸类、丁基橡胶
			乳液型	丙烯酸类
		双组分型		丁基苯橡胶、硅酮、聚硫化物、聚氨酯、环氧树脂
	非弹性型			油灰、油性嵌缝材料(有模、无模)、沥青
定型	弹性型			聚丁烯、丁基橡胶、聚丙烯、橡胶沥青、聚氯乙烯、氯丁橡胶、氯磺化聚乙烯、三元乙丙橡胶、沥青聚氨酯
	非弹性型			

1. 嵌缝油膏

嵌缝油膏是一种胶泥状物质，具有很好的黏结性和延伸性，用来密封建筑物中各种接缝。传统的嵌缝油膏是油性沥青基的，属于塑性油膏，弹性较差。用高分子材料制得的油膏则为弹性油膏，延伸大，耐低温性能突出。将嵌缝油膏用溶剂稀释也可以作为防水涂料使用。常用嵌缝油膏有胶泥、有机硅橡胶、聚硫密封膏、丙烯酸密封膏、氯磺化聚乙烯密封膏等。

2. 嵌缝条

嵌缝条是采用塑料或橡胶挤出成型制成的一类软质带状制品，所用材料有软质聚氯乙烯、氯丁橡胶、EPDM、丁苯橡胶等，嵌缝条被用来密封伸缩缝和施工缝。

第三节　吸声与隔声材料

一、建筑吸声材料

声音源于物体的振动，如说话时声带的振动和打鼓时鼓皮的振动，声带和鼓皮称为声源。声源的振动可使邻近的空气跟着振动而形成声波，并在空气介质中向四周传播。声音在传播过程中，一部分由于声能随着距离的增大而扩散，另一部分则因空气分子的吸收而减弱。当声波遇到材料表面时，被吸收声能（E）与入射声能（E_0）之比，称为吸声系数 α，即

$$\alpha = \frac{E}{E_0} \tag{12-7}$$

在建筑结构中起到吸声作用，且吸声系数不小于 0.2 的材料称为吸声材料。

（一）吸声材料的类型及其结构形式

1. 多孔吸声材料

多孔吸声材料是比较常用的一种吸声材料，它具有良好的中、高频吸声性能。

多孔吸声材料具有大量内、外连通的微孔和连续的气泡，通气性良好。当声波入射到材料表面时，声波很快地顺着微孔进入材料内部，引起孔隙内的空气振动，由于摩擦，空气黏滞阻力和材料内部的热传导作用，使相当一部分声能转化为热能而被吸收。多孔材料吸声的先决条件是声波易于进入微孔，不仅在材料内部，在材料表面上也应当是多孔的。

多孔性吸声材料与材料的表观密度和内部构造有关。在建筑装修中，吸声材料的表观密度和构造、厚度，材料背后的空气层，以及材料的表面状况，对吸声性能都有影响。

2. 薄板振动吸声结构

将薄木板或胶合板、硬质纤维板、金属板等周边固定在墙或顶棚的龙骨上，并在背后保留一定的空气层，即构成薄板振动吸声结构。此结构的吸声原理是在声波作用下，薄板和空气层的空气发生振动，在板内部和龙骨间出现摩擦损耗，将声能转化成热能，起到吸声作用。通常共振频率在 80～300Hz 范围。这种材料对低频声波的吸声效果好。

3. 共振吸声结构

共振吸声结构具有封闭的空腔和较小的开口，很像个瓶子。当瓶腔内空气受到外力激荡，会按一定的频率振动，这就是共振吸声器。每个单独的共振器都有一个共振频率，在其共振频率附近，由于颈部空气分子在声波的作用下像活塞一样往复运动，因摩擦而消耗声能。若在腔口蒙一层细布或疏松的棉絮，可以加宽和提高共振频率范围的吸声量，为了获得较宽频带的吸声性能，常采用组合共振吸声结构或穿孔板组合共振吸声结构。

4. 穿孔板组合共振吸声结构

此结构是用穿孔的胶合板或硬质纤维板、石膏板、石棉水泥板、铝合金板、薄钢板等，将周边固定在龙骨上并在背后设置空气层而构成。把这种结构看成是多个单独共振吸声器的并联，起扩宽频带作用，特别对中频声波吸声效果好。吸声结构的吸声性能与穿孔板的厚度、穿孔率、孔径、背后空气层厚度及是否填充多孔吸声材料等有关。

5. 柔性吸声材料

具有封闭气孔和一定弹性的材料，其声波引起的空气振动不易传递至内部，只能相应地

产生振动，在振动过程中克服材料内部的摩擦而消耗声能，引起声波衰减，如泡沫塑料，这种材料的吸声特性是在一定的频率范围内出现一个或多个吸声频率。

6. 悬挂空间吸声体

将细小多孔的吸声材料制成多种结构形式（如球形、平板形、圆锥形、棱锥形等）、不同规格，悬挂在顶棚上，即构成了悬挂空间吸声体。这种结构不仅具有声波的衍射作用，而且还增加了有效的吸声面积，可显著提高实际吸声效果。

7. 帘幕吸声体

将具有透气性能好的纺织品，安装在离墙面后窗面一定距离处，背后设置空气层，此种结构对中、高频的声波有较好的吸声效果，还可起到装饰的作用，施工装卸方便。

（二）建筑上常用的吸声材料

1. 矿棉吸声板

是以矿棉为主要原料，加入适量的胶黏剂、防潮剂、防腐剂，经加压、烘干、饰面而成为顶棚吸声并兼装饰作用的材料，具有吸声、质轻、保温、隔热、防火、防震、美观及施工方便等特点。用于音乐厅、影剧院、播音室、大会堂等，可以调整室内的混响时间，消除回声，改善室内音质，提高语音的清晰度；用于宾馆、医院、会议室、商场、工厂车间及喧闹的场所，可以降低室内噪声级，改善生活环境和劳动条件。

2. 膨胀珍珠岩吸声制品

可分为水玻璃珍珠岩吸声板、水泥玻璃珍珠岩吸声板、聚合物珍珠岩吸声板及复合吸声板等。具有质量轻、吸声效果好、防火、防潮、防蛀、耐酸等优点，而且可锯割，施工方便。适用于播音室、影剧院、宾馆、录音室、医院、会议室、礼堂、餐厅及工业厂房的噪声控制等建筑结构的内墙和顶棚，改善室内音质效果。

3. 贴塑矿棉吸声板

是以半硬质矿棉板或岩面板作基材，表面覆贴加制凹凸纹的聚氯乙烯半硬质膜片而成。主要特点是具有优良的吸声性能、隔热、质量轻、美观大方及不燃烧。用于影剧院、会议厅、商场、酒店及电子计算机机房等建筑物的内墙及客厅，可收到良好的吸声效果，同时还具有装饰作用。

4. 玻璃棉吸声板

主要原料为玻璃棉，加入一些胶黏剂、防潮剂、防腐剂经热压成型加工而成。主要特点是质轻、吸声、保温、隔热、防火、装饰及施工方便等。用于音乐厅、播音室、会议厅、办公室、宾馆、商场等建筑物的内墙及顶棚，可收到良好的吸声效果。

常用建筑上吸声材料的种类及分类见表 12-19。

表 12-19　建筑上常用的吸声材料

分类及名称		厚度/cm	各频率下的吸声系数					
			125Hz	250Hz	500Hz	1000Hz	2000Hz	4000Hz
无机材料	吸声泥砖	6.5	0.05	0.07	0.10	0.12	0.16	
	石膏板		0.03	0.05	0.06	0.09	0.04	0.06
	水泥蛭石板	4.0		0.14	0.46	0.78	0.50	0.60
	石膏砂浆	2.0	0.24	0.12	0.09	0.30	0.32	0.83
	水泥膨胀珍珠岩板	5	0.16	0.46	0.64	0.48	0.56	0.56
	水泥砂浆	1.7	0.21	0.16	0.25	0.40	0.42	0.48
	砖（清水墙面）		0.02	0.03	0.04	0.04	0.05	0.05

续表

分类及名称		厚度/cm	各频率下的吸声系数					
			125Hz	250Hz	500Hz	1000Hz	2000Hz	4000Hz
有机材料	软木板	2.5	0.05	0.11	0.25	0.63	0.70	0.70
	木丝板	3.0	0.10	0.36	0.62	0.53	0.71	0.90
	三夹板	0.3	0.21	0.73	0.21	0.19	0.08	0.12
	穿孔五夹板	0.5	0.01	0.25	0.55	0.30	0.16	0.19
	木花板	0.8	0.03	0.20	0.03	0.03	0.04	
	木质纤维板	1.1	0.06	0.15	0.28	0.30	0.33	0.31
多孔材料	泡沫塑料	4.4	0.11	0.32	0.52	0.44	0.52	0.33
	脲醛泡沫塑料	5.0	0.22	0.29	0.40	0.68	0.95	0.94
	泡沫水泥	2.0	0.18	0.05	0.22	0.48	0.22	0.32
	吸声蜂窝板		0.27	0.12	0.42	0.86	0.48	0.30
	泡沫塑料	1.0	0.03	0.06	0.12	0.41	0.85	0.67
纤维材料	矿渣棉	3.13	0.10	0.21	0.60	0.95	0.85	0.72
	玻璃棉	5.0	0.06	0.08	0.18	0.44	0.72	0.82
	脲醛玻璃纤维板	8.0	0.25	0.55	0.08	0.92	0.98	0.95
	工业毛毡	3.0	0.10	0.28	0.55	0.60	0.60	0.56

（三）吸声材料的选用原则

为了保持室内良好的音效效果，减少噪声，改善声波的传播，当选用吸声材料时应注意以下要求。

① 选择具有开放的，互相连通气孔的材料。

② 所选材料的吸声系数应较高。

③ 材料应不易虫蛀、腐朽，且不易燃烧。

④ 安装时应考虑到减少材料受碰撞的机会和因吸湿引起的胀缩影响。

⑤ 吸声材料应装在最容易接触声波和反射次数最多的表面上，但不应把吸声材料都集中在天花板或墙壁上，而应比较均匀地分布在室内各表面上。

⑥ 安装吸声材料时应注意勿使材料的开口气孔被装饰涂料堵塞而降低吸声效果。

二、建筑隔声材料

隔声是控制噪声的重要措施，效果十分显著。但目前在有些场合对隔声还不够重视，以致对噪声控制不够。例如，轻型隔断墙的推广应用，但其隔声量只有 30dB，这与我们对一般声学用房要求都相差甚远。

按照声音的传播规律分析，声波在围护结构中的传递基本上分为下列三种途径。

① 经过空气直接传播，即通过围护结构的缝隙和孔洞传播。例如，开敞的门窗，通风管道，电缆管道及门窗的缝隙。

② 透过围护结构传播，经过空气传播的声波到达密实墙壁时，在声波的作用下，墙壁将受到激发而产生振动，使声音透过墙壁而传到邻室去。

③ 由于建筑物中的机械的振动或撞击的直接作用，使围护结构产生振动而发声。

前两种情况，声音是在空气中传播的，例如，讲话、收音机声、航空噪声等，一般称为"空气声"或"空气传声"。而第三种情况，是振动直接撞击构件使构件发声，这种声音传播的方式称为"固体声"或"固体传声"，但最终仍是经过空气传至接受者。

（一）空气声的隔绝

1. 门窗的隔声

由于门窗结构的轻薄，其结构受空气声影响较大，同时门窗还存在较多的缝隙，因此门窗的隔声能力比密实的墙面效果低得多，因此门窗隔声要从两方面加以解决，以提高其隔声量。

① 隔声门：对于隔声要求较高的门（30～45dB），在某些场合，可以采用构造简单的钢筋混凝土门扇，它还有足够的防火能力。在要求较高的场合，我们采用钢制的隔声门，门缝用特制橡胶密封，门扇填充吸声的多孔吸声材料。对于经常开敞的隔声门，为达到更高的隔声量，可以设置所谓的"声闸"来提高其隔声量，"声闸"是一个高吸声量的过渡空间，其设置原理类似在空调房间中设置过渡门厅的功能。

② 隔声窗：在设计要求较高的隔声窗时，首先要保证窗玻璃有足够的厚度，层数在两层以上；同时，两层玻璃不能平行，以免引起共振。其次，保证玻璃与窗框、窗框与墙体之间密封。两层玻璃之间的窗樘上，应布置强吸声材料，可以增加窗的隔声量。同时，为了避免隔声窗的吻合效应，双层玻璃的厚度不应该相同，否则会产生共振。

2. 围护结构的隔声

① 围护结构的质量定律：即墙面的单位面积的质量越大，维护结构的隔声效果就越好。质量增加一倍，隔声量增加 6dB。通常我们用此项原理来处理建筑墙面的隔声问题。

② 围护结构的吻合效应：任何墙面我们都可以认为是一定有刚度的弹性板。那么它必然有一个固定的振动频率。当入射声音的频率和墙面结构的振动频率吻合时，会加剧墙面结构的振动，产生振动消耗声波的能量。利用此原理我们常把墙面做成薄板共振结构来做吸声处理，就是利用薄板的振动频率与低频声波的频率相近而产生共振的原理来到达吸声的目的。

（二）撞击声的隔绝

建筑物中对撞击声的隔绝是很重要的问题。与空气声相比，它的影响范围更广，并且由撞击引起的撞击声一般比较高。撞击声的产生是由于振源撞击楼板，楼板受迫振动而发声，同时由于楼板与四周的墙体是刚性连接，将振动能量沿结构向四外传播，导致其他结构也辐射能量。因此，一般地说，我们在处理撞击隔声时主要有以下三种处理措施。

① 在楼板的面层作处理，使撞击声减弱，以降低楼板的振动。例如，我们在楼板上做弹性地层（橡胶、塑料、地毯、软木等），来减弱撞击声的能量，这种处理方法对降低高频声的效果显著。

② 在楼板受到撞击产生振动时，使面层和结构层进行减振而减弱振动的传播，并不使振动传播给其他刚性结构。例如，我们在楼板结构与面层之间做弹性垫层——浮筑地板。

③ 当楼板整体被撞击时，则可用空气声隔绝的办法来降低楼板产生的固体声。例如，我们在楼板做吊顶，并采用弹性连接，我们称为"分离式吊顶"。

第四节　建筑装饰材料

建筑装饰材料是指建筑主体工程完成后，铺设、粘贴或涂刷在建筑物表面起装饰作用的材料，也称装饰材料或饰面材料。一般是在建筑主体工程（结构工程和管线安装等）完成后，最后铺设、粘贴或涂刷在建筑物表面。

装饰材料除了起装饰作用，满足人们的美感需求外，通常还起着保护建筑物主体结构和改善建筑物使用功能的作用，是房屋建筑中不可缺少的一类材料。

一、概述

（一）建筑装饰材料的基本要求

1. 颜色

材料的颜色实质上是材料对光谱的反射，并非是材料本身固有的。它主要与光线的光谱组成有关，还与观看者的眼睛对光谱的敏感性有关。

2. 光泽

光泽是指有方向性的光线反射性质，它对于物体形象的清晰度起着决定性的作用。光泽与材料表面的平整程度、材料的材质、光线的投射及反射方向等因素有关。

3. 透明度

材料的透明度也是与光线有关的一种性质。既能透光又能透视的物体称为透明体；只能透光而不能透视的物体称为半透明体；既不能透光又不能透视的物体称为不透明体。

4. 质感

质感是材料质地的感觉，主要是通过线条的粗细、凸凹不平程度等对光线吸收、反射强度不同产生感官上的区别。质感不仅取决于饰面材料的性质，而且取决于施工方法，同种材料不同的施工方法，也会产生不同的质地感觉。

5. 形状与尺寸

对于块材、板材和卷材等装饰材料的形状和尺寸，以及表面的天然花纹、纹理以及人造花纹或图案等都有特定的要求，除卷材的尺寸和形状可在使用时按需要裁剪外，大多数装饰板材和块材都有一定的规格和形状，以便拼装成各种图案或花纹。

建筑装饰材料除上述基本要求外，还应具备一定的强度、可靠的耐水性、吸声性、耐火性、绝热性、重量指标及耐腐蚀性。

建筑装饰材料在选用时，必须考虑材料的使用功能、装饰特性、使用环境、材料供应、施工可行性、经济性，并结合装饰主体的特点加以考虑和分析比较，才能从众多建筑装饰材料中选择出合适的材料材料，以达到保证装饰质量、提高施工速度和降低工程造价的总目标。

（二）建筑装饰材料的分类

根据建筑装饰材料的化学性质不同，可以分为无机装饰材料和有机装饰材料两大类。无机装饰材料又可分为金属和非金属两大类（如铝合金、大理石、玻璃等），有机装饰材料包括塑料、涂料等。

二、石材

（一）天然装饰石材

由于石材特有的色泽和纹理，使其在室内外装饰中得到了广泛的应用。石材作为高级饰面材料，颇受人们欢迎，许多商场、宾馆等公共建筑均使用石材作为墙面、地面等装饰材料。

用致密岩石锯解而成的厚度不大的石材称为石板，通常以其磨光加工后所显示的花色特征及石材产地来命名。在建筑上常用的石板有大理石板、花岗石板等。

1. 大理石板

大理石板是用大理石荒料经锯解、研磨、抛光等加工而成的板材，具有吸水率小，耐磨性好以及耐久等优点，用于装饰等级要求较高的建筑物饰面，主要用于室内饰面，如墙面、地面、柱面、台面、栏杆、踏步等。但因大理石主要化学成分为碳酸钙，易被酸性介质侵蚀，生成易溶于水的石膏，使表面很快失去光泽，变得粗糙多孔，从而降低装饰效果。因此，除少数质地纯正、杂质少、比较稳定耐久的品种如汉白玉、艾叶青等大理石可用于外墙饰面，一般大理石不宜用于室外装饰。

　　2. 花岗岩板

　　花岗岩板材是由岩浆岩中的花岗岩、闪长岩、辉长岩等荒料经锯片、磨光、修边等加工而成的板材。花岗岩板材根据其在建筑物中使用部位的不同，其加工方法亦不同。建筑上常用的剁斧板，主要用于室外地面、台阶、基座等处；机刨板材一般用于地面、台阶、基座、纪念碑、墓碑等处；磨光板材因其具有色彩绚丽的花纹和光泽，故多用于室内外墙面、地面、柱面等的装饰，以及用作旱冰场地面、纪念碑、墓碑等。

　　(二) 人造装饰石材

　　人造石材是以大理石碎料、石英砂、石碴等为集料，树脂、聚酯或水泥为胶结料，经拌合、成型、聚合或养护后，打磨抛光切割而成。具有天然石材的装饰效果，而且花色、品种、形状等多样化，具有质量轻、强度高、耐腐蚀、耐污染、施工方便等优点；不足之处是色泽、纹理不及天然石材柔和自然。

　　1. 水泥型人造石材

　　水泥型人造石材是以白色、彩色水泥或硅酸盐、铝酸盐水泥为胶结料，砂为细集料，碎大理石、碎花岗石或工业废渣等为粗集料，必要时再加入适量的耐碱颜料配置拌成混合料，经浇捣成型、养护后，再进行磨平抛光而制成。该类产品的规格、色泽、性能等均可根据使用要求制作。水泥型人造石材的主要品种是水磨石板材、人造全无机花岗石大理石装饰板材、无机大理石和艺术石等。

　　2. 树脂型人造石材

　　树脂型人造石材是以有机树脂为胶结料，与天然碎石、石粉及颜料等配置拌成混合料，经浇捣成型、固化、脱模、烘干、抛光等工序制成，是目前国内外使用的主要人造石材。与天然大理石相比，树脂型人造石材便于制作形状复杂的制品，具有强度高、密度小、厚度小、耐酸碱腐蚀及美观等优点，但其耐老化性能不及天然花岗岩。故多用于室内装饰，可用于宾馆、商店、公共土木工程和制作各种卫生器具等。

　　树脂型人造石材主要包括聚酯型人造大理石、聚酯型人造花岗石、玉石合成饰面板等。

　　3. 烧结型人造石材

　　烧结型人造石材的生产方法与陶瓷工艺相似，是将长石、石英、辉绿石、方解石等粉料和赤铁矿粉、一定量高岭土共同混合，然后用混浆法制备坯料，用半干法成型，再在窑炉中以 1000℃ 左右的高温焙烧而成。主要包括玻璃大理石装饰板、玻璃花岗石装饰板和仿黑色大理石装饰材料等。

三、建筑陶瓷

　　(一) 概述

　　凡以黏土、长石、石英为基本原料，经配料、制坯、干燥、焙烧而制成的成品，称为陶瓷制品。陶瓷制品按其致密度可分为陶质、瓷质和炻质三大类。

　　陶质制品为多孔结构，通常吸水率较大，断面粗糙无光，敲击时声粗哑，有无釉和施釉两种制品。根据其原料土杂质含量的不同，又可分为粗陶和精陶两种。粗陶不施釉，建筑上常用的烧结黏土砖、瓦就是最普通的粗陶制品，精陶一般施有釉，建筑饰面用的面砖以及卫生陶瓷和彩陶均属此类。

瓷质制品结构致密，吸水率小，有一定透明性，表面通常均施有釉。根据其原料土的化学成分与制作工艺的不同，又分为粗瓷和细瓷两种。瓷质制品多为日用餐具、陈设瓷、电瓷及美术用品等。

炻质制品是介于陶质和瓷质之间的一类陶瓷制品，也称半瓷。其构造比陶质致密，一般吸水率较小，但又不如瓷质制品那么洁白，其坯体多带有颜色，且无半透明性。按其坯体的细密程度不同，又分为粗炻器和细炻器两种。建筑饰面用的外墙面砖、地砖和陶瓷锦砖等均属炻器。

装饰是对陶瓷制品进行艺术加工的重要手段，它能大大地提高制品的外观效果，并且对陶瓷制品本身起到一定的保护作用，从而有效地把制品的实用性和装饰性有机地结合起来。陶瓷的装饰主要有施釉、釉下彩绘、釉上彩绘、贵金属装饰、结晶釉、流动釉及裂纹釉等。

（二）常用的建筑陶瓷制品

1. 釉面砖

釉面砖又称瓷砖，属于精陶类制品。釉面砖具有色泽柔和典雅、坚固耐用、易于清洁、防火、防水、耐磨、耐腐蚀等特点。主要用于建筑物内部墙面，如厨房、卫生间、浴室、墙裙等的装饰和保护。但不宜用于室外，因其多孔坯体层和表面釉层的吸水率、膨胀率相差较大，在室外受到日晒雨淋及温度变化时，易开裂或剥落。

2. 墙地砖

墙地砖是墙砖和地砖的总称，包括建筑外墙装饰贴面砖和室内外地面装饰砖。由于这类材料通常可墙、地两用，故称为墙地砖。

墙地砖具有强度高、耐磨、化学性能稳定、吸水率低、易于清洁、经久不裂等特点。主要用于室内外地面装饰和外墙装饰。用于室外铺装的墙地砖吸水率一般不大于6%，严寒地区，吸水率应更小。

3. 陶瓷锦砖

陶瓷锦砖俗称马赛克，是以优质陶土为主要原料，经压制烧成的片状小瓷砖，陶瓷锦砖有挂釉和不挂釉两类，目前各地产品多为不挂釉。通常将不同颜色和形状的小块瓷片铺贴在牛皮纸上形成色彩丰富、图案繁多的装饰砖成联使用。

陶瓷锦砖具有耐磨、耐火、吸水率小、抗压强度高、易清洗以及色泽稳定等特点，且造价较低，主要用于建筑物门厅、走廊、卫生间、厨房、化验室等内墙和地面，也可作为建筑物的外墙饰面，起到装饰作用，并增强建筑物的耐久性。

4. 建筑琉璃制品

建筑琉璃制品是我国陶瓷宝库中的古老珍品之一，是使用难熔黏土制坯，经干燥、上釉后焙烧而成的制品。分为瓦类（板瓦、滴水瓦、筒瓦、沟头）、脊类和饰件类（吻、博古、兽）三类。

琉璃制品表面光滑、色彩绚丽、造型古朴、质坚耐久。颜色有绿、黄、蓝、青等。所装饰的建筑物富有我国传统的民族特色。主要用于具有民族特色的宫殿式建筑和园林中的亭、台、楼阁等。

四、金属板材

金属饰面板是建筑装饰中的中高档装饰材料，主要用于墙面、柱面、顶棚的装饰。金属装饰板有易于成型，安装方便，同时具有防火、耐磨、耐腐蚀等一系列优点。

（一）铝合金装饰板材

铝合金装饰板材是一种中高档的装饰材料，具有独特的装饰效果，表面经阳极氧化和喷涂处理，可以获得不同色彩的氧化膜或涂膜。铝合金装饰板具有质量轻、易加工、刚度较好、耐久性好等优点，适用于饭店、商场、体育馆、办公楼等建筑的墙面和屋面装饰。建筑中常用的铝合金装饰板主要有铝合金花纹板、铝合金浅花纹板、铝合金压型板及铝合金冲孔平板等。

（二）装饰用钢板

装饰用不锈钢板主要是厚度小于 4mm 的薄板，用量最多的是厚度小于 2mm 的板材。常用的有平面钢板和凹凸钢板两类。前者通常是经研磨、抛光等工序制成，后者是在正常的研磨、抛光之后再经辊压、雕刻、特殊研磨等工序制成。建筑中常用的钢板主要有镜面不锈钢板、亚光不锈钢板、浮雕不锈钢板、彩色不锈钢板及彩色涂层钢板等。

五、建筑塑料装饰制品

塑料作为建筑装饰材料具有很多特性，不仅能用来代替许多传统的材料，而且有很多传统材料所不具备的优良性能。比如优良的可加工性能，强度质量比大，良好的电绝缘性及化学稳定性，具有保温、隔热、隔声等多种功能。

（一）塑料地板

塑料地板品种很多，分类方法各异。按照生产塑料地板所用树脂来分，可分为聚氯乙烯塑料地板、聚丙烯树脂塑料地板、氯化氯乙烯树脂塑料地板。目前绝大多数塑料地板属于聚氯乙烯塑料地板。按照塑料地板的结构来分，有单层塑料地板和多层塑料地板等。

塑料地板可以粘贴在如水泥混凝土或木材等基层上，构成饰面层。塑料地板的装饰性好，其色彩及图案不受限制，能满足各种用途的需要，也可仿制天然材料，十分逼真。塑料地板施工铺设方便，耐磨性好，使用寿命较长，便于清扫，脚感舒适且有多种功能，如隔声、隔热和隔潮等。

（二）塑料壁纸

塑料壁纸是目前发展最为迅速，应用最为广泛的壁纸。通常，塑料壁纸大致分为三类，即普通壁纸、发泡壁纸和特种壁纸。塑料壁纸具有良好的装饰效果，可以制成各种图案及丰富的凸凹花纹，富有质感、且施工简单，节约大量粉刷工作，因此可提高工效，缩短施工周期，塑料壁纸陈旧后，易于更换。塑料壁纸表面不吸水，可用布擦洗。塑料壁纸还具有一定的伸缩性，抗裂性较好。

六、建筑装饰木材

木材的装饰效果主要通过其质感、光泽、色彩、纹理等方面表现出来。木材的装饰效果能给人们带来回归自然、华贵安乐的感觉。并且具有保温绝热、吸湿、吸声效果，表面可涂饰涂料、粘贴贴面等。

（一）木地板

木地板有条板地板和拼花地板两种，前者使用较为普遍。

条板地板具有木质感强、弹性好、脚感舒适、美观大方等特点。通常采用松、杉、柞、榆等材质制作。其铺设分为实铺和空铺两种。

拼花地板是用水曲柳、柞木、柚木等制成条状小条板，用于室内地面装饰拼铺。拼花地板常见拼花图案有正芦席纹、人字纹、砖墙纹等。

（二）木线条

木线条装饰材料是装饰工程中各平面交接口处的收边封口材料。主要品种有压边线、压角线、墙角线、天花角线、弯线、柱角线等。各类木线条立体造型各异，断面形状繁多，材质可选性强，表面可再行涂饰，使室内增添古朴、高雅、亲切的感觉。

七、卷材类装饰材料

（一）卷材类地面装饰材料

1. 地毯

地毯是一种古老的高级地面装饰材料，具有较好的装饰效果，地毯铺在室内地面上，能起到隔热、保温和吸声的作用，还能防止滑倒，减轻碰撞，使人脚感舒适，其特有的质感和艺术风格，使室内环境气氛显得高贵华丽。

地毯按编织工艺的不同，可分为手工编织地毯、簇绒地毯和无纺地毯三类。按材质的不同，可分为纯毛地毯、混纺地毯、化纤地毯、塑料地毯、剑麻地毯和橡胶地毯等六大类。

纯毛地毯即羊毛地毯，是以粗绵羊毛为主要原料而制成的，为高档铺地装饰材料。纯毛地毯分手工和机织两种。手工编织纯毛地毯图案优美、富丽堂皇、做工精细，产品名贵，售价高，常用于国际性、国家级的大会堂、迎宾馆、高级饭店和高级住宅、会客厅，以及其他重要的装饰性要求高的场所。机织纯毛地毯性能与纯毛手工地毯相似，但价格远低于手工地毯。适用于宾馆、饭店的客房、楼梯、楼道、宴会厅、会客室，以及体育馆、家庭等满铺使用。

化纤地毯又称合成地毯。它是以化学合成纤维为原料，经机织或簇绒等方法加工成面层织物后，再与防松层、背衬进行复合处理而成。具有质轻、耐磨性好、富有弹性、脚感舒适、步履轻便、铺设简便、价格较低、不易被虫蛀和霉变等特点，适用于宾馆、饭店、接待室、餐厅、住宅居室、活动室及船舶、车辆、飞机等地面铺设。

2. 塑料卷材地板

塑料卷材地板俗称地板革，属于软质塑料。其生产工艺为压延法，产品可进行压花、印花、发泡等。塑料卷材地板较柔软、脚感好；施工方便，装饰性较好；易清洗；耐磨性较好；耐热性和耐燃性较差。塑料卷材地板主要应用于住宅、办公室、实验室、饭店等的地面装饰，也可用于台面装饰。

（二）卷材类墙面装饰材料

装饰壁纸、墙布是目前国内外使用最为广泛的墙面装饰材料之一。它以多变的图案、丰富的色泽、仿制传统材料的外观（如木材、石纹、锦缎、瓷砖、蒙古土砖等），深受用户的欢迎。装饰壁纸、墙布在宾馆、住宅、办公楼、舞厅、影剧院等有装饰要求的室内墙面、顶棚、柱面应用比较普遍。目前常用的装饰壁纸有塑料壁纸、纸基织物壁纸、麻草壁纸和金属壁纸等。

高级墙面装饰织物是指锦缎、丝绒、呢料等织物。这些织物由于纤维材料、制造方法及处理工艺的不同，所产生的质感和装饰效果也不相同，它们均能给人以美的感受。锦缎、丝绒、呢料等高级墙面装饰织物不易擦洗，稍受潮就会留下斑迹，易生霉变，使用中应予以注意。

第五节　其他功能材料

一、建筑防火材料

现代人们将燃烧科学地定义为：通常伴有火焰或生烟现象的物质的放热氧化反应，即任何可以产生无焰或有焰燃烧的生热或发光的化学过程被称为燃烧。而把火定义为：以放热为特点并伴随烟和火焰的燃烧过程。

不燃性建筑材料，在空气中受到火烧或高温作用时不起火、不微燃、不碳化。如花岗石、大理石、水磨石、水泥制品、混凝土制品、石膏板、石灰制品、黏土砖、玻璃、陶瓷、马赛克、钢材、铝合金制品等。

难燃性建筑材料，在空气中受到火烧或高温作用时难起火、难微燃、难碳化，当火源移走后，燃烧或微燃立即停止。如纸面石膏板、水泥刨花板、难燃胶合板、难燃中密度纤维板、难燃木材、硬质 PVC 塑料地板、酚醛塑料等。

可燃性建筑材料，在空气中受到火烧或高温作用时，立即起火或微燃，而且火源移走以后仍继续燃烧或微燃。如天然木材、木质人造板、竹材、木地板、聚乙烯塑料制品等。

易燃性建筑材料，在空气中受火烧或高温作用时，立即起火，且火焰传播速度很快。如有机玻璃、赛璐珞、泡沫塑料等。

各种建筑材料燃烧性能的级别见表 12-20。

表 12-20　燃烧性能的级别和名称

级　别	名　称	分级标志	级　别	名　称	分级标志
A	不燃材料	GB 8624（A）	B_2	可燃材料	GB 8624（B_2）
B_1	难燃材料	GB 8624（B_1）	B_3	易燃材料	GB 8624（B_3）

（一）建筑防火板材

1. 纤维增强硅酸钙板

纤维增强硅酸钙板（简称硅钙板）是用粉煤灰、电石泥等工业废料为主，采用天然矿物纤维和其他少量纤维材料增强，以圆网抄取法生产工艺制坯，经高压釜蒸养而制成的轻质、防火建筑板材。

该板纤维分布均匀，排列有序，密实性好，具有较好的防火、隔热、防潮，不霉烂变质，不被虫蛀，不变形，耐老化等优点。主要用途为一般工业和民用建筑的吊顶、隔墙及墙裙装饰，也可用于列车厢、船舶隔仓、隧道、地铁和其他地下工程的吊顶、隔墙、护壁等。

2. 耐火纸面石膏板

石膏板材在我国轻质墙板使用中占据很大比例，品种包括纸面石膏板、无纸面纤维石膏板、装饰石膏板、空心石膏板条等。

其中纸面石膏板具有轻质、表面平整、易于加工与装配、施工简便、调湿、隔声、隔热、防火等特点。其产品主要有普通纸面石膏板、耐水纸面石膏板和耐火纸面石膏板三种。耐火纸面石膏板主要用于耐火性能要求较高的室内隔墙和吊顶及其他装饰装修部位。

（二）建筑防火涂料

建筑防火涂料是施用于可燃性基材表面，能降低被涂表面的可燃性、阻滞火灾的迅速蔓延，或是施用于建筑构件上，用以提高构件的耐火极限的一种特殊涂料。

防火涂料的防火原理是涂层能使底材与火（热）隔离，从而延长了热侵入底材和到达底材另一侧所需的时间，即延迟和抑制火焰的蔓延作用。侵入底材所需的时间越长，涂层的防火性越好，因此，防火涂料的主要作用应是阻燃，在起火的情况下，防火涂料就能起防火作用。

防火剂为实现其功能，主要添加了催化剂、碳化剂、发泡剂、阻燃剂、无机隔热材料等特殊的阻燃、隔热材料。

1. 非膨胀型防火涂料

非膨胀型防火涂料是一种由难燃性和不燃性的树脂及难燃剂、防火填料等组成的，涂层具有较好的难燃性，能阻止火焰蔓延的特种建筑涂料。可分为两类，即难燃性防火涂料和不燃性防火涂料。难燃性防火涂料的特点是涂料自身难燃，自身具有灭火性。难燃性防火涂料又可分为难燃性乳液涂料和含阻燃剂的防火涂料。

2. 膨胀型防火涂料

膨胀型防火涂料是由难燃树脂、难燃剂及成碳剂、脱水成碳催化剂、发泡剂等组成的，涂层在火焰或高温作用下会发生膨胀，形成比原来涂层大几十倍的泡沫碳质层，能有效地阻挡外部热源对底材的作用，从而起到能阻止燃烧发生的一种建筑防火特种涂料。其阻止燃烧的效果大于非膨胀型防火涂料。

膨胀型防火涂料的特点是当涂层受热达到一定温度后即膨胀到 10～100 倍以上，这样在被涂面与火源之间形成海绵状碳化层，阻止热量向底材传导，同时产生不燃性气体，使可燃性底材的燃烧速度和燃烧温度明显降低，膨胀型防火涂料按分散介质的不同可分为溶剂型防火涂料、乳液型防火涂料、水溶液型防火涂料。

3. 钢结构防火涂料

钢结构虽然是非燃烧体，但未加保护的钢柱、钢梁、钢楼板和屋顶承重构件的耐火极限仅为 0.25h，要满足规范规定的 1～3h 的耐火极限要求，必须实施防火保护。

钢结构防火涂料主要是以改性无机高温黏结剂与有机复合乳液黏结剂为基料，加入膨胀蛭石、膨胀珍珠岩等吸热、隔热、增强的材料以及化学助剂制成的一种建筑防火特种涂料。

此类涂料黏结强度高，耐水性能好，热导率低，适用于高层、冶金、库房、石油化工、电力、国防、轻纺工业、交通运输等各类建筑物中的承重钢结构防火保护，也可用于防火墙，涂层形成防火隔热层，钢结构不会在火灾的高温下立即导致建筑物的垮塌。

二、建筑光学材料

（一）概述

玻璃是重要的建筑光学材料，是无定形非结晶体，为匀质的各向同性材料。玻璃是以石英砂（SiO_2）、纯碱（$NaCO_3$）、长石（$R_2O \cdot Al_2O_3 \cdot 6SiO_2$，式中 R_2O 指 Na_2O 或 K_2O）、石灰石（$CaCO_3$）等为主要原料，在 1550～1600℃ 高温下熔融、成型并经急冷而制成的固体材料。为满足特种技术环境的需要，经常在玻璃原料中再加入某些辅助性原料，或经特殊工艺处理等，则可制得具有各种特殊性能的特种玻璃。

玻璃的化学成分很复杂，其主要成分为 SiO_2（含量 72% 左右）、Na_2O（含量 15% 左右）和 CaO（含量 9% 左右），另外还含有少量的 Al_2O_3、MgO 等。

玻璃的制造工艺主要有垂直引上法、平拉法、浮法和压延法等。其中，浮法工艺是现代最先进的生产玻璃的方法，它具有产量高、质量好、品种多、规模大、容易操作、劳动率高和经济效益好等优点，所以各国致力于发展浮法技术。

玻璃的品种繁多，按用途分为平板玻璃、建筑艺术玻璃、玻璃建筑构件和玻璃质绝热、隔声材料等。

（二）建筑玻璃的品种及其特性与用途

1. 平板玻璃

平板玻璃是建筑玻璃中用量最大的一类，包括普通平板玻璃、浮法玻璃、磨光玻璃、毛玻璃、压花玻璃、彩色玻璃等。

（1）普通平板玻璃　普通平板玻璃也称单光玻璃、净片玻璃，简称为玻璃，属钠玻璃类，是未经加工的平板玻璃。主要用于普通建筑，如民用建筑的门窗玻璃；经喷砂、雕磨、腐蚀等方法处理后，可制成屏风、黑板、隔断墙等；还可作某些深加工玻璃产品的原片。

（2）毛玻璃　毛玻璃是指经研磨、喷砂或氢氟酸溶蚀等加工，使表面（单面或双面）成为均匀粗糙的平板玻璃。由于毛玻璃表面粗糙，使透过光线产生漫射，造成透光不透视，使室内光线不炫目、不刺眼。一般用于建筑物的卫生间、浴室、办公室等的门窗及隔断，也可用作黑板及灯罩等。

（3）压花玻璃　压花玻璃又称花纹玻璃或滚花玻璃，是将熔融的玻璃液在冷却过程中，通过带图案的花纹辊轴连续对辊压延而成。可一面压花，也可两面压花。压花玻璃兼具使用功能和装饰功能，适用于要求采光但需隐秘的建筑物门窗，有装饰效果的半透明室内隔断及分隔，还可作卫生间、游泳池等处的装饰和分隔材料。

2. 饰面玻璃

（1）釉面玻璃　釉面玻璃是在玻璃表面涂敷一层彩色易熔性色釉。具有良好的化学稳定性和装饰性。它可用于食品工业、化学工业、商业、公共食堂等室内装饰面层，也可用作教学、行政和交通建筑的主要房间、门厅和楼梯的饰面层，尤其适用于建筑和构筑物立面的外饰面层。

（2）彩色玻璃　彩色玻璃又称有色玻璃，分透明和不透明的两种。彩色玻璃的颜色有红、黄、蓝、黑、绿、乳白等十余种。主要品种有彩色玻璃砖、玻璃贴面砖、彩色乳浊饰面玻璃和本体着色浮法玻璃等。彩色玻璃可拼成各种图案花纹，并有耐蚀、抗冲刷、易清洗等特点，主要用于建筑物的内外墙、门窗装饰及对光线有特殊采光要求的部位。

（3）其他饰面玻璃　其他饰面玻璃还包括水晶玻璃、艺术装饰玻璃、彩色艺术平板玻璃及矿渣微晶玻璃等，广泛应用于各种有装饰要求的建筑物。

3. 安全玻璃

普通平板玻璃的最大弱点是质脆、易碎，破碎后具有尖锐的棱角，容易伤人。为了保障人身安全，可以通过对普通玻璃增强处理，或者与其他材料复合或采用特殊成分制成安全玻璃。

（1）钢化玻璃　普通平板玻璃质脆的原因，除因脆性材料本身固有的特点外，还由于在其冷却过程中，内部产生了不均匀的内应力所致。为了减小玻璃的脆性，提高玻璃的强度，通常采用物理钢化（淬火）和化学钢化的方法而使玻璃中形成可缓解外力作用的均匀预应力。

钢化玻璃主要用于有安全要求的建筑，同时还用来制造夹层玻璃、防盗玻璃、防火玻璃等。在使用过程中必须注意严禁接触火花，否则将导致全面破碎。钢化玻璃不可切割、钻孔、磨削，用户必须按现成尺寸规格选用或具体设计尺寸规格向生产商订购。

（2）夹丝玻璃　夹丝玻璃是将预先编制好的钢丝网，压入经软化后的红热玻璃中而制成。钢丝网在夹丝玻璃中起增强作用，使其抗折强度和耐温度剧变性都比普通玻璃高，破碎时即使有许多裂缝，但其碎片仍附着在钢丝网上，不致四处飞溅而伤人，因此安全性很高。夹丝玻璃可用于公共建筑的阳台、走廊、防火门、楼梯间、电梯井、厂房天窗、各种采光屋顶等。

（3）夹层玻璃　夹层玻璃是由两片或多片平板玻璃之间嵌夹透明塑料薄衬片，经加热、加压、黏合而成的平面或曲面的复合玻璃制品。

夹层玻璃的透明度好，抗冲击性能比普通平板玻璃高几倍。碎裂时不裂成分离的碎块，不致伤人，属安全玻璃。具有透光性好，耐久、耐热、耐湿、耐寒等特性。

夹层玻璃主要用作汽车和飞机的挡风玻璃、防弹玻璃以及有特殊安全要求的建筑门窗、隔墙、工业厂房的天窗和某些水下工程等。

（4）其他安全玻璃　其他安全玻璃还包括防火玻璃、防紫外线玻璃、防盗玻璃及防弹玻璃等，广泛应用于各种有特殊要求的建筑物。

4. 功能玻璃

功能玻璃是指兼有采光、调制光线、调节热量的进入或散失、防止噪声、增加装饰效果、改善居住环境、节约空调能源及降低建筑物自重等多种功能的玻璃制品。

玻璃幕墙是以轻质金属边框和功能玻璃预制成模块的建筑外墙单元，镶嵌或是挂在框架结构外，作为围墙和装饰墙体。由于它大片连续、不承受荷载、质轻如幕，所以称为玻璃幕墙。国内常见的玻璃幕墙多以铝合金型材为边框，所用的功能玻璃有热反射玻璃、吸热玻璃、双层中空玻璃、夹层玻璃、夹丝玻璃及钢化玻璃等。选用时，应根据各幕墙的要求选择合适的玻璃品种。

玻璃幕墙具有自重轻、可光控、保温隔热、隔声以及装饰性好等优点，是集建筑功能、建筑美学、建筑结构和节能为一体的外墙装饰。

其他功能玻璃还包括吸热玻璃、热反射玻璃、电热玻璃、低辐射玻璃、光致变色玻璃、太阳能玻璃和电磁屏蔽玻璃等。主要有建筑节能、采光取暖、保温及保密和抗电磁干扰等性能。

思考题与习题

1. 什么是绝热材料？其绝热机理是什么？
2. 影响绝热材料性能的因素有哪些？建筑物上使用绝热材料有何意义？
3. 为什么使用绝热材料时要特别注意防水防潮？
4. 建筑装饰材料外观的基本要求是什么？
5. 选用装饰材料应注意哪些问题？
6. 常用装饰材料有哪几类？
7. 简述橡胶系防水卷材、塑料系防水卷材、橡塑共混防水卷材的各自优缺点。
8. 简述建筑防火涂料的防火机理。
9. 简述建筑玻璃种类。
10. 什么是吸声材料？材料的吸声性能用什么指标表示？其与绝热材料在结构上的主要区别是什么？
11. 影响多孔吸声材料吸声效果的因素有哪些？

第十三章 土木工程材料试验

> **内容提要**
>
> 内容提要：本章是土木类专业学生的重要实践应用环节，在本章中严格按照国家或行业现行的最新的标准和规范进行编写。本章主要介绍了水泥、砂、混凝土、沥青防水卷材、建筑砂浆、沥青、钢筋混凝土用钢七种土木工程材料的常规性能试验。通过这些试验使学生对土木工程材料有更好的了解和掌握。

试验一　水泥常规试验

依据《通用硅酸盐水泥》（GB 175—2007）、《水泥细度检验方法　筛析法》（GB/T 1345—2005）、《水泥标准稠度用水量、凝结时间、安定性检验方法》（GB/T 1346—2011）、《水泥胶砂强度检验方法（ISO 法）》（GB/T 17671—1999）进行。

一、目的

通过试验，进一步了解水泥的性质，熟悉水泥的基本性能，掌握水泥技术指标的测定，并学会水泥的评定。

二、取样

1. 以同一厂家、同一品种、同一强度等级、同期到达的水泥进行取样和编号。袋装水泥以不超过 200 吨、散装水泥不超过 500 吨为一个取样批次，每批抽样不少于一次。

2. 取样应有代表性，可连续取，亦可从 20 个以上不同部位取等量样品，总量不少于 12kg。

3. 取得的水泥试样应充分混合并过 0.9mm 的方孔筛后均匀分成试验样和封存样。封存样密封保存 3 个月。

三、准备

1. 试验用水必须是洁净的饮用水，有争议时应以蒸馏水为准。

2. 实验室温度应为（20±2）℃，相对湿度应不低于 50％；养护箱温度为（20±1）℃，相对湿度应不低于 90％；养护池水温为（20±1）℃。

3. 水泥试样、标准砂、拌合水及仪器用具的温度应与试验室温度相同。

四、仪器

（1）天平；（2）标准筛；（3）标准法维卡仪（或代用法维卡仪）；（4）水泥净浆搅拌机；（5）水泥胶砂搅拌机；（6）水泥成型振实台；（7）雷氏夹膨胀测定仪；（8）雷氏夹；（9）沸煮箱；（10）水泥胶砂流动度测定仪；（11）水泥标准养护箱；（12）水泥电动抗折仪；（13）水泥恒应力压力试验机。

五、试验项目

（一）细度（筛析法）

水泥细度检验可分为水筛法、负压筛析法和手工筛析法三种。如对测定的结果发生争议时以负压筛析法为准。试验筛分为 $45\mu m$ 标准方孔筛和 $80\mu m$ 标准方孔筛两种。试验筛在使用前要进行标定，且每使用 100 次后需重新标定。试验前所用的试验筛应保持清洁，筛孔通畅，使用 10 次要进行清洗，负压筛及手工筛还应保持干燥。试验时，$80\mu m$ 筛析试验称取试样 25g，$45\mu m$ 筛析试验称取试样 10g。

1. 负压筛析法

（1）将负压筛安放到筛座上，盖上筛盖，接通电源，检查控制系统，调节负压至 4000～6000Pa 范围内。

（2）称取试样精确至 0.01g，置于负压筛中，盖上筛盖，开动筛析仪连续筛析 2min，在此期间如有试样附着在筛盖上，可轻轻敲击筛盖使试样落下。

（3）用天平称量全部筛余物的质量，精确至 0.01g。

2. 手工筛析法

（1）称取试样精确至 0.01g，倒入手工筛内。

（2）用一只手执筛往复摇动，另一只手轻轻拍打，往复摇动和拍打应保持近于水平。拍打速度约 120 次/min，每 40 次向同一方向转动 60°，使试样均匀地分布在筛网上，直至每分钟通过的试样量不超过 0.03g 为止。

（3）用天平称量全部筛余物的质量，精确至 0.01g。

3. 水筛法

（1）筛析试验前，应检查水中无泥、砂，调整好水压 [(0.05 ± 0.02)MPa] 及水筛架的位置，使其能正常运转，并控制喷头底面和筛网之间距离为 35～75mm 之间。

（2）称取试样精确至 0.01g，置于洁净的水筛中，立即用淡水冲洗至大部分细粉通过后，放在水筛架上，用带压的喷头连续冲洗 3min。

（3）用少量的水将全部筛余物冲至蒸发皿中，沉淀后小心倒出清水，烘干并用天平称出全部筛余物的质量，精确至 0.01g。

4. 结果计算及处理

（1）水泥试样筛余百分数按下式进行计算（精确至 0.1%）：

$$F=\frac{R_t}{W}\times100\% \tag{13-1}$$

式中，F 为水泥试样筛余百分数，%；R_t 为水泥筛余物的质量 g；W 为水泥试样的质量 g。

每个样品应称取两个试样分别筛析，取筛余平均值为筛析结果。若两次筛余结果绝对误差大于 0.5% 时（筛余值大于 5.0% 时可放至 1.0%）应再做一次试验，取两次相近结果的算术平均值，作为最终结果。

（2）筛析结果应进行修正，修正方法是将水泥试样筛余百分数乘以试验筛有效修正系数 C。修正系数 C 按下式计算：

$$C=F_s/F_t \tag{13-2}$$

式中，C 为试验筛修正系数，精确到 0.01；F_s 为标准样品的筛余标准值，单位为质量百分数，%；F_t 为标准样品在试验筛上的筛余值，单位为质量百分数，%。

当 C 值在 0.80～1.20 范围内时，试验筛可继续使用，C 可作为结果修正系数。

当 C 值超出 0.80～1.20 范围时，试验筛应予淘汰。

5. 结果判定别

矿渣硅酸盐水泥、火山灰质硅酸盐水泥、粉煤灰硅酸盐水泥和复合硅酸盐水泥细度以筛余来判定，80μm 方孔筛筛余不大于 10％或 45μm 方孔筛筛余不大于 30％。

（二）水泥标准稠度用水量的测定

1. 标准法

试验前必须做到维卡仪的滑动杆能自由滑动，调整至试杆接触玻璃板时指针对准零点，搅拌机正常运行。试模和玻璃底板用湿布擦拭，将试模放在底板上。

（1）水泥净浆的拌制

① 用水泥净浆搅拌机搅拌，搅拌锅与叶片先用湿布润湿。

② 将拌合水倒入搅拌锅内，5～10s 内小心将称好的 500g 水泥加入水中，要防止水和水泥溅出。

③ 将锅安放到搅拌机锅底座上，升至搅拌位置，开启全自动搅拌机启动按钮，机器自动进行搅拌。先低速搅拌 120s，静停 15s，在静停的同时可用抹刀将锅壁和叶片上的水泥浆刮入锅中间，接着高速搅拌 120s 停机。

（2）标准稠度用水量的测定

① 拌合结束后，立即取适量水泥净浆一次性将其装入已置于玻璃板的试模中，浆体超过试模上端。

② 用宽约 25mm 的直边刀轻轻拍打超出试模部分的浆体 5 次以排除浆体中的孔隙，然后在试模上表面约 1/3 处，略倾斜于试模分别向外轻轻锯掉多余净浆，再从试模边沿轻抹顶部一次，使净浆表面光滑。

③ 在锯掉多余净浆和抹平的操作中，注意不要压实净浆；抹平后迅速将试模和底板移到维卡仪上，并将其中心定在试杆下，降低试杆直至与水泥净浆表面接触，拧紧螺丝 1～2s 后，突然放松，使试杆垂直自由地沉入水泥净浆中。

④ 在试杆停止沉入或释放试杆 30s 时记录试杆距底板之间的距离，升起试杆后，立即擦净；整个操作应在搅拌后 1.5min 内完成。以试杆沉入净浆并距底板（6±1）mm 的水泥净浆为标准稠度净浆。其拌合水量为水泥的标准稠度用水量（P），按水泥质量的百分比计。

2. 代用法

维卡仪的滑动杆能自由滑动，调整至试杆接触玻璃板时指针对准零点，搅拌机正常运行。水泥净浆拌制同标准法。

采用代用法测定水泥标准稠度用水量可用调整水量和不变水量两种方法的任一种测定。采用调整水量方法时拌合水量按经验找水，采用不变水量方法时拌合水量用 142.5mL。

拌合结束后，立即将拌制好的水泥净浆装入锥模中，用宽约 25mm 的直边刀在浆体表面轻轻插捣 5 次，再轻振 5 次，刮去多余的净浆；抹平后迅速放到试锥下面固定的位置上，将试锥降至净浆表面，拧紧螺丝 1～2s 后，突然放松，让试锥垂直自由地沉入水泥净浆中。到试锥停止下沉或释放试锥 30s 时记录试锥下沉深度（S）。整个操作应在搅拌后 1.5min 内完成。根据下式计算标准稠度用水量 P（％）：

$$P = 33.4 - 0.185S \tag{13-3}$$

式中，P 为标准稠度用水量，％；S 为试锥下沉深度，mm。

当试锥下沉深度 S 小于 13mm 时，应改用调整水量法测定。用调整水量方法测定时，以试锥下沉深度（30±1）mm 时的净浆为标准稠度净浆。其拌合水量为该水泥的标准稠度用水量（P），按水泥质量的百分比计。如下沉深度超出范围需另称试样，调整水量，重新试验，直至达到（30±1）mm 为止。

（三）凝结时间测定

试验前调整凝结时间测定仪的试针接触玻璃板时指针对准标尺零点。以标准稠度用水量制成标准稠度净浆，按上述标准稠度用水量的测定方法进行装模和刮平后，立即放入湿气养护箱中。记录水泥全部加入水中的时间作为凝结时间的起始时间。凝结时间测定装置如图 13-1 所示。

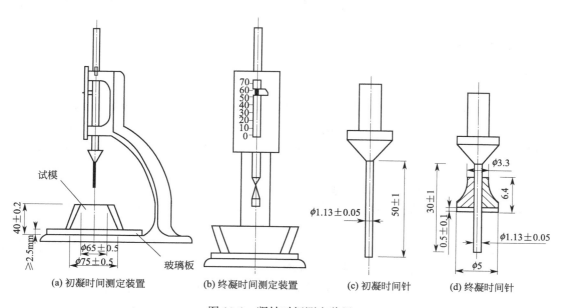

(a) 初凝时间测定装置　　(b) 终凝时间测定装置　　(c) 初凝时间针　　(d) 终凝时间针

图 13-1　凝结时间测定装置

1. 初凝时间的测定

（1）试件在水泥养护箱中养护至 30min 时进行第一次测定。最初测定时应轻轻扶持金属柱，使其徐徐下降，以防试针撞弯，但结果以自由下落为准；在整个测试过程中试针贯入的位置至少要距圆模内壁 10mm。

（2）测定时，从养护箱中取出圆模放到试针下，使试针与净浆表面接触，拧紧螺丝。1～2s 后突然放松，试针垂直自由沉入净浆，观察试针停止下沉或释放试针 30s 时指针读数。

（3）当试针沉至距底板（4±1）mm 为水泥达到初凝状态；水泥的初凝时间，用 min 表示。

（4）临近初凝时，每隔 5min（或更短时间）测一次。到达初凝时应立即重复测一次，当两次结论相同时才能确定到达初凝状态。

2. 终凝时间的测定

（1）为了准确观测试针沉入的状况，在终凝针上安装了一个环形附件。在完成初凝时间测定后，立即将试模连同浆体以平移的方式从玻璃板上取下，翻转 180º，直径大端向上，小端向下放在玻璃板上，再放入养护箱中继续养护。

（2）临近终凝时间时每隔 15min（或更短时间）测定一次，当试针沉入试体 0.5mm 时，即环形附件开始不能在试体上留下痕迹时，为水泥达到终凝状态。由水泥全部加入水中至终凝状态的时间为水泥的终凝时间，用 min 来表示。

（3）每次测定不能让试针落入原针孔内，每次测试完毕须将针擦净并将试模放回湿气养护箱内。整个测试过程中要防止试模受震。

（4）到达终凝时，需要在试体另外两个不同点测试，确认结论相同才能确定是终凝状态。

3. 结果判定

普通硅酸盐水泥、矿渣硅酸盐水泥、火山灰质硅酸盐水泥、粉煤灰硅酸盐水泥和复合硅酸盐水泥初凝不小于 45min，终凝不大于 600min。

（四）安定性的测定

1. 标准法

（1）试件制备

① 将预先准备好的雷氏夹放在已稍擦油的玻璃板上，并立即将已制好的标准稠度净浆一次装满雷氏夹，装浆时一只手轻轻扶持雷氏夹，另一只手用宽约 25mm 的直边刀在浆体表面轻轻插捣 3 次，然后抹平，盖上稍涂油的玻璃板，接着立即将试件移至湿气养护箱内养护（24±2）h。

② 每个试样需成型两个试件，每个雷氏夹需配备两个边长或直径约 80mm、厚度 4～5mm 的玻璃板，凡与水泥净浆接触的玻璃板和雷氏夹内表面都要稍稍涂上一层油。

（2）沸煮

① 调整沸煮箱内的水位，使之满足整个沸煮过程中都超过试件，不需中途添补试验用水，同时又能保证在（30±5）min 内升至沸腾。

② 脱去玻璃板取下试件，先测量雷氏夹指针尖端间的距离（A），精确到 0.5mm，接着将试件放入沸煮箱水中的试件架上，指针朝上，然后在（30±5）min 内加热至沸并恒沸（180±5）min。

③ 沸煮结束，立即放掉沸煮箱中的热水，待箱体冷却至室温，取出试件进行判别。

（3）结果判定

测量雷氏夹指针尖端的距离（C），精确至 0.5mm，当两个试件煮后增加距离（$C-A$）的平均值不大于 5.0mm 时，即认为该水泥安定性合格，当两个试件煮后增加距离（$C-A$）的平均值大于 5.0mm 时，应用同一样品立即重做一次试验。以复检结果为准。

2. 代用法

（1）试饼制备

① 每个样品需准备两块边长约 100mm 的玻璃板，凡与水泥净浆接触的玻璃板都要稍稍涂上一层油。

② 将制好的标准稠度净浆取出一部分分成两等份，使之成球形，放在预先准备好的玻璃板上，轻轻振动玻璃板并用湿布擦过的小刀由边缘向中央抹，做成直径 70～80mm、中心厚约 10mm、边缘渐薄、表面光滑的试饼，接着将试饼放入湿气养护箱内养护（24±2）h。

（2）沸煮

① 每个样品需准备两块边长约 100mm 的玻璃板，凡与水泥净浆接触的玻璃板都要稍稍涂上一层油。

② 脱去玻璃板取下试饼，在试饼无缺陷的情况下将试饼放在沸煮箱水中的篦板上，在 (30±5)min 内加热至沸并恒沸 (180±5)min。

③ 沸煮结束，立即放掉沸煮箱中的热水，待箱体冷却至室温，取出试件进行判别。

（3）结果判定

目测试饼未发现裂缝，用钢直尺检查也没有弯曲（使钢直尺和试饼底部紧靠，以两者间不透光为不弯曲）的试饼为安定性合格，反之为不合格。当两个试饼判别结果有矛盾时，该水泥的安定性为不合格。

（五）胶砂强度成型

1. 胶砂的制备

（1）胶砂的质量配合比按水泥：标准砂：水＝1：3：0.5 的比例进行。一锅胶砂成型三条试体，每锅材料需要量如下：水泥（450±2）g，标准砂（1350±5）g，水（225±1）mL。

（2）称量用的天平精度应为±1g。用自动滴管加 225mL 水时，滴管精度应达到±1mL。

（3）每锅胶砂用搅拌机进行机械搅拌。先使搅拌机处于待工作状态，然后按以下的程序进行操作。

（4）将标准砂倒入胶砂搅拌机上部的盛砂桶内，然后将水加入到搅拌锅内，再加入水泥，同时将锅放在固定架上，上升至固定位置。

（5）开动启动按钮，机器自动搅拌。先低速搅拌 30s；在第二个 30s 开始的同时会自动均匀加入标准砂；再进入第三个 30s 的高速搅拌；在静停 90s 的第一个 15s 内用一胶皮刮具将叶片和锅壁上的胶砂刮入锅中间；再高速搅拌 60s。各个搅拌阶段，时间误差应在±1s 以内。

2. 试件制备

（1）胶砂制备后立即进行成型。将涂好油的试模固定在成型振实台上，用一个适当的勺子将搅拌好的胶砂分两层装入试模中，装第一层时，每个槽里约放 300g 胶砂，并用大播料器垂直架在模套顶部沿每个模槽来回一次将料层播平，启动振实台自动振 60 次。再装第二层胶砂，同样用小播料器播平，再振实 60 次。将试模移至操作台上。

（2）用一金属刮尺以近 90°的角度架在试模模顶的一端，沿试模长度方向以横向锯割动作慢慢向另一端移动，一次将超过试模部分的胶砂刮去，并用同一刮尺以近乎水平的情况下将试体表面抹平。

（3）在试模上作标记或加字条标明试件编号。

3. 试件的养护

（1）脱模前去掉留在模子四周的胶砂。立即将做好标记的试模放入雾室或湿箱的水平架子上养护，湿空气应能与试模各边接触。

（2）养护时不应将试模放在其他试模上。一直养护到规定的脱模时间取出脱模。脱模前用防水墨水或颜料笔对试体进行编号和作其他标记。两个龄期以上的试体，在编号时应将同一试模中的三条试体分在两个以上龄期内。

（3）脱模时应非常小心。对于 24h 龄期的，应在破型试验前 20min 内脱模；对于 24h 以上龄期的，应在成型后 20～24h 之间脱模。已确定作为 24h 龄期试验的已脱模的试体，应用湿布覆盖至做试验时为止。

（4）将做好标计的试件立即水平或竖直放在 (20±1)℃水中养护，水平放置时刮平面应朝上。试件彼此间应保持一定间距,以让水与试件的六个面接触。养护期间试体之间间隔或试体上表面水深不得小于 5mm。

(5) 每个养护池只养护同类型的水泥试件。最初用自来水装满养护池,随后随时加水保持适当的恒定水位,不允许在养护期间全部换水。

(6) 除 24h 龄期或延迟至 48h 脱模的试体外,任何到龄期的试体应在试验(破型)前 15min 从水中取出。揩去试体表面沉积物,并用湿布覆盖至试验为止。

(六) 强度测定

试件龄期是从水泥加水搅拌开始试验时算起的。不同龄期强度试验在下列时间里进行。
24h±15min;48h±30min;72h±45min;7d±2h;>28d±8h;

1. 抗折强度测定

(1) 将准备好的试体一个侧面放在试验机支撑圆柱上,试体长轴垂直于支撑圆柱,使试体的两个光滑面接触夹具底上下的两个圆柱,并使指示器归零,旋紧转盘,开动启动按钮进行抗折实验。

(2) 机器以 (50±10)N/s 恒定的加荷速率加荷直至试件折断。保持两个断成半截棱柱体处于潮湿状态直至抗压试验。

(3) 各试体的抗折强度 (MPa) 可通过抗折仪的标尺直接读出,精确至 0.1MPa。

结果评定:以一组三个棱柱体抗结果的平均值作为试验结果,当三个强度值中有超出平均值±10%时,应剔除后再取平均值作为抗折强度试验结果。

2. 抗压强度测定

(1) 抗压强度通过水泥恒应力压力试验机进行。将折后的六个半截棱柱试件放入抗压夹具中,受压面是试体成型时的两个侧面,面积为 40mm×40mm。

(2) 水泥恒应力压力试验机的恒定加荷速率为 (5±0.5)kN/s。

(3) 当试件破坏后,按下式计算抗压强度 (R_c,精确至 0.1MPa):

$$R_c = \frac{F_c}{A} \tag{13-4}$$

式中,R_c 为抗压强度,MPa;F_c 为破坏时的最大荷载,N;A 为受压部分的面积,mm^2 (40mm×40mm=1600mm^2)。

结果评定:以一组三个棱柱体上得到的六个抗压强度测定值的算术平均值为试验结果。如六个测定值中有一个超出六个平均值的±10%,就应剔除这个结果,而以剩下五个的平均值为结果。如果五个测定值中再有超过它们平均值±10%的,则此组结果作废。

3. 结果判定

不同品种不同强度等级的通用硅酸盐水泥,其不同龄期的强度应符合表 13-1 的规定。

表 13-1　不同品种和强度等级的通用硅酸盐水泥不同龄期强度值

品种	强度等级	抗压强度/MPa		抗折强度/MPa	
		3d	28d	3d	28d
硅酸盐水泥	42.5	≥17.0	≥42.5	≥3.5	≥6.5
	42.5R	≥22.0		≥4.0	
	52.5	≥23.0	≥52.5	≥4.0	≥7.0
	52.5R	≥27.0		≥5.0	
	62.5	≥28.0	≥62.5	≥5.0	≥8.0
	62.5R	≥32.0		≥5.5	

续表

品种	强度等级	抗压强度/ MPa		抗折强度/MPa	
		3d	28d	3d	28d
普通硅酸盐水泥	42.5	≥17.0	≥42.5	≥3.5	≥6.5
	42.5R	≥22.0		≥4.0	
	52.5	≥23.0	≥52.5	≥4.0	≥7.0
	52.5R	≥27.0		≥5.0	
矿渣硅酸盐水泥 火山灰硅酸盐水泥 粉煤灰硅酸盐水泥 复合硅酸盐水泥	32.5	≥10.0	≥32.5	≥2.5	≥5.5
	32.5R	≥15.0		≥3.5	
	42.5	≥15.0	≥42.5	≥3.5	≥6.5
	42.5R	≥19.0		≥4.0	
	52.5	≥21.0	≥52.5	≥4.0	≥7.0
	52.5R	≥23.0		≥4.5	

试验二　砂常规试验

依据《建设用砂》(GB/T 14684—2011)、《普通混凝土用砂、石质量及检验方法标准》(JGJ 52—2006)进行。

一、目的

检验砂的各项技术指标是否满足使用要求，同时也为混凝土配合比设计提供原材料参数。

二、取样

1. 按砂的同产地同规格分批取样验收。采用大型工具（如火车、货船或汽车）运输的，以 400m³ 或 600t 为一个验收批；采用小型工具（如拖拉机等）运输的，以 200m³ 或 300t 为一验收批。当砂质量比较稳定、进料量较大时可以 1000t 为一验收批。不足上述量者也按一验收批进行取样验收。

2. 在料堆上取样时，取样部位应均匀分布。取样前先将砂子表层去除，然后从不同部位随机抽取大致等量的砂 8 份，组成一组样品；从皮带运输机上取样时，应用与皮带等宽的接料器在皮带运输机机头出料处全断面定时随机抽取大致等量的砂 4 份，组成一组样品；从火车、汽车、货船上取样时，从不同部位和深度随机抽取大致等量的砂 8 份，组成一样品。

3. 将取来的试样利用分料器法或采用人工四分法进行缩取试样。人工四分法即将所取样品置于平板上，在潮湿状态下拌合均匀，并堆成厚度约为 20mm 的圆饼，然后沿互相垂直的两条直径把圆饼分成大致相等的四份，取其中对角线的两份重新拌匀，再堆成圆饼。重复上述过程，直至把样品缩分到试验所需量为止。

4. 常规的砂单项试验取样数量见表 13-2。

表 13-2　单项试验取样数量

序　号	试　验　项　目	最少取样数量/kg
1	颗粒级配	4.4
2	含泥量	4.4
3	泥块含量	20.0
4	表观密度	2.6
5	检散堆积密度与空隙率	5.0

三、仪器

（1）鼓风干燥箱；（2）天平；（3）方孔筛；（4）摇筛机；（5）容量瓶（500mL）；（6）容量筒（1L）；（7）标准漏斗。

四、试验项目

（一）表观密度

1. 试验操作

（1）按标准取样，并将试样缩分至约 660g，放在（105±5）℃干燥箱中烘干至恒重，待冷却至室温后，分为大致相等的两份备用。

（2）称取干砂试样 300g（G_0），精确至 0.1g。将试样装入容量瓶，注入冷开水至接近 500mL 的刻度处，用手旋转摇动容量瓶，使砂样充分摇动，排除气泡，塞紧瓶盖，静置 24h。然后用滴管小心加水至容量瓶 500mL 刻度处，塞紧瓶盖，擦干瓶外水分，称出其质量 G_1，精确至 1g。

（3）倒出瓶内水和试样，洗净容量瓶，再向容量瓶内注水（应与上一步中水温相差不超过 2℃，并在 15～25℃ 范围内）至 500mL 刻度处，塞紧瓶盖，擦干瓶外水分，称出其质量 G_2，精确至 1g。

2. 结果计算

表观密度计算（精确至 10kg/m^3）

$$\rho_0 = \left(\frac{G_0}{G_0 + G_2 - G_1} - \alpha_t \right) \times \rho_{水} \tag{13-5}$$

式中，ρ_0 为砂表观密度，kg/m^3；$\rho_{水}$ 为水的密度，等于 1000kg/m^3；α_t 为水温对表观密度影响的修正系数，见表 13-3。

表 13-3　不同水温对砂的表观密度影响的修正系数

水温/℃	15	16	17	18	19	20	21	22	23	24	25
α_t	0.002	0.003	0.003	0.004	0.004	0.005	0.005	0.006	0.006	0.007	0.008

表观密度取两次试验结果的算术平均值。如两次试验结果之差大于 20kg/m^3 时，应重新取样。

3. 结果判定

砂表观密度应符合不小于 2500kg/cm^3 的规定。

（二）堆积密度

按标准规定取样，用搪瓷盘装取试样约 3L，放在（105±5）℃干燥箱中烘干至恒重，待冷却至室温后，筛除大于 4.75mm 的颗粒，分为大致相等的两份备用。

1. 松散堆积密度的测定

取试样一份，用漏斗将试样从容量筒中心上方 50mm 处徐徐倒入，让试样以自由落体落下，当容量筒上部试样呈锥体，且容量筒四周溢满时，即停止加料。然后用直尺沿筒口中心线向两边刮平（试验过程应防止触动容量筒），称出试样和容量筒总质量 G_1，精确至 1g。

2. 紧密堆积密度的测定

取试样一份分两次装入容量筒。装完第一层后（约计稍高于 1/2），在筒底垫放一根直径为 10mm 的圆钢，将筒按住，左右交替击地面各 25 下。然后装入第二层，第二层装满后用同样方法颠实（但筒底所垫钢筋的方向与第一层时的方向垂直）后，再加试样直至超过筒口，然后用直尺沿筒口中心线向两边刮平，称出试样和容量筒总质量 G_1，精确至 1g。

3. 结果计算

松散或紧密堆积密度计算（精确至 $10kg/cm^3$）：

$$\rho_1 = \frac{G_1 - G_0}{V} \tag{13-6}$$

式中，ρ_1 为砂堆积密度，kg/m^3；G_0 为容量筒质量，g；V 为容量筒的容积，L。

堆积密度取两次试验结果的算术平均值。

4. 结果判定

砂的松散堆积密度应符合不小于 1400 kg/cm^3 的规定。

5. 容量筒的校准方法

将温度为（20 ± 2）℃的饮用水装满容量筒，用一玻璃板沿筒口推移，使其紧贴水面。擦干筒外壁水分，然后称出其质量 G_1，精确至 1g。容量筒容积（V）计算（精确至 1mL）：

$$V = G_1 - G_0 \tag{13-7}$$

式中，V 为容量筒容积，L；G_1 为带玻璃板的装满水的容量筒的质量，g；G_0 为容量筒和玻璃板质量，g。

（三）空隙率

1. 空隙率的计算

空隙率计算（精确至 1%）：

$$V_0 = \left(1 - \frac{\rho_1}{\rho_0}\right) \times 100\% \tag{13-8}$$

式中，V_0 为空隙率，%；ρ_1 为砂堆积密度，kg/m^3；ρ_0 为砂表观密度，kg/m^3。

取两次试验结果的算术平均值，精确至 1%。

2. 结果判定

砂的空隙率应符合不大于 44% 的规定。

（四）颗粒级配

试验室的温度应保持在（20 ± 5）℃。

1. 试验操作

（1）按规定取样，筛除大于 9.50mm 的颗粒（并算出其筛余百分率），并将试样缩分至约 1100g，放在（105 ± 5）℃干燥箱中烘干至恒重，待冷却至室温后，分为大致相等的两份备用。

（2）称取试样 500g，精确至 1g。将试样倒入按孔径大小从上到下组合的套筛（附筛底）上，套筛的孔径分别为 4.75mm、2.36mm、1.18mm、600μm、300μm、150μm 和筛底。盖上筛盖，把套筛置于摇筛机上，摇 10min。

（3）取下套筛，按筛孔大小顺序再逐个用手筛，筛至每分钟通过量小于试样总量 0.1% 为止。通过的试样并入下一号筛中，并和下一号筛中的试样一起过筛，这样顺序逐个进行筛分，直至各号筛全部筛完为止。

（4）称出各号筛上的筛余量，精确至 1g，试样在各号筛上的筛余量不得超过计算出的量 G（g）。

$$G = Ad^{1/2}/200 \tag{13-9}$$

式中，A 为筛面面积，mm^2；d 为筛孔尺寸，mm。

超过时，将该粒级试样分成少于 G 的量，分别筛分，并以筛余量之和作为该号筛的筛余量。

筛分后，如每号筛的筛余量与筛底的剩余量之和同原试样质量之差超过 1%时，应重新试验。

2. 结果计算

（1）计算分计筛余百分率：各号筛的筛余量与试样总量之比，计算精确至 0.1%。

（2）计算累计筛余百分率：该号筛的分计筛余百分率与该号筛以上各筛的分计筛余百分率之和，精确至 0.1。

（3）细度模数 M_x 计算（精确至 0.01）：

$$M_x = \frac{(A_2 + A_3 + A_4 + A_5 + A_6) - 5A_1}{100\% - A_1} \tag{13-10}$$

式中，M_x 为细度模数；A_1、A_2、A_3、A_4、A_5、A_6 分别为 4.75mm、2.36mm、1.18mm、600μm、300μm、150μm 筛的累计筛余百分率。

累计筛余百分率取两次试验结果的算术平均值，精确至 1%。细度模数取两次试验结果的算术平均值，精确至 0.1；如果两次试验的细度模数之差超过 0.20 时，应重新试验。

（4）砂按技术要求分为Ⅰ类、Ⅱ类和Ⅲ类。砂按照细度模数的大小可分为粗、中、细三种规格，其细度模数分别为：

粗：$M_x = 3.7 \sim 3.1$；中：$M_x = 3.0 \sim 2.3$；细：$M_x = 2.2 \sim 1.6$。

3. 结果评定

砂的颗粒级配应符合表 13-4 的规定；砂的级配类别应符合表 13-5 的规定。对于砂浆用砂，4.75mm 筛孔累计筛余量应为 0。砂的实际颗粒级配除 4.75mm 和 600μm 筛档外，可以略有超出，但各级累计筛余超出值总和应不大于 5%。

表 13-4 颗粒级配

砂的分类	天然砂			机制砂		
级配区	1 区	2 区	3 区	1 区	2 区	3 区
方筛孔	累计筛余/%					
4.75mm	10~0	10~0	10~0	10~0	10~0	10~0
2.36mm	35~5	25~0	15~0	35~5	25~0	15~0
1.18mm	65~35	50~10	25~0	65~35	50~10	25~0
600μm	85~71	70~41	40~16	85~71	70~41	40~16
300μm	95~80	92~70	85~55	95~80	92~70	85~55
150μm	100~90	100~90	100~90	97~85	94~80	94~75

表 13-5 级配类别

类别	Ⅰ	Ⅱ	Ⅲ
级配区	2 区	1、2、3 区	

（五）含泥量测定

1. 试验操作

（1）按规定取样，并将试样缩分至约 1100g，放在（105±5）℃干燥箱中烘干至恒量，待冷却至室温后，分为大致相等的两份备用。

（2）称取试样 500g，精确至 0.1g。将试样倒入淘洗容器中，注入清水，使水面高于试样面约 150mm，充分搅拌均匀后，浸泡 2h，然后用手在水中淘洗试样，使尘屑、淤泥和黏土与砂粒分离，把浑水缓缓倒入 1.18mm 及 75μm 的套筛上，滤去小于 75μm 的颗粒。将试验筛的两面先用水润湿，在整个过程中应小心防止砂粒流失。

（3）再次向容器中注入清水，重复上述操作，直至容器内的水目测清澈为止。

（4）用水淋洗剩余在筛上的细粒，并将 75μm 筛放在水中来回摇动，以充分洗掉小于 75μm 的颗粒，然后将两只筛的筛余颗粒和清洗容器中已经洗净的试样一并倒入白瓷盘中，放在 (105±5)℃ 干燥箱中烘至恒量，待冷却至室温后称出其质量，精确至 0.1g。

2. 结果计算

含泥量 Q_a 计算（精确至 0.1%）：

$$Q_a = \frac{G_0 - G_1}{G_0} \times 100\% \tag{13-11}$$

式中，Q_a 为含泥量，%；G_0 为试验前烘干试样的质量，g；G_1 为试验后烘干试样的质量，g。

含泥量取两个试样的试验结果算术平均值作为测定值，采用修约值比较法进行评定。

（六）泥块含量测定

1. 试验操作

（1）按规定取样，并将试样缩分至约 5000g，放在 (105±5)℃ 干燥箱中烘干至恒量，待冷却至室温后，筛除小于 1.18mm 的颗粒，分为大致相等的两份备用。

（2）称取试样 200g（G_1），精确至 0.1g。将试样倒入淘洗容器中，注入清水，使水面高于试样面约 150mm，充分搅拌均匀后，浸泡 24h。然后用手在水中碾碎泥块，再把试样放在 600μm 筛上，用水淘洗，直至容器内的水目测清澈为止。

（3）保留下来的试样小心地从筛中取出，装入浅盘后，放入 (105±5)℃ 干燥箱中烘至恒量，冷却到室温后，称出其质量 G_2，精确至 0.1g。

2. 结果计算

泥块含量计算（精确至 0.1%）：

$$Q_b = \frac{G_1 - G_2}{G_1} \times 100\% \tag{13-12}$$

式中，Q_b 为泥块含量，%；G_1 为 1.18mm 筛筛余试样的质量，g；G_2 为试验后烘干试样的质量，g。

泥块含量取两次试验结果的算术平均值，精确至 0.1%。采用修约值比较法进行评定。

3. 结果判定

天然砂的含泥量和泥块含量应符合表 13-6 的规定。

表 13-6　含泥量和泥块含量

类　　　别	I	II	III
含泥量（按质量计）/%	≤1.0	≤3.0	≤5.0
泥块含量（按质量计）/%	0	≤1.0	≤2.0

试验三　普通混凝土配合比试验

依据《普通混凝土配合比设计规程》（JGJ 55—2011）、《普通混凝土拌合物性能试验方法标准》（GB/T 50080—2002）、《普通混凝土力学性能试验方法标准》（GB/T 50081—2002）、《混凝土强度检验评定标准》（GB/T 50107—2010）进行。

一、目的

通过对混凝土的拌合物和易性、强度的测定，从而确定混凝土的试验配合比。

二、取样

1. 混凝土拌合物性能测定：同一组混凝土拌合物的取样应从同一盘混凝土或同一车混凝土中取样。取样量应多于试验所需量的 1.5 倍，且宜不小于 20L；混凝土拌合物的取样应具有代表性，宜采用多次采样的方法。一般在同一盘混凝土或同一车混凝土中的约 1/4 处、1/2 处和 3/4 处之间分别取样，从第一次取样到最后一次取样不宜超过 15min，然后人工搅拌均匀；从试样制备完毕到开始做各项性能试验不宜超过 5min。

2. 混凝土强度试件制作：混凝土强度试样应在混凝土的浇筑地点随机抽取。每 100 盘但不超过 100m³ 的同配比混凝土取样次数不应少于一次；当一次连续浇筑的同配合比混凝土超过 1000m³ 时，每 200m³ 取样不应少于一次；每组 3 个试件应由同一盘或同一车的混凝土取样制作。

三、准备

1. 在试验室制备混凝土拌合物时，拌合时试验室的温度应保持在（20±5）℃，所用材料的温度应与试验室温度保持一致。

2. 试验室拌合混凝土时，材料用量应以质量计。称量精度：集料为±1%；水、水泥、掺合料、外加剂均为±0.5%。

3. 混凝土试配应采用强制式搅拌机进行搅拌，且混凝土搅拌机应符合现行行业标准《混凝土试验用搅拌机》（JG 244——2009）的规定，搅拌方法宜与施工采用的方法相同。

四、仪器

（1）混凝土试验用搅拌机；（2）混凝土坍落度筒（维勃稠度仪）及捣棒；（3）容量筒；（4）混凝土试模；（5）压力试验机。

五、试验项目

（一）混凝土拌合物和易性的测定

混凝土和易性内容比较复杂，它包括流动性、保水性和黏聚性三个方面。通常采用一定的实验方法测定混凝土拌合物的流动性，再辅以直观经验目测评定黏聚性和保水性。混凝土拌合物的流动性以坍落度或维勃稠度作为指标。坍落度法适用于坍落度值不小于 10mm 的塑性和流动性混凝土拌合物稠度测定。而维勃稠度适用于维勃稠度在 5～30s 之间的干硬性混凝土拌合物稠度的测定。集料最大粒径不大于 40mm。

1. 坍落度与坍落扩展度法

（1）湿润坍落度筒及底板，在坍落度筒内壁和底板上应无明水。底板应放置在坚实水平面上，并把筒放在底板中心，然后用脚踩住两边的脚踏板，坍落度筒在装料时应保持固定的位置。混凝土坍落度筒及捣棒如图 13-2 所示。

（2）将按要求取得的混凝土试样用小铲分三层均匀地装入筒内，使捣实后每层高度为筒高的 1/3 左右。每层用捣棒由边缘向中心插捣 25 次，各次插捣应在截面上均匀分布。插捣筒边混凝土时，捣棒可以稍稍倾斜。插捣底层时，捣棒应贯穿整个深度，插捣第二层和顶层时，捣棒应插透本层至下一层的表面；浇灌顶层时，混凝土应灌到高出筒口。插捣过程中，如混凝土沉落到低于筒口，则应随时添加。顶层插捣完后，刮去多余的混凝土，并用抹刀抹平。

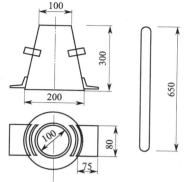

（3）清除筒边底板上的混凝土后，垂直平稳地提起坍落度筒。坍落度筒的提离过程应在 5～10s 内完成；从开始装料到提坍落度筒的整个过程应不间断地进行，并应在 150s 内完成。

图 13-2　混凝土坍落度筒及捣棒

（4）提起坍落度筒后，测量混凝土坍落后的最高点与坍落度筒上表面之间的高度差，即为混凝土的坍落度值（T），用 mm 来表示，测定值精确至 1mm，结果表达修约至 5mm。

保水性以混凝土拌合物稀浆析出的程度来评定，当坍落度筒提起后，如果有较多的稀浆从底部析出，锥体部分的混凝土也因失浆而集料外露，则表明此混凝土拌合物的保水性不好；如无稀浆或仅有少量稀浆自底部析出，则表明混凝土拌合物保水性良好。

黏聚性的检测方法是用捣棒在已坍落的混凝土锥体侧面轻轻敲打，此时如果锥体逐渐下沉，则表示黏聚性良好，如果锥体倒塌、部分崩裂或出现离析现象，则表示黏聚性不好。

当混凝土拌合物的坍落度大于 220mm 时，用钢尺测量混凝土扩展后最终的最大值和最小直径，在这两个直径之差小于 50mm 的条件下，用其算术平均值作为坍落扩展度值；否则，此次试验无效。

如果发现粗集料在中央集堆或边缘有水泥浆析出，表示此混凝土拌合物抗离析性不好，应予记录。

2. 维勃稠度法

对于坍落度小于 10mm 的混凝土拌合物，要用维勃稠度仪来测定混凝土的流动性。

（1）维勃稠度仪应放置在坚实水平面上，用湿布把容器、坍落度筒、喂料斗内壁及其他用具润湿。将喂料斗提到坍落度筒上方扣紧，校正容器位置，使其中心与喂料中心重合，然后拧紧固定螺丝。

（2）把按要求取样或制作的混凝土拌合物试样用大铲分三层经喂料斗均匀地装入筒内。把喂料斗转离，垂直地提起坍落度筒，此时应注意不使混凝土试体产生横向的扭动。

（3）把透明圆盘转到混凝土圆台体顶面，放松测杆螺钉，降下圆盘，使其轻轻接触到混凝土顶面。拧紧定位螺钉，并检查测杆螺钉是否已经完全放松。

（4）在开启振动台的同时用秒表计时，当振动到透明圆盘的底面被水泥浆布满的瞬间停止计时，并关闭振动台。

（5）由秒表读出时间即为该混凝土拌合物的维勃稠度值，精确至 1s。

（二）混凝土表观密度的测定

1. 试验操作

（1）用湿布把容量筒内外擦拭干净，称出容量筒质量，精确至 50g。

（2）混凝土的装料及捣实方法根据拌合物的稠度而定。坍落度不大于 70mm 的混凝土，用振动台振实为宜；大于 70mm 的混凝土宜用捣棒捣实。

（3）采用捣棒捣实时，应根据容量筒的大小决定分层与插捣次数：5L 容量筒时，混凝土拌合物应分两层装入，每层的插捣次数应为 25 次；用大于 5L 容量筒时，每层混凝土的高度不应大于 100mm，每层插捣次数应按每 10000mm² 截面不小于 12 次计算。各次插捣应由边缘向中心均匀地插捣，插捣底层时捣棒应贯穿整个深度，插捣第二层时，捣棒应插透本层至下一层的表面；每一层捣完后用橡皮锤轻轻沿容器外壁敲打 5～10 次，进行振实，直至拌合物表面插捣孔消失并不见大气泡为止。

（4）采用振动台振实时，应一次将混凝土拌合物灌到高出容量筒口。装料时可用捣棒稍加插捣，振动过程中如混凝土低于筒口，应随时添加混凝土，振动直至表面出浆为止。

（5）用刮尺将筒口多余的混凝土拌合物刮去，表面如有凹陷应填平。将容量筒外壁擦净，称出混凝土试样与容量筒总质量，精确至 50g。

2. 结果计算

混凝土拌合物的表观密度 γ_h（精确至 10kg/m³）：

$$\gamma_h = \frac{W_2 - W_1}{V} \times 1000 \tag{13-13}$$

式中，γ_h 为表观密度，kg/m³；W_1 为容量筒质量，kg/m³；W_2 为容量筒和试样总质量，kg/m³；V 为容量筒容积，L。

（三）混凝土的成型与养护

1. 试件的制作

（1）成型前，应检查试模尺寸是否符合要求，并将试模擦净，在其内表面上涂一薄层矿物油或脱模剂。

（2）根据混凝土拌合物的稠度确定混凝土成型方法，坍落度不大于 70mm 的混凝土宜用振动振实；大于 70mm 的混凝土宜用捣棒人工捣实。

（3）拌制好的混凝土拌合物应至少用铁锹再来回拌合三次。应按集料选择试模，见表 13-7。

表 13-7 根据集料尺寸选择试模

试件尺寸/mm×mm×mm	每块试件体积/L	集料最大粒径/mm	每层插捣次数/次	抗压强度换算系数
100×100×100	1.0	31.5	12	0.95
150×150×150	3.375	37.5	25	1.0
200×200×200	8.0	63.0	50	1.05
100×100×400	4.0	31.5	50	0.85
150×150×550	12.375	37.5	50	1.0

2. 试件的成型

（1）振动台成型

将混凝土拌合物一次装入试模，装料时应用抹刀沿各试模壁插捣，并使混凝土拌合物高出试模口。试模应附着或固定在振动台上，振动时试模不得有任何跳动，振动应持续到表面出浆为止，不得过振。

（2）人工插捣成型

将混凝土拌合物分成两层装入试模内，每层的装料厚度大致相等。插捣应按螺旋方向从边缘向中心均匀进行，插捣底层混凝土时，捣棒应达到试模底部；插捣上层时，捣棒应贯穿上层后插入下层 20～30mm；插捣时捣棒应保持垂直，不得倾斜。然后应用抹刀沿试模内壁插拔数次。每层插捣次数按在 10000mm² 截面积内不得少于 12 次；抗折块每层插捣 ≥50 次。插捣后应用橡皮锤轻轻敲击试模四周，直至插捣棒留下的空洞消失为止。

（3）插入式振捣棒振实成型

将拌合物一次装入试模，装料时应用抹刀沿各试模壁插捣，并使混凝土拌合物高出试模口；宜用直径为 Φ25mm 的插入式振捣棒，插入试模振捣时，振捣棒距试模底板 10～20mm 且不得触及试模底板，振动应持续到表面出浆为止，且应避免过振，以防止混凝土离析；一般振捣时间为 20s。振捣棒拔出时要缓慢，拔出后不得留有孔洞。

刮除试模上口多余的混凝土，待混凝土临近初凝时，用抹刀抹平。成型完毕后，在每个试块上面用墨笔标出班级、组数、强度等级、日期。

3. 试件的养护

（1）试件成型后应立即用不透水的塑料薄膜覆盖表面。

（2）采用标准养护的试件，应在温度为（20±5）℃的环境中置一昼夜至二昼夜，然后编号、拆模。拆模后应立即放入温度为（20±2）℃、相对湿度为 95% 以上的标准养护室中养护，或在温度为（20±2）℃的不流动的 $Ca(OH)_2$ 饱和溶液中养护。标准养护室内的试件应放在支架上，彼此间隔为 10～20mm，试件表面应保持潮湿，并不得被水直接冲淋。

（3）同条件养护试件的拆模时间可与实际构件的拆模时间相同，拆模后，试件仍需保持同条件养护。

（4）标准养护至所需龄期（从搅拌加水开始计时）。

（四）混凝土立方体抗压强度测定

1. 试验操作

（1）试件从养护地点取出后应及时进行试验，将试件表面与上下承压板面擦干净。

（2）将试件安放在压力试验机的下压板或垫板上，试件的承压面应与成型时的顶面垂直。试件的中心应与试验机下压板中心对准，开动试验机，当上压板与试件或钢垫板接近时，调整球座，使接触均衡。

（3）在试验过程中应连续均匀地加荷，混凝土强度等级＜C30 时，加荷速度取 0.3～0.5MPa/s；混凝土强度≥C30 且＜C60，加荷速度取 0.5～0.8 MPa/s；混凝土强度≥C60时，加荷速度取 0.8～1.0MPa/s。

（4）当试件接近破坏开始急剧变形时，应停止调整试验机油门，直至试件破坏。然后记录破坏荷载。

2. 结果计算

混凝土立方体抗压强度计算（精确至 0.1MPa）：

$$f_{cc} = \frac{F}{A} \tag{13-14}$$

式中，f_{cc} 为混凝土立方体试件抗压强度，MPa；F 为试件破坏荷载，N；A 为试件承压面积，mm²。

混凝土强度等级＜C60 时，用非标准试件测得的强度值均应乘以尺寸换算系数，其值对 200mm×200 mm×200mm 试件为 1.05；对 100mm×100mm×100mm 试件为 0.95。当混凝土强度等级≥C60 时，宜采用标准试件；使用非标准试件时，尺寸换算系数应由试验确定。

3. 结果判定

（1）三个试件测值的算术平均值作为该组试件的强度值，精确至 0.1MPa。

（2）三个测值中的最大值或最小值中如果有一个与中间值的差值超过中间值的 15%时，则把最大及最小值一并舍除，取中间值作为该组试件的抗压强度值。

（3）如果最大值和最小值与中间值的差均超过中间值的 15%，则该组试件的强度不应为评定的依据。

（五）混凝土抗折强度测定

抗折强度试件在长向中部 1/3 区段内不得有表面直径超过 5mm、深度超过 2mm 的孔洞。试件的支座和加荷头应采用直径为 20～40mm、长度不小于（$b+10$）mm 的硬钢圆柱，支座立脚点固定铰支，其他应为滚动支点。混凝土抗折试验装置如图 13-3 所示。

1. 试验操作

（1）试件从养护地取出后应及时进行试验，将试件表面擦干净。

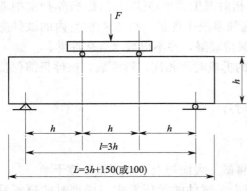

图 13-3　混凝土抗折试验装置

（2）按图 13-3 装置试件，安装尺寸偏差不得大于 1mm。试件的承压面应为试件成型时的侧面。支座及承压面与圆柱的接触面应平稳、均匀，否则应垫平。

（3）施加荷应保持均匀、连续。当混凝土强度等级＜C30 时，加荷速度取 0.02～0.05MPa/s；当混凝土强度等级≥C30 且＜C60 时，加荷速度取 0.05～0.08MPa/s；当混凝土强度≥C60 时，加荷速度取 0.08～0.10MPa/s。至试件接近破坏时，应停止调整试验机油门，直至试件破坏。

（4）记录试件破坏时的荷载及试件下边缘断裂位置。

2. 结果计算

若试件下边缘断裂位置处于两个集中荷载作用线之间时，抗折强度 f_f 计算（精确至 0.1MPa）：

$$f_f = \frac{Fl}{bh^2} \tag{13-15}$$

式中，f_f 为混凝土抗折强度，MPa；F 为试件破坏荷载，kN；l 为支座间跨度，mm；h 为试件截面高度，mm；b 为试件截面宽度，mm。

当试件尺寸为 100mm×100mm×400mm 非标准试件时，应乘以尺寸换算系数 0.85；当混凝土强度等级≥C60 时，宜采用标准试件；使用非标准试件时，尺寸换算系数应由试验确定。

3. 结果判定

三个试件中若有一个折断面位于两个集中荷载之外，则混凝土抗折强度值按另两个试件的试验结果计算。若这两个测值的差值不大于这两个测值的较小值的 15%，则该组试件的抗折强度值按这两个测值的平均值计算，否则该组试件的试验无效。若有两个试件的下边缘断裂位置位于两个集中荷载作用线之外，则该组试件试验无效。

试验四　沥青防水卷材常规试验

依据《弹性体改性沥青防水卷材》（GB 18242—2008）、《塑性体改性沥青防水卷材》（GB 18243—2008）、《建筑防水卷材试验方法　第 2 部分：沥青防水卷材　外观》（GB/T 328.2—2007）、《建筑防水卷材试验方法　第 4 部分：沥青防水卷材　厚度、单位面积质量》（GB/T 328.4—2007）、《建筑防水卷材试验方法　第 6 部分：沥青防水卷材　长度、宽度、平直度》（GB/T 328.6—2007）、《建筑防水卷材试验方法　第 8 部分：沥青防水卷材　拉伸性能》（GB/T 328.8—2007）、《建筑防水卷材试验方法　第 10 部分：沥青和高分子防水卷材　不透水性》（GB/T 328.10—2007）、《建筑防水卷材试验方法　第 11 部分：沥青防水卷材　耐热性》（GB/T 328.11—2007）、《建筑防水卷材试验方法　第 14 部分：沥青防水卷材　低温柔性》（GB/T 328.14—2007）、《建筑防水卷材试验方法　第 26 部分：沥青防水卷材　可溶物含量（浸涂材料含量）》（GB/T 328.26—2007）进行。

一、目的

通过试验让学生了解常用屋面防水卷材的基本性能，并能掌握防水卷材常规技术指标的测定方法，能够正确地评价和使用防水卷材。

二、取样

1. 同一类型、同一规格 10000m² 为一批，不足 10000m² 亦可作为一批。
2. 在每批产品中，随机抽取 5 卷进行单位面积质量、面积、厚度及外观检查。
3. 从单位面积质量、面积、厚度及外观合格的卷材中任取一卷进行材料性能试验。

三、准备

试验室要满足标准试验条件（23±2）℃。

除了进行单位面积质量、面积、厚度及外观检查外，还要将取样卷材切除距外层卷头 2500mm 后，取 1m 长的卷材按标准取样方法均匀分布裁取试件，常规必检的卷材性能试件的形状和数量见表 13-8。

表 13-8　试件形状和数量

序号	试验项目	试件形状（纵向×横向）/mm×mm	数量/个
1	拉力和延伸率	(250～320)×50	纵横向各 5
2	不透水性	150×150	3
3	耐热性	125×100	纵向 3
4	低温柔性	150×25	纵向 10
5	可溶物含量	100×100	3

四、仪器

（1）拉伸试验机；（2）鼓风干燥箱；（3）低温柔度仪；（4）不透水测定仪；（5）分析天平；（6）500mL 索氏萃取器；（7）试样筛。

五、材料性能试验

（一）耐热性

1. 试件制备

（1）试件均匀地在试样宽度方向裁取，长边是卷材的纵向。试件应距卷材边缘 150mm

以上，试件从卷材的一边开始连续编号，卷材上表面和下表面应标记。

（2）去除任何非持久保护层。适宜的方法是常温下用胶带粘在上面，冷却到接近假设的冷弯温度，然后从试件上撕去胶带，另一方法是用压缩空气吹（压力约 0.5MPa，喷嘴直径约 0.5mm），假若上面的方法不能除去保护膜，用火焰烤，用最少的时间破坏膜而不损伤试件。

（3）在试件纵向的横断面一边，上表面和下表面的大约 15mm 一条的涂盖层去除直至胎体，若卷材有超过一层的胎体，去除涂盖料直到另外一层胎体。在试件的中间区域的涂盖层也从上表面和下表面的两个接近处去除，直至胎体（见图 13-4）。为此，可采用热刮刀或类似装置，小心地去除涂盖层不损坏胎体。两个内径约 4mm 的插销在裸露区域穿过胎体（见图 13-4）。任何表面附着的矿物料或表面材料通过轻轻敲打试件去除。然后标记装置放在试件两边插入插销定位中心位置，在试件表面整个宽度方向沿着直边用记号笔垂直划一条线（宽度约 0.5mm），操作时试件平放。

（4）试件试验前至少放置在（23±2）℃的平面上 2h，相互之间不要接触或粘住，有必要时，将试件分别放在硅纸上防止黏结。

2. 规定温度下耐热性的测定

（1）烘箱预热到规定试验温度。整个试验期间，试验区域的温度波动不超过±2 ℃。

（2）将制备好的一组三个试件露出的胎体处用悬挂装置夹住，涂盖层不要夹到。必要时，用如硅纸的不粘层包住两面，便于在试验结束时除去夹子。

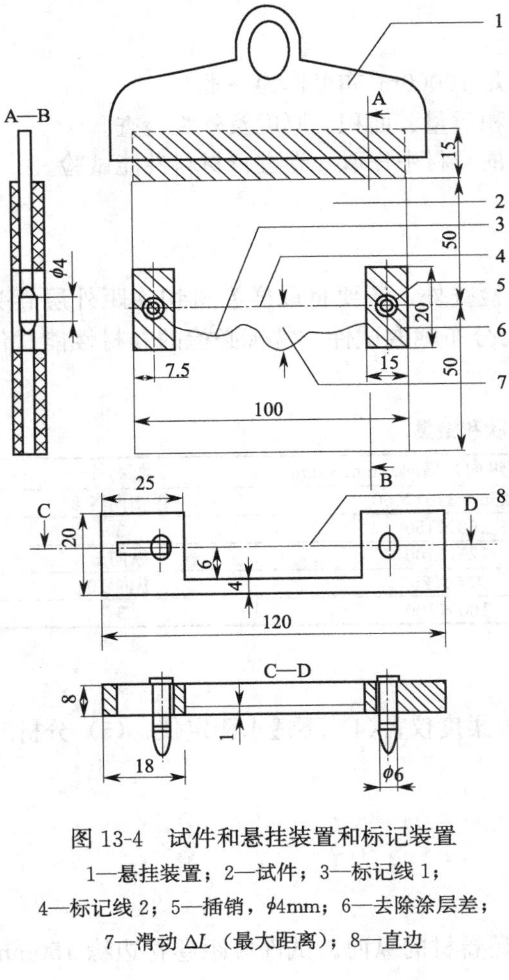

（3）制备好的试件垂直悬挂在规定温度烘箱的相同高度，间隔至少 30mm。此时烘箱的温度不能下降太多，开关烘箱门放入试件的时间不超过 30s。放入试件后加热时间为（120±2）min。

（4）加热周期一结束，试件和悬挂装置一起从烘箱中取出，相互间不要接触，在（23±2）℃自由悬挂冷却至少 2h。然后除去悬挂装置，按要求在试件两面画第二个标记，用光学测量装置在每个试件的两面测量两个标记底部间最大距离 ΔL，精确至 0.1mm（见图 13-4）。

3. 耐热性极限测定

耐热性极限对应的涂盖层位移正好 2mm，通过对卷材上表面和下表面在间隔 5℃的不同温度段的每个试件的初步处理试验的平均值测定，其温度段总是 5℃的倍数。这样试验的目的是找到位移尺寸 $\Delta L = 2mm$ 在其中的两个温度段 T 和（$T+5$）℃。

（1）卷材的两个面按前一步试验，每个温度段应采用新的试件试验。

（2）按耐热性测定中一组三个试件初步测定耐热性能的两个温度段已测定后，上表面和

图 13-4 试件和悬挂装置和标记装置
1—悬挂装置；2—试件；3—标记线 1；
4—标记线 2；5—插销，φ4mm；6—去除涂层差；
7—滑动 ΔL（最大距离）；8—直边

下表面都要测定两个温度 T 和（$T+5$）℃，在每个温度用一组新的试件。

（3）在卷材涂盖层在两个温度段间完全流动将产生的情况下，$\Delta L = 2mm$ 时的精确耐热性不能测定，此时滑动不超过 2.0mm 的最高温度 T 可作为耐热性极限。

4. 结果判定

（1）计算卷材每个面三个试件的滑动值的平均值，精确至 0.1mm。耐热性按在此温度卷材上表面和下表面的滑动平均值不超过 2.0mm 认为合格。

（2）耐热性极限通过线性图或计算每个试件上表面和下表面的两个结果测定，每个面修约到 1℃（见图 13-5）。

（二）低温柔性

1. 试件制备

（1）试件均匀地在试样宽度方向裁取，长边在卷材的纵向。试件裁取时应距卷材边缘不少于 150mm，试件应从卷材的一边开始做连续记号，同时标记卷材的上表面和下表面。

（2）去除表面的任何保护膜，方法同上。

（3）试件试验前应在（23±2）℃的平板上放置至少4h，并且相互之间不要接触，也不能粘在板上。可以用硅纸垫，表面的松散颗粒用手轻轻敲打除去。

（4）根据产品不同可以选用弯曲直径为 20mm、30mm、50mm。

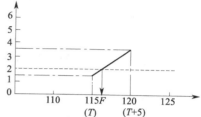

纵轴:滑动/mm；
横轴:试验温度/℃；
F 为耐热性极限(示例=117℃)

图 13-5　内插法耐热性极限测定

2. 低温柔性测定

（1）按规定在低温柔度仪中放入已冷却的液体，并且圆筒的上端在冷冻液面下约10mm，弯曲轴在下面的位置。冷冻液达到规定的试验温度，误差不超过 0.5℃，试件放于支撑装置上，且在圆筒的上端，保证冷冻液完全浸没试件。试件放入冷冻液达到规定温度后，开始保持在该温度 1h±5min。半导体温度计的位置靠近试件，检查冷冻液温度，然后试件按以下步骤进行试验。

（2）两组各 5 个试件，全部在规定温度处理后，一组是上表面试验，另一组是下表面试验。将试件放置在低温柔度仪的圆筒和弯曲轴之间，试验面朝上，然后设置弯曲轴以（360±40）mm/min 速度顶着试件向上移动，试件同时绕轴弯曲。轴移动的终点在圆筒上面（30±1）mm 处。试件表面明显露出冷冻液，同时液面也因此下降。

（3）在完成弯曲过程 10s 内，在适宜的光源下用肉眼检查试件有无裂纹，必要时，用辅助光学装置帮助。假若有一条或更多的裂纹从涂盖层深入到胎体层，或完全贯穿无增强卷材，即存在裂缝。一组 5 个试件均要试验检查。

3. 结果评定

一个试验面 5 个试件在规定温度至少 4 个无裂缝为通过，上表面和下表面的试验结果要分别记录。

（三）不透水性

不透水性的测定方法按照卷材使用场合不同有两种方法，如屋面、基层、隔汽层低压力场合用方法 A；如特殊屋面、隧道、水池高压力场用方法 B 进行试验。

1. 试件制备

（1）试件在卷材宽度方向按表 13-8 中的尺寸和数量均匀裁取，最外一个距卷材边缘100mm。试件的纵向与产品的纵向平行并标记。

（2）试验前试件在（23±5）℃环境下放置至少 6h。

2. 不透水性的测定

试验在（23±5）℃进行，产生争议时，在（23±2）℃相对湿度（50±5）％进行。

（1）方法 A

① 放试件在设备上，旋紧翼形螺母固定夹环。打开进水阀门让水进入，同时打开排水阀门排出空气，直至水出来关闭排水阀门，这时说明设备已水满。

② 调整试件上表面所要求的压力。保持压力（24±1）h。

③ 检查试件，观察上面滤纸有无变色。

（2）方法 B

① 向不透水仪中充水直到满出，彻底排出水管中空气。试件的上表面（上使用现场，卷材朝上的面）朝下放置在透水盘上，盖上规定的开缝盘（或 7 孔盘），其中一个缝的方向与卷材纵向平行。放上封盖，慢慢夹紧直到试件夹紧在盘上，用布或压缩空气干燥试件的非迎水面，慢慢加压到规定的压力。

② 达到规定压力后，保持压力（24±1）h［7 孔盘保持规定压力（30±2）min］。

③ 试验时观察试件的不透水性（水压突然下降或试件的非迎水面有水）。

3. 结果评定

（1）方法 A：试件有明显的水渗到上面的滤纸产生变色，认为试验不符合。所有试件都通过认为卷材不透水。

（2）方法 B：所有试件在规定的时间不透水认为不透水性试验通过。

（四）拉伸性能

1. 试件制备

（1）整个拉伸试验应制备两组试件，一组纵向 5 个试件，一组横向 5 个试件。试件在试样上距边缘 100mm 以上任意裁取，用模板或用裁刀均可，尺寸及形状见表 13-8。长度方向为试验方向。

（2）除去表面的非持久层。

（3）试件在试验前在（23±2）℃和相对湿度 30％～70％的条件下至少放置 20h。

2. 最大拉力及延伸率的测定

（1）将试件紧紧地夹在拉伸试验机的夹具中，注意试件长度方向的中线与试验机夹具中心在一条线上。夹具间距离为（200±2）mm，为防止试件从夹具中滑移应作标记。当用引伸计时，试验前应设置标距间距离为（180±2）mm。为防止试件产生任何松弛，推荐加载不超过 5N 的力。

（2）试验在（23±2）℃进行，夹具移动的恒定速度为（100±10）mm/min，连续记录每个试件断裂时的最大拉力及延伸率。

3. 结果计算

（1）去除任何在夹具 10mm 以内断裂或在试验机夹具中滑移超过极限值的试件的试验结果，用备用件重测。

（2）最大拉力单位为 N/50mm，对应的延伸率用百分率表示，作为试件同一方向结果。

（3）分别记录每个方向 5 个试件的拉力值和延伸率，计算平均值。

（4）拉力的平均值修约到 5 N，延伸率的平均值修约到 1％。

（5）同时对于复合增强的卷材在应力应变图上有两个或更多的峰值，拉力和延伸率应记录两个最大值。

（五）可溶物含量

1. 试件制备

（1）在试样上距边缘100mm以上任意裁取3块尺寸为（100±1）mm×（100±1）mm正方形试件。

（2）试件应在试验前至少在（23±2）℃和相对湿度30％～70％的条件下放置20h。

2. 可溶物含量的测定

（1）先称量每个试件的质量，对于表面隔离材料为粉状的沥青防水卷材，试件先用软毛刷刷除表面的隔离材料，然后称量试件质量。

（2）将试件用干燥好的滤纸包好，用线扎好，称量其质量M_0。

（3）将包好的试件放入萃取器中，溶剂量为烧瓶容量的1/2～2/3，进行加热萃取，萃取至回流的溶剂第一次变成浅色为止，小心取出滤纸包，不要破裂，在空气中放置30min以上使溶剂挥发。

（4）再将滤纸包放入（105±2）℃的鼓风烘箱中干燥2h，然后取出放入干燥器中冷却至室温。

（5）将滤纸包从干燥器中取出称量质量M_1。

3. 结果计算

可溶物含量按下式计：

$$A = (M_0 - M_1) \times 100 \tag{13-16}$$

式中，A为可溶物含量，g/m^2。

以3个试件的平均值作为可溶物含量的评定值。

（六）防水卷材结果判定

1. 单项判定

各项试验结果均符合标准规定，则判定该批产品材料性能合格。若有一项指标不符合规定，允许在该批产品中再随机抽取5卷，从中任取一卷对不合格项进行单项复验。达到标准规定时，则判定该批产品材料性能合格。

2. 总判定

试验结果符合《弹性体改性沥青防水卷材》（GB 18242——2008）、《塑性体改性沥青防水卷材》（GB 18243——2008）标准的全部要求时，判定该批产品合格。弹性体和塑性体改性沥青防水卷材常规项目指标如表13-9、表13-10所示。

表13-9　弹性体改性沥青防水卷材常规项目指标

序号	项　　目		指　　标				
			I		II		
			PY	G	PY	G	PYG
1	可溶物含量/(g/m²)≥	3mm	2100				—
		4mm	2900				—
		5mm	3500				
		试验现象	—	胎基不燃	—	胎基不燃	—
2	不透水性 30min		0.3MPa	0.2MPa	0.3MPa		
3	低温柔度/℃		—20		—25		
			无裂缝				
4	耐热性	℃	90		105		
		mm≤	2				
		试验现象	无流淌、滴落				

续表

序号	项目		指标				
			I		II		
			PY	G	PY	G	PYG
5	拉力	最大峰拉力/(N/50mm)≥	500	350	800	500	900
		次高峰拉力/(N/50mm)≥	—	—	—	—	800
		试验现象	拉伸过程中,试件中部无沥青涂盖层开裂或与胎基分离现象				
6	延伸率	最大峰时延伸率/%≥	30		40		
		第二峰时延伸率/%≥	—		—		15

注:表中所列项目仅为防水卷材的常规试验项目。

表 13-10　塑性体改性沥青防水卷材常规项目指标

序号	项目		指标				
			I		II		
			PY	G	PY	G	PYG
1	可溶物含量/(g/m²)≥	3mm	2100				—
		4mm	2900				—
		5mm	3500				
		试验现象	—	胎基不燃	—	胎基不燃	—
2	不透水性 30min		0.3MPa	0.2MPa	0.3MPa		
3	低温柔度/℃		—7		—15		
			无裂缝				
4	耐热性	℃	110		130		
		mm≤	2				
		试验现象	无流淌、滴落				
5	拉力	最大峰拉力/(N/50mm)≥	500	350	800	500	900
		次高峰拉力/(N/50mm)≥	—	—	—	—	800
		试验现象	拉伸过程中,试件中部无沥青涂盖层开裂或与胎基分离现象				
6	延伸率	最大峰时延伸率/%≥	25		40		—
		第二峰时延伸率/%≥	—		—		15

注:1. 仅适用于单层机械固定施工方式卷材。

　2. 仅适用于矿物粒料表面的卷材。

　3. 仅适用于热熔施工的卷材。

　4. 表中所列项目仅为防水卷材的常规试验项目。

试验五　建筑砂浆试验

依据《建筑砂浆基本性能试验方法标准》(JGJ/T 70—2009),建筑砂浆基本性能包括稠度、表观密度、保水率、凝结时间、分层度、立方体抗压强度、拉伸黏结强度、抗冻性能、收缩、含气量等试验,本试验主要做稠度、抗压强度及保水率试验。

一、目的

通过试验使学生掌握建筑砂浆几个指标的测定方法,并能正确评定建筑砂浆的强度等级。

二、取样

1. 建筑砂浆试验用料应从同一盘砂浆或同一车砂浆中取样。取样数量不应少于试验所需量的 4 倍。

2. 对于现场取得的试样，试验前应人工搅拌均匀。

3. 从取样完毕到开始进行各项性能试验，不宜超过 15min。

三、准备

1. 拌制砂浆试样所用原材料提前 24h 运入试验室内。拌合时，试验室的温度应保持在（20±5）℃。

2. 试验用原材料应与现场使用原材料一致。砂应通过 4.75mm 筛。

3. 原材料用量应以质量计，水泥、外加剂、掺合料等的称量精度应为 ±0.5%，细集料的称量精度应为 ±1%。

4. 当采用机械搅拌时，搅拌机应符合标准规定，搅拌的用量宜为搅拌机容量的 30%～70%，搅拌时间不应少于 120s。掺有掺合料和外加剂的砂浆，其搅拌时间不应少于 180s。

四、设备仪器

（1）天平；（2）砂浆稠度测定仪；（3）干燥箱；（4）保水性试模；（5）压力试验机；（6）抗压试模。

五、试验项目

（一）稠度测定

1. 试验操作

（1）取少量润滑油轻擦滑杆，再将多余的油用吸油纸擦净，使滑杆能自由滑动。

（2）用湿布擦净盛浆容器和试锥表面，再将砂浆拌合物一次性装入容器；砂浆表面宜低于容器口 10mm，用捣棒自容器中心向边缘均匀地插捣 25 次，然后轻轻地将容器摇动或敲击 5～6 下，使砂浆表面平整，随后将容器置于稠度测定仪的底座上。

（3）拧开试锥制动螺丝，向下移动滑杆，当试锥尖端与砂浆表面刚刚接触时，应拧紧制动螺丝，将齿条测杆下端刚接触滑杆上端，并将指针对准零点。

（4）拧开制动螺丝，同时计时间，10s 时立即拧紧螺丝，将齿条测杆下端接触滑杆上端，从刻度盘上读出下沉深度（精确至 1mm），即为砂浆的稠度值。

（5）盛浆容器内的砂浆，只允许测定一次稠度，重复测定时，应重新取样测定。

2. 结果确定

（1）同盘砂浆应取两次试验结果的算术平均值作为测定值，并应精确至 1mm。

（2）当两次试验值之差大于 10mm 时，应重新取样测定。

（二）保水性测定

1. 试验操作

（1）称量底部不透水片与干燥试模质量（m_1）和 15 片中速定性滤纸质量（m_2）。将砂浆拌合物一次装入分层度筒内，装满后，用大铲把敲击筒的周围，每一侧敲击 1～2 次，并随时添平筒口。

（2）将砂浆拌合物一次性装入试模，并用抹刀插捣数次，当装入的砂浆略高于试模边缘时，用抹刀以 45°角一次性将试模表面多余的砂浆刮去，然后再用抹刀以较平的角度在试模表面反方向将砂浆刮平。

（3）抹掉试模边的砂浆，称量试模、底部不透水片与砂浆总质量（m_3）。

（4）用金属滤网覆盖在砂浆表面，再在滤网表面放上 15 片滤纸，用上部不透水片盖在滤纸表面，以 2kg 的重物把上部不透水片压住。

（5）静置 2min 后移走重物及上部不透水片，取出滤纸（不包括滤网），迅速称量滤纸质量（m_4）。

2. 保水性的计算

砂浆保水性计算：

$$W=\left[1-\frac{m_4-m_2}{\alpha(m_3-m_1)}\right]\times100\%\qquad(13\text{-}17)$$

式中，W 为砂浆保水性，%；m_1 为底部不透水片与干燥试模质量，精确至 1g；m_2 为 15 片滤纸吸水前的质量，精确至 0.1g；m_3 为试模、底部不透水片与砂浆总质量，精确至 1g；m_4 为 15 片滤纸吸水后的质量，精确至 0.1g；α 为砂浆含水率，按配比及加水量计算，精确至 1%。

当无法计算砂浆含水率时，要按下列方法测定砂浆的含水率。

称取（100±10）g 砂浆拌合物试样，置于一干燥并已称重的盘中，在（105±5）℃烘干箱中烘干至恒重。计算砂浆含水率：

$$\alpha=\frac{m_6-m_5}{m_6}\times100\%\qquad(13\text{-}18)$$

式中，α 为砂浆含水率，精确至 0.1%；m_5 为烘干后砂浆样本的质量，精确至 1g；m_6 为砂浆样本的总质量，精确至 1g。

3. 结果判定

取两次试验结果的平均值作为结果。如果两个测定值中有 1 个超出平均值的 5%，则此组试验结果无效。

（三）立方体抗压强度

1. 试件制作

（1）用黄油等密封材料涂抹试模的外接缝，试模内涂刷薄层机油或隔离剂。

（2）将拌制好的砂浆一次性装满试模，成型方法要据稠度而确定。当稠度大于 50mm 时，宜采用人工插捣成型，采用捣棒均匀地由边缘向中心按螺旋方式插捣 25 次，插捣过程中当砂浆沉落低于试模口时，应随时添加砂浆，可用油灰刀插捣数次，并用手将试模一边抬高 5~10mm 各振动 5 次，砂浆要高出试模顶面 6~8mm。当稠度不大于 50mm 时，宜采用振动台振实成型，将砂浆一次装满试模，放置到振动台上，振动时试模不得跳动，振动 5~10s 或持续到表面泛浆为止，不得过振。

（3）待表面水分稍干后，再将高出试模部分的砂浆沿试模顶面刮去并抹平。

2. 试件养护

（1）试件制作后应在温度为（20±5）℃的环境下静置（24±2h），对试件进行编号、拆模。当气温较低时，或者凝结时间大于 24h 的砂浆，可适当延长时间，但不应超过 2d。试件拆模后应立即放入温度为（20±2）℃，相对湿度为 90% 以上的标准养护室中养护。养护期间，试件彼此间隔不得小于 10mm，混合砂浆、湿拌砂浆试件上面应覆盖，防止有水滴在试件上。

（2）从搅拌加水开始计时，标准养护龄期应为 28d，也可根据相关标准要求增加 7d 或 14d。

3. 立方体试件抗压强度

（1）试件从养护地点取出后应及时进行试验。试验前应将试件表面擦拭干净，测量尺寸，并检查其外观，并应计算试件的承压面积。当实测尺寸与公称尺寸之差不超过 1mm 时，可按照公称尺寸进行计算。

（2）将试件安放在试验机的下压板或下垫板上，试件的承压面应与成型时的顶面垂直，试件中心应与试验机下压板或下垫板中心对准。开动试验机，当上压板与试件或上垫板接近时，调整球座，使接触面均衡受压。承压试验应连续而均匀地加荷，加荷速度应为 0.25～1.5kN/s；砂浆强度不大于 2.5MPa 时，宜取下限。当试件接近破坏而开始迅速变形时，停止调整试验机油门，直至试件破坏，然后记录破坏荷载。

（3）砂浆立方体抗压强度计算：

$$f_{m,cu}=\frac{KN_u}{A}$$

(13-19)

式中，$f_{m,cu}$ 为砂浆立方体试件抗压强度，应精确至 0.1MPa；N_u 为试件破坏荷载，N；A 为试件承压面积，mm²；K 为换算系数，取 1.35。

4. 试验结果确定

（1）以三个试件测值的算术平均值作为该组试件的砂浆立方体抗压强度平均值（f_2），精确至 0.1MPa。

（2）当三个测值的最大值或最小值中有一个与中间值的差值超过中间值的 15% 时，应把最大值及最小值一并舍去，取中间值作为该组试件的抗压强度值。

（3）当两个测值与中间值的差值均超过中间值的 15% 时，该组试验结果应为无效。

试验六　钢筋混凝土用钢试验

依据《钢筋混凝土用钢　第1部分：热轧光圆钢筋》（GB 1499.1—2008）、《钢筋混凝土用钢　第2部分：热轧带肋钢筋》（GB 1499.2—2007）、《金属材料　拉伸试验 第1部分：室温试验方法》（GB/T 228.1—2010）和《金属材料　弯曲试验方法》（GB/T 232—2010）标准，对钢筋进行拉伸、冷弯等力学性能试验。

一、目的

通过试验使学生对常用建筑钢筋物理性能有所了解，掌握钢筋的屈服强度、极限强度、伸长率、冷弯性能等几项指标的操作，同时也学会钢筋质量的评定。

二、取样

1. 同一牌号、同一炉罐号、同一规格的钢筋每 60 吨为一批，超过 60 吨的部分，每增加 40 吨增加一个拉伸试验试样和一个弯曲试验试样。

2. 允许同一牌号、同一冶炼方法、同一浇筑方法的不同炉罐号组成混合批，但各炉罐号含碳量之差不大于 0.02%，含锰量之差不大于 0.15%。组合批的质量不大于 60 吨。

3. 拉伸、弯曲试验试样不允许进行车削加工；试验应在 10～35℃ 的温度下进行，否则应在报告中注明。

4. 每批钢筋的检验项目，取样方法及试验方法应符合表 13-11 的规定。

表 13-11　钢筋取样方法

序号	检验项目	取样数量	取样方法	试验方法
1	拉伸	2根	任选两根钢筋切取,长度约 500 mm	GB/T 228
2	弯曲	2根	任选两根钢筋切取,长度约 400 mm	GB/T 232
3	尺寸	逐根(盘)		GB/T 1499
4	表面	逐根(盘)		GB/T 1499
5	质量偏差	不少于 5 根	从不同钢筋上截取,每根长度不小于500mm。测量试样总质量时,应精确到不大于总质量的 1%	GB/T 1499

三、准备

1. 试验前检查钢筋表面有无锈蚀、剥皮、砂眼等情况,若有这些情况应做好记录。

2. 切取试件时,不可以热加工,如烧割法。试验应在室内温度 10～30℃下进行。

3. 用钢筋标距打点机标出两个拉伸试件的原始标距 L_0,并测量 L_0 的长度（见图 13-6）,

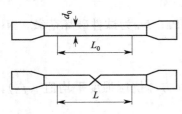

图 13-6　钢筋标距的测量

精确至 0.1mm。应用小标记、细划线或细墨线标记,但不得用引起过早断裂的缺口作标记。对于比例试样,如果原始标距的计算值与其标记值之差小于 10% L_0,可将原始标距的计算值按 GB/T 8170 修约至最接近 5mm 的倍数。原始标距的标记应准确到 ±1%。如夹持长度比原始标距长许多,可以标记一系列套叠的原始标距。有时,可以在试样表面划一条平行于试样纵轴的线,并在此线上标记原始标距。一般来说,原始标距 $L_0=5d_0$（或 $10d_0$）。试件的夹持长度 $L_c=L_0+2d_0$。计算钢筋强度用横截面积和理论质量时采用表 13-12 所列数据。

4. 试验机的测力系统应按照 GB/T 16825.1 进行校准,并且其准确度应为 1 级或优于 1 级。引伸计的准确度级别应符合 GB/T 12160 的要求。

5. 在试验加载链装配完成后,试样两端被夹持之前,应设定力测量系统的零点。一旦设定了力值零点,在试验期间力测量系统不能再发生变化。

表 13-12　计算钢筋强度用横截面积和理论质量

公称直径/mm	公称横截面面积/mm²	理论质量/(kg/m)	公称直径/mm	公称横截面面积/mm²	理论质量/(kg/m)
6	28.27	0.222	22	380.1	2.98
8	50.27	0.395	25	490.9	3.85
10	78.54	0.617	28	615.8	4.83
12	113.1	0.888	32	804.2	6.31
14	153.9	1.21	36	1018	7.99
16	201.1	1.58	40	1257	9.87
18	254.5	2.00	50	1964	15.42
20	314.2	2.47			

注:表中理论质量按密度 7.85g/cm³ 计算。

四、仪器设备

（1）钢筋标距打点机；（2）材料拉力试验机；（3）游标卡尺；（4）钢筋弯曲试验机（或全能试验机）。

五、试验

（一）钢筋室温拉伸试验

1. 上、下屈服强度的测定

（1）根据钢筋类型和直径选择如楔形夹头、螺纹夹头、套环夹具等合适的夹具夹。应尽最大努力确保夹持的试样受轴向拉力的作用，尽量减小弯曲。为了得到直的试样和确保试样与夹头对中，可以施加不超过规定强度或预期屈服强度的 5% 相应的预拉力。宜对预拉力的延伸影响进行修正。

（2）将钢筋试件装入夹具中，试样夹具之间的最小自由长度应符合要求。调整试验机零点，装好描绘器、纸、笔等。

（3）开动试验机，均匀加荷，进行拉伸，直至试件拉断。

（4）试验速率取决于材料特性。在弹性范围和直至上屈服强度，试验机夹头的分离速率应尽可能保持恒定并应符合下述要求：当材料弹性模量 E 应小于 150000MPa 时，应力速率 R 应控制在 2～20MPa/s；当材料弹性模量 E 应大于等于 150000MPa 时，应力速率 R 应控制在 6～60MPa/s。如果没有其他规定，在应力达到规定屈服强度的 1/2 前，可以采用任意的试验速率。超过这点后的试验速率应满足上述要求。

（5）在试样平行长度的屈服期间应变速率应在 0.00025～0.0025s⁻¹ 之间。平行长度内的应变速率应尽可能保持恒定。如不能直接调节这一应变速率，应通过调整屈服即将开始前的应力速率来调整，在屈服完成之前不再调节试验机的控制。任何情况下，弹性范围内的应力速率不得超过上述要求的最大速率。

（6）拉伸中，描绘器或引伸计自动绘出力-延伸曲线图，上屈服强度 R_{eH} 可以从力-延伸曲线图或峰值力显示器上测得，即力首次下降前的最大力值对应的应力（见图 13-7）。

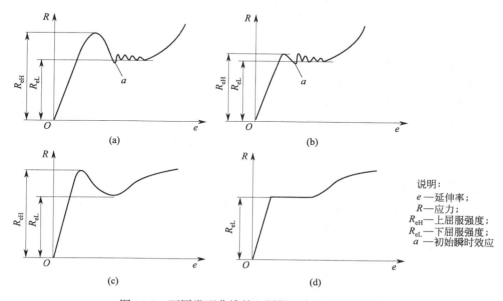

图 13-7　不同类型曲线的上屈服强度和下屈服强度

（7）下屈服强度 R_{eL} 也可以从力-延伸曲线上测得，即不计初始瞬间时效应时屈服阶段中的最小力对应的应力，见图 13-7。屈服阶段如呈现两个或两个以上的谷值应力，舍去第 1 个谷值应力（第 1 个极小值应力）不计，取其余谷值应力中之最小者判为下屈服强度。如只呈现 1 个下降谷，此谷值应力判为下屈服强度；屈服阶段中呈现屈服平台，平台应力判为下屈服强度，如呈现多个而且后者高于前者的屈服平台，判第 1 个平台应力为下屈服强度。

2. 规定塑性延伸强度的测定

（1）根据力-延伸曲线图测定规定塑性延伸强度 R_p。在曲线图上，作一条与曲线的弹性直线段部分平行，且在延伸轴上与此直线段的距离等效于规定塑性延伸率，如 0.2% 的直线。此平行线与曲线的交截点给出相应于所求规定塑性延伸强度的力。此力除以试样原始横截面积 S_0 得到规定塑性延伸强度（见图 13-8）。

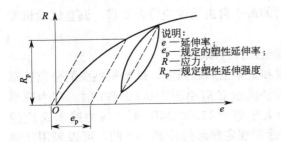

图 13-8　规定塑性延伸强度 R_p

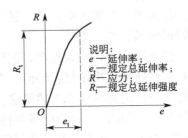

图 13-9　规定总延伸强度 R_t

（2）如力-延伸曲线图的弹性直线部分不能明确地确定，以致不能以足够的准确度作出这一平行线，推荐采用如下方法（见图 13-9）。试验时，当已超过预期的规定塑性延伸强度后，将力降至约为已达到的力的 10%。然后再施加力直到超过原已达到的力。为了测定规定塑性延伸强度，过滞后环两端点画一直线。然后经过横轴上与曲线原点的距离等效于所规定的塑性延伸率的点，作平行于此直线的平行线。平行线与曲线的交截点给出相应于规定塑性延伸强度的力。此力除以试样原始横截面积得到规定塑性延伸强度。

（3）也可以使用自动处理装置、自动测试系统测试系统规定塑性延伸强度或采用逐步逼近方法测定规定塑性延伸强度。

3. 规定总延伸强度的测定

（1）在力-延伸曲线图上，作一条平行于力轴并与该轴的距离等效于规定总延伸率的平行线，此平行线与曲线的交截点给出相应于规定总延伸强度的力，此力除以试样原始横截面积 S_0 得到规定总延伸强度 R_t（见图 13-9）。

（2）可以使用自动处理装置或自动测试系统测试系统规定总延伸强度，可以不绘制力-延伸曲线图。

4. 最大力塑性延伸率的测定

（1）在用引伸计得到的力-延伸曲线图上从最大力时的总延伸中扣除弹性延伸部分即得到最大力时的塑性延伸，将其除以引伸计标距得到最大力塑性延伸率。

（2）最大力塑性延伸率 A_g 按照下式进行计算：

$$A_g = \left(\frac{\Delta L_m}{L_e} - \frac{R_m}{m_E} \right) \times 100\% \qquad (13\text{-}20)$$

式中，L_e 为引伸计标距，mm；m_E 为应力-延伸率曲线弹性部分的斜率，MPa；R_m 为抗拉强度，MPa；ΔL_m 为最大力下的延伸，mm。

（3）有些材料在最大力时呈现一平台。当出现这种情况时取平台中点的最大力对应的塑性延伸率。

5. 最大力总延伸率的测定的测定

（1）在用引伸计得到的力-延伸曲线图上测定最大力总延伸。

（2）最大力总延伸率 A_{gt} 计算：

$$A_{gt}=\frac{\Delta L_m}{L_e}\times 100\%$$ （13-21）

式中，A_{gt} 为最大力总延伸率，%；L_e 为引伸计标距，mm；ΔL_m 为最大力下的延伸，mm。

（3）有些材料在最大力时呈现一平台。当出现这种情况时取平台中点的最大力对应的总延伸率。

6. 断后伸长率的测定

（1）将断后的试样断裂的部分仔细地配接在一起使其轴线处于同一直线上，并采取特别措施确保试样断裂部分适当接触后测量试样断后标距。这对小横截面试样和低伸长率试样尤为重要。

（2）断后伸长率 A：

$$A=\frac{L_u-L_0}{L_0}\times 100\%$$ （13-22）

式中，A 为断后伸长率，%；L_u 为断后标距，mm；L_0 为原始标距，mm。

（3）应使用分辨力足够的量具或测量装置测定断后伸长量（L_u-L_0），并准确到 $\pm 0.25mm$。

（4）如规定的最小断后伸长率小于 5%，建议采取特殊方法进行测定。原则上只有断裂处与最接近的标距标记的距离不小于原始标距的 1/3 情况方为有效。但断后伸长率大于或等于规定值，不管断裂位置处于何处测量均为有效。如断裂处与最接近的标距标记的距离小于原始标距的 1/3 时，可采用移位法测定断后伸长率。

（5）能用引伸计测定断裂延伸的试验机，引伸计标距应等于试样原始标距，无需标出试样原始标距的标记。以断裂时的总延伸作为伸长测量时，为了得到断后伸长率，应从总延伸中扣除弹性延伸部分。

（6）原则上，断裂发生在引伸计标距 L_e 以内方为有效，但断后伸长率等于或大于规定值，不管断裂位置处于何处测量均为有效。

（7）根据供需双方协议，伸长率类型可从 A 或 A_{gt} 中选定。如伸长率类型未经协议确定，则伸长率采用 A，仲裁检验时采用 A_{gt}。

7. 试验结果值的修约

试验测定的性能结果数值应按相关产品标准的要求进行修约。如未规定具体要求，应按照如下要求进行修约。

（1）强度性能值修约至 1MPa；

（2）屈服点延伸率修约至 0.1%，其他延伸率和断后伸长率修约至 0.5%。

（二）钢筋弯曲试验

1. 试验装置

（1）弯曲试验应在配备下列弯曲装置之一的试验机上完成。第一种装置是配有两个支辊和一个弯曲压头的支辊式弯曲装置（见图 13-10）；第二种是配有一个 V 型模具和一个弯曲压头的 V 型模具式弯曲装置（见图 13-11）；第三种是虎钳式弯曲装置（见图 13-12）。

下面以第一种装置进行钢筋弯曲试验讲解。

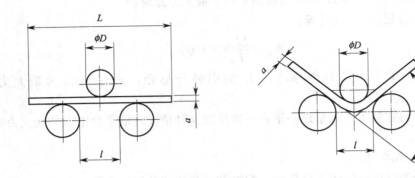

图 13-10 支辊式弯曲装置

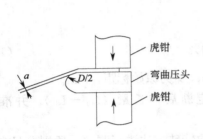

图 13-11 V 型模具式弯曲装置

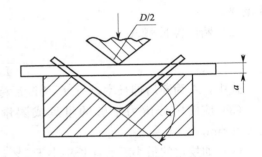

图 13-12 虎钳式弯曲装置

(2) 无特殊要求时支辊间距离 $l=(D+3a)\pm a/2$，式中 D 为弯曲压头直径，a 为试样的直径。此距离在试验期间应保持不变。

2. 试验操作

(1) 试验一般在 10～35℃的室温范围内进行。对温度要求严格的试验，试验温度应为 (23±5)℃。

(2) 将钢筋试样放于两支辊上，试样轴线应与弯曲压头轴线垂直，弯曲压头在两支座之间的中点处对试样连续施加力使其弯曲，直至达到规定的弯曲角度。

(3) 缓慢施加弯曲力，以使材料能够自由地进行塑性变形。当出现争议时，试验速率应为 (1±0.2)mm/s。

(4) 当使用上述方法不能直接达到规定的弯曲角度时，可将试样置于两平行压板之间，加或不加内置厚度等于规定弯曲压头直径的垫块，连续施加力压其两端使进一步弯曲，直至达到规定的弯曲角度。

3. 试验结果评定

(1) 按规定的弯芯直径弯曲 180°后，钢筋受弯曲部位表面不得产生裂纹。如未规定具体要求，弯曲试验后不使用放大仪器观察，试样弯曲外表面无可见裂纹应评定为合格。

(2) 以相关产品标准规定的弯曲角度作为最小值；若规定弯曲压头直径，以规定的弯曲压头直径作为最大值。

（三）热轧钢筋的力学性能

热轧钢筋的力学性能与弯曲性能指标见表 13-13。

表 13-13　热轧钢筋的力学性能与弯曲性能

牌号	R_{eL}/MPa	R_m/MPa	A/%	A_{gt}/%	冷弯试验 $180°$，d——弯心直径；a——钢筋公称直径	
					公称直径/mm	弯心直径/mm
	不小于					
HPB235	235	370	25.0	10.0	$d=a$	
HPB300	335	420				
HRB335 HRBF335	335	455	17	7.5	6～25	$d=3a$
					28～40	$d=4a$
					＞40～50	$d=5a$
HRB400 HRBF400	400	540	16		6～25	$d=4a$
					28～40	$d=5a$
					＞40～50	$d=6a$
HRB500 HRBF500	500	630	15		6～25	$d=6a$
					28～40	$d=7a$
					＞40～50	$d=8a$

试验七　沥青试验

依据《公路工程沥青及沥青混合料试验规程》（JTGE 20—2011）、《沥青软化点测定法（环球法）》（GB/T 4507—1999）、《沥青延度测定法》（GB/T 4508—2010）、《沥青针入度测定法》（GB/T 4509—2010）、《重交通道路石油沥青》（GB/T 15180—2010）、《沥青取样法》（GB/T 11147—2010）、《建筑石油沥青》（GB/T 494—2010）、《公路工程沥青及沥青混合料试验规程》（JTG E20—2011）进行试验。

一、目的

通过试验更深刻地了解沥青的三大性能，黏性、塑性、温度敏感性。掌握沥青的三大指标的测定方法，能准确判定沥青的牌号。

二、取样

1. 同一批出厂、同一规格、同一牌号的沥青，以 20t 为一个取样单位，不足 20t 亦按一个取样单位计。

2. 从每个取样单位的不同部位取 5 处洁净试样，每处所取数量大致相等，黏稠或固体状沥青取共约 4.0kg；液体状沥青取大于等于 1L；乳化沥青取大约 4L，并将取来的样品混合均匀后作为待检试样。

3. 当沥青到达验收地点卸货时，应尽快取两份样品，一份样品用于验收试验，另一份样品留存备查。取来的样品必须放在带盖的密封金属容器内，尤其做好防水。

4. 用于质量仲裁检验的样品，重复加热的次数不得超过两次（且加热时均应放入烘箱加热，不得用明火或电炉加热）。

三、准备

1. 将装有试样的盛样器带盖放入恒温干燥箱中，当石油沥青试样中含有水分时，干燥箱温度 80℃左右加热至沥青全部熔化后供脱水用。当石油沥青中无水分时，干燥箱温度宜为软化点温度以上 90℃，通常为 135℃左右。对取来的沥青试样不得直接采用电炉或煤气炉明火加热。

2. 当石油沥青试样中含有水分时,将盛样器皿放在可控温的砂浴、油浴、电热套上加热脱水,不得已采用电炉、煤气炉加热脱水时必须加放石棉垫。时间不超过 30min,并用玻璃棒轻轻搅拌,防止局部过热。在沥青温度不超过 100℃ 的条件下,仔细脱水至无泡沫为止,最后的加热温度不超过软化点以上 100℃(石油沥青)或 50℃(煤沥青)。

3. 将盛样器中的沥青通过 0.6 mm 的滤筛过滤,不等冷却立即一次灌入各项试验的模具中。在沥青灌模过程中如温度下降可放入干燥箱中适当加热,试样冷却后反复加热的次数不得超过 2 次,以防沥青老化影响试验结果。注意在沥青灌模时不得反复搅动沥青,应避免混进气泡。灌模剩余的沥青应立即清洗干净,不得重复使用。

四、仪器

(1) 干燥箱;(2) 天平;(3) 针入度仪;(4) 延度仪;(5) 软化点测定仪;(6) 恒温水浴。

五、试验

(一) 沥青针入度试验

沥青针入度以标准针在一定的载荷、时间及温度条件下垂直穿入沥青试样的深度表示,单位为 1/10mm。除非另行规定,标准针、针连杆与附加砝码的总质量为 (100±0.05) g,温度为 (25±0.1)℃,时间为 5s。沥青针入度是确定沥青牌号的依据。

1. 试验操作

(1) 调整针入度仪的水平支座,检查试针是否固定好,连杆和导轨是否能活动自如。

(2) 在恒温水浴中取出针入度试样,放在平底玻璃皿中的三角支架上,用与水浴相同温度的水完全覆盖样品,水位至少高出试样 10mm,将平底玻璃皿放置在针入度仪的平台上。

(3) 慢慢放下针连杆,使针尖刚刚接触到试件的表面,调节仪表归零。

(4) 快速释放针连杆,使标准针自由下落穿入沥青试样中,同时计时 5s,通过数据显示设备直接读出锥入深度数值,得到针入度,用 1/10mm 表示。

(5) 同一试样至少重复测定三次,每一试验点的距离和试验点与试样皿边缘的距离都不得小于 10mm。每次试验前都应将试样和平底玻璃皿放入恒温水浴中,每次测定都要用干净的针。当针入度小于 200 时可将针取下用合适的溶剂擦净后继续使用,当针入度超过 200 时,每个试样皿中扎一针,三个试样皿得到三个数据。或每个试样至少用三根针,每次试验用的针留在试样中,直至三根针扎完时再将针从试样中取出。但是这样测得的针入度的最高值和最低值之差,不得超过平均值的 4%。

2. 试验结果评定

以三次测定针入度的平均值取至整数作为试验结果。三次测定的针入度相差不应大于表13-14 中的数值。

表 13-14　针入度差值

针入度	0～49	50～149	150～249	250～350	350～500
最大差值	2	4	6	8	20

如果误差超过了表13-14 的范围,应利用另一个浇灌好的试样重复试验。如果结果再次超过允许值,则取消所有的试验结果,重新进行试验。

(二) 沥青延度试验

沥青的延度是反应沥青塑性的指标,是指沥青在一定的温度下抵抗外力作用的性能。它体现了沥青的抗变形性能。在未经特殊说明的情况下，试验温度一般为（25±0.5)℃。沥青延度仪的测定长度不宜大于150cm。

1. 试验操作

（1）将浇筑后的试件在室温冷却不少于1.5 h后刮平。

（2）将模具两端的孔分别套在实验仪器的柱上，然后以（5±0.25)cm/min的速度拉伸，直到试件拉伸断裂。在试件被拉断的同时，记录拉伸长度（cm）。拉伸速度允许误差在±5％以内，测量试件从拉伸到断裂所经过的距离，以cm表示。试验时，试件距水面和水底的距离不小于2.5cm，并且要使温度保持在规定温度的±0.5℃范围内。

（3）如果沥青浮于水面或沉入槽底时，则试验不正常。应使用乙醇或氯化钠调整水的密度，使沥青材料既不浮于水面，又不沉入槽底。

（4）正常的试验应将试样拉成锥形或线形或柱形，直至在断裂时实际横断面面积接近于零或一均匀断面。如果三次试验得不到正常结果，则报告在该条件下延度无法测定。

（5）观察沥青的拉伸情况，有时可能出现试件已拉到头仍未断裂的情况，可按大于或等于此长度计。

2. 试验结果评定

若三个试件测定值在其平均值的5％内，取平行测定三个结果的平均值作为测定结果；若三个试件测定值不在其平均值的5％以内，但其中两个较高值在平均值的5％之内，则舍去最低测定值，取两个较高值的平均值作为测定结果，否则重新测定。

（三）沥青软化点实验（环球法）

沥青的软化点是用以评价沥青材料的热敏感性，表征沥青处于黏塑态时的一种条件温度。

1. 试验操作

试样软化点在80℃以下时按下述方法操作。

（1）将装有试样的试样环连同试样底板置于（5±0.5)℃水的恒温水槽中至少15min，同时将金属支架、钢球、钢球定位环等亦置于相同水槽中。

（2）烧杯内注入新煮沸并冷却至5℃的蒸馏水，水面略低于立杆上的深度标记。

（3）从恒温水槽中取出盛有试样的试样环放置在支架中层板的圆孔中，套上定位环，然后将整个环架放入烧杯中，调整水面至深度标记，并保持水温为（5±0.5)℃。环架上任何部分不得附有气泡。将0～100℃的温度计由上层板中心孔垂直插入，使端部测温头底部与试样环下面齐平（数显自动升温的不需加温度计）。

（4）将盛有水和环架的烧杯移至放有石棉网的加热炉具上，然后将钢球放在定位环中间的试样中央，立即开动振荡搅拌器，使水微微振荡，并开始加热，试验期间不能取加热速率的平均值，3min后，升温速度应达到（5±0.5)℃/min。若温度上升速率超出此限定范围，则试验应重做。

（5）当两个试验环的球刚触及支撑板时，分别记录温度计所显示温度，精确至0.5℃。

试样软化点在80℃以上时按以下方法操作。

（1）将装有试样的试样环连同试样底板置于装有（32±1)℃甘油的恒温槽中至少15min；同时将金属支架、钢球、钢球定位环等亦置于甘油中。

（2）在烧杯内注入预先加热至32℃的甘油，其液面略低于立杆上的深度标记。

（3）从恒温槽中取出装有试样的试样环，按前面的方法进行测定，准确至1℃。

2. 试验结果确定

同一试样平行试验两次，当两次测定值的差值符合重复性试验精密度要求时，取其平均值作为软化点试验结果，精确至 0.5℃。

测定的软化点的允许差应符合以下规定。

(1) 当试样软化点小于 80℃时，重复性试验允许差为 1℃，复现性试验允许差为 4℃。

(2) 当试样软化点等于或大于 80℃时，重复性试验的允许差为 2℃，复现性试验的允许差为 8℃。

(四) 常用沥青三大指标的规定（见表 13-15，表 13-16）

表 13-15　重交通道路石油沥青技术要求

项　目	质量指标					
	AH-130	AH-110	AH-90	AH-70	AH-50	AH-30
针入度(25℃,100g,5s)/(1/10mm)	120～140	100～120	80～100	60～80	40～60	20～40
延度(15℃)/cm 不小于	100	100	100	100	80	报告
软化点/℃	38～51	40～53	42～55	44～57	45～58	50～65

表 13-16　建筑石油沥青技术要求

项　目		质量指标		
		10 号	30 号	40 号
针入度(25℃,100g,5s)/(1/10mm)		10～25	26～35	36～50
针入度(46℃,100g,5s)/(1/10mm)		报告①	报告①	报告①
针入度(0℃,200g,5 s)/(1/10 mm)	不小于	3	6	6
延度(25℃,5cm/min)/cm	不小于	1.5	2.5	3.5
软化点(环球法)/℃	不低于	95	75	60

①报告应为实测值。

参 考 答 案

第一章 绪 论

1. 土木工程材料的基本概念是什么？

【解】土木工程材料的定义有广义和狭义之分，广义的土木工程材料是指土木工程中使用的各种材料及制品。主要包括构成建筑物本体的材料，如水泥、钢材、木材等；辅助器材，即周转材料，如模板、围墙、脚手架等；各类建筑器材，如采暖设备、电器设备、消防器材设备等。狭义的建筑材料是构成建筑本体的材料，本书中主要介绍狭义的建筑材料。

2. 土木工程材料如何分类？

【解】（1）根据土木工程材料的主要组成成分分类，通常可分为无机材料、有机材料和复合材料三大类；（2）根据土木工程材料在建筑物中的用途，大体可分为建筑结构材料、建筑功能材料两大类；（3）根据材料来源，可分为天然材料与人造材料。

3. 说明我国技术标准的分级情况。

【解】土木工程材料涉及的标准主要包括两类。一是产品标准，其内容主要包括：产品规格、分类、技术要求、检验方法、验收规则、应用技术规程等。二是工程建设标准，其内容包括土木工程材料选用有关的标准，各种结构设计规范、施工及验收规范等。目前，我国常用的标准按适用领域和有效范围，分为三级。

第二章 土木工程材料的基本性质

1. 一块标准的普通黏土砖，其尺寸为 240mm×115mm×53mm，已知密度为 2.7g/cm³，干燥时质量为 2500g，吸水饱和时质量为 2900g。

求：（1）材料的干表观密度。

（2）材料的孔隙率。

（3）材料的体积吸水率。

【解】（1）$\rho_0 = m/v_0 = 2500/240 \times 115 \times 53 = 1.7$（g/cm³）

（2）$P = 1 - \rho_0/\rho = 1 - 1.7/2.7 = 37\%$

（3）$W_v = Wm\rho_0 = [(2900 - 2500)/2500] \times 1.7 = 27\%$

2. 某材料已知其密度为 2.7g/cm³，体积吸水率为 45%，吸水饱和后的表观密度为 1800kg/m³。

求：（1）干表观密度。

（2）孔隙率。

（3）质量吸水率。

【解】（1）干表观密度：根据题知 1m³ 材料吸水的质量为 0.45m³，则吸收水的质量为 450kg，所以干表观密度为 1800 − 450 = 1350（kg/m³）

（2）孔隙率：$P = 1 - \rho_0/\rho = 1 - 1.35/2.7 = 50\%$

（3）根据 $W_v = Wm\rho_0$，则 $W_m = W_v/\rho_0 = 45\%/1.35 = 33\%$

3. 说明软化系数在工程中的意义。

【解】处于水中或潮湿环境中的重要结构物所选用的材料其软化系数不得小于 0.85；受潮较轻的部位或次要结构部位的材料软化系数不宜小于 0.75；软化系数大于 0.85 的材料，称耐水性材料。

4. 影响材料耐久性的因素有哪些？

【解】土木工程材料在使用过程中受到环境的各种因素影响，可能是物理作用影响，如环境温湿度交替变化，使材料在冷热、冻融循环作用下，发生破坏；可能是化学作用影响，如环境中的酸、碱、盐作用，使材料内部腐蚀性组分发生化学反应而破坏；可能是机械作用的影响，如材料发生疲劳破坏等；也可能是生物作用，如材料受霉菌、虫蛀等引起的破坏。

第三章　气硬性无机胶凝材料

1. 过火石灰、欠火石灰对石灰性能有什么影响？如何消除？

【解】欠火石灰的产浆量较低，质量较差；过火石灰的密度较大，表面常被黏土杂质溶化时所形成的玻璃釉状物包覆，因而消解很慢，在工程中过火石灰颗粒往往会在正常石灰硬化后继续吸湿消解而发生体积膨胀，降低石灰品质，影响工程质量。消除方法有：将石灰经陈伏处理后再使用于工程，控制煅烧温度在 1000～1200℃ 之间，岩块尺寸不宜过大。

2. 简述石灰的硬化过程。

【解】石灰的硬化过程包括干燥硬化和碳酸化两部分。石灰浆体干燥过程由于水分蒸发形成网状孔隙，这时滞留在孔隙中的自由水由于表面张力的作用而产生毛细管压力，使石灰粒子更加密实，而获得"附加强度"；由于水分蒸发，引起氢氧化钙溶液过饱和而结晶析出，并产生结晶强度。另外，石灰浆体在空气中会与空气中的二氧化碳发生反应，经碳化后获得"碳化强度"。

3. 为何石灰除粉刷外一般不单独使用石灰浆？

【解】因石灰的干燥收缩大，氢氧化钙颗粒可吸附大量水分，在凝结硬化中不断蒸发，并产生大的毛细管压力，使石灰浆体产生大的收缩而开裂。故除粉刷外，一般不单独使用石灰浆。

4. 建筑石膏制品为何一般不适于室外？

【解】因建筑石膏制品化学成分主要为 $CaSO_4 \cdot 2H_2O$，微溶于水；且建筑石膏制品内部含大量毛细孔隙、水或水蒸气易进入建筑石膏制品内部，加快二水石膏晶体溶解于水的速度，特别是晶体间搭接处易受溶液破坏，强度大为下降。正因为其耐水性差、吸水率高、抗渗性及抗冻性差，故不宜用于室外。

5. 水玻璃的模数、浓度与性能有何关系？

【解】水玻璃中氧化硅和氧化钠的分子数比称为水玻璃的模数，模数愈大，水玻璃的黏度和黏结力愈大，也愈难溶解于水；同一模数水玻璃溶液浓度越高，则黏结力也越大。

6. 水玻璃的硬化有何特点？

【解】水玻璃能与空气中的二氧化碳反应生产无定形的硅酸凝胶，随着水分的挥发干燥，无定形硅酸脱水转变成二氧化硅而硬化。由于空气中二氧化碳较少，反应进行很慢，因此水玻璃在实际使用时常加入促硬剂以加速硬化。

第四章　水　　泥

1. 生产硅酸盐水泥的主要原料有哪些？

【解】主要原料有：石灰质原料（如石灰石）、黏土质原料（如黏土、页岩）、校正材料（如铁质材料、硅质材料等）、适量石膏。

2. 生产硅酸盐水泥为什么要掺入适量石膏？

【解】水泥熟料中的铝酸三钙与水反应十分迅速，使得水泥熟料加水后迅速凝结，导致来不及施工。所以为调节水泥的凝结时间，通常在水泥中加入适量石膏，这样，水泥加水后石膏迅速溶解与水化铝酸钙发生反应，生产针状的晶体（又称为钙矾石）沉积在水泥颗粒表面形成保护膜，延缓了水泥凝结时间。

3. 试述硅酸盐水泥的主要矿物成分及其对水泥性能的影响。

【解】硅酸盐水泥熟料中，C_3A 的水化和凝结硬化速度最快，但水化铝酸钙的强度不高；C_3S 和 C_4AF 的水化速度较快，凝结硬化速率也较快，C_3S 的水化产物强度高，C_4AF 的水化产物强度不高；C_2S 水化反应速度最慢，凝结硬化速率也慢，强度早期低，后期高。

4. 硅酸盐水泥的主要水化产物有哪几种？水泥石的结构如何？

【解】主要水化产物是：水化硅酸钙和水化铁酸钙凝胶、氢氧化钙、水化铝酸钙和水化硫铝酸钙晶体。水泥石主要由固体（水泥水化产物及未水化的残存水泥内核）和孔隙组成。凝胶是由尺寸很小的凝胶微粒与位于胶粒之间的凝胶孔组成，胶粒的比表面积大，可强烈地吸附一部分水分，此水分与填充胶孔的水分称为凝胶水；毛细孔中的水分称为毛细水，毛细水的结合力较弱，脱水温度较低，脱水后形成毛细孔。

5. 造成硅酸盐水泥体积安定性不良的原因有哪几种？怎样检验？

【解】造成水泥体积安定性不良，一般是由熟料中所含游离氧化钙、游离氧化镁过多或掺入石膏过多等原因所造成。国家标准规定，由游离的氧化钙过多引起的水泥体积安定性不良可用雷氏法或试饼法检验。试饼法是用标准稠度的水泥净浆做成试饼，经恒沸 3h 后用肉眼观察未发现裂纹，用直尺检验没有弯曲；雷氏法是用雷氏夹中的水泥浆经沸煮 3h 后的膨胀值。

6. 试述硅酸盐水泥的强度发展规律及影响因素。

【解】强度发展规律为：水泥的水化和凝结硬化从颗粒表面深入到内部是有一个时间过程的，水化速度开始比较快，强度发展也比较快，以后逐渐减慢。不同水泥的强度发展不完全相同，掺较多活性混合材料的硅酸盐水泥早期强度比较低，后期增进率高。

7. 硅酸盐水泥检验中，哪些性能不符合要求时，则该水泥属于不合格品？哪些性能不符合要求时，则该水泥属于废品？怎样处理不合格品和废品？

【解】国家标准规定：硅酸盐水泥性能中，凡氧化镁、三氧化硫、初凝时间、安定性中任一项不符合标准规定时均为废品。废品应严禁出厂、使用。凡细度、终凝时间、不溶物和烧失量中的任何一项不符合规定或混合材掺量超过最大限度和强度低于商品强度等级（标号）规定的指标时称为不合格品。水泥包装标志中水泥品种、强度等级、工厂名称和出厂编号不全也属于不合格品。不合格品可根据实际情况而决定使用与否。

8. 什么是活性混合材料和非活性混合材料？掺入硅酸盐水泥中各能起到什么作用？

【解】活性混合材料中有一定的活性组分，常温下能与水泥熟料水化时析出 $Ca(OH)_2$ 的或在硫酸钙的作用下生成具有胶凝性质的稳定化合物。非活性混合材料与水泥矿物成分不起化学反应或化学反应很弱，在水泥石中主要起填充作用，掺入硅酸盐水泥中主要调节水泥强度等级，增加产量，降低水化热等。

9. 为什么掺较多活性混合材料的硅酸盐水泥早期强度较低，后期强度发展比较明显，长期强度甚至超过同强度等级的硅酸盐水泥？

【解】掺较多活性混合材的硅酸盐水泥中水泥熟料含量比较少，加水拌合后，熟料先水化，水化后析出的 $Ca(OH)_2$ 以及石膏作为碱性激化剂和硫酸盐激发剂激化活性混合材料水化，生成水化硅酸钙和水化硫铝酸钙等水化产物。水化过程分两步进行，早期强度较低而后期强度发展较快。

10. 与普通水泥相比较，矿渣水泥、火山灰水泥、粉煤灰水泥在性能上有哪些不同？分析这四种水泥的适用和禁用范围。

【解】矿渣水泥保水性差、泌水性大。在施工中由于泌水而形成毛细管通道及水囊，水分的蒸发又易引起干缩，影响混凝土的抗渗性、抗冻性及耐磨性。适用于高温和耐软水、海水、硫酸盐腐蚀的环境中；火山灰质水泥特点是易吸水，易反应。在潮湿条件下养护可以形成较多的水化产物，水泥石结构比较致密，从而具有较高的抗渗性和耐久性。如在干燥环境中，所吸收的水分会蒸发，体积收缩，产生裂缝，因而不宜用于长期处于干燥环境和水位变化区的混凝土工程中，但适宜于大体积和抗渗要求的混凝土及耐海水、硫酸盐腐蚀的混凝土中；粉煤灰水泥需水量比较低，干缩性较小，抗裂性较好。尤其适用于大体积水工混凝土及地下和海港工程中，但不适宜抗碳化要求的混凝土中。

11. 铝酸盐水泥有何特点？

【解】铝酸盐水泥快硬早强，早期强度增长快，但后期强度可能会下降；水化热大，而且集中在早期放出；具有较好的抗硫酸盐侵蚀能力；铝酸盐水泥不耐碱但耐高温性能好。

12. 简述铝酸盐水泥的水化过程及后期强度下降的原因。

【解】铝酸盐水泥的水化产物 CAH_{10} 和 C_2AH_8 为针状或板状结晶体，能相互交织成坚固的结晶合生体，析出的 $Al(OH)_3$ 难溶于水，填充于晶体骨架的空隙中，形成比较致密的结构，使水泥石获得很高的早期强度，但是 CAH_{10} 和 C_2AH_8 是亚稳定相，随时间增长，会逐渐转化为比较稳定的 C_3AH_6，转化结果使水泥石内析出游离水，增大了空隙体积，同时由于 C_3AH_6 晶体本身缺陷较多，强度较低，因而使得水泥石后期强度有所下降。

第五章 混 凝 土

1. 试述影响水泥混凝土强度的主要原因及提高强度的主要措施。

【解】影响硬化后水泥混凝土强度的因素包括：（1）水泥的强度和水胶比（水灰比）；（2）集料特性；（3）浆集比；（4）湿度、温度及龄期；（5）试件形状与尺寸、试件温度及加载方式等试验条件。提高混凝土强度的措施主要包括：（1）选用高强度水泥和早强型水泥；（2）采用低水胶比（水灰比）和浆集比；（3）掺加混凝土外加剂和掺合料；（4）采用湿热处理（如蒸汽养护和蒸压养护）；（5）采用机械搅拌合振捣等。

2. 简述混凝土拌合物工作性的含义，影响工作性的主要因素和改善工作性的措施。

【解】工作性指新拌混凝土具有的能满足运输和浇捣要求的流动性；不为外力作用产生脆断的黏聚性；不产生分层、泌水的保水性和易于浇捣密致的密实性。影响新拌混凝土工作性的因素主要有（1）水泥特性；（2）集料特性；（3）集浆比；（4）水胶比（水灰比）；（5）砂率；（6）外加剂；（7）温度、湿度和风速等环境条件以及时间等。改善新拌混凝土的措施包括：（1）在保证混凝土强度、耐久性和经济性的前提下，适当调节混凝土的材料组成；（2）掺加各种外加剂；（3）提高振捣机械的效能。

3. 简述坍落度和维勃稠度测定方法。

【解】（1）坍落度试验是用标准坍落度圆锥筒测定，将圆锥筒置于平板上，然后将混凝土拌合物分三层装入筒内，每层用弹头棒均匀地插捣 25 次，多余试样用镘刀刮平，然后垂直提起圆锥筒，将圆锥筒与混合料并排放于平板上，测量筒高与坍落后混凝土试体之间的高差，即为混凝土的坍落度，以 mm 为单位。（2）维勃稠度试验方法是将坍落度筒放在直径为 240mm、高度为 200m 圆筒中，圆筒安装在专用的振动台上，按坍落度试验的方法将新拌混凝土装入坍落度筒内后再拔去坍落度筒，并在新拌混凝土顶上置一透明圆板，开动振动台并记录时间，从开始振动至圆板底面被水泥浆布满为止所经历的时间，以 s 计，即为维勃时间。

4. 粗细集料中的有害杂质是什么？它们分别对混凝土质量有何影响？

【解】集料中含有的有害杂质主要有含泥量和泥块含量、云母、轻物质、硫酸盐和硫化物以及有机质等。泥的存在妨碍集料与水泥净浆的黏结，影响混凝土的强度和耐久性。集料中的云母对混凝土拌合物的工作性和硬化后混凝土的抗冻性和抗渗性都有不利影响。有机物质延缓混凝土的硬化过程，并降低混凝土的强度，特别是早期强度。若集料中所含的硫化物和硫酸盐过多，将在已硬化的混凝土中与水化铝酸钙发生反应，生成水化硫铝酸钙结晶，体积膨胀，在混凝土内部产生严重的破坏作用。

5. 何谓减水剂？试述减水剂的作用机理。

【解】减水剂是在混凝土坍落度基本相同的条件下，能减少拌合用水的外加剂。减水剂对新拌混凝土的作用机理有三个方面：（1）吸附-分散作用：水泥在加水拌合后会产生一种絮凝状结构，包裹了很多拌合水，从而降低了新拌混凝土的工作性。而减水剂的憎水基团定向吸附于水泥质点表面，亲水基团朝向水溶液，由于减水剂的定向排列，水泥粒子表面带有相同电荷，在电性斥力的作用下不但使水泥-水体系处于相对稳定的悬浮状态，另外在水泥粒子表面形成一层溶剂化薄膜。同时释放出水泥絮凝体中的游离水，达到减水的目的。（2）润滑作用：减水剂使水泥颗粒表面形成一层稳定的溶剂化水膜，不仅能阻止水泥颗粒间的直接接触，并在颗粒间起润滑作用。（3）湿润作用：水泥加水拌合后，颗粒表面被水所浸润，其湿润状况对新拌混凝土的性能有很大影响。由于减水剂的定向排列，不仅能使水泥颗粒分散，而且能增大水泥的水化面积，影响水泥的水化速度。所以，减水剂能使混凝土的工作性大大改善，同时对硬化后的混凝土也带来一系列的优点。

6. 何谓混凝土的早强剂、引气剂和缓凝剂？指出它们各自的用途和常用品种。

【解】早强剂是能加速混凝土早期强度发展的外加剂，主要用于对混凝土早期强度有很高要求或紧急、抢修等工程的结构物，常用的早强剂是氯化钙和三乙醇胺复合早强剂。引气剂在拌合混凝土过程中引入大量均匀分布、稳定而封闭的微小气泡的外加剂。主要用于对混凝土的抗冻性、抗渗性和抗蚀性有要求的工程。常用的是松香热聚物等。缓凝剂是能延缓混凝土的凝结时间，对混凝土后期物理力学性能无不利影响的外加剂。主要用于桥梁大体积工程。通常用酒石酸、糖蜜、柠檬酸等。

7. 如何确定混凝土的强度等级？混凝土强度等级如何表示？

【解】混凝土的强度等级按混凝土的"立方体抗压强度标准值"来确定，而立方体抗压强度标准值是指用标准方法测定的抗压强度总体分布中的一个值，具有 95% 的强度保证率。

强度等级的表示方法是用符号"C"和"立方体抗压强度标准值"两项内容表示。

8. 简述影响混凝土弹性模量的因素。

【解】混凝土弹性模量和强度一样，受其组成相的孔隙率影响，混凝土强度越高，弹性模量也越高。在组成相中，首先是粗集料，当混凝土中高弹性模量的粗集料含量越多，混凝土的弹性模量越高。其次是水泥浆体的弹性模量取决于孔隙率。控制水泥浆体的孔隙率的因素，如水胶比（水灰比）、含气量、水化程度等均与弹性模量有关。此外，养护条件也对混凝土的弹性模量有所影响。最后，弹性模量与测试条件同样有关。

9. 何谓碱-集料反应？混凝土发生碱-集料反应的必要条件是什么？防止措施怎样？

【解】水泥混凝土中水泥的碱与某些活性集料发生化学反应，引起混凝土产生开裂、膨胀甚至破坏，这种化学反应称为"碱-集料反应"。其发生反应的必要条件是：（1）水泥中的碱含量过高；（2）集料含碱活性物质；（3）有水存在。防止措施是：（1）控制水泥中的碱含量；（2）选择不具备碱活性的集料；（3）混凝土保持干燥。

10. 对普通混凝土有哪些基本要求？怎样才能获得质量优良的混凝土？

【解】对普通混凝土的基本要求：满足混凝土结构设计的强度要求；满足施工所要求的和易性；具有与工程环境相适应的耐久性。获得质量优良的混凝土：首先要设计合理的配合比，使混凝土满足上述基本要求以及实际工程中的某些特殊要求；要选用质量合格的原材料，按照相应的规范施工。

11. 试述混凝土中的四种基本组成材料在混凝土中所起的作用。

【解】水泥和水：水泥和水形成水泥浆，填充砂子空隙并包裹砂粒，形成砂浆，砂浆又填充石子空隙并包裹石子颗粒。水泥浆在砂石颗粒之间起着润滑作用，使混凝土拌合物具有一定的流动性。但是它更主要的是起胶结作用。水泥浆通过水泥的硬化，把砂石集料牢固的胶结成一整体。砂石：一般不与水泥浆起化学反应，起骨架作用，可以大大的节省水泥；可以降低水化热，大大减少混凝土由于水泥浆硬化而产生的收缩，抑制裂缝的扩展。

12. 试比较碎石和卵石拌制混凝土的优缺点。

【解】在水泥浆用量相同的条件下，卵石混凝土的流动性较大，与水泥浆的黏结较差。碎石混凝土流动性较小，与水泥浆的黏结较强。碎石混凝土强度高于卵石混凝土的强度。

13. 试述泌水对混凝土质量的影响。

【解】泌水是材料离析的一种形式。如果混凝土拌合物的保水性比较差，其泌水的倾向性就较大，这样就易于形成泌水通道，硬化后成为混凝土的毛细管渗水通道。由于水分上浮，在混凝土表面还会形成一个疏松层，如果在其上继续浇灌混凝土，将会形成一个薄弱的夹层。此外，在粗集料颗粒和水平钢筋下面也容易形成水囊或水膜，致使集料和钢筋与水泥石的黏结力降低。

14. 和易性与流动性之间有何区别？混凝土试拌调整时，发现坍落度太小，如果单纯加用水量去调整，混凝土的拌合物会有什么变化？

【解】流动性是指混凝土拌合物在本身自重或施工机械搅拌振捣作用下能够流动的性能。而和易性是混凝土的综合工作性能，包括流动性，还有黏聚性和保水性。

如果单纯增加用水量去调整坍落度，则水泥浆会变稀，从而降低了水泥浆的黏聚性，减小颗粒间的内摩擦力，混凝土拌合物的流动性会增大。但是，水泥浆的黏聚性降低过多的话，会导致混凝土拌合物的保水能力不足，会出现泌水现象，而且其黏聚性也不好，这样会影响混凝土的质量，降低硬化后混凝土的强度。

15. 普通混凝土为何强度愈高愈易开裂？试提出提高早期抗裂性的措施。

【解】因为普通混凝土的强度越高，则水胶比（水灰比）越小，水泥浆越多。而混凝土的收缩主要是由于水泥的收缩引起的，所以水泥浆增多，混凝土的收缩越大，混凝土就越易开裂。

措施：养护好；可以掺入矿物掺合料、减水剂或聚合物等。

16. 某市政工程队在夏季正午施工，铺筑路面水泥混凝土。选用缓凝减水剂。浇筑完后表面未及时覆盖，后发现混凝土表面形成众多表面微细龟裂纹，请分析原因。

【解】由于夏季正午天气炎热，混凝土表面蒸发过快，造成混凝土产生急剧收缩。且由于掺用了缓凝减水剂，混凝土的早期强度低，难以抵抗这种变形应力而表面易形成龟裂。属塑性收缩裂缝。

预防措施：在夏季施工尽量选在晚上或傍晚，且浇筑混凝土后要及时覆盖养护，增加环境湿度，在满足和易性的前提下尽量降低坍落度。若已出现塑性收缩裂缝，可于初凝后终凝前两次抹光，然后进行下一道工序并及时覆盖洒水养护。

17. 某工程队于 7 月份在湖南某工地施工，经现场试验确定了一个掺木质素磺酸钠的混凝土配方，经使用一个月情况均正常。该工程后因资金问题暂停 5 个月，随后继续使用原混凝土配方开工。发觉混凝土的凝结时间明显延长，影响了工程进度。请分析原因，并提出解决办法。

【解】因木质素磺酸盐有缓凝作用，7 月份气温较高，水泥水化速度快，适当的缓凝作用是有益的。但到冬季，气温明显下降，故凝结时间就大为延长，解决的办法可考虑改换早强型减水剂或适当减少减水剂用量。

18. 某混凝土搅拌站原使用砂的细度模数为 2.5，后改用细度模数为 2.1 的砂。改砂后原混凝土配方不变，发觉混凝土坍落度明显变小。请分析原因。

【解】因砂粒径变细后，砂的总表面积增大，当水泥浆量不变，包裹砂表面的水泥浆层变薄，流动性就变差，即坍落度变小。

19. 某水利枢纽工程"进水口、洞群和溢洪道"标段（Ⅱ标）为提高泄水建筑物抵抗河道泥沙及高速水流的冲刷能力，浇筑了 28 天抗压强度达 70MPa 的混凝土约 $50 \times 10^4 m^3$。但都出现了一定数量的裂缝。裂缝产生有多方面的原因，其中原材料的选用是一个方面。请就其胶凝材料的选用分析其裂缝产生的原因。水泥：采用了早强型普通硅酸盐水泥。

【解】对于大体积泄水建筑物，设计和选用无水化热控制要求的普通硅酸盐水泥不利于混凝土温度控制。早强型普通硅酸盐水泥水化速度快，其早期温度拉应力增长往往大于其带来的抗拉强度增长。此类混凝土宜选用中热硅酸盐水泥。

20. 为什么混凝土在潮湿条件下养护时收缩较小，干燥条件下养护时收缩较大，而在水中养护时却几乎不收缩？

【解】混凝土在干燥条件下养护时，由于水化过程不能充分进行，混凝土内毛细孔隙的含量较高，因而干缩值较大；当在潮湿条件下养护时，水分较充足，毛细孔隙的数量相对较少，因而干缩值较小；当混凝土在水中养护时，毛细孔隙内的水面不会弯曲，不会引起毛细压力，所以混凝土不会产生收缩，且由于凝胶表面吸附水，增大了凝胶颗粒间的距离，使得混凝土在水中几乎不产生收缩。但将水中养护的混凝土放置于空气中时，混凝土也会产生干缩，不过干缩值小于一直处于空气中养护的混凝土。

21. 某工地施工人员拟采用下述方案提高混凝土拌合物的流动性，试问哪个方案可行，哪个不可行？简要说明原因。方案：①多加水；②保持水灰比不变，适当增加水泥浆量；③加入氯化钙；④掺加减水剂；⑤适当加强机械振捣。

【解】②、④、⑤可行，而①、③不可行。

① 加水，增大混凝土的水灰比，降低混凝土的强度和耐久性；

② 减少集浆比，有助于改善混凝土的工作性但增加须适量，不能过多，以免造成流浆；

③ 氯化钙是早强剂，对改善混凝土的工作性没有作用；

④ 掺加减水剂可保持混凝土水灰比不变的同时，显著提高工作性；

⑤ 在施工手段上改善，也有一定效果。

22. 已知混凝土的水胶比（无掺合料）为 0.60，每立方米混凝土拌合用水量为 180kg，采用砂率 33%，水泥的密度为 $3.10g/cm^3$，砂子和石子的表观密度分别为 $2.62g/cm^3$、$2.70g/cm^3$。试用体积法求每立方米混凝土中各材料的用量。

【解】水为 180kg，水泥为 300kg，砂子为 629kg，石子为 1277kg。

23. 某混凝土公司生产预应力钢筋混凝土大梁，需用设计强度为 C40 的混凝土，拟用原材料为：

水泥为普通硅酸盐水泥 42.5，富余系数为 1.10，密度为 $3.15g/cm^3$；

中砂的密度为 $2.66g/cm^3$，级配合格；

碎石的密度为 $2.70g/cm^3$，级配合格，最大粒径为 20mm。

已知单位用水量为 170kg，标准差为 5MPa。试用体积法计算混凝土配合比。

【解】水为 170kg，水泥为 393kg，砂子为 616kg，石子为 1251kg。

第六章　建 筑 砂 浆

1. 新拌砂浆的和易性的含义是什么？怎样才能提高砂浆的和易性？

【解】新拌砂浆的和易性即指砂浆在搅拌、运输、摊铺时易于流动并不易失水的性质，它包含有流动性和保水性两方面的含义。流动性是指砂浆在自重或外力的作用下能够流动的性能；保水性是指新拌砂浆能保持内部水分不流出的能力。

为了提高砂浆的和易性，在新拌砂浆时，常加入一定的掺合料（石灰膏、粉煤灰、石膏等）和外加剂在一起搅拌。加入的外加剂不仅可以改善砂浆的流动性、保水性，而且有些外加剂还能提高硬化后砂浆的强度和黏结力，并改善砂浆的抗渗性和干缩等。

2. 配制砂浆时，其胶凝材料和普通混凝土的胶凝材料有何不同？

【解】配制普通混凝土所用的胶凝材料是用各种水泥，且用较高强等级的水泥。配制砂浆所有的胶凝材料，除用各种水泥外，可用石灰、石膏（如石灰砂浆、石膏砂浆）。且石灰、石膏、粉煤灰和黏土也可加入在水泥砂浆中，作为提高砂浆流动性和保水性的掺合料来应用（如水泥石灰砂浆、水泥黏土砂浆等称为混合砂浆），以达到提高砂浆质量和降低成本的目的。配制砂浆时所用水泥强度等级一般都不宜大于 42.5。

3. 影响砂浆强度的主要因素有哪些？

【解】对应用于不吸水的密实基底的砂浆，影响其强度的主要因素是水泥的强度等级和水灰比（W/C），近似于混凝土。对应用于基层吸水的砂浆，影响其强度的因素是水泥的强度等级和水泥用量的多少，而与水灰比的关系不大。除以下所述主要影响因素外，影响砂浆强度的因素还很多。诸如所用外掺料和外加剂的种类、质量好坏、掺量等，另外，砂子的种类、粗细程度、杂质含量多少等，均对砂浆强度有一定的影响。搅拌砂浆的均匀程度和施工中的涂抹和摊铺等工序的质量好坏也会对砂浆的强度产生一定的影响。

4. 对新拌砂浆的技术要求与混凝土拌合物的技术要求有何异同？

【解】砂浆和混凝土相比，最大的区别在于：砂浆没有粗集料；砂浆一般为一薄层，多抹铺在多孔吸水基底上。所以砂浆的技术要求与混凝土有所不同。新拌砂浆和混凝土拌合物一样，都必须具有良好的和易性。但是混凝土的和易性是要求混凝土拌合物在运输和施工过程中不易分层离析，浇筑时容易捣实，成型后表面容易修整，以期硬化后能够得到均匀密实的混凝土。而砂浆的和易性要求砂浆在运输和施工过程中不分层、泌水，且能够在粗糙的砖石表面铺抹成均匀的薄层，与底层黏结性良好。

第七章　墙　体　材　料

1. 为何要限制烧结黏土砖，发展新型墙体材料？

【解】（1）烧结普通黏土砖耗用农田，且生产过程中氟、硫等有害气体逸放，污染环境，其性能亦存在如保温隔热性能较差、自重大等缺点。

（2）发展新型墙体材料有利于工业废弃物的综合利用，亦可发挥其轻质、保温隔热好等相对更为优越的性能。

2. 焙烧温度对砖质量有何影响？如何鉴别欠火砖和过火砖？

【解】焙烧温度在烧结范围内，且持续时间适宜时，烧得的砖质量均匀、性能稳定，称之为正火砖；若焙烧温度低于烧结范围，得欠火砖；焙烧温度超过烧结范围时，得过火砖。欠火砖与过火砖质量均不符合技术要求。

欠火砖，低温下焙烧，黏土颗粒间熔融物少，因此，砖色浅、敲击时音哑、孔隙率大、强度低、吸水率大、耐久性差；过火砖则色深、音清脆、孔隙率小、强度高、吸水率小、耐久性强，但砖变形大外观往往不合格，且热导率大。

3. 多孔砖与空心砖有何异同点？

【解】（1）两种砖孔洞率要求均为等于或大于 15%；

（2）多孔砖孔的尺寸小而数量多，空心砖孔的尺寸大而数量小；

（3）多孔砖常用于承重部位，空心砖常用于非承重部位。

4. 轻质墙板有哪些品种？它们的公共特点是什么？

【解】薄板、条板、轻型复合板。

共同特点：单位面积质量轻，隔声隔热效果好，表面平整度好，抗震性能好，按照施工时基本是干作业操作，施工现场较干净，按照快捷，施工效率高，主要用作非承重内隔墙，也可用作公共建筑、住宅建筑和工业建筑的外围护结构，使用时应采取防裂措施，确保墙体无裂缝。

第八章　建　筑　钢　材

1. 钢材在拉伸过程中经历了哪些阶段？不同阶段所表现的特征是什么？

【解】钢材在拉伸过程中分别经历了弹性、屈服、强化和颈缩四个阶段。在弹性阶段，应力较小，应力与应变成正比例关系增加。在塑性阶段，应变的增长速度超过了应力的增长速度，应力-应变不再呈现出比例关系，此时的试件不但产生弹性变形，而且开始产生塑性变形。在强化阶段，由于试件内部组织即晶格扭曲、晶粒破碎等原因，抵抗变形能力又重新提高，在此阶段，随着变形的增大，应力也在不断增加，并出现了峰值，即钢材所能承受的最大的拉应力。在颈缩阶段，试件抵抗变形能力明显降低，试件薄弱处的断面显著减小，塑性变形急剧增加，试件被拉长，直至断裂。

2. 什么是钢材的冲击韧性？如何表示？影响钢材冲击韧性的因素是什么？

【解】(1) 钢材的冲击韧性是指其抵抗冲击荷载的能力。(2) 钢材的冲击韧性用冲击韧性值 α_k 来表示，即单位面积所消耗的功 $\alpha_k = W/A$。(3) 钢材冲击韧性 α_k 的影响因素很多，化学成分、冶炼轧制质量、内部组织状态、温度等都会影响钢材的冲击韧性。钢材中硫、磷含量高，含有非金属夹杂物，焊接中有微裂纹等都会使 α_k 降低。温度对钢材的冲击韧性 α_k 影响较大。钢材的冲击韧性会随着温度的降低而下降，脆性转变温度越低，钢材的低温冲击韧性越好。

3. 简述钢材的晶体结构有哪些特点。

【解】钢材是铁-碳合金晶体，它的晶格有体心立方晶格和面心立方晶格。体心立方晶格的立方体的中心和八个顶点各有一个铁原子；面心立方晶格的立方体的八个顶点和六个面的中心各有一个铁原子。各原子之间是以金属键相互结合在一起，这种键既没有方向性又没有饱和性，成键的电子可以在金属中自由流动，所以钢材具有良好的导电性；同时外界温度升高使得自由电子和离子的振幅增大，钢材具有很好的导热性；由于自由电子间有胶合作用，当钢材晶体受外力作用时，阳离子与原子间产生滑动，因此钢材可以加工成薄片或拉成细丝，表现出良好的延展性。钢材的这种金属键的结构就决定了钢材具有较高的强度和较好的塑性。铁属于立方晶格，随着温度的变化，铁可以由一种晶格转变为另一种晶格。正是由于纯铁的这种独特的性质，所以钢材能通过各种热处理方法改变内部组织从而改善自身性能。

4. 钢材的化学成分中有害元素对钢材产生哪些影响？

【解】(1) P 是钢中有害杂质之一。含磷较多的钢，在室温或更低的温度下使用时，容易脆裂，称为"冷脆"。钢中含碳越高，由磷引起的脆性越严重。在一般情况下，P 能增加钢的冷脆性、降低钢的焊接性、塑性及冷弯性。(2) S 是有害元素，它是原料中带入的，多以 FeS 的形式存在。由于其熔点低，低温时易使钢产生热脆性，同时降低钢的延展性、韧性和耐腐蚀性，在锻造和轧制时形成裂纹，对焊接性能也造成不利影响。(3) N、O 都是有害元素，都会严重降低钢材的塑性、韧性和可焊性，增加时效敏感性。

5. 什么是钢材的冷拉时效？它的作用是什么？

【解】(1) 冷拉时效是指经过冷加工强化处理后的钢筋，在常温下存放 15～20d 或加热到 100～200℃并保持 2～3h 后，其屈服强度、抗拉强度及硬度都进一步提高，塑性及韧性继续降低，弹性模量基本恢复的过程。(2) 冷拉时效可以避免低温或动载荷条件下钢材的脆性破坏、能够消除残余应力、稳定钢材组织和尺寸、改善机械性能。

6. 钢筋混凝土结构用钢材有哪些？其特点如何？

【解】(1) 钢筋混凝土结构用钢材一般主要有热轧钢筋和冷加工钢筋两类。热轧钢筋是经热轧成型并自然冷却的成品钢筋，它按外形可以分为热轧光圆和热轧带肋两种。冷加工钢筋则是指在常温下对热轧钢筋进行冷拉、冷拔、冷轧等的机械加工。它常见品种有冷拔低碳钢丝、冷轧带肋、冷轧扭和预应力混凝土用钢绞线等。(2) 热轧钢筋由于热轧使得钢筋晶粒变细，也能使气泡裂纹等焊合，因而具有较高的强度。冷加工钢筋弹性强度高、能节约钢材。但其延伸率降低，尤其是用于预应力构件时，易造成脆性断裂。

7. 简述钢材的锈蚀机理与防止措施。

【解】(1) 钢材的锈蚀可分为化学锈蚀和电化学锈蚀两类。化学锈蚀是钢材直接与周围介质发生化学反应而产生的锈蚀。这种锈蚀通常是由氧化反应引起的，即周围介质直接同钢材表面的铁原子相互作用形成疏松氧化铁的过程。在常温下，钢材表面能形成一薄层氧化保护膜，能有效防止钢材的锈蚀。因此，在干燥环境下，钢材的锈蚀进展很慢，但在高温和潮湿的环境条件下，锈蚀会大大加快。电化学锈蚀是钢材在存放和使用过程中与潮湿气体或电解质溶液发生电化学作用而产生的锈蚀。在潮湿空气中，钢材表面被一层电解质水膜覆盖。钢材中含有铁、碳等多种成分，这些成分的电极电位不同，因而在钢材表面会形成许多个以铁为阳极、碳化铁为阴极的微电池，使钢材不断地被锈蚀。（2）防止钢材锈蚀的方法很多，主要有喷涂隔离介质保护法、电化学保护法、改善环境、在钢材中添加合金元素改善钢材本质等防止措施。

第九章　　建筑高分子材料

1. 高分子材料的结构特点有哪些？

【解】（1）大分子和大分子间的相互作用：大分子链为共价键结合，不同的化学组成，链长和键能不同。大分子链间的结合力为范德华键和氢键，这类结合力为次价力，但由于分子链特别长，而且次价力具有加和性。（2）大分子的近程结构：①主要是指链节的化学组成，主链有无侧基或支链，侧基或支链的化学组成。②链节方式是指链节在主链上的连接方式和顺序，这取决于单体和聚合反应的性质。③空间结构，大分子链中链节由共价键缩构成的空间排布称为分子链的构型。

2. 塑料的主要组成有哪些？其作用如何？

【解】（1）树脂：通常是指受热后有软化或融化范围，软化时在外力作用下有流动倾向，常温下是固态、半固态，树脂是塑料的基体材料，塑料的物理、力学性能和加工成型工艺主要取决于所采用的树脂；（2）填料或增强材料：为提高塑料制品的强度和刚度，可以加入各种纤维状增强材料，填料一般是固态粉末，其主要作用是降低塑料成本和收缩率，同时也能对某些物理性能起到改善作用；（3）增塑剂：为了制备室温下软质塑料制品和改善加工时的熔融流动性能，需要加入一定量的增塑剂；（4）固化剂：对于热固性树脂，需要加入固化剂，通过交联作用使大分子链具有体形网状结构，成为坚固的有固定形状的热固性塑料制品；（5）防老化剂（防止老化）；（6）润滑剂：防止塑料在成型过程中产生粘膜问题；（7）着色剂（染色）；（8）阻燃剂：防止燃烧或造成自燃；（9）抗静电剂（减少火花和放静电的性能）。

3. 热固性与热塑性塑料的主要不同点有哪些？

【解】热塑性塑料：不论加热和冷却重复多少次，这种受热软化、冷却硬化的性能不改变热固性塑料：再次受热不会软化也不会溶解，只会在高温下炭化。

4. 塑料的主要特性有哪些？

【解】（1）密度小，比强度高；（2）导热性低；（3）耐腐蚀性好；（4）良好的耐水性和耐水蒸气性；（5）电绝缘性好；（6）耐磨性好；（7）优良装饰性；（8）良好的加工性能和施工性能；（9）生产所需能耗小；（10）弹性模量小。

5. 橡胶有哪几种？各有何特性？

【解】（1）天然橡胶：生橡胶性软，遇热变黏，又易老化而失去弹性，易溶于油及有机溶剂，无一定的熔点，常温下有很大的弹性，电绝缘性好；（2）合成橡胶：合成橡胶主要是二烯烃的聚合物，它们的综合性能虽然不如天然橡胶，但它们具有某些橡胶所不具备的特性，原料来源较广，品种较多；（3）再生橡胶：再生橡胶价格低，在建筑上可与沥青混合制作沥青再生橡胶防水卷材和防水涂料。

6. 建筑胶黏剂的种类有哪些？

【解】按基料的化学成分划分可分为无机胶黏剂、天然有机胶黏剂、合成有机胶黏剂；按用途划分可分为结构型、非结构型和特种用途胶黏剂；按物理形态划分水溶型（可溶于水）、水乳型（以水为分散介质）、溶剂型（以有机化合物为溶剂）、无溶剂型（不含溶剂）、膏状与腻子、固态型等几类；按固化条件可分为溶剂挥发型、化学反应型和热熔冷却型。

7. 对胶黏剂有哪些基本要求？

【解】（1）有足够的流动性和对被黏结物表面的浸润性，保证被黏结物表面能被完全浸润；（2）固化速度和黏度容易调整，且易于控制；（3）胶黏剂的膨胀与收缩变形小；（4）不易老化，胶黏剂的性能不因温度及其他环境条件的变化而变化；（5）黏结强度大。

8. 在黏结结构材料或修补建筑结构（如混凝土、混凝土结构）时，一般宜选用哪类合成树脂胶黏剂？为什么？

【解】黏结结构材料时，一般宜选用结构胶黏剂，就是热固性胶黏剂，因为结构材料通常是要承受较大的作用力，非结构胶黏剂与被黏物没有化学键的结合，所能提供的黏结力有限，而结构胶黏剂在黏合的同时还产生化学反应，能给黏合面提供较大的作用力。常用结构胶黏剂有：环氧树脂、不饱和聚酯树脂、氰基丙烯酸酯胶等。修补建筑结构（如混凝土、混凝土结构）时，同样宜选用结构胶黏剂，同样也是因为建筑结构也要承受较大的作用力的缘故。

9. 现在建筑工程上倾向于使用塑料管代替镀锌管，请比较塑料管与镀锌管的优缺点。

【解】与镀锌管相比，塑料管质量要轻得多，只有镀锌管的1/8，在运输，安装方面要省工省时得多；塑料管不腐蚀，不生锈，镀锌管则很容易生锈；特别是塑料管的表面光滑，表面张力小，长期使用后不结垢，而镀锌管在使用一段时间后内表面会积大量的垢；塑料管的使用寿命已达到50年，所以建筑工程上塑料管代替镀锌管已是发展趋势。

10. 试根据你在日常生活中所见所闻，写出5种建筑塑料制品的名称。

【解】在建筑工程中最常用的建筑塑料有：聚氯乙烯（PVC），聚乙烯（PE），聚丙烯（PP），聚甲基丙烯酸甲酯（PMMA），聚苯乙烯（PS）。

大多数建筑工程上的下水管是用硬质聚氯乙烯制造的，建筑上的线管和线槽也是用PVC制造的，软质聚氯乙烯还大量用来制造地板卷材和人造革；原国家建材部推荐聚丙烯管（PP-R）作为上水管，就是因为聚丙烯管不结水垢，作为卫生水管在国外早已普及，而我国还是刚起步。聚乙烯也可以用来制造水管，聚乙烯和聚丙烯还大量用来制造装饰板及包装材料。聚甲基丙烯酸甲酯也叫有机玻璃，透光性非常好，大量用于制造装饰品、灯具和广告箱等，家庭用的吸顶灯罩大都是由有机玻璃制造的。聚苯乙烯用量最大的是发泡制品，发泡制品大量用于包装，如易碎的地砖就是用发泡的聚苯乙烯包装的，聚苯乙烯发泡制品还可用于建筑上的轻质隔墙及保温材料。

11. 热塑性树脂与热固性树脂中哪类宜作结构材料，哪类宜作防水卷材、密封材料？

【解】热塑性树脂与热固性树脂相比具有耐热性较差、强度较低、耐腐蚀较差、变形较大的特点。热固性树脂既可用于结构材料亦可用于非结构材料。但其变形能力小，不宜作防水卷材或密封材料；橡胶和热塑性树脂则可满足较大变形能力的要求。

12. 某住宅使用Ⅰ型硬质聚氯乙烯（UPVC）塑料管作热水管。使用一段时间后，管道变形漏水，请分析原因。

【解】Ⅰ型硬质聚氯乙烯塑料管是用途较广的一种塑料管，但其热变形温度为 70℃，故不甚适宜较高温的热水输送。可选用Ⅲ型氯化聚氯乙烯管，此类管称为高温聚氯乙烯管，使用温度可达 100℃。需说明的是，若使用此类管输送饮用水，则必须进行卫生检验，因若加入铝化合物稳定剂，在使用过程中能析出，影响身体健康。

第十章 沥 青 材 料

1. 石油沥青按三组分划分的主要组成是什么？它们各自对沥青的性质有何影响？

【解】石油沥青按三组分划分，分为油分、树脂、沥青质。油分赋予沥青流动性，其含量越高，石油沥青流动性越好；树脂决定沥青的黏性和塑性，其含量越高，石油沥青黏性和塑性越好；沥青质决定石油沥青的温度稳定性、黏性和硬度，其含量越高，石油沥青黏性和温度稳定性越好，硬度越大。

2. 石油沥青的牌号如何划分？牌号大小与石油沥青主要技术性质之间的关系如何？

【解】石油沥青的牌号主要是根据针入度、延度和软化点等指标划分，并以针入度值表示。同一品种的石油沥青材料，牌号越高，则黏性越小（针入度越大），塑性越好（延度越大），温度敏感性越大（软化点越低）。

3. 石油沥青的老化与组分有何关系？在老化过程中，沥青的性质发生了哪些变化？

【解】石油沥青老化是石油沥青在大气因素的综合作用下，沥青组分递变的结果。在老化过程中，沥青中的低分子量组分会向高分子组分递变，即油分→树脂→沥青质，由于树脂向沥青质转化的速度要比油分变为树脂的速度快得多，因此石油沥青会随时间进展而变硬变脆。

4. 某工地需要使用软化点为 85℃的石油沥青 5 吨，现有 10 号石油沥青、60-乙号石油沥青，已知 10 号、60-乙号石油沥青的软化点分别为 95℃和 55℃。试通过计算确定出两种牌号沥青各需用多少？

【解】$Q_1=\dfrac{T_2-T}{T_2-T_1}\times100\%=\dfrac{95-85}{95-45}\times100\%=25\%$

$Q_2=1-25\%=75\%$

10 号沥青需用：$5\times25\%=1.25$（吨）60-乙号沥青需用：$5\times75\%=3.75$（吨）

5. 为什么要对沥青进行改性？改性沥青的种类及特点有哪些？

【解】建筑上使用的沥青必须具有一定的物理性质和黏附性。低温条件下应有弹性和塑性；高温条件下应有足够的强度和稳定性；加工和使用条件下具有抗"老化"能力；使用时应与各种矿料和结构表面有较强的黏附力；以及对构件变形的适应性和耐疲劳性。通常石油加工厂制备的沥青不一定能满足这些要求，尤其我国大多数用大庆油田的原油加工出来的沥青，如单一控制其温度稳定性，其他方面就很难达到要求，致使目前沥青防水屋面渗漏现象严重，使用寿命短。为此，常用橡胶、树脂和矿物填料等改性。

6. 论述沥青混合料的主要技术性质。

【解】沥青混合料的主要技术性质：高温稳定性、低温抗裂性、耐久性、抗滑性、施工和易性。

7. 简述热拌沥青混合料配合比设计的步骤。

【解】热拌沥青混合料配合比设计的步骤：（1）矿质混合料的配合比组成设计；（2）通

过马歇尔试验确定沥青混合料的最佳沥青用量；（3）沥青混合料的性能检验。

第十一章 木 材

1. 木材的边材与心材有何差别？

【解】 靠近髓心、颜色较深部分为心材，靠近树皮色浅部分为边材。心材材质密、强度高、变形小；边材含水量较大，变形亦较大。应该说，心材的利用价值较边材大些。

2. 南方某潮湿多雨的林场木材加工场所制作的木家具手工精细、款式新颖，在当地享有盛誉，但运至西北后出现较大裂纹。请分析原因。

【解】 木材具有较强的吸湿性，其含水率会随环境温度、湿度而发生变化，木材使用时其含水率应接近平衡含水率或稍低于平衡含水率。南方几个省如广东、广西、湖南、贵州等的地木材平衡含水率范围为 16.8%～18.4%。而西北地区较干燥，如新疆、青海、宁夏、甘肃等地木材平衡含水率为 12.2%～13.9%。故木家具运至西北较易出现干缩裂缝。

3. 木材含水率的变化对木材性质有何影响？

【解】 木材的含水率是指木材所含水的质量占干燥木材质量的百分数。含水率的大小对木材的湿胀干缩性和强度影响很大。木材中所含水分可分为自由水、吸附水及化合水三种。自由水是存在于细胞腔和细胞间隙中的水分，吸附水指被吸附在细胞壁内细纤维之间的水分，化合水则是木材化学组成中的结合水。自由水的变化只影响木材的表观密度、燃烧性和抗腐蚀性，而吸附水的变化是影响木材强度和胀缩变形的主要因素。结合水在常温下不发生变化。当木材含水率在纤维饱和点以下时，随含水率，即吸附水减少，细胞壁趋于紧密，木材强度提高；反之，当含水率升高时，由于亲水的细胞壁逐渐软化而使木材强度降低。当木材含水率在纤维饱和点以上变化时，只是细胞腔内自由水的变化，木材的强度不改变。木材的纤维饱和点是木材发生湿胀干缩变形的转折点。当木材的含水率在纤维饱和点以下时，随着含水率时增大，木材体积产生膨胀；随着含水率减小，木材体积收缩；而当木材含水率在纤维饱和点以上变化时，只是自由水增减，使木材的质量改变，而木材的体积不发生变化。

4. 试说明木材腐朽的原因。有哪些方法可防止木材腐朽？并说明其原理。

【解】 木材腐朽为真菌侵害所致。木材防腐可采取两种方式：一种是创造条件，使木材不适于真菌寄生和繁殖；另一种是把木材变为有毒的物质，使其不能作真菌和昆虫的养料。第一种方式最常用的办法是通过通风、排湿、表面涂刷涂料等措施，保证木结构经常处于干燥状态，使其含水率在 20% 以下；第二种方法通常是把化学防腐剂、防虫剂注入木材内，使木材成为对真菌和昆虫有毒的物质。

5. 影响木材强度的主要因素有哪些？怎样影响？

【解】 A 含水量：木材的强度受含水量影响很大。当木材含水率在纤维饱和点以下时，随含水率降低，即吸附水减少，细胞壁趋于紧密，木材强度提高；反之，当含水率升高时，由于亲水的细胞壁逐渐软化而使木材强度降低。

B 负荷时间：木材对长期荷载的抵抗不同于短期荷载。木材在长期荷载作用下不致引起破坏的最高强度称为持久强度。木材的持久强度比短期荷载作用下的极限强度低得多，一般为短期极限强度的 50%～60%。木结构通常都处于长期负荷状态，因此，在设计时应考虑负荷时间对木材强度的影响。

C 环境湿度：木材的强度随环境湿度升高而降低。若木材长期处于 60～100℃ 时，会引起水分和所含挥发物的蒸发，强度下降。当湿度超过 100℃ 以上时，木材中部分组成会分解、挥发、色渐变黑、强度明显下降。

D 疵病：木材的疵病主要有木节、死节、斜纹、裂纹、腐朽、虫害等。木节分为活节、死节，松软节、腐朽节等几种，活节影响较小。木节使顺纹抗拉强度显著降低，对顺纹抗压强度影响小。在木材受横纹抗压和剪切时，木节反而增加其强度。斜纹木材严重降低顺纹抗拉强度，对抗弯强度影响次之，对顺纹抗压强度影响较小。裂纹、腐朽、虫害等疵病，会造成木材构造的不连续性和破坏其组织，因而严重影响木材的力学性质，有时甚至木材完全失去使用价值。

第十二章　建筑功能材料

1. 什么是绝热材料？其绝热机理是什么？

【解】建筑上主要起到保温、隔热作用，且热导率不大于 0.23W/（m·K）的材料称为保温隔热材料，工程上习惯称为绝热材料。

绝热材料的隔热机理如下。

（1）多孔型　当热量从高温面向低温面传递时，在未碰到气孔之前，传递过程为固相中的导热，在碰到气孔后，一条线路仍然是通过固相传递，但其传热方向发生变化，总的传热路线大大增加，从而使传递速度减缓。另一条路线是通过气孔内气体的传热，其中包括高温固体表面对气体的辐射与对流传热、气体自身的对流传热、气体的导热、热气体对低温固体表面的辐射及对流传热，以及热固体表面和冷固体表面之间的辐射传热。由于在常温下对流和辐射传热在总的传热中所占的比例很小，故以气孔中气体的导热为主，但由于空气的热导率仅为 0.029W/（m·K），大大小于固体的热导率，故热量通过气孔传递的阻力较大，从而传热速度大大减缓。这就是含有大量气孔的材料能起绝热作用的原因。

（2）纤维型　纤维型绝热材料的绝热机理基本上和通过多孔材料的情况相似。显然，传热方向和纤维方向垂直时的绝热性能比传热方向和纤维方向平行时要好一些。

（3）反射型　当外来的热辐射能量投射到物体上时，通常会将其中一部分能量反射掉，另一部分被吸收（一般建筑材料都不能穿透热射线，故透射部分忽略不计）。所以，凡是善于反射的材料，吸收热辐射的能力就小；反之，如果吸收能力越强，则其反射率就越小。故利用某些材料对热辐射的反射作用，如铝箔的反射率为 0.95，在需要绝热的部位表面贴上这种材料，就可以将绝大部分外来热辐射（如太阳光）反射掉，从而起到绝热作用。

2. 影响绝热材料性能的因素有哪些？建筑物上使用绝热材料有何意义？

【解】影响绝热材料性能的因素有材料的热导率（主要由材料的化学结构、组成和聚集状态、表观密度、湿度、温度及热流方向决定）、温度稳定性、吸湿性及强度。

建筑节能及各类热工设备的保温隔热是节约能源、提高建筑物居住和使用功能的一个重要方面。随着各国工业化进程的发展，地球上可供人类利用的化石燃料日渐枯竭，解决能源危机只有在开发新能源的同时注意节约能源。建筑能耗在人类整体能耗中所占比例很高，所以保温隔热在建筑节能中意义重大，而绝热材料是建筑节能的物质基础。

3. 为什么使用绝热材料时要特别注意防水防潮？

【解】由于水的热导率 λ [0.5812W/（m·K）] 比静态空气的热导率 λ [0.02326W/（m·K）]大 20 多倍，如果材料含水率提高，必然导致材料的热导率增大。如果材料孔隙中的水分冻结成冰，冰的热导率 λ [2.326W/（m·K）] 是水的 4 倍，材料的热导率将更大。所以使用绝热材料时要特别注意防水防潮。

4. 建筑装饰材料外观的基本要求是什么？

【解】（1）颜色　材料的颜色实质上是材料对光谱的反射，并非是材料本身固有的。它主要与光线的光谱组成有关，还与观看者的眼睛对光谱的敏感性有关。

（2）光泽　光泽是指方向性的光线反射性质，它对于物体形象的清晰度起着决定性的作用。光泽与材料表面的平整程度、材料的材质、光线的投射及反射方向等因素有关。

（3）透明度　材料的透明度也是与光线有关的一种性质。既能透光又能透视的物体称为透明体；只能透光而不能透视的物体称为半透明体；既不能透光又不能透视的物体称为不透明体。

（4）质感　质感是材料质地的感觉，主要是通过线条的粗细、凸凹不平程度等对光线吸收、反射强度不同产生感官上的区别。质感不仅取决于饰面材料的性质，而且取决于施工方法，同种材料不同的施工方法，也会产生不同的质地感觉。

（5）形状与尺寸　对于块材、板材和卷材等装饰材料的形状和尺寸，以及表面的天然花纹、纹理以及人造花纹或图案等都有特定的要求，除卷材的尺寸和形状可在使用时按需要裁剪外，大多数装饰板材和块材都有一定的规格和形状，以便拼装成各种图案或花纹。

5. 选用装饰材料应注意哪些问题？

【解】建筑装饰材料除颜色、光泽、透明度、质感、形状与尺寸等基本要求外，还应具备一定的强度、可靠的耐水性、吸声性、耐火性、绝热性、重量指标及耐腐蚀性。

建筑装饰材料在选用时，必须考虑材料的使用功能、装饰特性、使用环境、材料供应、施工可行性，经济性，并结合装饰主体的特点加以考虑和分析比较，才能从众多建筑装饰材料中选择出合适的材料。以达到保证装饰质量、提高施工速度和降低工程造价的总目标。

6. 常用装饰材料有哪几类？

【解】根据建筑装饰材料的化学性质不同，可以分为无机装饰材料和有机装饰材料两大类。无机装饰材料又可分为金属和非金属两大类，包括石材、建筑陶瓷、金属板材及建筑玻璃等，有机装饰材料包括塑料、木材、卷材及涂料等。

7. 简述橡胶系防水卷材、塑料系防水卷材、橡塑共混防水卷材的各自优缺点。

【解】橡胶系防水卷材具有优异的耐化学腐蚀性、耐水性、耐候性，优异的弹性、拉伸强度、抗老化性能及使用寿命。塑料系防水卷材的优点有低温柔性好、延伸率大，因此能很好地适应基层的冷热伸缩而不会开裂；机械性能、抗拉强度、抗撕裂强度、耐磨性都很好，故不易受机械损伤；使用寿命长，通过合理的配方设计、添加剂的使用以及合理的防水系统设计和施工，可具有很好的耐候性、耐热性。复合卷材优点是可根据卷材不同部位对防水的要求来选择材料，因而解决了面层耐候性好的材料但价格高，以及一些卷材黏结性差的缺点。

8. 简述建筑防火涂料的防火机理。

【解】防火涂料的防火原理是涂层能使底材与火（热）隔离，从而延长了热侵入底材和到达底材另一侧所需的时间，即延迟和抑制火焰的蔓延作用。侵入底材所需的时间越长，涂层的防火性越好，因此，防火涂料的主要作用应是阻燃，在起火的情况下，防火涂料就能起防火作用。

9. 简述建筑玻璃种类。

【解】建筑工程的玻璃品种主要有四大类：平板玻璃、饰面玻璃、功能玻璃和安全玻璃。

其中平板玻璃是建筑玻璃中用量最大的一类，它包括普通平板玻璃、浮法玻璃、磨光玻璃、毛玻璃、压花玻璃、彩色玻璃等。安全玻璃主要包括钢化玻璃、夹层玻璃、夹丝玻璃、防火玻璃、防紫外线玻璃、防盗玻璃和防弹玻璃等。饰面玻璃包括釉面玻璃和彩色玻璃等。功能玻璃主要包括吸热玻璃、热反射玻璃、电热玻璃、低辐射玻璃、光致变色玻璃、太阳能玻璃、电磁屏蔽玻璃和中空玻璃等。

10. 什么是吸声材料？材料的吸声性能用什么指标表示？其与绝热材料在结构上的主要区别是什么？

【解】在建筑结构中起到吸声作用，且吸声系数不小于 0.2 的材料称为吸声材料。吸声系数是评定材料吸声性能的指标。吸声材料与绝热材料的主要不同是，吸声材料要求具有开放的互相连通的气孔，这种气孔越多，吸声性能越好；而绝热材料则要求具有封闭的不连通的气孔，这种气孔越多其绝热性能越好。

11. 影响多孔吸声材料吸声效果的因素有哪些？

【解】声波的频率及入射方向、材料的表面条件、材料厚度、材料的孔隙特征及材料的表观密度。

参 考 文 献

[1] 文梓芸，钱春香，杨长辉．混凝土工程与技术 [M]．武汉：武汉理工大学出版社，2004.
[2] 陈志源，李启令．土木工程材料 [M]．武汉：武汉理工大学出版社，2003.
[3] 胡曙光，王发洲．轻集料混凝土 [M]．北京：化学工业出版社，2006.
[4] [加] 西德尼·明德斯，[美] J 弗朗西斯·杨，戴维·达尔文．混凝土 [M]．北京：化学工业出版社，2005.
[5] 何廷树．混凝土外加剂 [M]．西安：陕西科学技术出版社，2003.
[6] 马保国，刘军．建筑功能材料 [M]．武汉：武汉理工大学出版社，2004.
[7] 汪澜．水泥混凝土—组成·性能·应用 [M]．北京：中国建材工业出版社，2005.
[8] 刘军．土木工程材料 [M]．北京：中国建筑工业出版社，2009.
[9] 田文玉．建筑材料实验指导书 [M]．北京：人民交通出版社，2005.
[10] 袁润章．胶凝材料学 [M]．武汉：武汉理工大学出版社，1996.
[11] [美] 库马·梅塔（P. Kumar Mehata），[美] 保罗 J. M. 蒙特罗（Paulo J. M. Monteiro）．混凝土微观结构、性能和材料 [M]．北京：中国电力出版社，2008.
[12] A. E. 谢依金，Ю. B. 契霍夫斯基，М. И. 勃鲁谢尔．水泥混凝土的结构与性能 [M]．北京：中国建筑工业出版社，1984.
[13] 吴中伟，廉慧珍．高性能混凝土 [M]．北京：中国铁道出版社，1999.
[14] 张巨松．混凝土学 [M]．哈尔滨：哈尔滨工业大学出版社，2011.
[15] 申爱琴．水泥与水泥混凝土 [M]．北京：人民交通出版社，2000.
[16] 苏达根．水泥与混凝土工艺 [M]．北京：化学工业出版社，2004.
[17] 张誉，蒋利学，张伟平，屈文俊．混凝土结构耐久性概论 [M]．上海：上海科学技术出版社，2003.
[18] 廖国胜，曾三海．土木工程材料 [M]．北京：冶金工业出版社，2011.
[19] 柯国强．土木工程材料 [M]．北京：北京大学出版社，2006.
[20] 曾正明．建筑装饰材料速查手册 [M]．北京：机械工业出版社，2008.
[21] 邢振贤．土木工程材料 [M]．北京：中国建材工业出版社，2011.
[22] 符芳．土木工程材料 [M]．南京：东南大学出版社，2006.
[23] 蔡丽朋，赵磊．土木工程材料 [M]．北京：化学工业出版社，2011.
[24] 张丹．土木工程材料实验指导 [M]．长春：吉林教育出版社，2007.
[25] 陈立军，张春玉，赵洪凯．混凝土及其制品工艺学 [M]．北京：中国建材工业出版社，2012.